After Effects 影视特效制作

After Effects
YINGSHI TEXIAO ZHIZUO

主　编　李　瑞　王梦鸽　罗　敏
副主编　张天赐　张乃琛　刘　欣
　　　　李娅琪　陈一鸣　雷莹歌

航空工业出版社
北　京

内 容 提 要

本书详细介绍了特效编辑的基础知识、After Effects 软件的操作方法及其相关的案例应用，包括基础理论、认识视频与合成、关键帧动画制作、图层的运用、文字特效制作、遮罩和蒙版的运用、灯光层和摄像机层的运用、粒子特效、抠像、渲染输出与影视特效制作案例 10 个模块。全书结合特效制作的具体实例进行深入分析，强调可操作性和理论的系统性，在突出实用性的同时，力求文字浅显易懂，引领读者更快的接受相关知识。本书可作为高等学校影视及媒体专业、艺术设计类专业的学生、自媒体主播以及视频特效制作爱好者阅读和自学，也可以作为影视及数码媒体专业人士的参考书籍。

图书在版编目（CIP）数据

After Effects 影视特效制作 / 李瑞，王梦鸽，罗敏主编 .— 北京：航空工业出版社，2023. 4

ISBN 978-7-5165-3303-1

Ⅰ. ① A… Ⅱ. ①李… ②王… ③罗… Ⅲ. ①图像处理软件 - 教材 Ⅳ. ① TP391.413

中国国家版本馆 CIP 数据核字（2023）第 046809 号

After Effects 影视特效制作

After Effects Yingshi Texiao Zhizuo

航空工业出版社出版发行

（北京市朝阳区京顺路 5 号曙光大厦 C 座四层　100028）

发行部电话：010-85672663　010-85672683

北京荣玉印刷有限公司印刷　　全国各地新华书店经售

2023 年 4 月第 1 版　　2023 年 4 月第 1 次印刷

开本：889 毫米 ×1194 毫米　1/16　　字数：357 千字

印张：17.25　　定价：86.00 元

前言

影视特效制作是高校影视专业中一门非常重要的课程。影视特效制作类的相关书籍多如牛毛，其侧重点各不相同，但针对高校影视专业教学的教材却凤毛麟角。

编者曾参与多部院线电影、电视剧的后期制作，并在高校专业教学一线开设有后期特效制作课程。本书正是编者根据多年的后期特效制作实战经验与教学经验编纂的、直接服务于高校影视专业教学的教材。

本书从专业教学的角度出发，由浅入深地对知识进行系统化讲解。编者在教材的编写思路、设计理念和案例选用中融入了自己的实践感悟，聚焦学生的关注点和兴趣点，旨在帮助学生快速上手，理解和掌握特效制作的思维和技术方法，从而更快地投入专业创作之中，为将来的学习和研究打下坚实的基础。

本书注重理论与实践相结合、影视艺术与技术相结合，并选取丰富的特效制作实例进行深入分析。本书还强调可操作性和理论系统性，且在突出实用性的同时，力求文字浅显易懂、活泼生动。此外，编者还将课程思政元素融入案例之中，有利于学生在学习专业知识的同时，提升职业素养。

随着信息技术的不断革新和自媒体产业的迅猛发展，特效制作的门槛逐渐降低，应用范围却越来越广。本书以 After Effects CC 2021 为软件版本，可以作为影视及数字媒体专业学生、网络媒体从业者及数字媒体专业人士的教材和参考书籍。很多非专业人士也进入视频剪辑制作的领域，特效制作的队伍趋于平民化和大众化，本书也能作为其自学用书。

此外，本书还为广大一线教师提供了教学资源库，有需要者可致电 13810412048 或发邮件至 2393867076@qq.com。

由于编者水平有限，书中存在的不足之处，敬请广大读者批评指正。

编者

课时安排

章名	章节内容	课时分配	课时合计
第 1 章 基础理论	1.1 影视特效概述	1	2
	1.2 认识 After Effects	1	
第 2 章 认识视频与合成	2.1 视频基础知识	2	4
	2.2 合成基础操作	2	
第 3 章 关键帧动画制作	3.1 “时间线”面板	1	4
	3.2 纯色素材制作	1	
	3.3 综合运用案例	2	
第 4 章 图层的运用	4.1 3D 图层的运用	0.5	4
	4.2 通道控制的运用	1	
	4.3 空对象层的运用	0.5	
	4.4 调整图层的运用	1	
	4.5 综合运用案例	1	
第 5 章 文字特效制作	5.1 打字效果制作	1	6
	5.2 滚动文字制作	1	
	5.3 路径文字制作	1	
	5.4 爆炸文字制作	1	
	5.5 综合运用案例	2	
第 6 章 遮罩和蒙版的运用	6.1 轨道遮罩的运用	1	4
	6.2 蒙版的运用	1	
	6.3 综合运用案例	2	
第 7 章 灯光层和摄像机层的运用	7.1 灯光层的运用	1	4
	7.2 摄像机层的运用	1	
	7.3 综合运用案例	2	
第 8 章 粒子特效	8.1 能量聚集效果制作	2	8
	8.2 “红包雨”制作	2	
	8.3 粒子特效及表达式综合运用	4	
第 9 章 抠像	9.1 去除威亚案例	2	8
	9.2 纯色背景的抠像	2	
	9.3 Roto 笔刷工具的运用	2	
	9.4 综合运用案例	2	
第 10 章 渲染输出与影视特效制作案例	10.1 渲染输出	1	4
	10.2 影视特效制作案例	3	

目录

第 6 章

遮罩和蒙版的运用

第 7 章

灯光层和摄像机层的运用

第 8 章

粒子特效

第 9 章

抠像

第 10 章

渲染输出与影视特效制作案例

第1章 基础理论

| 本章概述 |

随着互联网的普及和媒体技术的发展，视频在我们的网络生活中已经不可或缺。随着越来越多的人进入视频制作这一行业，以及视频制作的门槛逐渐降低，影视后期作为视频制作中非常重要的一个环节也越来越受到人们的重视。本章讲述了影视特效的基本概念及应用领域，并对 After Effects 软件进行了基本介绍。

| 学习目标 |

1. 了解影视特效的基本概念及应用领域。

2. 了解 After Effects 软件的界面布局，掌握该软件的基本操作方法和常用快捷键的功能。

| 素质目标 |

1. 认识特效技术，树立创新意识。

2. 形成严谨的学习态度和精益求精的精神。

1.1　影视特效概述

学习影视特效制作需要有强大的学习意志和自学能力，要有一定的审美能力和想象力，还要热爱并全身心地投入影视后期工作。而这就要从认识影视特效的概念、熟悉影视特效制作工具开始。

1.1.1　影视特效的含义及类型

1. 影视特效的含义

对于现实中难以完成、不可能完成的拍摄任务，或者因成本过高、风险太大等原因被放弃的拍摄内容，可以通过数字化手段处理现实素材或进行虚拟拍摄，从而化不可能为可能，达成拍摄者预想中的拍摄效果或节约成本的目的，这就是影视特效技术。影视特效主要有创立视觉元素、处理画面、创立特殊效果和连接镜头等作用。运用影视特效可以在拍摄时避免演员置身于危险之中，也可以为电影制作节省诸多成本，还可以让电影画面更加绚丽，情节更加扣人心弦。

2. 影视特效的类型

实际中，影视特效主要是通过电脑进行制作的，分为三维特效和二维特效。三维特效（见图 1-1-1）由三维特效师完成，主要使用三维软件在三维虚拟空间中制作，最终输出二维图像进行合成，可以用于模拟现实中的动力学物体，以及雨、雪、火、烟和流体的运动。二维特效由后期特效合成师完成的，主要技术包括模拟三维的粒子效果、抠像、去除威亚、校色和分层合成等。

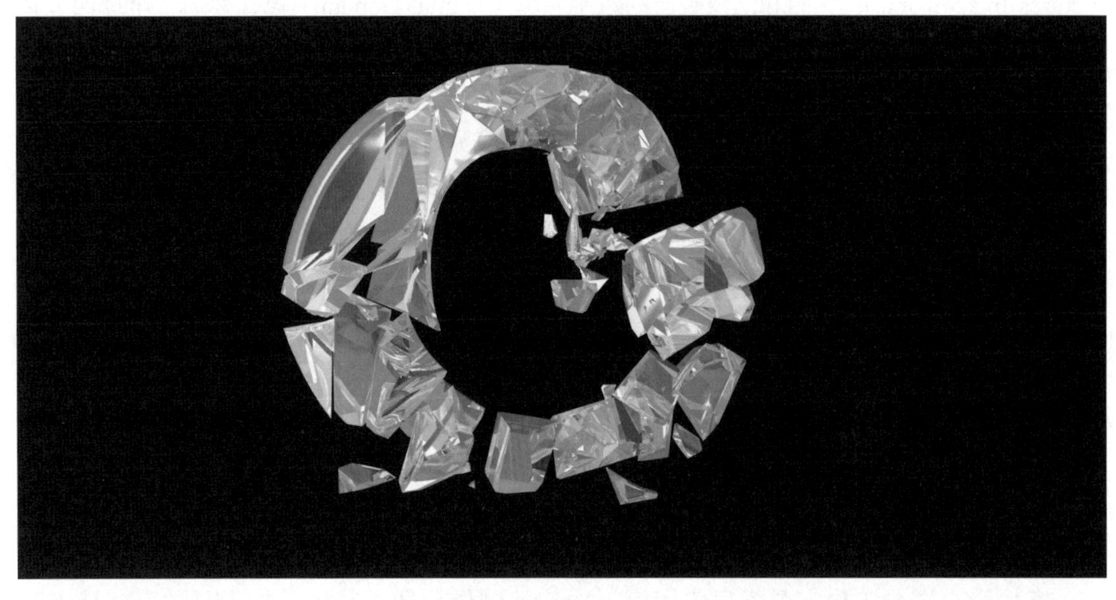

▲ 图 1-1-1　三维破碎特效

1.1.2 影视特效的应用

1. 影视特效在电影制作中的应用

影视特效改变了传统的电影制作流程和方式。在当前的电影制作流程中，从创作分镜头剧本开始，特效的思想就需要介入进来。策划剧本时，在叙事的安排中，影视特效让创作者跳出了传统的线性思维模式，完全打破了时空的概念，一些过去受限于拍摄技术的画面可以被特效实现，创作者可以放开手脚，充分发挥想象力，更能在作品中展现其才华。因此，与传统的剧本、分镜头剧本相比，影视特效还需要自己的特效剧本。

前期拍摄时，除实地拍摄外，搭景、蓝绿幕、模型和数字天光等镜头也越来越多。有的镜头为了满足抠像的需求，要求演员在绿幕摄影棚内拍摄。部分绿幕棚内甚至没有场景，全靠演员的想象力来还原场景，而且要求表演的情绪动作与合成画面中的场景相符合，这无疑是对演员表演功底的一个考验。

影视特效拍摄对照明、道具的要求与传统拍摄也不同。灯光技术人员根据将要合成的背景中的光线、环境变化（如风、雨、雷电），设计摄影棚内的灯光；道具的某些部分也会隐藏在绿布中，通过后期制作使需要合成的道具天衣无缝地结合在一起；对置景和道具人员的要求不再仅仅是制作实物模型，而是要在电脑中画出所需的场景和道具，以便后期合成使用。

前期拍摄工作完成后，就进入后期合成处理阶段。这一阶段需要完全使用数字技术，原有的遮片、叠影等传统的特效方法被后期软件的某些功能所取代，技术人员利用后期合成软件制作相关的特效，通过不同层级的叠加合成完成镜头的输出制作。

影视特效公司是典型的“幕后英雄”，大多数人在观看精彩绝伦的特效大片时，都不会刻意地记住这些公司的名字。全球有很多影视特效公司，其中实力较强的三家分别是工业光魔（Industrial Light & Magic）、维塔数码（Weta Digital）和索尼影视图像工作室（Sony Pictures Imageworks），它们和已经破产的数字领域（Digital Domain）曾并称为“全球四大特效公司”。

工业光魔的创始人是《星球大战》系列电影的导演乔治·卢卡斯。凭借《星球大战》第一部，工业光魔开创了电影特效的新时代，并一举成为行业的领头羊。在过去的数十年里，工业光魔开创了许多突破性的电影特效技术和制作流程，其核心技术包括 CGI 动画技术、模型拍摄和全数字高清晰摄像技术等。在影史票房排行榜的前十部电影中，曾一度有八部使用了工业光魔制作的特效。

维塔数码由《指环王》三部曲的导演彼得·杰克逊及其友人共同创立，总部设在新西兰首都惠灵顿。维塔数码擅长运用特效实现大场面调度镜头，从《指环王》三部曲的战争场面中就可见一斑。由维塔数码负责特效制作的电影曾五次获得奥斯卡最佳视觉效果奖。《指环王》三部曲、《金刚》和《阿凡达》等影片的视觉效果均出自他们的制作团队。维塔数码积极开拓海外市场，与不少中国公司有业务往来。新西兰也因此成为年轻人学习电影特效所向往的游学之地。

索尼影视图像工作室是索尼集团旗下的特效制作公司，其核心技术是“表演捕捉”，即通过动作捕捉设备，记录演员的表情和身体动作来作为特效制作的参考，从而使得特效制作出来的人物动作更加真实、表情更加生动。其代表作有《蜘蛛侠》系列、《黑客帝国》系列、《2012》等。

数字领域简称 D2，曾是美国一家名气仅次于工业光魔的特效公司。数字领域曾凭借《泰坦尼克号》和《美梦成真》两度获得奥斯卡最佳视觉效果奖。其技术优势在于粒子特效，电影《后天》中的大气及海洋特效、《加勒比海盗 3：世界的尽头》中的海战特效，都出自该公司之手。2012 年，数字领域因经营不善宣布破产，几经波折后，由一家中国香港公司收购，更名为数字王国。

随着中国电影市场的蓬勃发展，一些国内原生的影视特效公司也涌现出来。它们中的佼佼者，比如 MoreVFX，代表作有《悟空传》《流浪地球》《明日战记》等。凭借其性价比高、沟通方便、符合国人审美等优势，本土的影视特效公司越来越受到国内电影公司的青睐，并逐渐成长为可以与国际一流团队媲美的特效公司。

2. 影视特效在动画制作中的应用

影视动画包括三维动画、二维动画和定格动画。实际中，动画制作大部分已经转移到计算机平台上。相较于二维动画和定格动画，特效技术在影视三维动画中的应用较为广泛，二维动画则只在动态背景、三渲二等工序中使用特效。三维动画作品制作较为复杂，包括建模、动作、灯光材质和渲染等相关工序，在完成三维动画作品时要严格按照这些工序进行。而且随着科技的不断发展，电影和三维动画的界限也越来越模糊，大部分影视作品的镜头是由电脑制作完成的，甚至电影中的角色也可以利用电脑来制作，比如《速度与激情 7》中，主角保罗 · 沃克因故去世后未完成的镜头由 CG 人物代替完成，在最终成片中达到了以假乱真的效果。

如果说在电影制作中影视特效的应用主要是抠像和去除威亚，那么在动画制作中影视特效的主要作用则是素材的合成和视觉元素的制作，因为动画全流程应用的素材都以数字形式进行传输，不会涉及现实世界素材的采集。例如，迪士尼动画公司制作发行的《冰雪奇缘》中的特效运用，给观众带来了无与伦比的视觉享受 。

1.1.3 影视特效制作软件及配置要求

影视后期主流合成特效软件包括三维特效软件、跟踪软件和后期合成软件。三维特效软件主要有 Houdini、Autodesk Maya、Lightwave、MAXON Cinema 4D、Autodesk 3Ds Max 和 Realflow 等。常用的跟踪软件主要有 Boujou、Mocha、PFTrack 和 SynthEyes 等。后期合成软件主要有 Nuke、AfterEffects、Fusion 和 Flame 等。不同的软件各有其优缺点，在一些项目的制作中有可能会同时用到其中的多个软件。

影视特效合成和制作对于硬盘的实时传输速度和 CPU 计算能力有着较高的要求，如果电脑配置太低，运行后期合成软件时会非常卡顿，严重影响项目的制作进度。本书侧重于讲解影视后期特效的知识，所以采用影视后期行业应用较为广泛的 Adobe After Effects CC 2021（以下简称 AE）软件作为操作平台。在安装最新版 AE 软件之前，要首先了解自己的电脑是否达到了运行软件的最低配置要求。Windows 系统的最低配置如表 1-1-1 所示，macOS 系统的最低配置要求如表 1-1-2 所示。

表 1-1-1　Windows 系统的最低配置

配置	最低规格
CPU	64 位多核处理器
操作系统	Microsoft Windows 10（64 位）版本 1803 及更高版本 注意：Win 10 1607 版不支持
RAM	至少 16GB（建议 32GB）
GPU	2GB GPU VRAM （Adobe 强烈建议 NVIDIA 显卡用户在使用 After Effects 时，将驱动程序更新到 451.77 或更高版本。更早版本的驱动程序存在一个已知问题，可能会导致崩溃）
硬盘空间	5GB 可用硬盘空间；用于磁盘缓存的额外磁盘空间（建议 10GB）
显示器分辨率	1280 × 1080 或更高的显示器分辨率
Internet	必须具备 Internet 连接并完成注册，以便激活软件、验证订阅和访问在线服务

表 1-1-2　macOS 系统的最低配置

配置	最低规格
CPU	64 位多核处理器
操作系统	macOS 10.13 版及更高版本 注意：macOS 10.12 版不支持 After Effects 17.5.1 版支持 macOS Big Sur
RAM	至少 16GB（建议 32GB）
GPU	2GB GPU VRAM （Adobe 强烈建议 NVIDIA 显卡用户在使用 After Effects 时，将驱动程序更新到 451.77 或更高版本。更早版本的驱动程序存在一个已知问题，可能会导致崩溃）
硬盘空间	6GB 可用硬盘空间用于安装；用于磁盘缓存的额外磁盘空间（建议 10GB）
显示器分辨率	1440 × 900 或更高的显示器分辨率
Internet	必须具备 Internet 连接并完成注册，以便激活软件、验证订阅和访问在线服务

如果条件允许，最好采用更高的电脑配置。CPU 建议使用英特尔最新一代处理器，频率越高越好，最好可以通过超频提高运算速度；内存最好为 DDR4 64G 或以上；显卡最好为 8G 以上显存，配置到 GTX1060 级别后，再往上的差距就不明显了；可用硬盘空间应为编辑文件大小的两倍以上。如有条件，高清以上分辨率的编辑制作可以配置 RAID 阵列；如果需要声音的合成，则还需要配置声卡。

1.2　认识 After Effects

在使用 AE 软件之前，首先要熟悉其界面及基本设置。本小节将从工作区基本界面、显示面板、项目设置、首选项、工程的打包和整理、工作流程和快捷键这几个方面进行介绍。

1.2.1　基本界面介绍

AE 软件的基本界面由菜单栏、“项目”面板、“合成”面板、“时间线”面板和快捷面板构成，默认界面如图 1-2-1 所示。

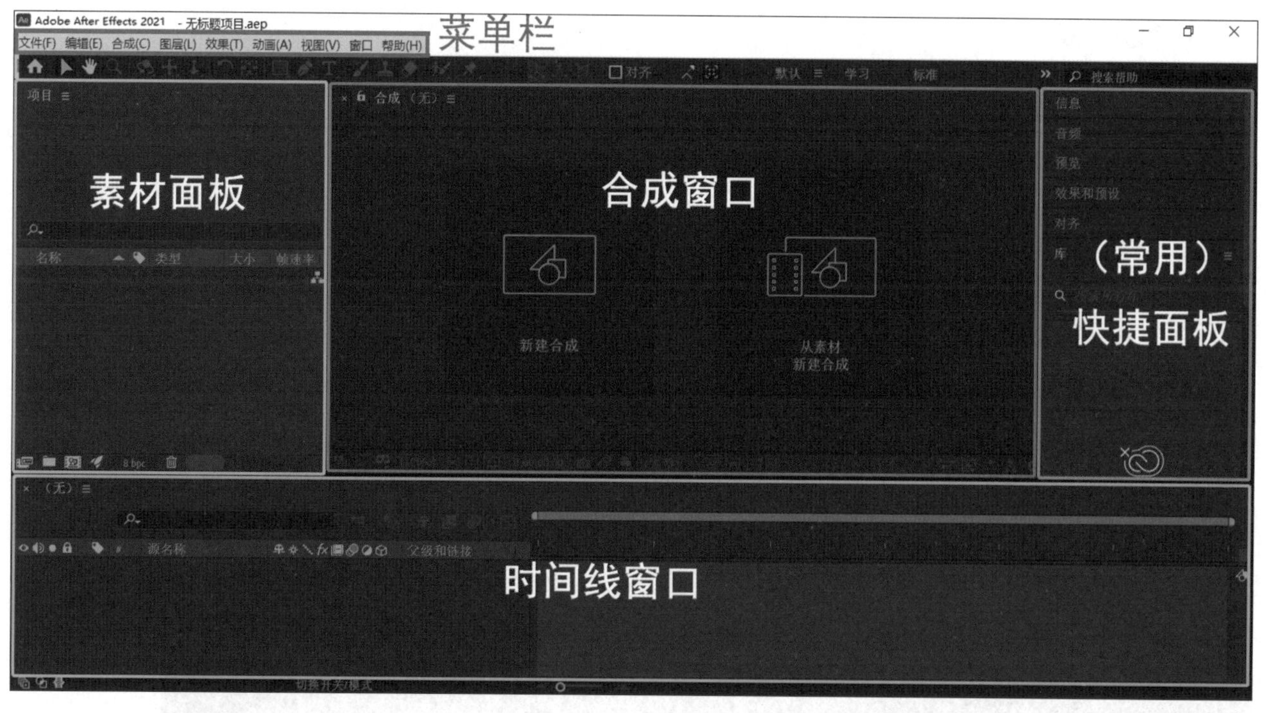

▲ 图 1-2-1　软件基本界面

1. 菜单栏

菜单栏的功能、命令贯穿了整个 AE 制作流程，其中包含文件选项的新建项目、打开项目和导入导出素材等，编辑选项的粘贴、复制等，合成选项的新建合成、设置和预渲染的合成等，图层选项的新建图层、蒙版和绘制路径等，效果选项的效果添加，动画选项的关键帧及曲线的调整等，功能十分全面。

2. “项目”面板

“项目”面板，也称素材面板。素材的导入、管理和归类整理等工作都在这个面板进行。双击“项目”面板的空白处，或在菜单栏中选择“导入”→“文件”选项，也可以按 Ctrl+I 组合键，弹出“导入文件”对话框。在对话框中选中所需要的素材，单击“导入”按钮即可导入该素材，导入的素材将显示在“项目”面板中。

3. “合成”面板

“合成”面板，也称显示面板，此面板方便用户查看素材信息或画面合成的效果。在“项目”面板中选中素材后拖动至“合成”面板或双击素材，即可在“合成”面板中看到素材的详细状态。对素材进行各种变换时，此面板中也会实时显示变换信息。

4. “时间线”面板

“时间线”面板作为调节关键帧、添加特效和叠加素材的面板，有着十分重要的功能。后期制作中主要的操作都在此面板中进行。时间线的最小单位为一帧，它随着视频素材的长度或所设置的合成长度的变化而变化。选中“项目”面板里的素材，可以通过向下拖动放置到“时间线”面板。

5. 快捷面板

快捷面板中包含了信息、音频、预览、效果和预设、对齐、库、字符、段落、跟踪器、内容识别填充等在合成过程中较为常用的功能属性面板，选择对应选项即可展开。

1.2.2 软件的前期设置

1. 工作区的布局设置

基本界面除菜单栏以外的部分叫工作区。工作区并不是固定不变的，各个面板均可移动到工作区的任意区域。用户可以根据自己的需求和习惯对工作区的布局进行个性化排布。在“合成”面板的右上角处也有 AE 软件自带的一些常用面板布局可供用户选择，如图 1-2-2 所示。这些面板布局备选项的名称即代表了各自的主体功能，如“绘画”面板布局便于绘画、“效果”面板布局便于制作各种特效，选择对应选项即可进行切换。

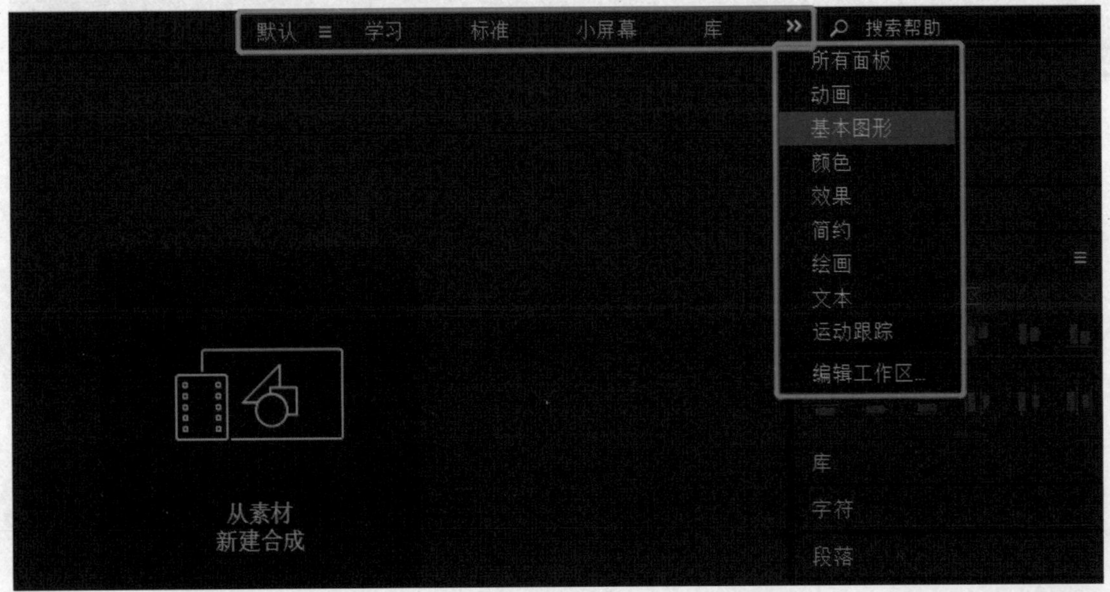

▲ 图 1-2-2　面板布局备选项

用户也可以根据使用频率等因素，调整备选布局的顺序。在菜单栏中选择“窗口”→“工作区”→“编辑工作区”选项，或在“合成”面板右上角单击双箭头按钮»，选择“编辑工作区”选项，在弹出的“编辑工作区”对话框中拖动工作区，按照自己希望的顺序排列它们，如图 1-2-3 所示。

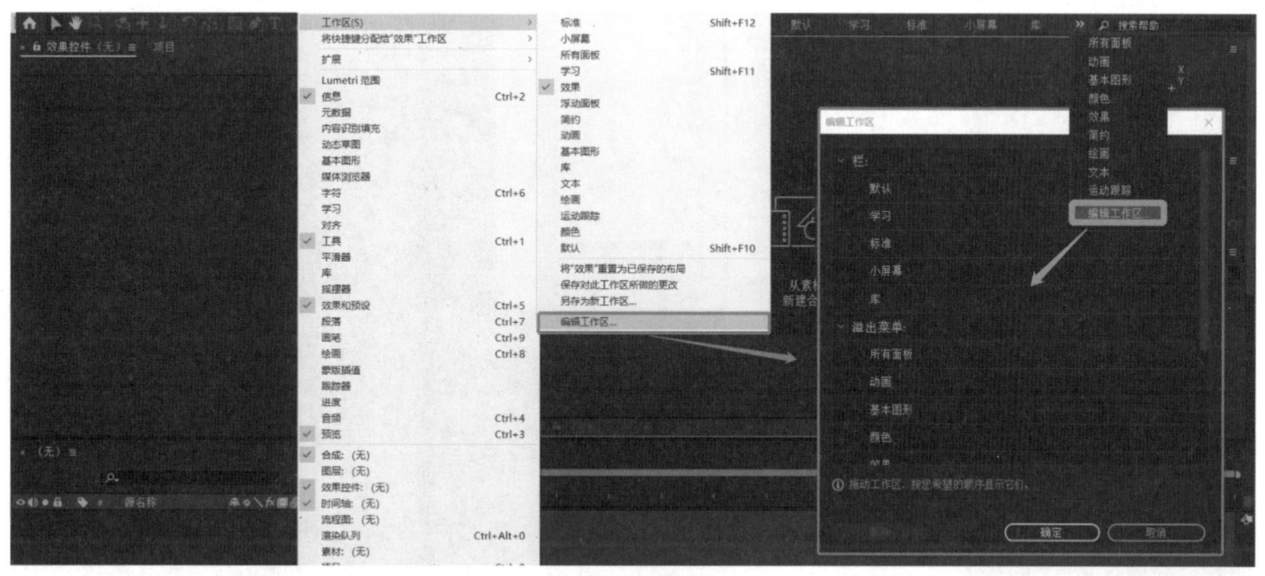

▲ 图 1-2-3　调整工作区布局

除软件自带的备选面板布局之外，用户也可根据习惯和个人喜好修改面板布局。选中想要改变位置的面板，可将其拖拽至目标区域。目标区域可以是已有面板的上下左右任意一侧，或是快捷面板的内部，或是整体界面的侧边和底部，如图 1-2-4 所示（紫色与绿色区域）。

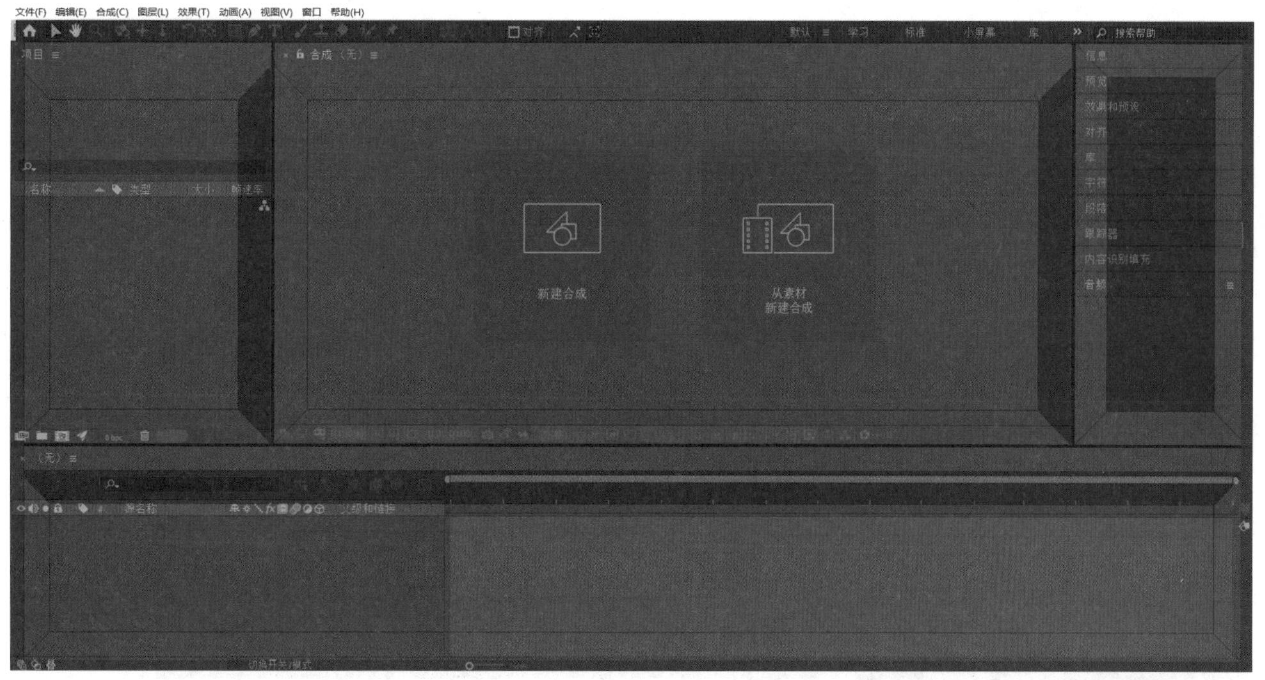

▲ 图 1-2-4　自定义移动面板

选择菜单栏的“窗口”选项，在弹出的菜单中，已打勾的复选项是工作区中已显示的面板，未打勾的是隐藏的面板，单击勾选即可使其在“隐藏”和“显示”两种状态之间进行切换，如图 1-2-5 所示。

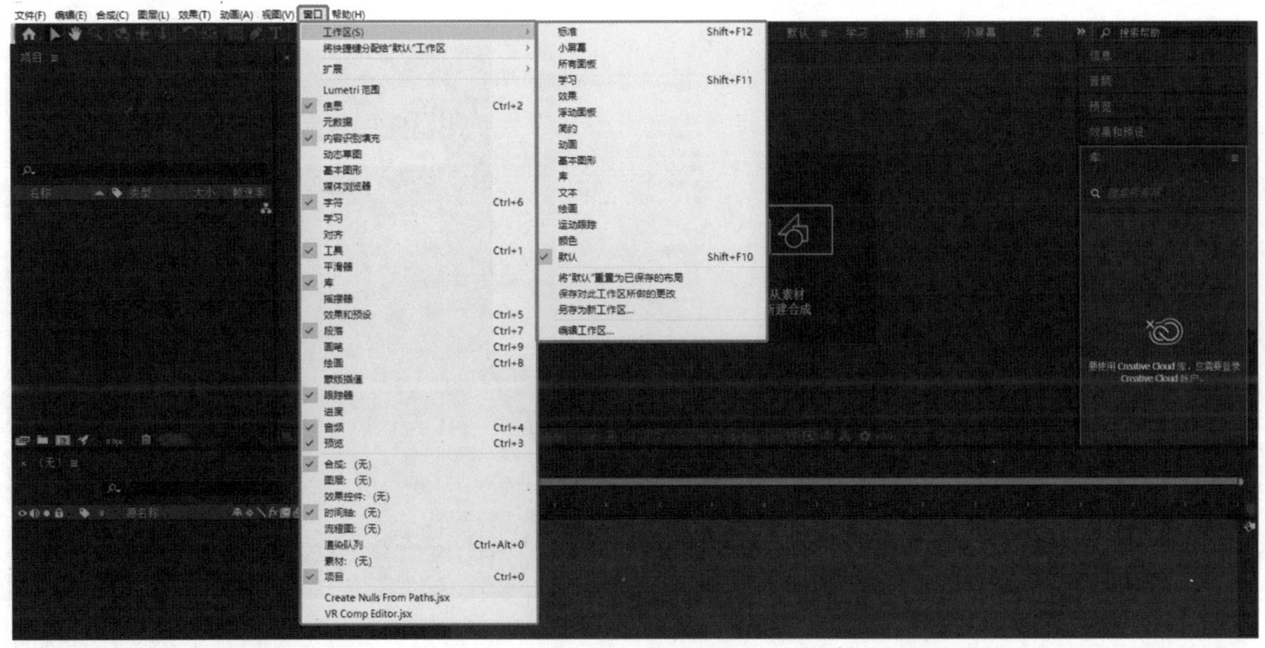

▲ 图 1-2-5　窗口显示设置

已显示的每个面板上方都有一个“面板设置”按钮 ≡，利用它可以对面板进行简单的设置。以快捷面板为例，在已展开的快捷面板中单击右上角的“面板设置”按钮 ≡，弹出面板设置选项卡，在这里可以找到“关闭面板”、“浮动面板”等面板布局选项，如图 1-2-6 所示。用户可根据自身需求对面板进行增减和布局，关闭的面板还可以在菜单栏中的“窗口”选项中恢复。

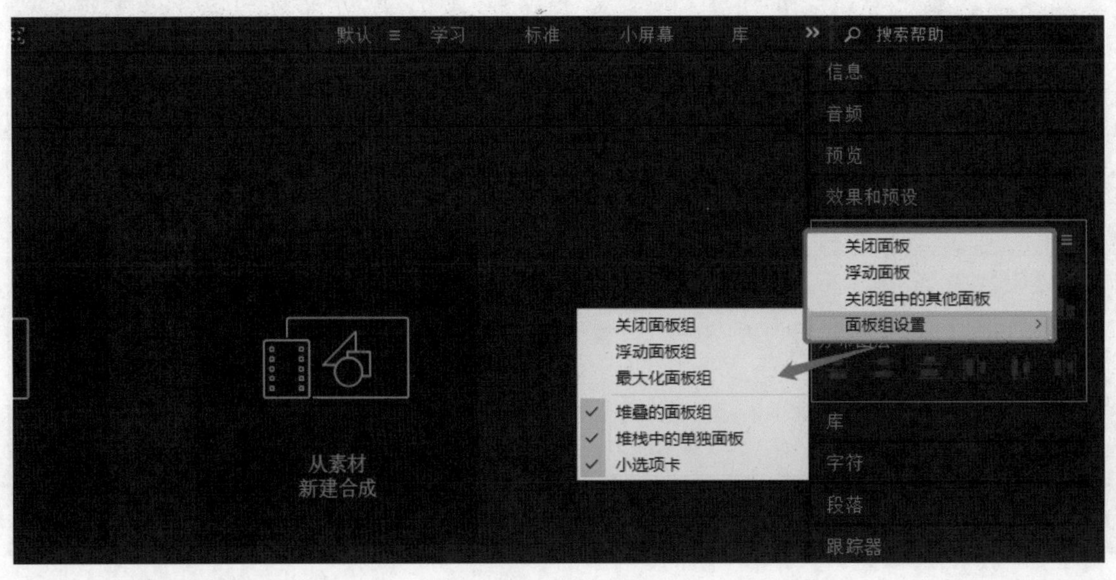

▲ 图 1-2-6　面板设置

2. 项目设置

项目主要用于存储合成以及引用该项目中素材所使用的全部源文件。所有的操作都要经过项目，项目是一切操作的“容器”。制作任何作品之前都需要先新建一个项目，选择菜单栏“文件”→“新建”→“新建项目”选项，如图 1-2-7 所示。

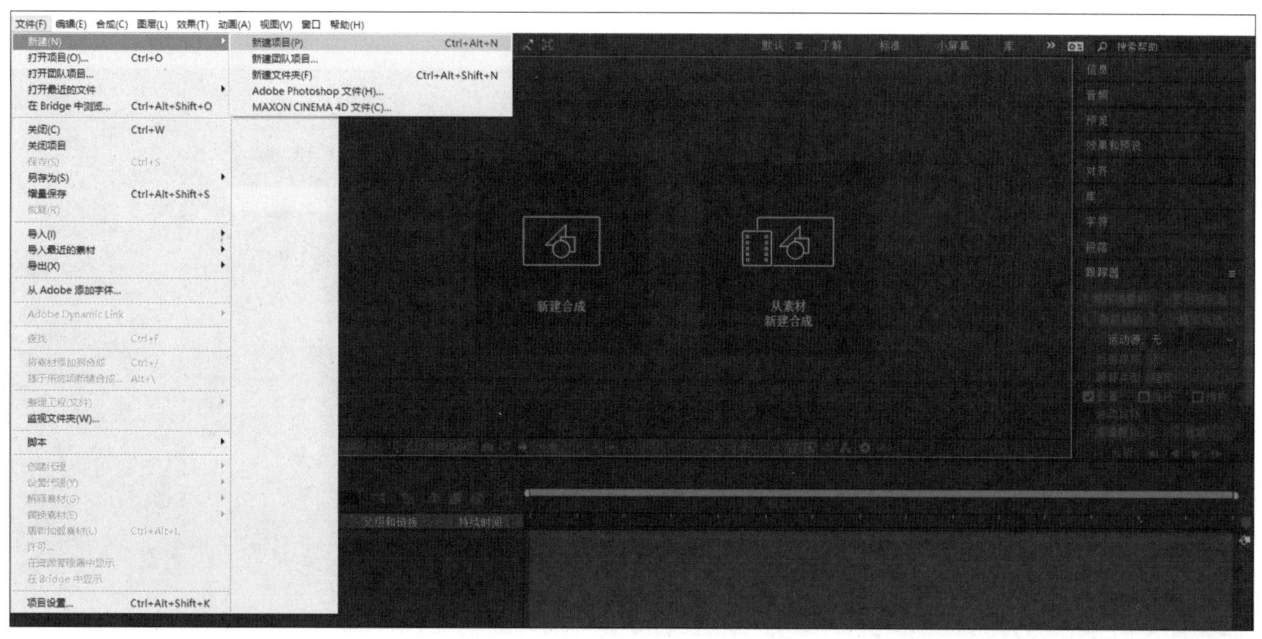

▲ 图 1-2-7　新建项目

如果需要对项目进行设置，可以选择菜单栏“文件”→“项目设置”选项，打开项目设置对话框，如图 1-2-8 所示。

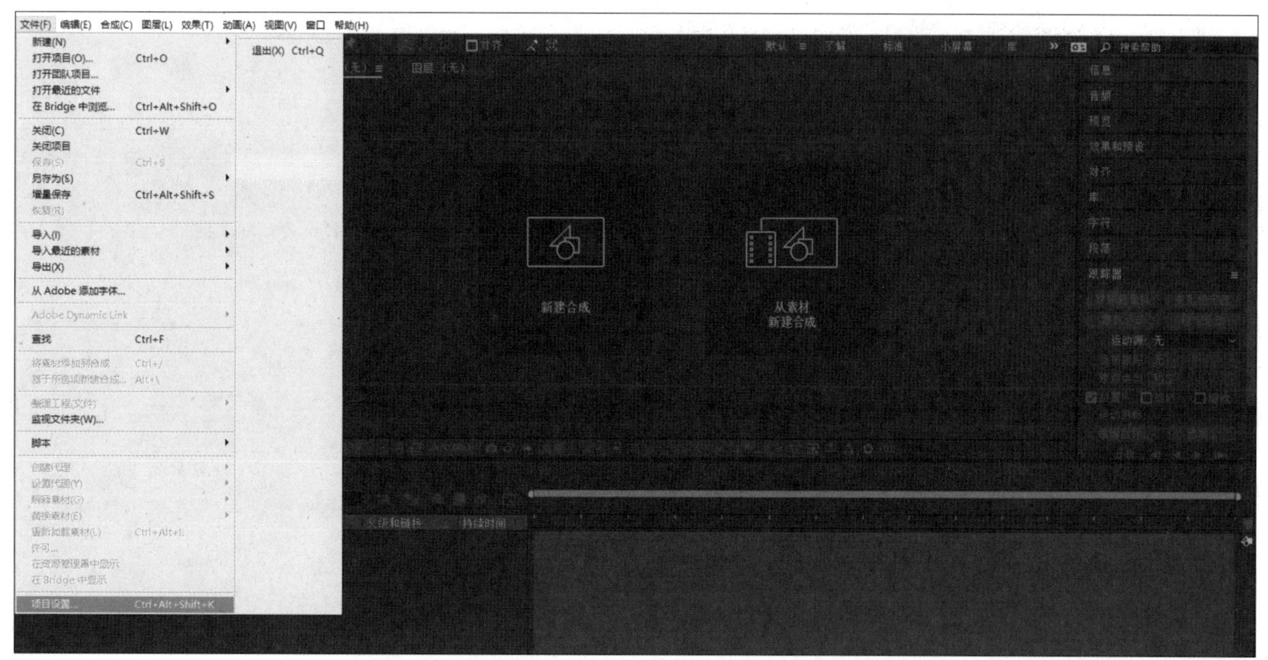

▲ 图 1-2-8　项目设置

在“项目设置”对话框中，有“视频渲染和效果”“时间显示样式”“颜色”“音频”和“表达式”五个选项卡，实际工作中，主要会用到的是“时间显示样式”和“颜色”。

“时间显示样式”下有“时间码”和“帧数”两个选项。选择“时间码”，可以更改素材开始时间和帧速率的默认基准，如图 1-2-9 所示。“帧数”是编辑电影胶片时使用的，可以用于显示胶片的规格和使用的长度。

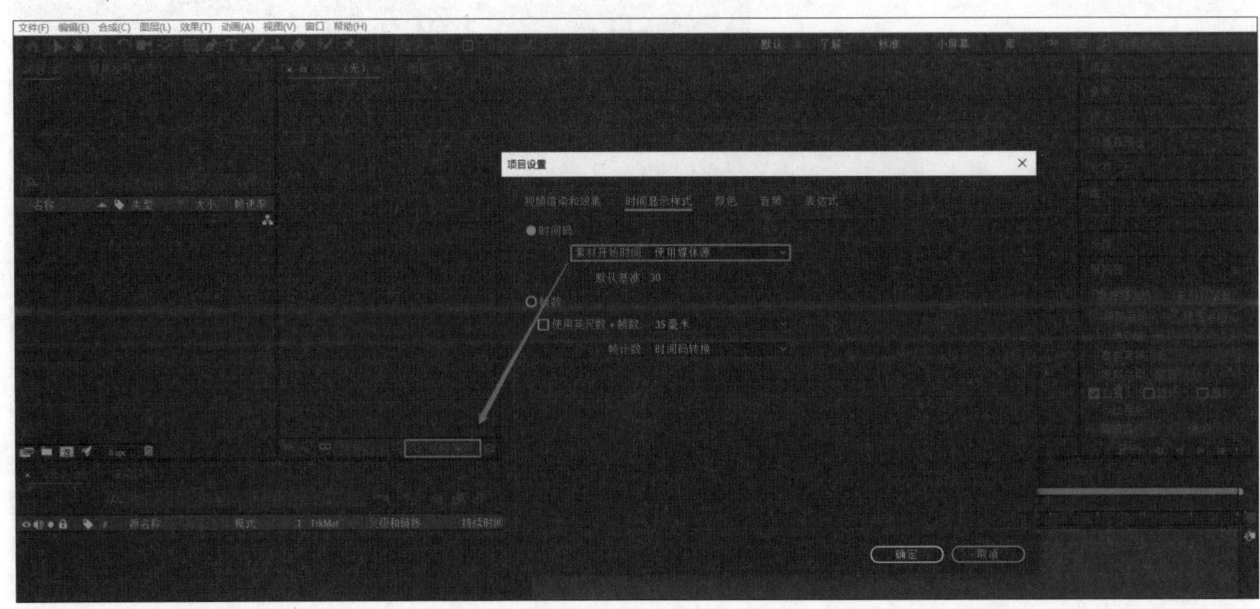

▲ 图 1-2-9　**时间码设置**

“颜色”中以“位”为单位，分为每通道 8 位（默认）、每通道 16 位（高质量影像处理）、每通道 32 位（高清晰影像处理），位数越大图像的色彩越丰富，如图 1-2-10 所示。

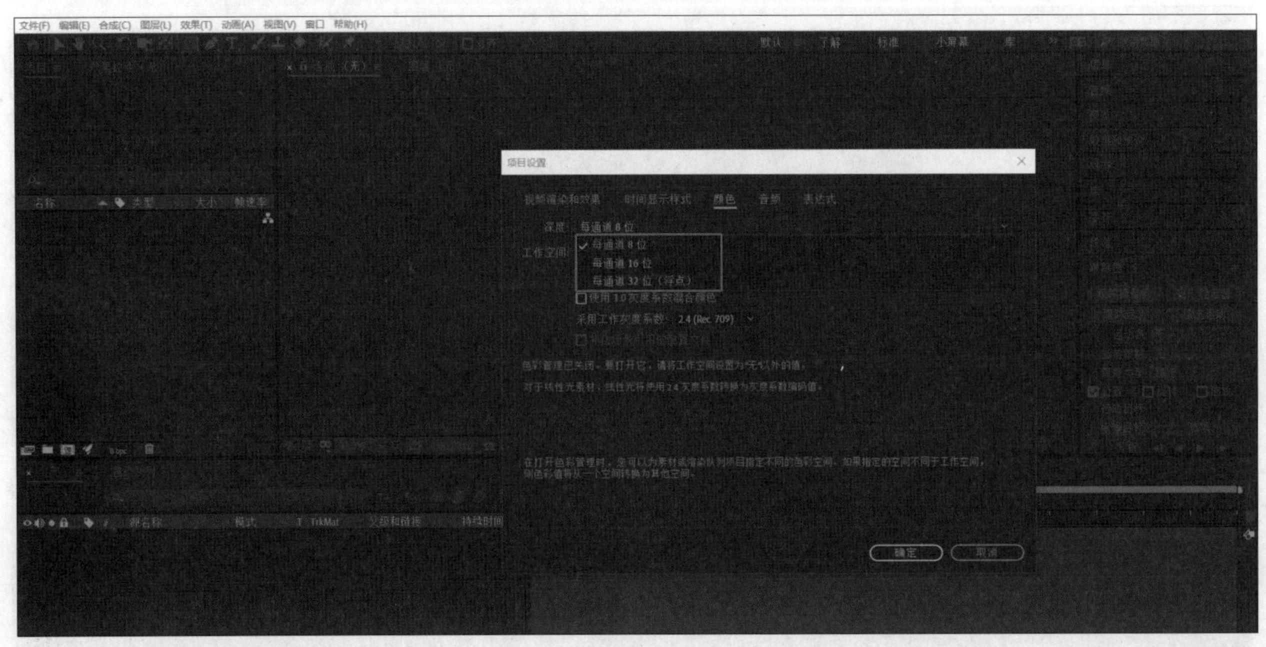

▲ 图 1-2-10　**颜色通道设置**

3. 首选项设置

选择菜单栏“编辑”→“首选项”选项，打开“首选项”对话框。AE 软件一定要在项目开始制作之前对“首选项”进行设置，以便合成时更方便地操作软件，同时也会使软件更加符合设计师的使用习惯。对话框界面如图 1-2-11 所示。

▲ 图 1-2-11　首选项常规设置

在“导入”选项卡中可以更改“静止素材”的默认长度、“序列素材”的帧速率、“视频素材”的解码方式等设置，例如，序列素材中的帧速率默认是 30 帧 / 秒，可单击更改，如图 1-2-12 所示。

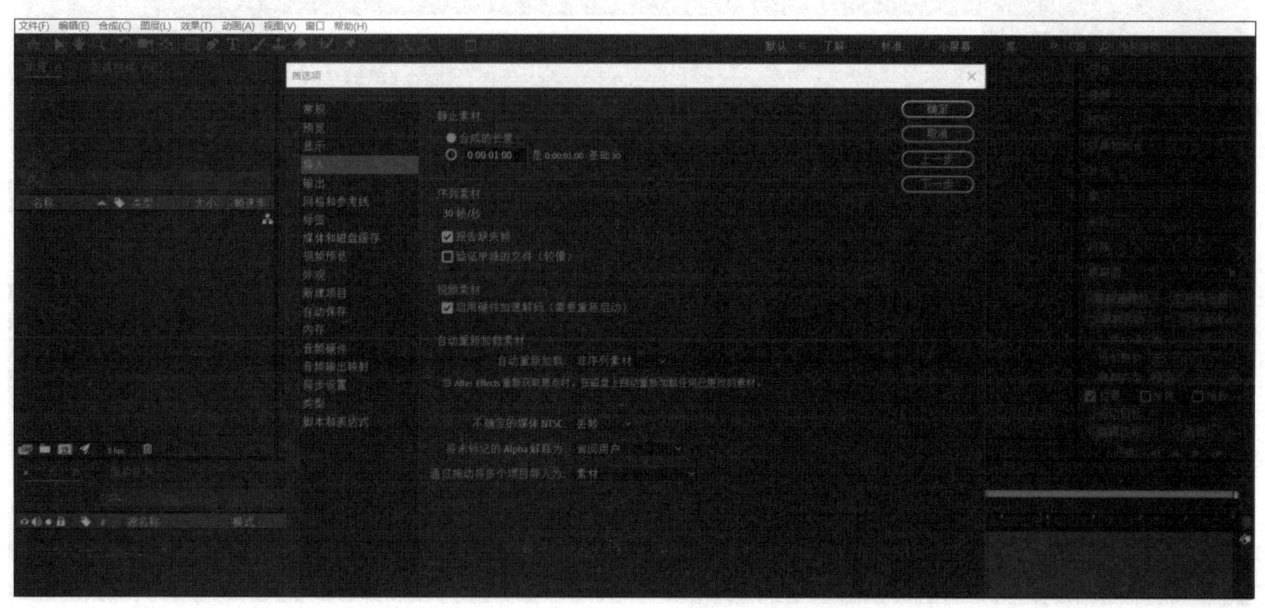

▲ 图 1-2-12　导入设置

在“媒体和磁盘缓存”选项卡中，可以设置“磁盘缓存”的大小及缓存文件的存放位置，如图 1-2-13 所示。因为在项目制作过程中会产生很多缓存文件，所以缓存文件存放位置一般应设置在存储空间比较大的硬盘。如果希望提高读写速度，可以将缓存文件及素材都放置在固态硬盘中。

▲ 图 1-2-13　媒体和磁盘缓存设置

系统默认的自动保存时间是 20 分钟，用户可以按照自己的需求设置“自动保存”选项卡中“保存间隔”的时间，如图 1-2-14 所示。

▲ 图 1-2-14　自动保存设置

在“内存”选项卡中，可以设置系统分配给 AE 以及其他 Adobe 设计类软件的最大内存，如图 1-2-15 所示。

▲ 图 1-2-15　内存分配设置

“音频硬件”选项卡主要是针对音频输出设备和驱动程序的设置，如图 1-2-16 所示。

▲ 图 1-2-16　音频硬件设置

4. 工程的打包和整理

在使用 AE 软件制作项目的过程中，可能会遇到需要将资料转移到另一台电脑进行编辑，或者需要对素材进行归类保存的情况。项目制作所用到的素材往往比较多，链接的位置也可能会发生变化，因此有必要对项目进行打包整理。打包和整理的方法如下所示。

在 AE 软件中打开一个已完成或正在制作的项目，作为打包整理的对象。选择菜单栏中的“文件”→“整理工程（文件）”→“删除未用过的素材”选项，如图 1-2-17 所示。

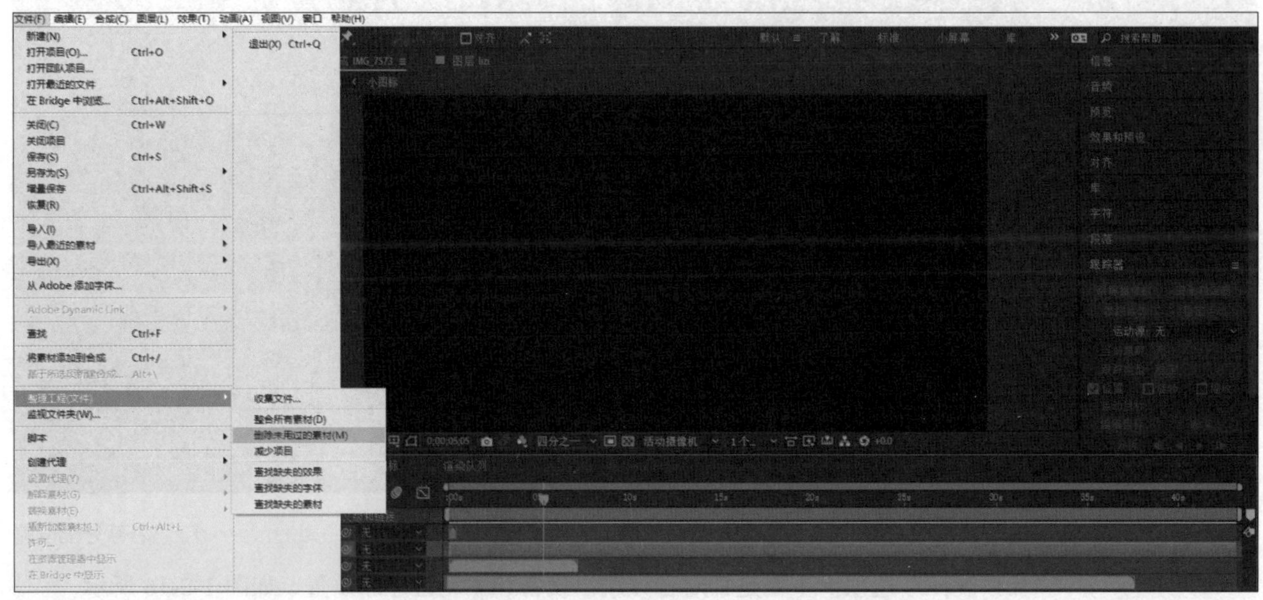

▲ 图 1-2-17 删除未用过的素材

软件会自动将视频中未用过的素材删除并弹出提示框。接下来选择“文件”→“整理工程（文件）”→“收集文件”，来打开文件收集对话框，如图 1-2-18 所示。

▲ 图 1-2-18 收集文件

在“收集文件”对话框中选择“收集源文件”下拉框，选择“全部”选项，再单击“收集”按钮，如图 1-2-19 所示。

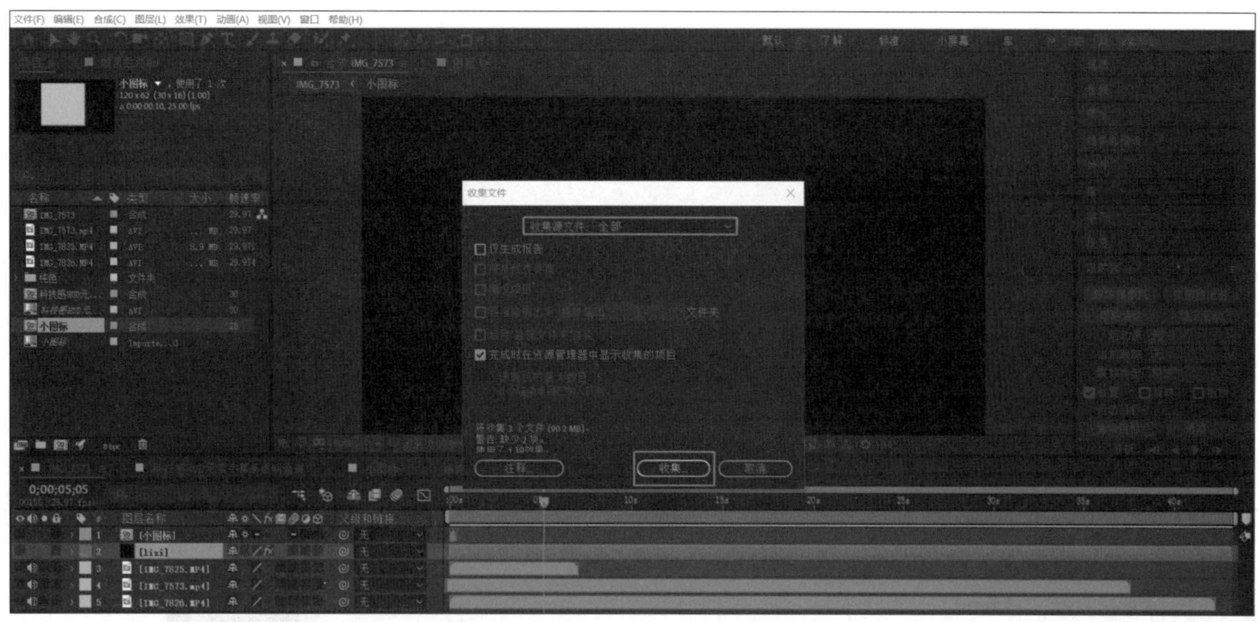

▲ 图 1-2-19　收集类型选择

在弹出的“将文件收集到文件夹中”对话框里，选择要保存的位置并更改存储的文件名，最后单击“保存”按钮，如图 1-2-20 所示。

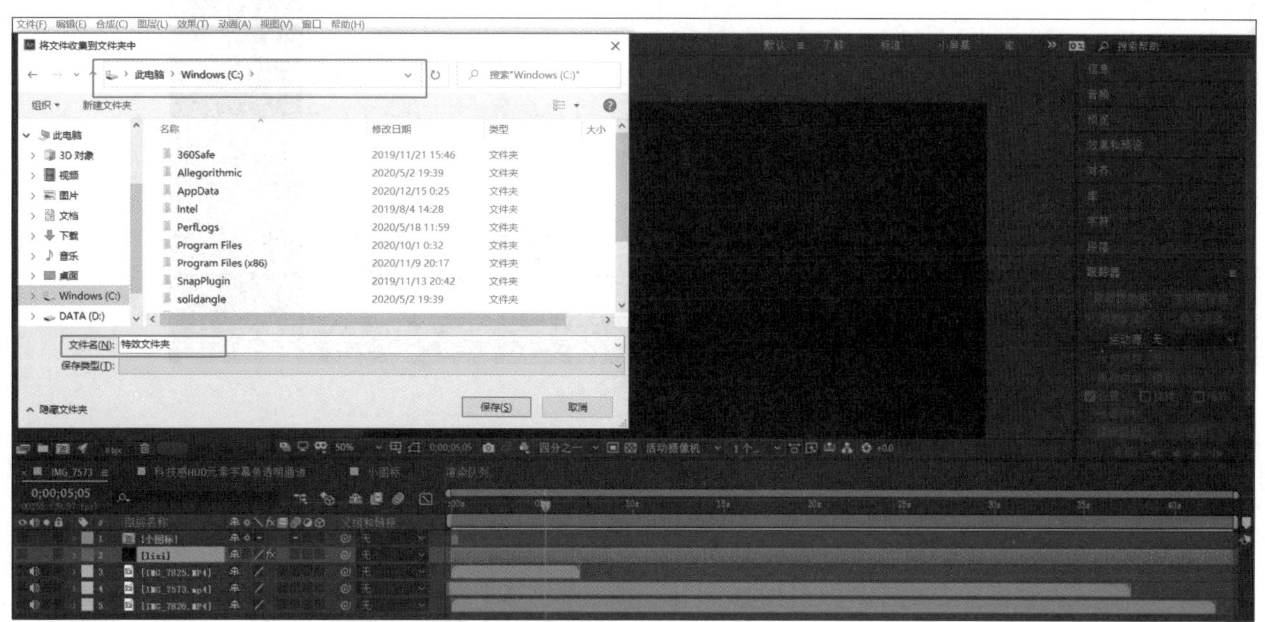

▲ 图 1-2-20　设置保存位置和文件名

收集完成后，查看收集的项目，可以看到保存的文件夹中有三个文件，分别是项目文件、报告文件和素材文件夹。项目文件是 AE 项目源文件；报告文件里面存储了记录如何收集以及素材的源文件来自何处的日志文件；素材文件夹保存了该项目用到的所有素材文件。

1.2.3 项目工作流程

开始制作新的项目前，首先要在“项目”面板空白处双击鼠标，弹出“导入文件”对话框，导入要编辑或参考的素材，包括项目需要的图片、视频和音频等，按住 Ctrl 键可以一次选择多个素材同时导入。选择完素材后，单击对话框下方的“导入”按钮，就可以将其导入到“项目”面板中，如图 1-2-21 所示。需要注意的是，在 AE 软件中编辑任何素材，都不会对原始素材造成影响。

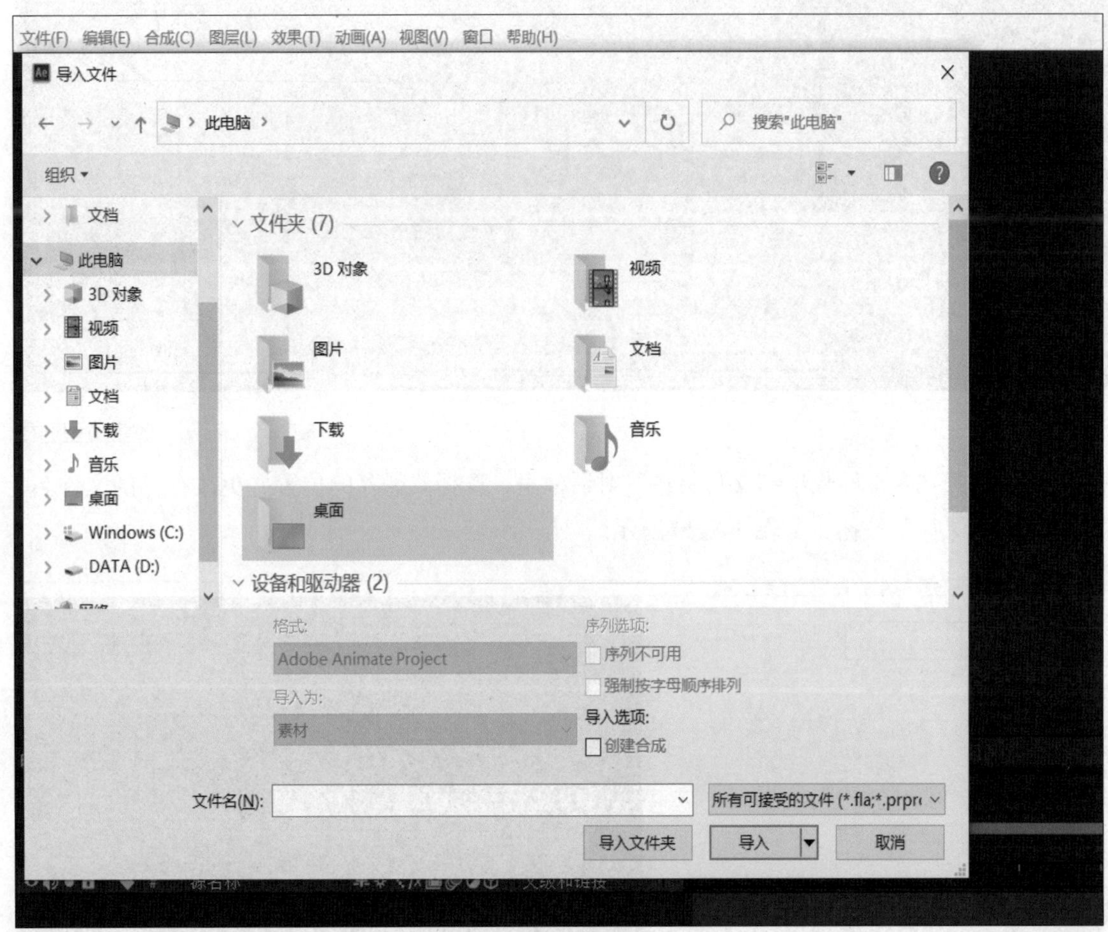

▲ 图 1-2-21 导入相关素材文件

单击“合成”面板中的“新建合成”按钮，或在“项目”面板的左下角单击“新建合成”按钮，也可以在菜单栏中选择“合成”→“新建合成”选项，在弹出的“合成设置”对话框中设置合成的参数（根据项目需求而定），如图 1-2-22 所示。在新建合成时一定要明确将要制作的项目制式，这将直接决定整个项目的宽高比、帧速率等基本参数。

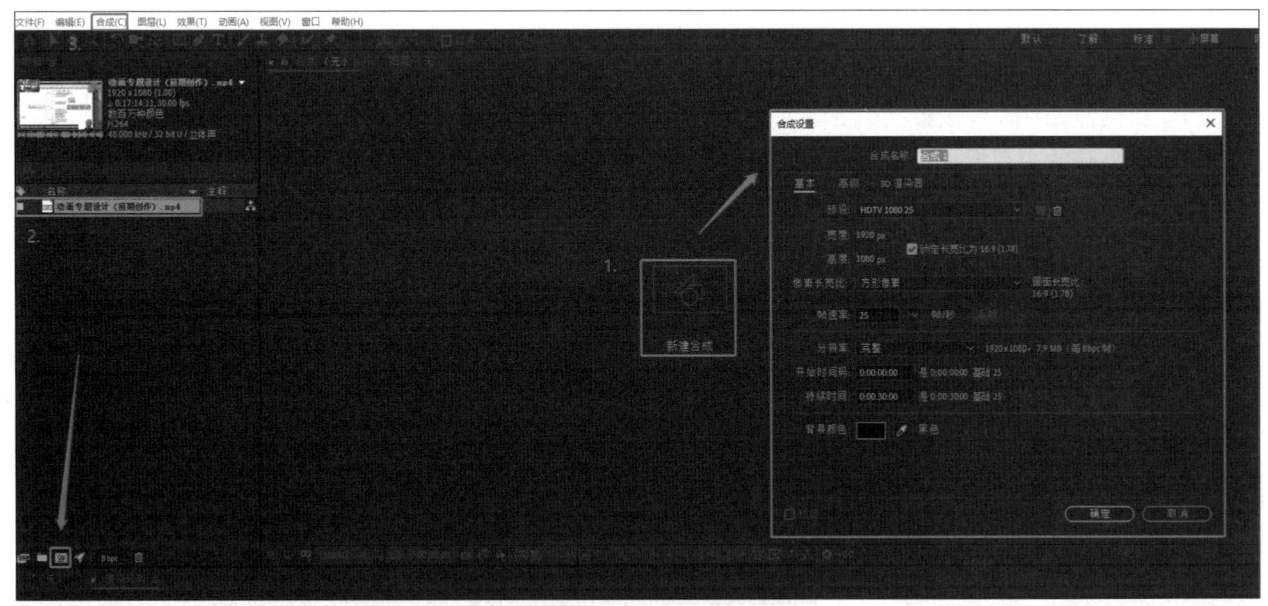

▲ 图 1-2-22　新建合成的不同方式

合成新建完后，就可以将素材放入合成中，进行下一步的操作。因为 AE 软件采用的是基于图层的编辑方式，放入“时间线”面板的素材以图层的形式呈现（以下称为“素材层”），上层素材在没有 Alpha 通道的前提下会遮盖住下层素材。当然，在 AE 软件中自建的文本、纯色图层等素材，默认自带透明通道。

在“时间线”面板中，可以对素材层进行移动、旋转、缩放和不透明度调节等变换操作，也可以利用遮罩工具完成图层的叠加，还能在合成之间进行嵌套，完成对不同层的管理。除了素材层的合成编辑，AE 作为一个后期合成软件，还有很强大的特效制作模块，可以在菜单栏的“效果”菜单中找到所有软件自带的和后期添加的效果插件，如图 1-2-23 所示。

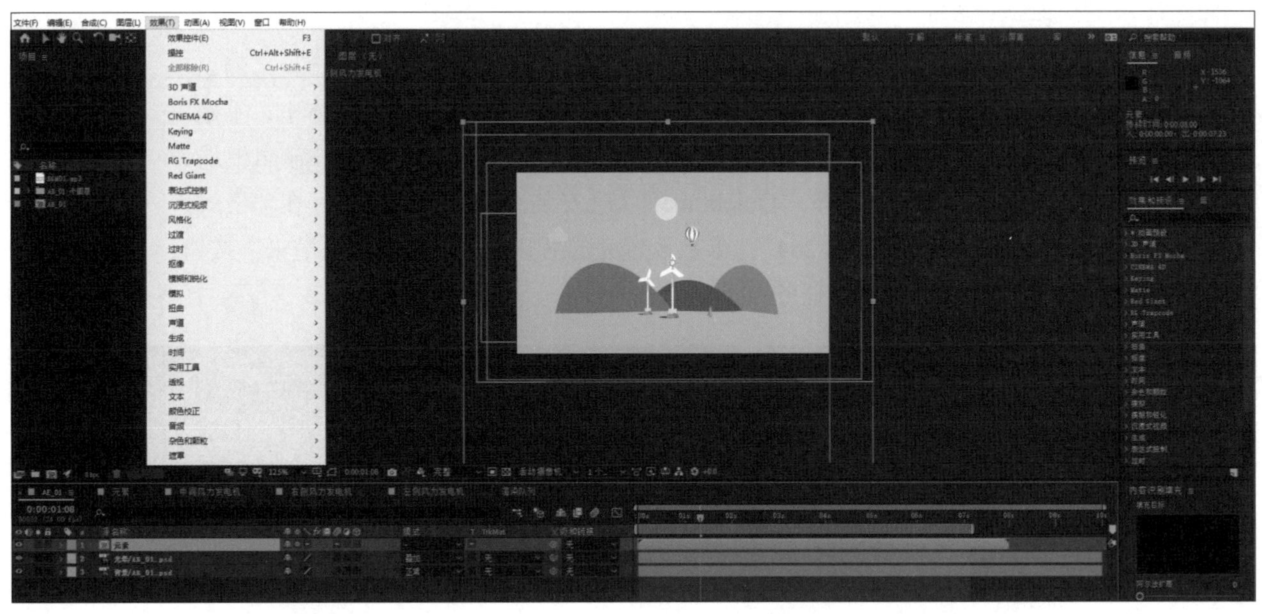

▲ 图 1-2-23　效果菜单

经验丰富的特效师可以通过不同层和诸多效果的叠加，制作出绚丽的特效镜头。总体来说，特效创作永无止境，重要的是始终保持一颗创作特效的心。

当项目制作完成后，按数字小键盘上的 0 键可以对项目进行预览。可供预览的时间长度取决于用户电脑的内存大小，添加特殊效果越多则预览和解算就越慢。根据预览效果对项目进行反复调整，确认没有问题后便可以输出视频。选中需要输出的合成，在菜单栏选择“文件”→“导出”→“添加到渲染队列”选项，此时“时间线”面板会变为“渲染队列”面板，或按 Ctrl+M 组合键，将合成添加到渲染队列，如图 1-2-24 所示。

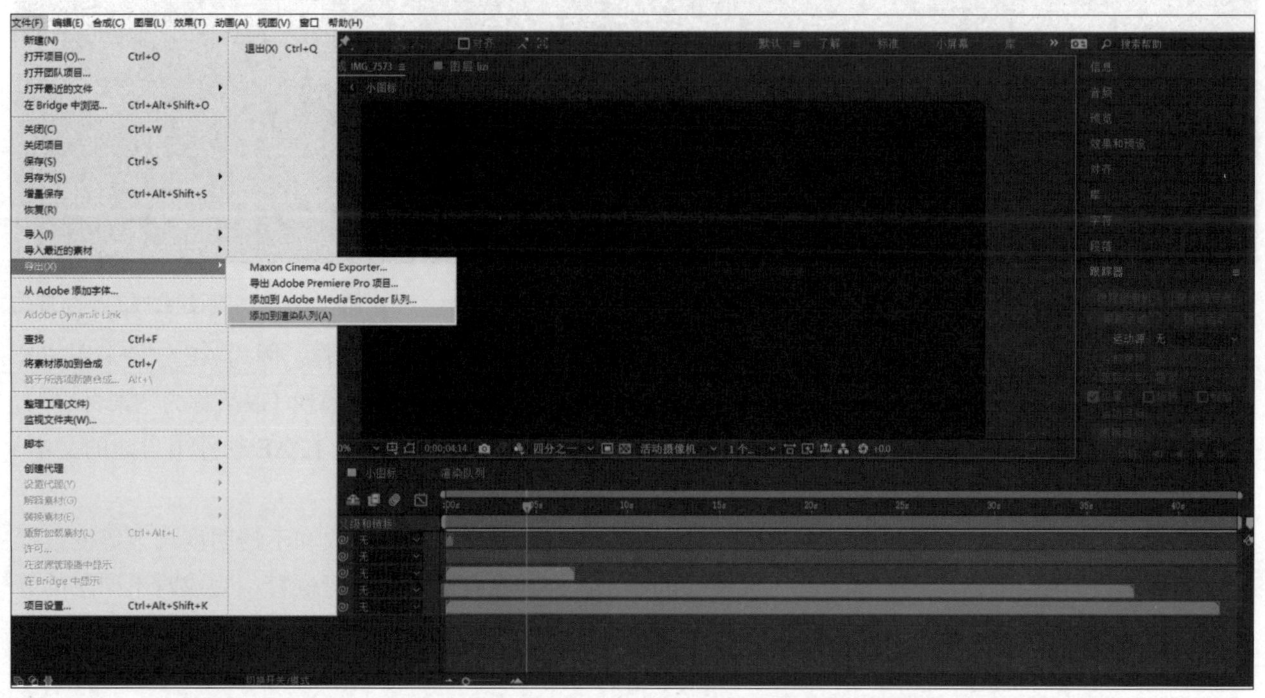

▲ 图 1-2-24　添加到渲染队列

在“渲染队列”面板中，可以对项目输出的属性进行设置，包括“渲染设置”“输出模块”“输出到”（输出路径），如图 1-2-25 所示。在“输出模块”后面的蓝色字体中，不建议选择“无损”选项，否则输出的文件过大。可以选择“自定义”选项，弹出“输出模块设置”对话框，在“格式”选项中选择“ Quicktime”（已安装 Quicktime 插件），在“格式选项”→“视频编解码器”中选择“ H.264”。参数设置完成后，单击面板右侧“渲染”按钮，渲染完成后就完成了整个项目的制作任务。

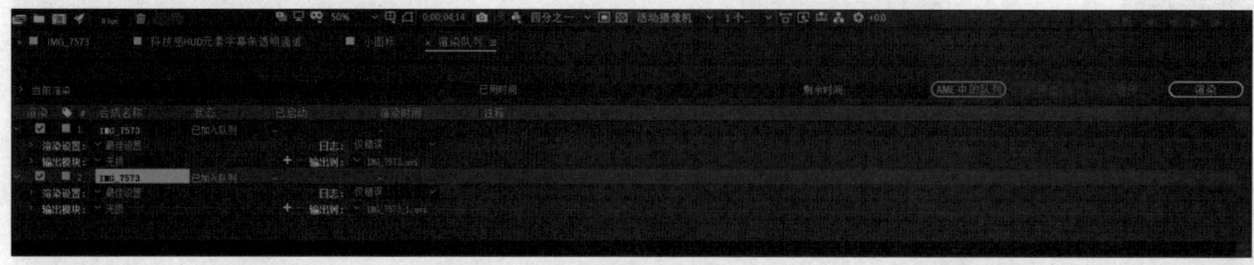
▲ 图 1-2-25　渲染队列面板

1.2.4 常用键盘快捷键

在使用 AE 软件的过程中，灵活运用快捷键可以帮助用户快速实现特定功能，提高项目制作的效率。可以在菜单栏选择“编辑”→“键盘快捷键”选项，或按 Ctrl+Alt+’组合键，打开“键盘快捷键”对话框，来设置常用快捷键。在“命令”下拉菜单中可以查看不同面板的快捷键，单击下方不同命令后的快捷键，就可以对其进行修改，如图 1-2-26 所示。

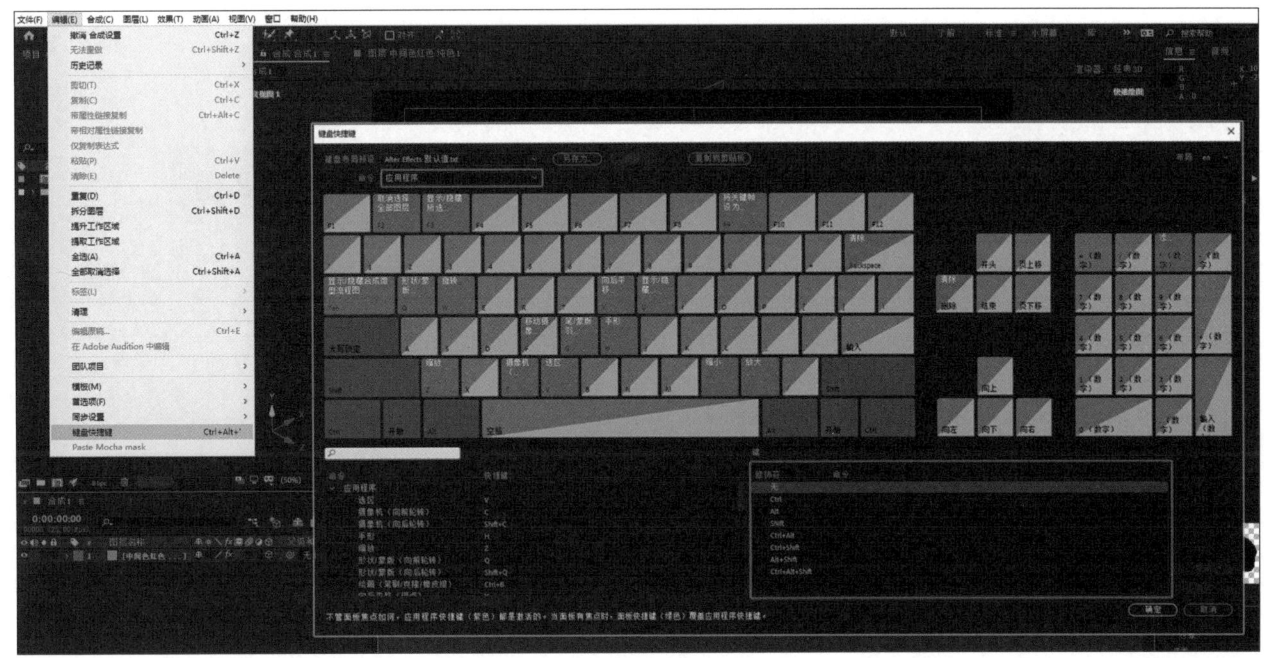

▲ 图 1-2-26 AE 软件快捷键设置

常用快捷键如表 1-2-1 所示。

表 1-2-1 AE 软件常用快捷键

快捷键	功能	快捷键	功能
Z	缩放工具	V	选取工具
H	手型工具	W	旋转工具
C	摄像机工具	Y	锚点工具
Q	矩形工具	G	钢笔工具
Ctrl+T	文字工具	Alt+W	笔刷工具
Ctrl+B	画笔工具	Ctrl+P	操控点工具
P	位置	S	缩放
R	旋转	T	不透明度
L	音频级别	F	蒙版羽化
M	蒙版形状	U	显示所有关键帧属性
Ctrl+D	复制图层	Ctrl+Y	新建纯色层
Alt+W	笔刷工具	Ctrl+P	操控点工具
Ctrl+Shift+C	新建预设合成	Ctrl+N	新建合成

温馨提示

专业的从业人员会根据自己的习惯设置常用的快捷键，以提高项目制作的效率。

续表

快捷键	功能	快捷键	功能
Ctrl+O	打开项目	Ctrl+K	合成设置
Ctrl+M	添加渲染队列	Ctrl+I	导入素材文件
J	切换至前一帧	K	切换至后一帧
B	设置工作区域开头	N	设置工作区域结尾
[	设置入点	]	设置出点

练一练

1. 在一部电影中找出哪些镜头是运用后期特效制作的，并思考如果拍摄这样的镜头，应该怎么设置特效部分？

2. 完成 AE 软件的安装，新建一个项目并练习基本操作。

第2章

认识视频与合成

| 本章概述 |

在学习 AE 软件的具体操作之前，掌握有关视频的基础知识是十分必要的。AE 软件作为一款功能强大的视频合成软件，采用了层类型的编辑模式，所有的合成都要以基于图层的方式进行编辑。因此，了解合成是学习 AE 软件特效制作的第一步。本章主要讲述视频的基础知识和合成的基础操作。

| 学习目标 |

1. 了解视频的含义，掌握视频格式和视频编码的相关知识，认识不同视频制式的区别。

2. 掌握合成的基础操作，掌握合成的创建方法及不同素材的导入和整理方法。

| 素质目标 |

1. 细心学习，利用中国元素弘扬优秀传统文化。

2. 培养探索精神和对知识的渴求态度。

2.1　视频基础知识

在第 1 章中，已对后期制作的基础知识进行了介绍，对 AE 软件有了初步认识。本节将介绍视频和合成的基知识，为进一步学习打下基础。合成是在已有视频素材基础上进行的操作，因此下面需要先讲了解一下视频的基础知识。

2.1.1　视频的含义

当有少许差别的图片逐帧播放，速度达到足够快时，就会让观众产生运动视错觉，在大脑中生成动态、连续的图像，这就是视频的原理。视频其实就是序列帧的图像快速播放时在大脑中形成的动态假象。视频的最小单元为帧，每一秒播放的帧数称为帧速率，帧速率越高，视频看起来越流畅。

2.1.2　视频制式的种类

视频诞生之初，为了方便信号传输和在电视设备上播放，需要采取统一的标准，这种标准称为制式。由于历史地理等原因，不同国家和地区发展出了不同的视频制式，不同制式的信号和播放设备是不能相互兼容的。目前，彩色视频主要分为 NTSC、PAL 和 SECAM 三大制式。

1. NTSC 制

NTSC 制得名于美国电视制式委员会（National Television Systems Committee，NTSC），是 1952 年由该委员会制定的彩色电视广播标准，又称为正交平衡调幅制。采用 NTSC 制的国家有美国、加拿大、日本等。这种制式的帧速率为每秒 30 帧，扫描线 525 行，隔行扫描，标准分辨率为 720 × 480。

2. PAL 制

正交平衡调幅逐行倒相（Phase-Alternative Line，PAL）制又称帕尔制，意为“逐行倒相”。PAL 制由联邦德国在 1962 年制定，它克服了 NTSC 制相位敏感造成色彩失真的缺点，改善了画面质量。目前，使用这一制式的国家包括中国、德国、英国、新加坡等。该制式的帧速率为每秒 25 帧，扫描线 625 行，隔行扫描，标准分辨率为 720 × 576。

3. SECAM 制

SECAM 制（Séquentiel couleur à mémoire）又称行轮换调频制、塞康制，是法国于 1966 年率先使用的电视制式。SECAM 是法文缩写，意为“轮流传送彩色与存储”。采用 SECAM 制的有法国、独联体国家和非洲的一些官方语言或通用语言为法语的国家。该制式帧速率为每秒 25 帧，扫描线 625 行，隔行扫描，标准分辨率为 720 × 576。

随着计算机存储技术和互联网的迅速发展，播放视频不再是电视机的专利，很多视频可以在电脑上播放，这就打破了视频传输的局限，视频的制式要求也不再像从前一样严格。随之出现了 DVD、蓝光、HDV/HDTV 和 UHD 等基于不同数字信号和数字存储技术的视频标准，让更多高清视频逐渐走进了人们的生活。

在 AE 软件中新建合成，首先需要设置的就是合成的制式格式，不同制式拥有不同的高度、宽度、像素长宽比和帧速率等，如图 2-1-1 所示。这就像是盖房子之前打地基，如果前期没有设置好制式格式，那么后期想要修改项目就很困难，甚至有返工的风险。

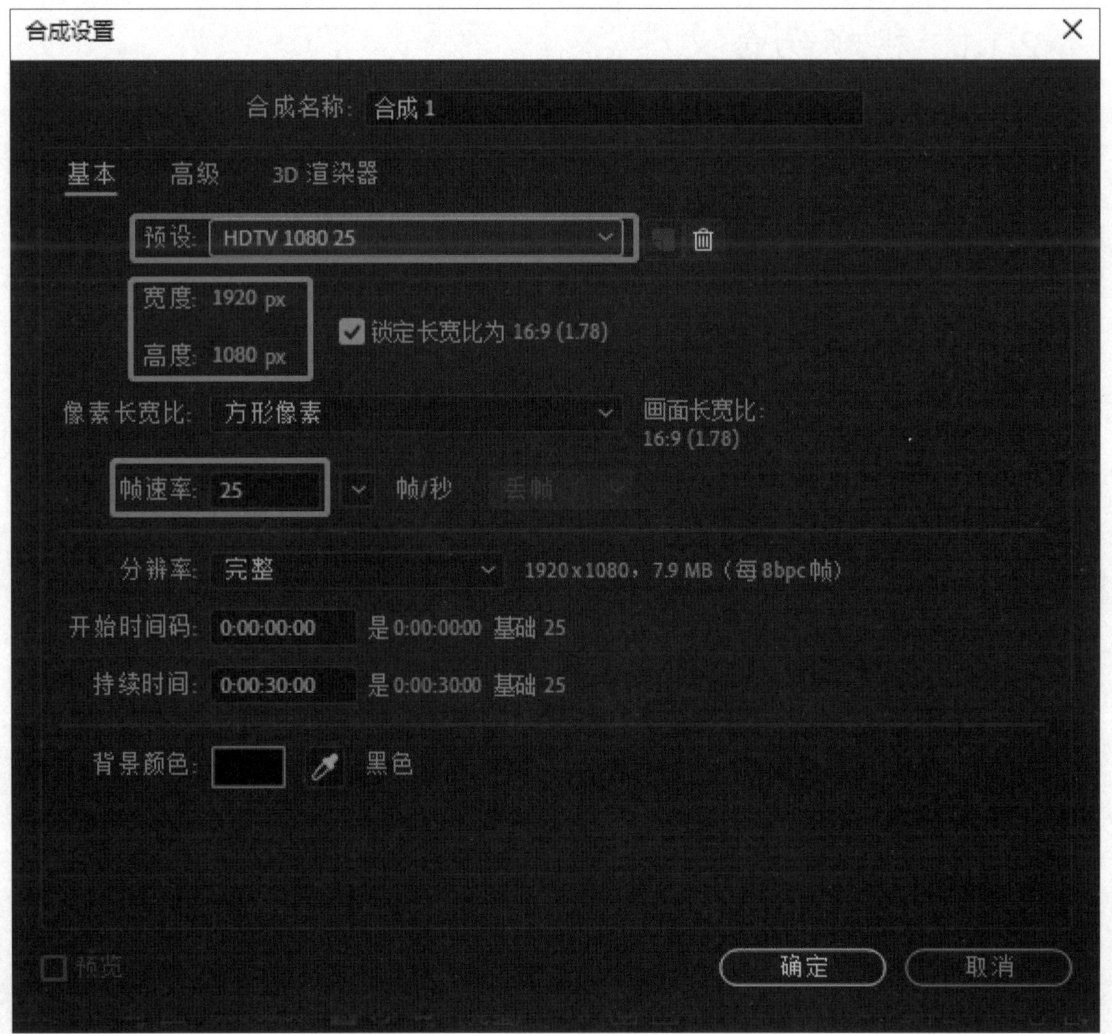

▲ 图 2-1-1　合成设置窗口

2.1.3　视频格式

视频格式就是视频的编码方式。在视频传播方面，视频格式可以分为适合本地播放的本地影像和适合在网络中传播的流媒体影像两大类。在编辑打包层面，视频格式又分为视频封装格式和视频编码格式。

视频封装格式就是将已经编码处理的视频数据、音频数据及字幕数据按照一定的方式放到一个文件中。人们现在看到的大部分视频文件，除视频数据外，还包括音频数据和字幕。想要将这些信息有机地组合在一起，就需要用一个容器进行封装，这个容器就是封装格式。编码格式与封装格式的名称有时是一致的，如 MPEG、WMV、DivX、XviD、RM 和 RMVB 等格式，既是编码格式，也是封装格式；有时则不一致，如 MKV 就是一种能容纳多种不同类型编码的视频、音频及字幕流的“万能”视频封装格式，以“.mkv”为扩展名的视频文件，可能封装了不同编码格式的视频数据。由于音视频数据经过编码后还需要经过封装才能到达用户，因此，严格地讲，普通用户接触到的视频格式都是视频的封装格式。

2.1.4　视频编码

视频编码的主要目的是在保证一定清晰度的前提下缩小存储视频文件所需的空间。未经压缩的无损视频的数据量是非常惊人的，10 秒左右的视频就能装满 1G 的硬盘空间。所以在视频输出时，选择合适的编码器是非常重要的。例如，针对 QuickTime 格式的编码器就有几十种，如图 2-1-2 所示。

▲ 图 2-1-2　不同编码格式

编码格式和封装格式并不是随意选择的，而是取决于播放设备和项目的需求。在符合要求的前提下，选择一款比较好用的编码器，可以使输出的视频体积小且清晰度高，在制作项目的过程中起到事半功倍的效果。

2.2 合成基础操作

在 AE 软件中，把不同的素材有目的地组合在一起，最终实现想要达到的镜头效果，这个过程称为合成。

2.2.1 合成的新建

项目制作的第一步就是新建一个合成，只有在合成中才能进行不同素材层的编辑工作。在 AE 软件中，有很多新建合成的方法，在第 1 章里做了初步讲解。新建合成有以下 4 种方法。

方法 1：在菜单栏选择“合成”→“新建合成”选项，打开“合成设置”对话框，可以新建合成，如图 2-2-1 所示。

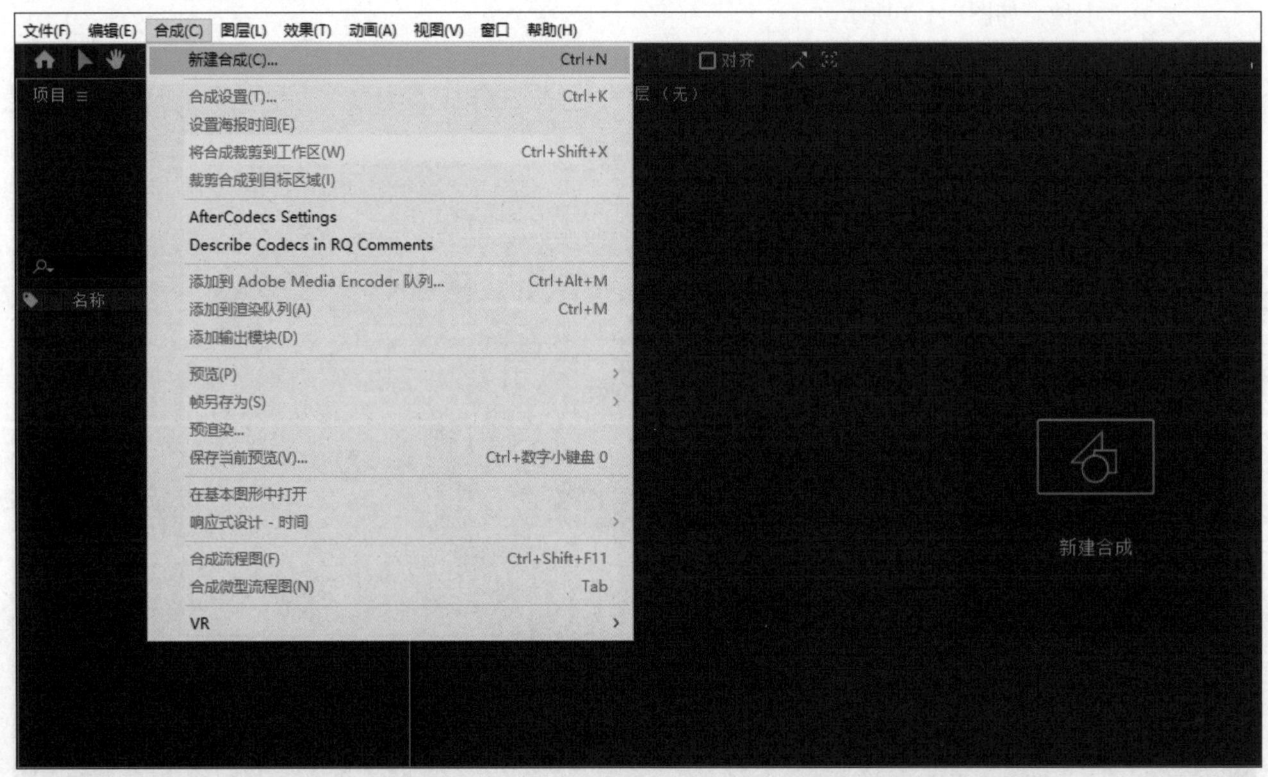

▲ 图 2-2-1　菜单栏新建合成

方法 2：按 Ctrl+N 组合键打开“合成设置”对话框新建合成。

方法 3：单击“合成”面板中的“新建合成”图标，打开“合成设置”对话框新建合成，如图 2-2-2 所示。

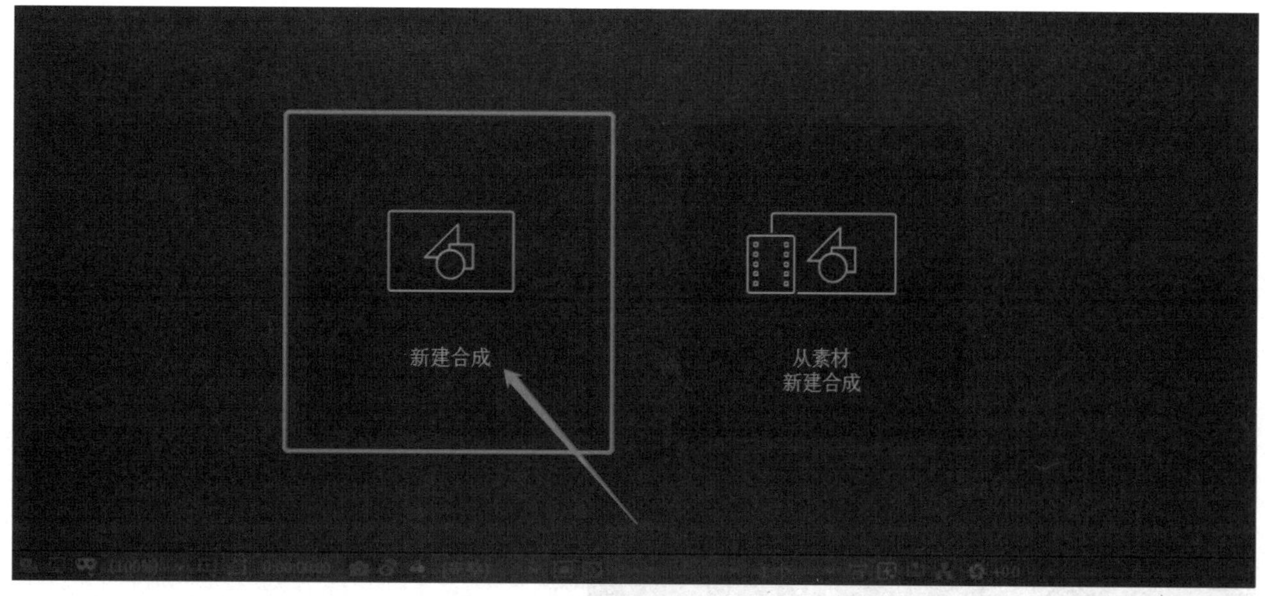

▲ 图 2-2-2 “合成”面板新建合成

方法 4：双击“项目”面板空白处导入项目素材，再将素材拖动至左下方“新建合成”图标处，也可以单击“合成”面板里的“从素材新建合成”图标，基于素材大小新建合成。这种方法的优点是直接对基于素材的参数进行设置，不用对合成的相关参数进行设置。如果不清楚项目素材属性，则最好使用这种方式新建合成，以便创建完成的合成所有属性和素材保持一致，如图 2-2-3 所示。

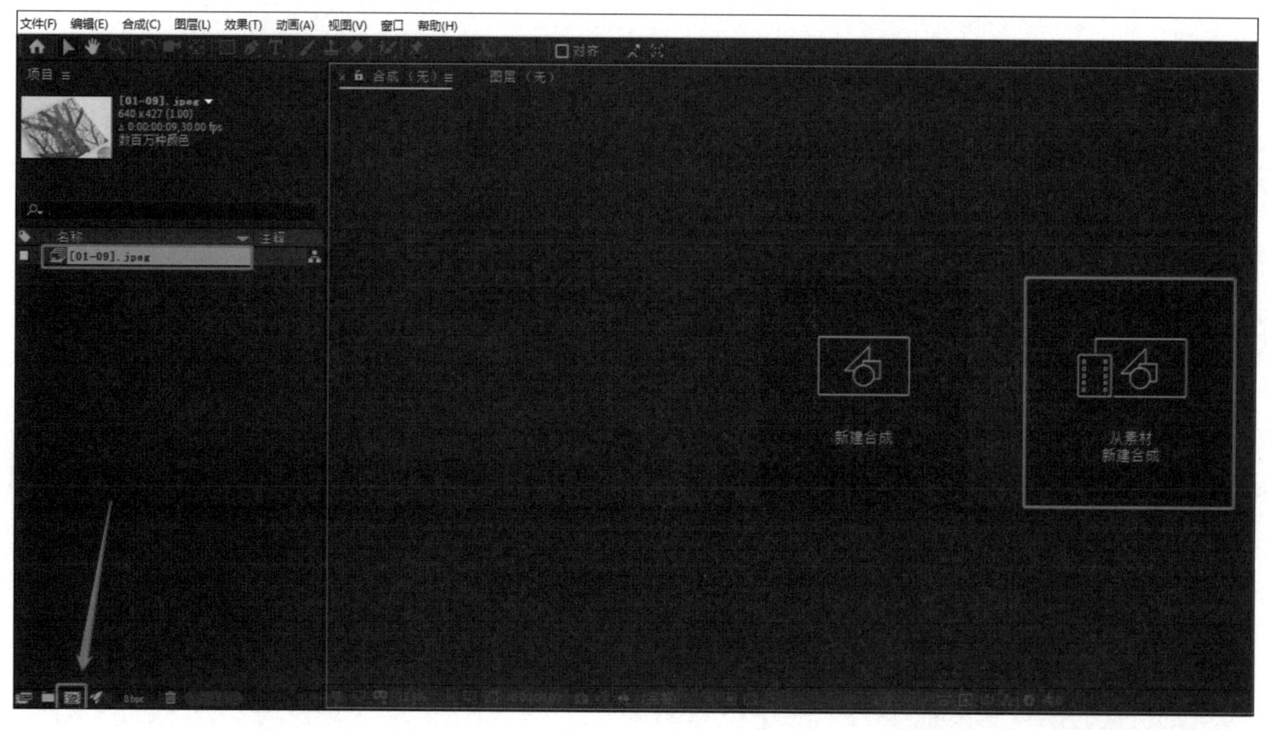

▲ 图 2-2-3　基于素材新建合成

如果导入的是多个文件或PSD分层文件，会弹出“基于所选项新建合成”对话框，可以根据需要进行相关参数的设置，如图2-2-4所示。

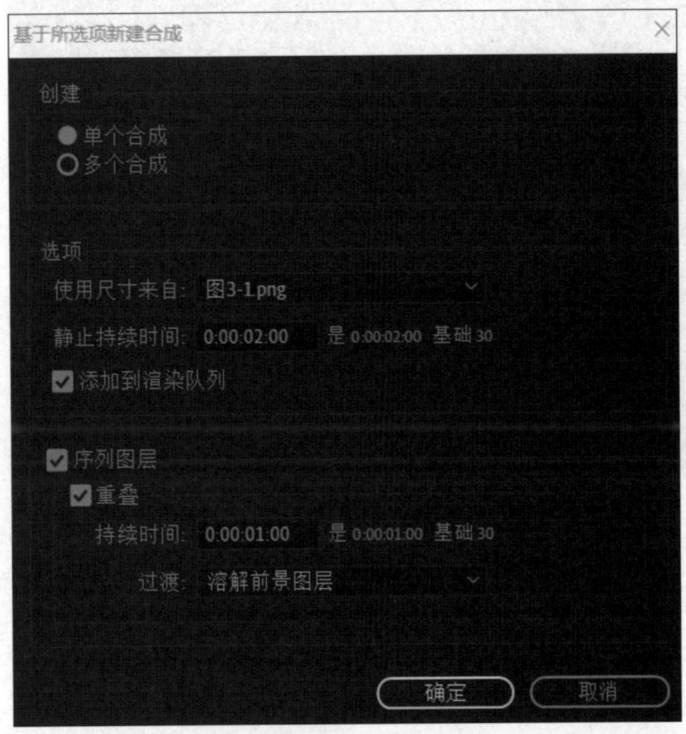

▲ 2-2-4 基于多个素材新建合成

2.2.2 预合成及嵌套

对合成中已经存在的某些图层进行整合，这种操作就是预合成。通过预合成产生的新的合成会在“项目”面板中显示，而原始合成会显示为单个图层。它可以被视作一层素材进行编辑，在它上面添加的效果会作用在合成中所有图层的效果之上。把一个合成作为另一个合成中某个图层的源素材项目，也就是把一个合成嵌入另一个合成里，这种操作就是嵌套。通过层层嵌套，一个合成中可以有千变万化的叠加效果。

预合成和嵌套可用于管理和组织复杂的合成。通过预合成和嵌套，可以执行以下操作。

（1）对整个合成进行更复杂的更改。先新建一个包含多个图层的合成，再将其嵌套至另一个合成中，并为其制作动画或应用效果，这样可以做到以相同的方式同时更改所有图层。

（2）重复使用已创建的内容。嵌套合成既是独立的合成，也可以作为其他合成的图层源素材，在不同场合下反复使用。

（3）同步更改所有合成。如果一个嵌套合成在多个合成中充当图层，那么在“项目”面板中对嵌套合成进行更改时，将该嵌套合成作为源素材项目应用的每个合成都会发生相应的更改。

（4）更改图层的默认渲染顺序。对于不能应用“折叠变换”的一般图层，AE软件在默认情况下会先渲染效果，再渲染图层的变换属性。这样，效果可能将无法完整地应用到更改了变换属性的图层上。而对图层进行预合成，就可以改变渲染的顺序，先渲染变换属性，再渲染效果。

（5）向图层添加另一组变换属性。除了所含图层的属性之外，预合成图层还具有自己的属性。可以将其他系列的变换应用于预合成图层之中。

预合成图层的操作方法是，在“时间线”面板中选中单个或多个图层，并在菜单栏中选择“图层”→“预合成”选项，或按 Ctrl+Shift+C 组合键，弹出的对话框中有以下两个选项：①保留其中的所有属性，保留原始合成中预合成图层的属性和关键帧，这些属性和关键帧将应用于表示预合成的新图层，当选择多个图层、一个文本图层或一个形状图层时，此选项不可用。②将所有属性移动到新合成，在合成层次结构中将预合成图层的属性和关键帧从根合成进一步移动一个层次，在使用此选项时，应用于图层属性的更改也将应用于预合成中的各个图层。

在“项目”面板中双击合成条目或在“时间线”面板中双击预合成图层，便可以在“合成”面板中打开预合成。

想要查看某个合成与同一合成网络中其他合成的嵌套关系时，可以单击“合成”面板上方的“合成导航器”按钮，或选择菜单栏中的“合成”→“合成流程图”选项，在“合成”面板中展开合成流程图，如图 2-2-5 所示。

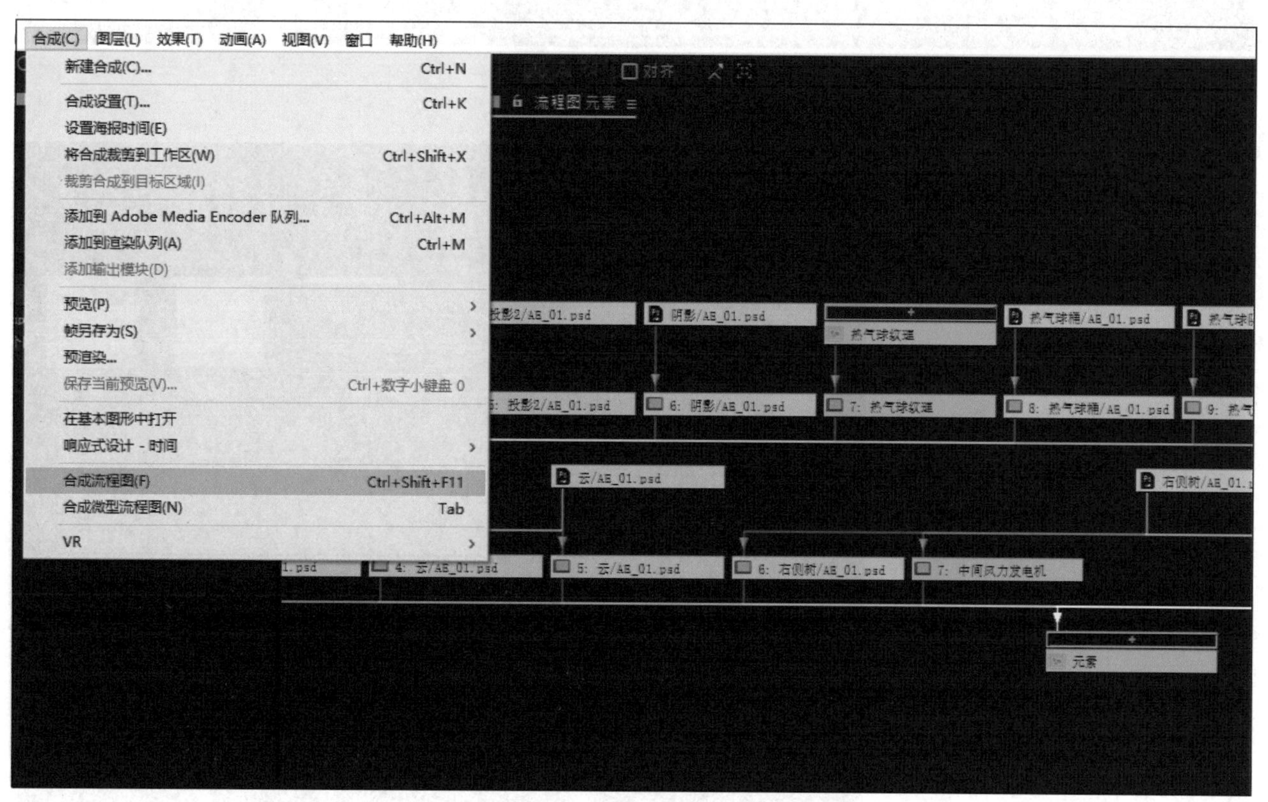

▲ 图 2-2-5　合成流程图

也可以使用“合成微型流程图”查看当前合成上游和下游的合成。在菜单栏中选择“合成”→“合成微型流程图”选项，如图 2-2-6 所示。

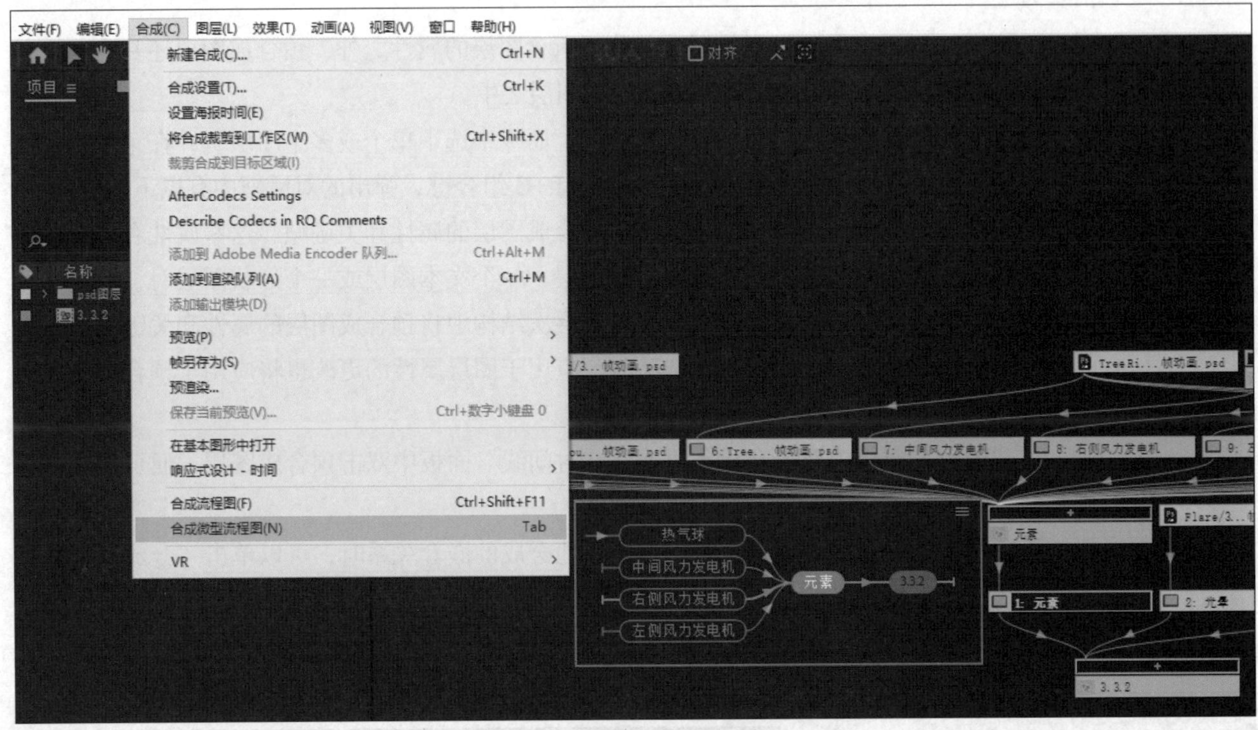

▲ 图 2-2-6 合成微型流程图

2.2.3 导入素材

在需要使用 AE 软件制作镜头合成特效时，第一步就是将要用到的素材导入软件中。

1. 导入素材的方式

使用 AE 软件处理视频时，需要先把素材导入软件。导入的方法有很多，下面依次列举 5 种导入方式。

方法 1：按 Ctrl+I 组合键，弹出“导入文件”对话框后，选中需要的素材，再单击“导入”按钮，如图 2-2-7 所示。

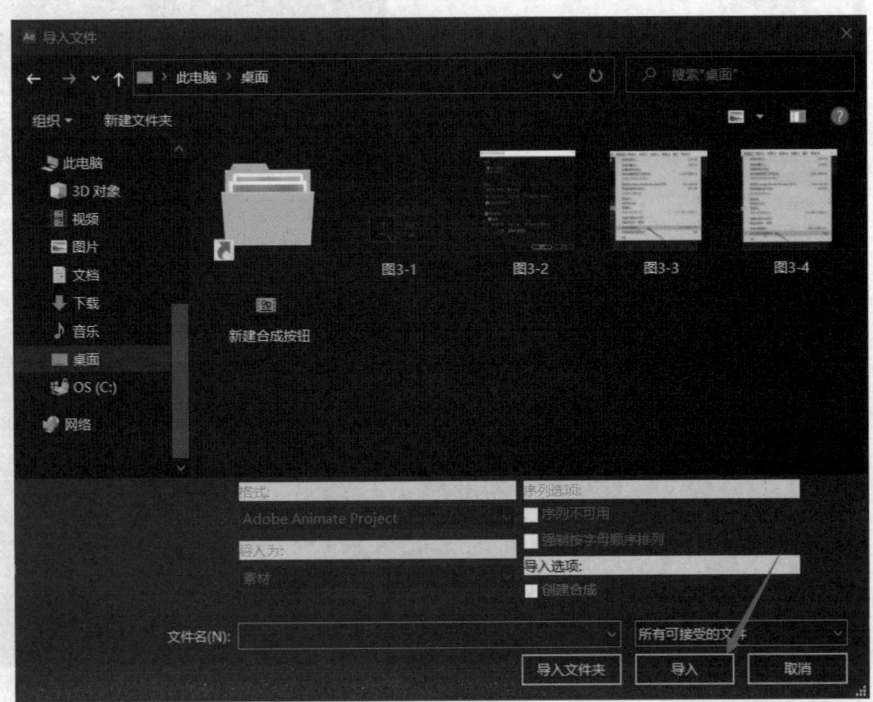

▲ 图 2-2-7 “导入文件”对话框

方法 2：选择菜单栏中的“文件”→“导入”→“文件”选项，如图 2-2-8 所示。在之后出现的“导入文件”对话框中，选择需要的素材，然后单击“导入”按钮。

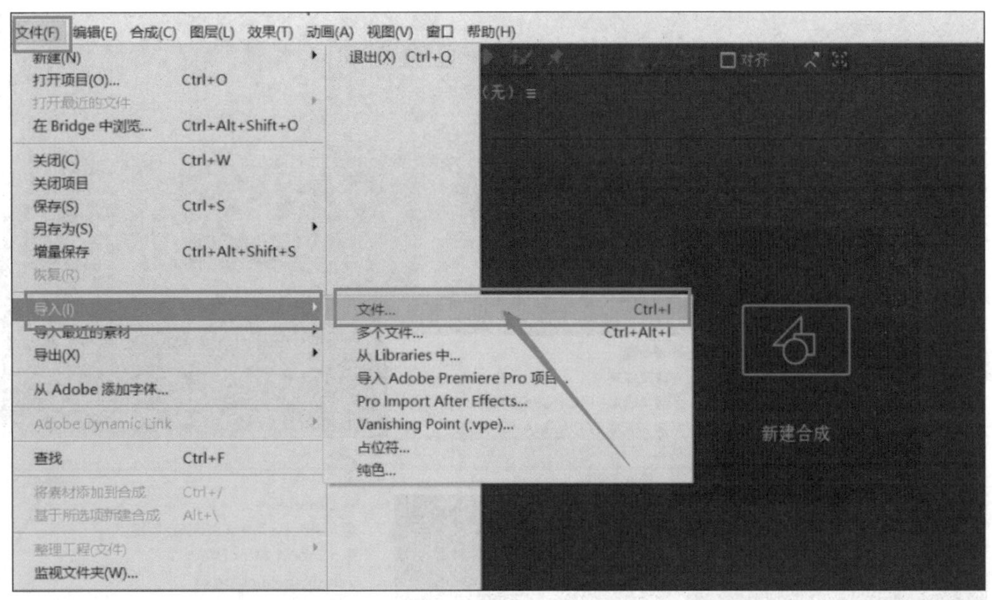

▲ 图 2-2-8　菜单栏导入素材

方法 3：在“项目”面板空白处双击鼠标后，弹出“导入文件”对话框，重复上述操作，如图 2-2-9 所示。

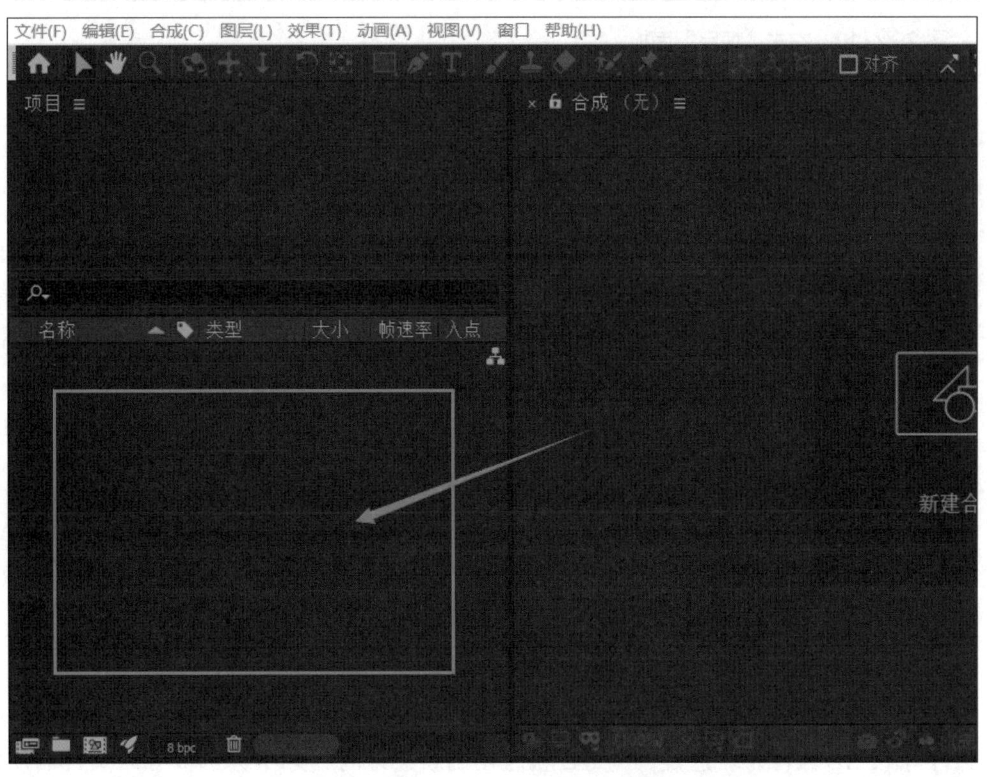

▲ 图 2-2-9　双击“项目”面板导入素材

方法 4：右击“项目”面板空白处，在弹出的菜单中选择“导入”→“文件”选项，重复上述步骤，如图 2-2-10 所示。

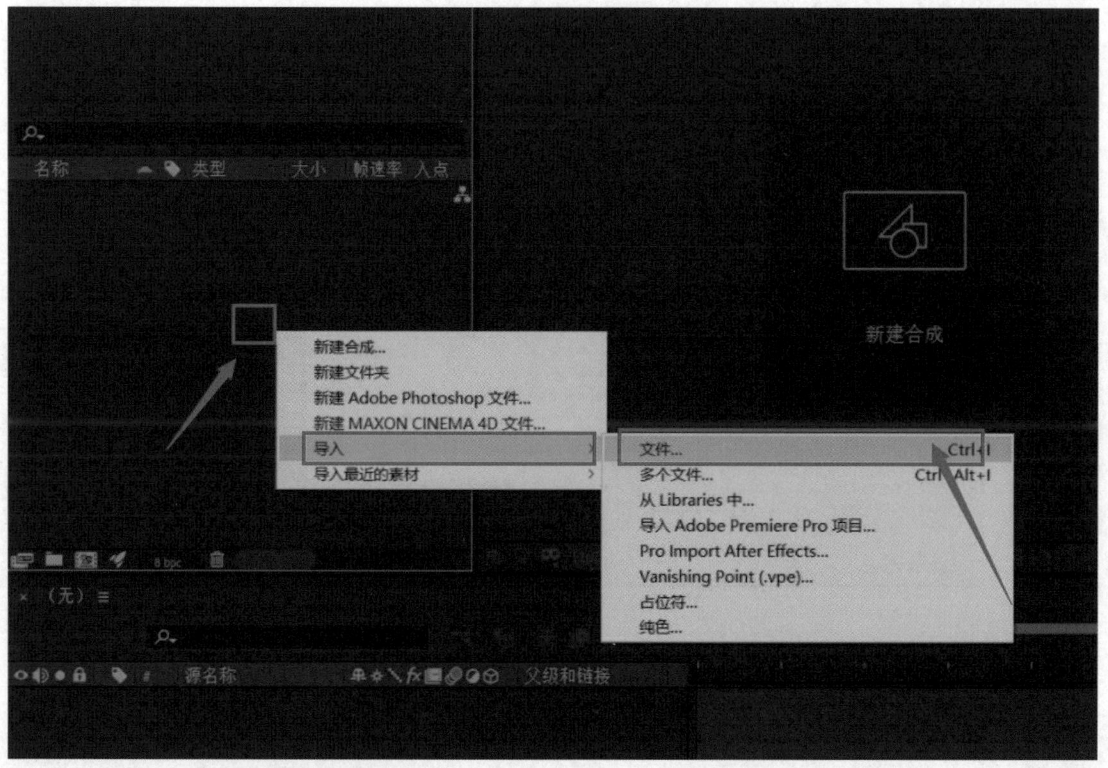

▲图 2-2-10　右击“项目”面板

方法 5：从桌面或资源管理器中选中素材文件，直接拖动到 AE 软件的“项目”面板中即可。

2. 不同类型素材的导入

AE 软件可以和 Adobe 旗下的软件进行无缝对接，这其中当然也包括了 Adobe Photoshop 的渲染引擎，因此 AE 可以导入 Photoshop 文件的所有属性，其中涵盖了位置、混合模式、不透明度、可见性、透明度（Alpha 通道）、图层蒙版、图层组（导入为嵌套合成）、调整图层、图层样式、图层剪切路径、矢量蒙版、图像参考线及裁切组等。

在将 PSD 文件导入 AE 软件之前，需要确保在导入和更新 PSD 文件图层时不会出现问题，因此需要注意以下几点：

（1）组织和命名图层。导入 PSD 文件后，如果更改了其中一个图层的名称，AE 软件仍会保留与原始图层的链接。但如果删除了一个图层，会导致 AE 软件无法找到原始图层，并在“项目”面板中将其列为“缺失”。

（2）确保每个图层的名称是唯一的，防止图层之间互相混淆。

（3）若在导入 PSD 文件后仍需添加图层，则需要先添加少量的占位符图层，再将 PSD 文件导入 AE 软件中。这是因为 AE 软件在刷新文件时，并不会选取导入文件后所添加的任何新图层。

（4）导入文件前需在 Photoshop 中解锁图层，图层处于锁定状态时，是不能正确地将其导入的。

在 AE 软件中导入 PSD 格式文件的前期操作和导入其他素材的方式是相同的，不过在导入过程中会有几个相关选项需要设置。

双击“项目”面板空白处，在“导入文件”对话框中选择需要导入的 PSD 文件素材，在“导入为”下拦框中选择导入方式为“素材”，当然这些设置在下一步还可以修改，如图 2-2-11 所示。

▲ 图 2-2-11 导入 PSD 文件

执行导入命令后，会弹出导入设置对话框。其中，“导入种类”包含素材、合成两个选项，需要制作者根据项目需求进行选择，如图 2-2-12 所示。

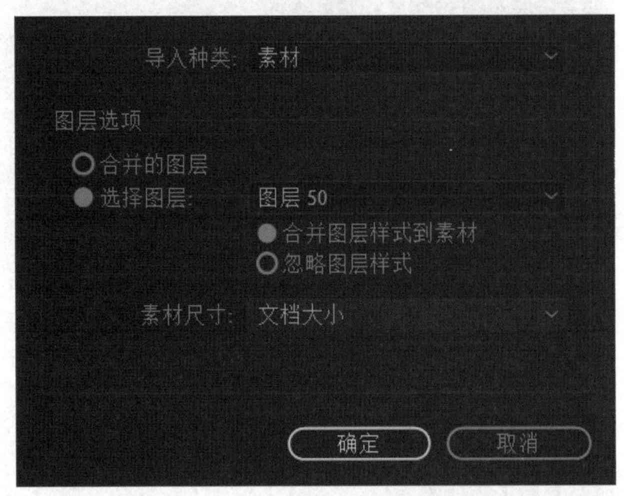

▲ 图 2-2-12 导入 PSD 文件设置

若以“合成”形式导入，则PSD文件的每个图层都会作为合成的一个单独图层，但合成影像的大小会改变图层的原始尺寸。也可以在先前的“导入为”下拉框中选择导入方式为“合成”，如图2-2-13所示。

▲ 图2-2-13　以“合成”形式导入

若以“合成-保持图层大小”形式导入，则文件的每个图层都会作为合成影像的一个单独的图层，同时，它们的原始尺寸保持不变；也可以在“导入为”下拉框中选择导入方式为“合成-保持图层大小”，如图2-2-14所示。

▲ 图2-2-14　以“合成-保持图层大小”形式导入

中国结素材

包含通道素材的文件一般为TGA、PNG、TIF和PSD等格式，或为带有Alpha通道的MOV、AVI等视频格式。

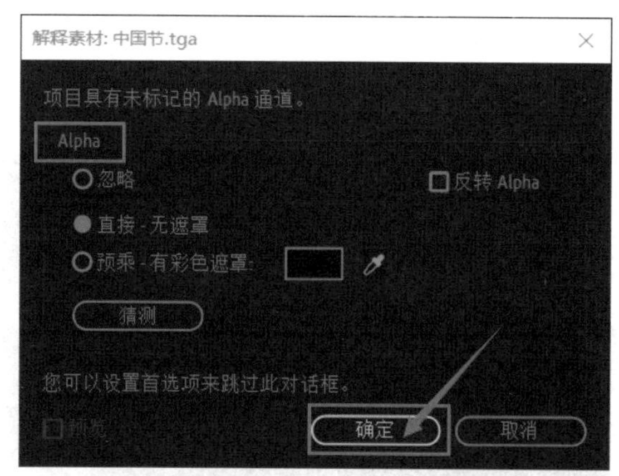

▲ 图 2-2-15　Alpha 素材导入设置

导入带有通道素材的图片文件时，首先双击“项目”面板，在弹出的“导入文件”对话框中选择需要导入的带有通道素材的图片文件，导入成功后会自动弹出对话框，如图 2-2-15 所示。在“Alpha”选项中可以看到“忽略”“直接 - 无遮罩”“预乘 - 有彩色遮罩”。若选择“忽略”，则 Alpha 通道不会起作用；若选择“直接 - 无遮罩”，则软件会自动计算相应的通道数据；若选择“预乘 - 有彩色遮罩”，则可以指定遮罩的颜色进行扣除。

将“项目”面板中所导入的带有 Alpha 通道素材的图片文件拖动至“时间线”面板上，就可以和素材进行叠加使用，如图 2-2-16 所示。

▲ 图 2-2-16　导入带有通道素材的图片

导入带有通道的视频素材时，首先双击“项目”面板，在弹出的“导入文件”对话框中选择需要导入的带有通道素材的视频文件。导入成功后，将“项目”面板中所导入的带有

Alpha 通道素材的视频文件直接拖动至“时间线”面板上，通过 Alpha 通道与素材进行叠加使用，如图 2-2-17 所示。

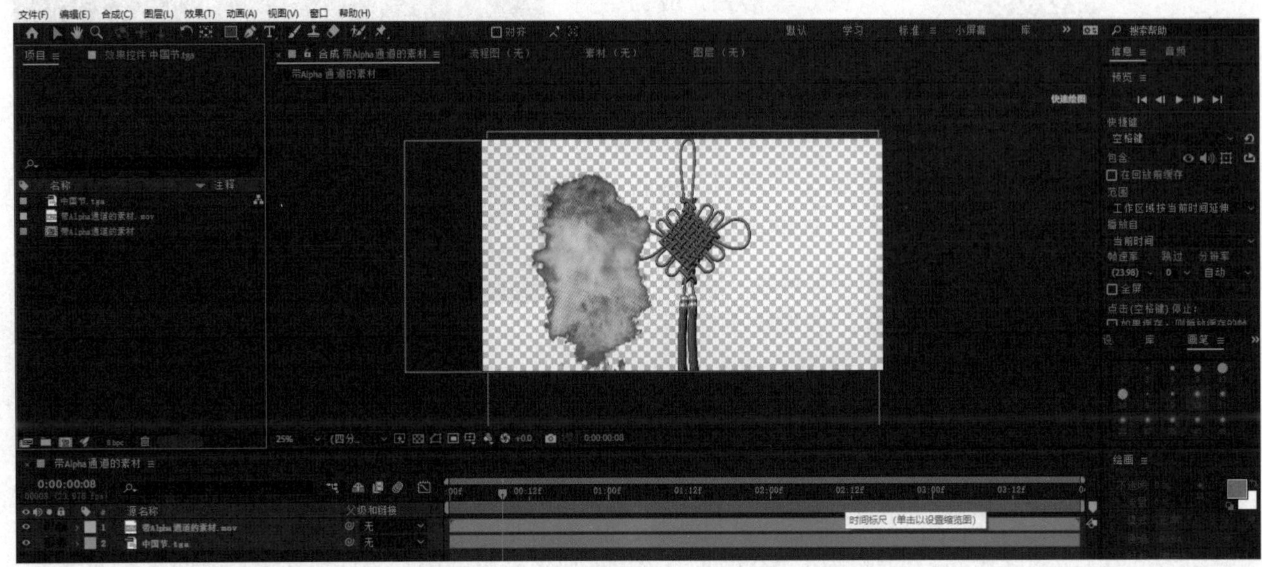

▲ 图 2-2-17　导入带有通道的视频素材

3. 解释素材

AE 软件利用一套内部规则，根据它对源文件的像素长宽比、帧速率、颜色配置文件和 Alpha 通道类型的最佳猜测，来解释每个导入的素材项目。如果 AE 的猜测是错误的，或者制作者想以不同方式使用素材，就可以通过编辑解释规则文件来针对所有特殊类型的素材项目修改这些解释规则，或使用“解释素材”对话框修改特定素材项目的解释。

在软件中导入素材后，选择菜单栏中的“文件”→“解释素材”→“主要”选项，弹出解释素材的对话框，如图 2-2-18 所示。

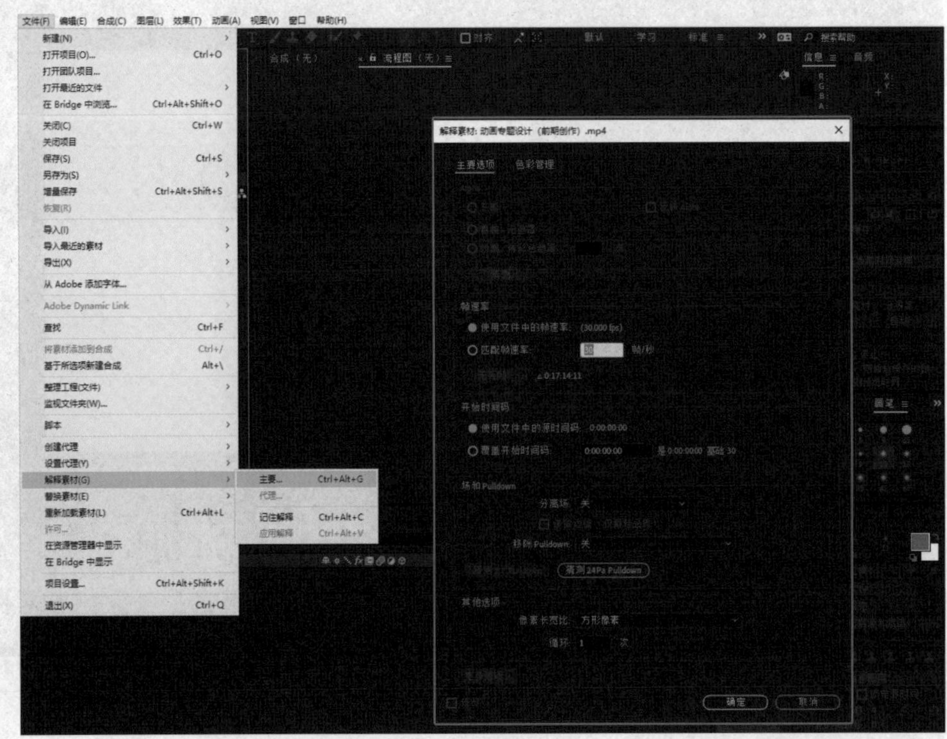

▲ 图 2-2-18　解释素材的对话框

在项目制作中经常会遇到需要对素材进行反复更改的情况，甚至要完全替换个别素材，或者要应对在素材移动后出现丢失素材的情况，这时就需要用到“替换素材”操作。

首先，需要选中要替换的图片，然后右击选择“替换素材”→“文件”选项，如图 2-2-19 所示。

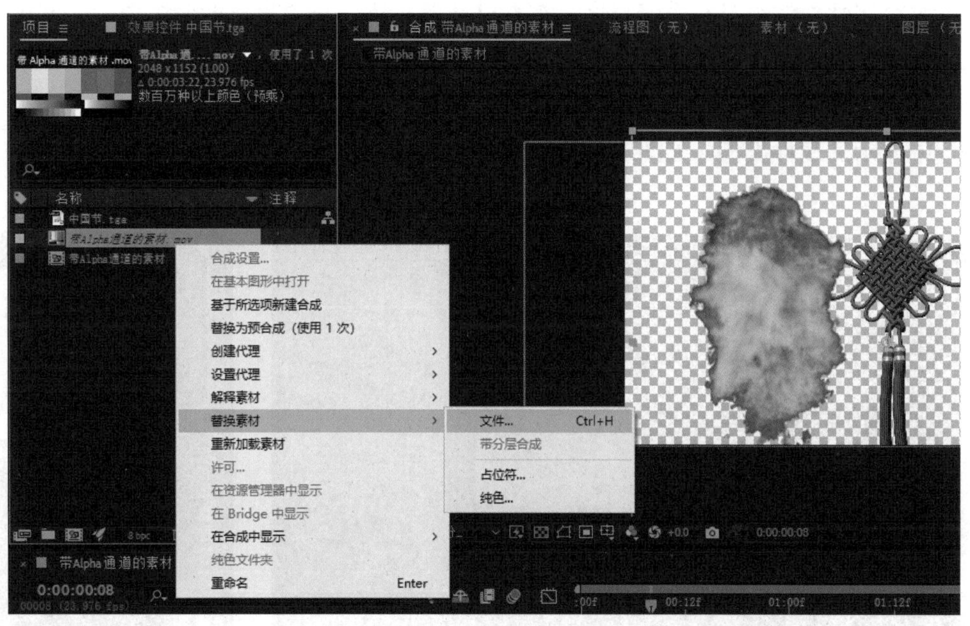

▲ 图 2-2-19　替换素材

在弹出的“替换素材文件”对话框中选择要替换的文件，单击“导入”按钮，如图 2-2-20 所示。

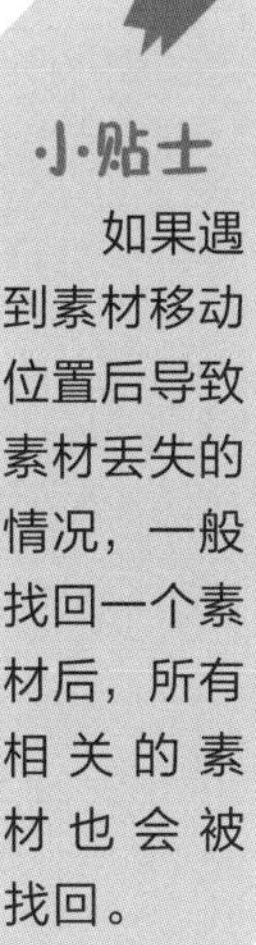

小贴士

如果遇到素材移动位置后导致素材丢失的情况，一般找回一个素材后，所有相关的素材也会被找回。

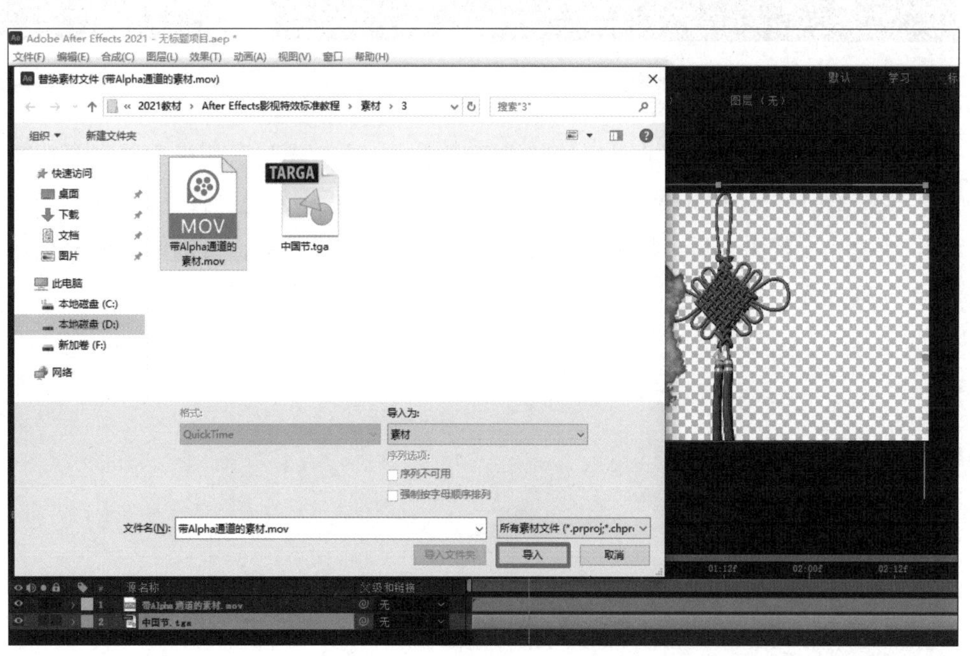

▲ 图 2-2-20　替换素材选项

4. 素材的整理和归类

在创建素材较多的项目时，合理地整理和归类素材将会给后期的工作带来很大的便利。

若要整理素材，一种方法是对素材进行排序操作。“项目”面板中的素材在导入之后会显示“名称”“类型”“大小”“帧速率”“入点”等素材属性。单击相应的属性标签，就可以根据这个属性对素材进行升降排序。在素材准备阶段，相关素材的命名要有一定的目的性和规律性，在后期制作阶段才不会造成混乱，如图 2-2-21 所示。

在“项目”面板中，单击“面板设置”按钮 ≡ ，可以在“列数”菜单中勾选需要在面板中显示的属性类型，如图 2-2-22 所示。

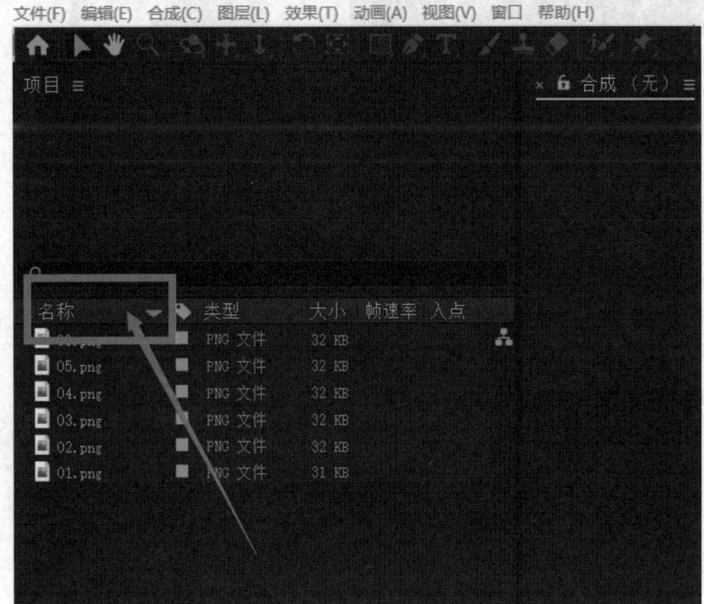

▲ 图 2-2-21　对素材进行排序

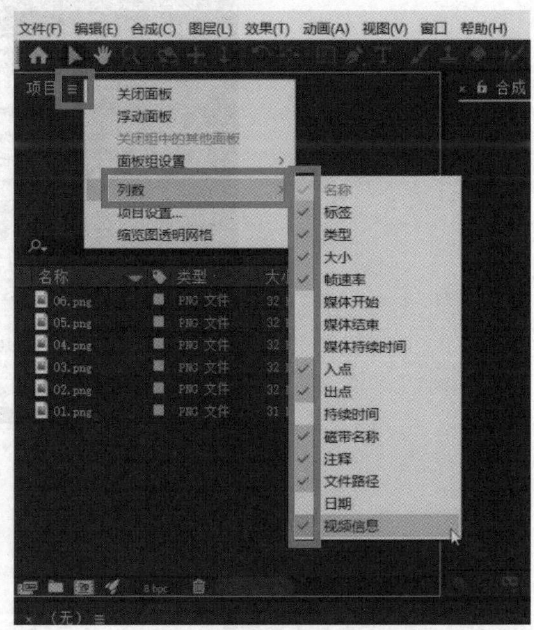

▲ 图 2-2-22　设置面板中显示的属性类型

新建文件夹也是一种非常好的归类管理模式。在“项目”面板中单击“新建文件夹”图标，或按 Ctrl+Shift+Alt+N 组合键直接在“项目”面板中新建文件夹，如图 2-2-23 所示。

新建完文件夹之后，将不同素材归类整理到对应文件夹，可以使素材分类一目了然，如图 2-2-24 所示。

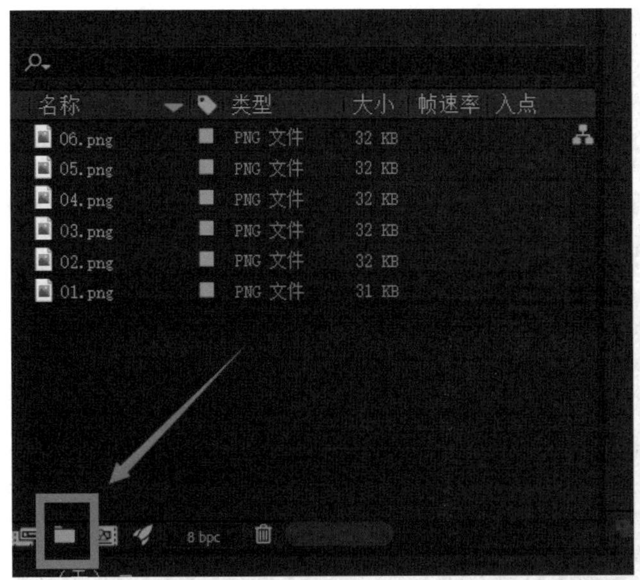

▲ 图 2-2-23 新建文件夹

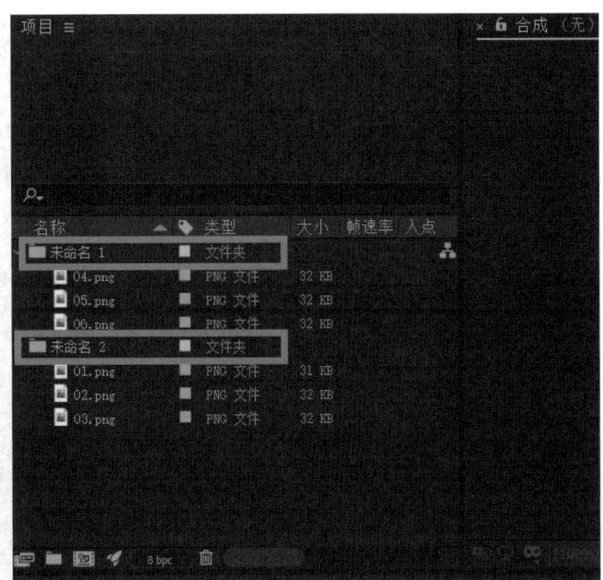

▲ 图 2-2-24 文件归类文件夹

在文件夹中可以嵌套多层文件夹进行管理，如图 2-2-25 所示。

当需要删除一个文件夹时，可以选中需要删除的文件夹，单击“项目”面板下的“删除”图标进行删除。当文件夹中没有素材时，便会被直接删除；当文件夹中有素材时，将会弹出一个警告对话框，提醒制作者是否要连同素材一并删除，如图 2-2-26 所示。

▲ 图 2-2-25 文件夹嵌套

▲ 图 2-2-26　删除文件夹

练一练

1. 你见过哪些视频格式？不同的视频格式有哪些区别？
2. 在 AE 软件中新建一个合成，并导入不同的素材进行整理和归纳。

关键帧动画制作

| 本章概述 |

关键帧是在制作图层动画时最重要的功能，目前广泛传播的 Motion Graphic（MG）动画大部分是通过 AE 软件的关键帧动画来完成的。本章将结合关键帧动画制作的案例，对 AE 软件的“时间线”面板和纯色素材制作技巧进行详细讲解。

| 学习目标 |

1. 了解“时间线”面板的各部分功能，掌握“时间线”面板的层属性和常用工具的用法。

2. 了解纯色素材的制作方法和属性调整方法，掌握“时间线”面板上关键帧动画的制作技巧。

| 素质目标 |

1. 培养素材管理能力和处理事情的条理性。

2. 耐心积累经验，努力学习知识，为国家的媒体事业奉献自己的力量。

3.1　“时间线”面板

“时间线”面板是视频合成时的主要操作面板，视频合成中的大部分工作都是通过“时间线”面板来操作完成的。本小节主要对“时间线”面板、关键帧的运用和属性关联设置进行深入讲解。

3.1.1　“时间线”面板概述

“时间线”面板的主要功能是显示合成中各种素材的名称、类型、持续时间、效果以及各个素材之间的关系和相互作用。在默认状态下，面板是空白的，可以通过新建合成或拖动等方式导入素材。合成中使用的全部素材以图层的形式逐一呈现在面板中，每层的时间条长度代表了对应素材的持续时间，制作者可以在“时间线”面板中对每个素材进行位移、缩放、旋转、定义关键帧、剪切和添加特效等操作。

“时间线”面板分为左右两个区域，左侧部分为控制区域，右侧部分为时间线编辑区域，在时间线编辑区域可以进行关键帧编辑和图标编辑的切换，如图 3-1-1 所示。

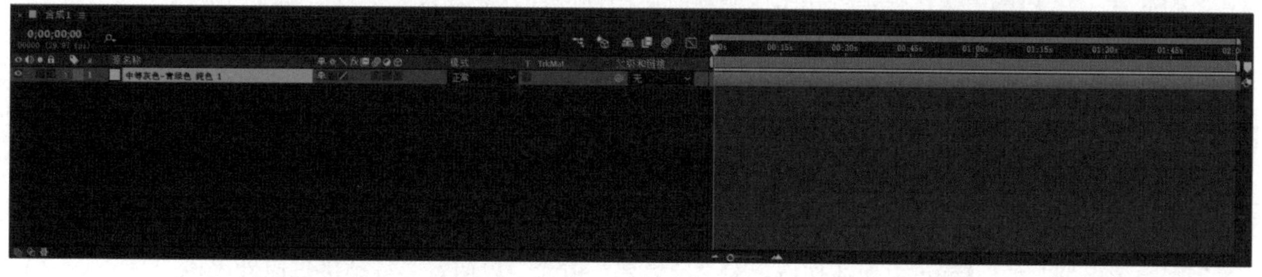

▲图 3-1-1　时间线窗口

下面先对编辑区域展开介绍。

1. 常用工具

1）时间码

时间码 0;00;00;00 00000 (29.97 fps) 用于显示合成中时间指针的所在位置。可以通过输入数字的方式将时间指示器移动到精确的位置。也可以输入时间增量来定位时间指针的位置，格式为在增量数字前增加一个“+”运算符号。如果输入“+10”，则当前时间码显示为 0:00:00:10。

2）搜索

搜索功能用于在“时间线”面板中搜索素材，可以通过输入名称直接搜索到素材。

3）合成流程图

单击“合成流程图”按钮，可以打开“流程图”面板。

4）草图 3D

打开“草图 3D”开关将会禁用一些效果，提高工作效率，并不会对输出结果产生影响。

5）设置隐藏

“设置隐藏”开关 用来显示和隐藏“时间线”面板中勾选“消隐”状态的图层。通过显示和隐藏功能来限制显示图层的数量，可以简化工作流程，提高工作效率，如图 3-1-2 所示。

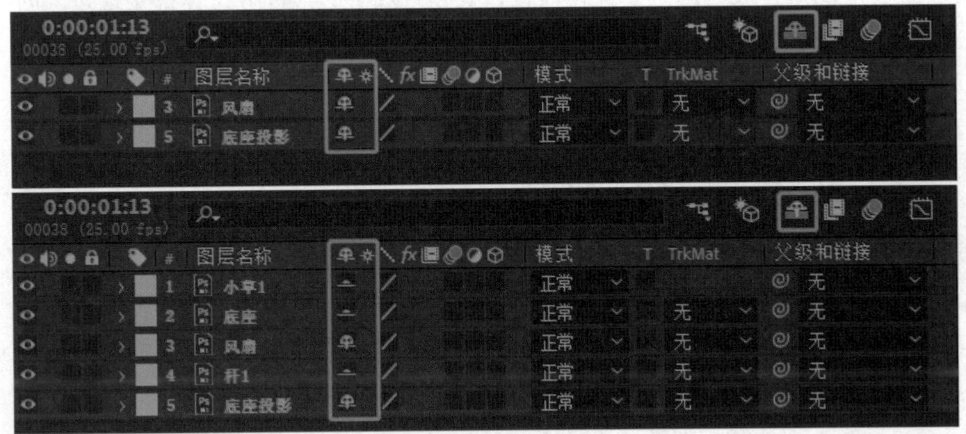

▲ 图 3-1-2　隐藏开关

6）帧混合

“帧混合”开关 用来选择是否在图像刷新时启用帧混合开关效果。一般情况下，应用帧混合时只需要在图层中打开帧混合就可以，因为打开总的帧混合开关会降低预览速度。

7）动态模糊

“动态模糊”开关 可以用来选择是否在合成窗口中应用动态模糊效果。在素材层后面勾选此选项，也可以为该层添加动态模糊，用来模拟电影中摄影机使用长胶片曝光效果。

8）图表编辑器

“图表编辑器”按钮 可以快速切换“图表编辑器”模式，以便对关键帧进行属性操作。

在“时间线”面板左下角还有三个用来打开和关闭一些常用面板的开关：图层开关、转换控制和入 / 出点 / 持续时间。当这些开关都打开时，“时间线”面板中将显示大部分需要的数据，制作者能够非常直接地对图层进行操作，但这些数据会占据“时间线”面板的空间，按 F3 键可以进行显示的切换，如图 3-1-3 所示。

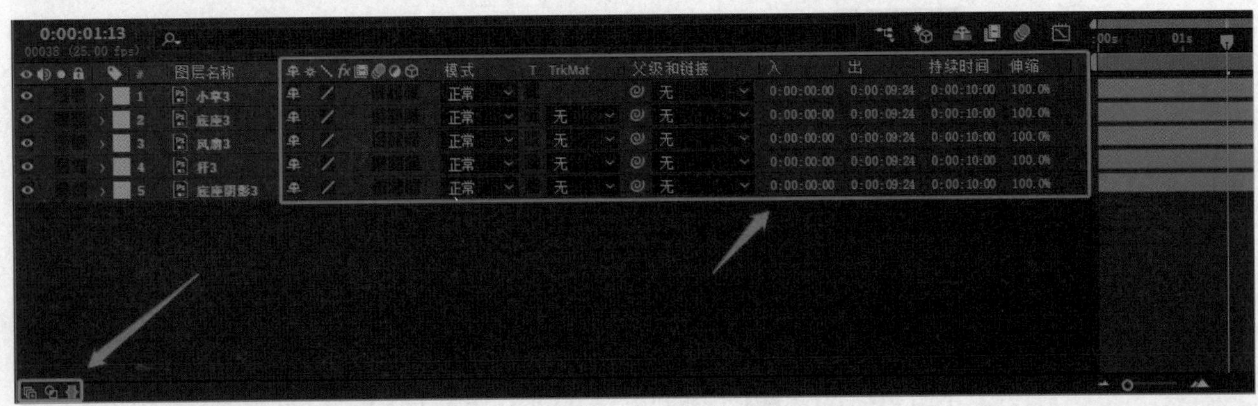

▲ 图 3-1-3　控制按钮和开关

2. 层属性

AE 软件的主要功能就是通过对层的参数调整新建运动的图像，通过对“时间线”面板中层的参数控制可以设置不同层的动画。

在图层列表的表头位置有很多指示图标，从左到右依次是显示 / 隐藏、声音开关、独奏、锁定、标签、层号、图层名称、消隐、折叠变换、质量和采样、效果开关、帧混合开关、运动模糊、调整图层、3D 图层、叠加模式、保留基础透明度、轨道遮罩和父级和链接，可以通过这些图标调整层和合成的参数。同时，在每一层前面都有一个箭头状按钮，单击该按钮可以展开属性参数卷展栏，其中包括锚点（A）、位置（P）、缩放（S）、旋转（R）和不透明度（T）等属性参数，如果添加了效果，相应的效果参数也会出现在此处，如图 3-1-4 所示。

> **小贴士**
> 右击每个属性参数的名称，在菜单中选择“编辑值”选项，会弹出该属性的设置对话框，可以进行精确的数字输入。

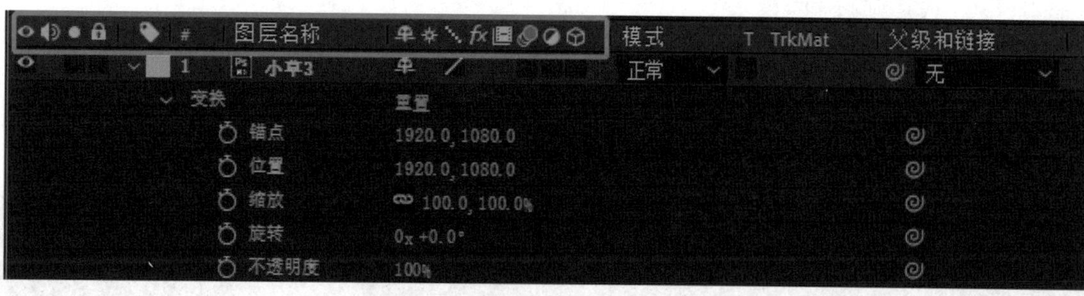

▲ 图 3-1-4　层的不同参数

3.1.2　关键帧的运用

关键帧指的是改变对象属性的时间点，两个关键帧之间的变化由软件自动计算完成。AE 软件中的“关键帧自动记录器”图标为一只秒表，单击该图标，秒表内显示指针，表示记录器被打开，可以自动记录关键帧，如图 3-1-5 所示。

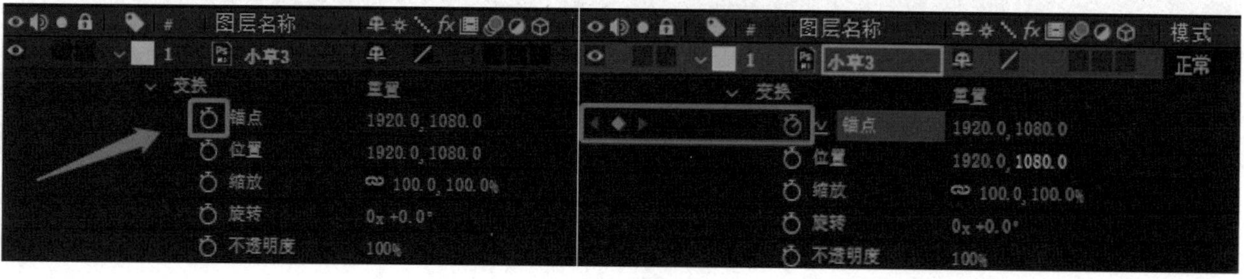

▲ 图 3-1-5　打开自动关键帧

总体来说，关键帧大致可以分为 7 种，为方便认识和理解，这里将其一一编号，如图 3-1-6 所示。

▲ 图 3-1-6　关键帧的不同类型

第 1 个关键帧为最基本、最普通的菱形关键帧，又叫线性关键帧，所有自动创建的关键帧都是这种类型；第 2 个关键帧为缓入缓出关键帧，能够使动画变得平滑，选中普通关键帧同时按 F9 键，即可以将菱形关键帧转换为缓入缓出关键帧，如图 3-1-7 所示。

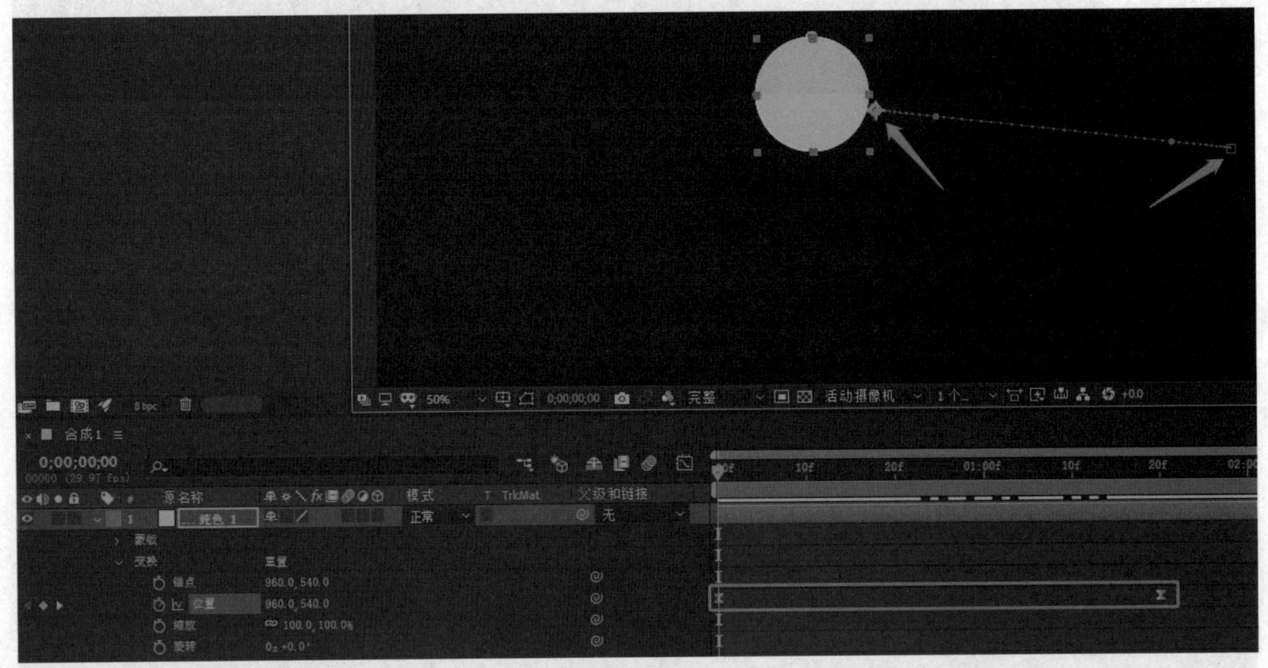

▲ 图 3-1-7　缓入缓出关键帧

第 3 个箭头状的关键帧与上个关键帧类似，只是实现缓入或缓出中的一段动画效果，即入点平滑或出点平滑。它与上一个关键帧的区别在于运动节奏显得更快，更有张力。第 4 个关键帧也属于平滑类关键帧，可以使动画曲线变得平滑可控，创建方法是按住 Ctrl 键同时单击关键帧。

第 5 个正方形关键帧比较特殊，属于硬性变化的关键帧，在文字变换动画中比较常用，可以在一个文字图层中改变多个文字源，以实现在同一个图层中做出多种文字变换的效果。在文字层的“源文本”选项上设置关键帧，就默认是此关键帧，如图 3-1-8 所示。

▲ 图 3-1-8　文字源关键帧

第 6、第 7 种关键帧都是停止关键帧，又叫定格关键帧，可以通过右击关键帧选择“切换定格关键帧”选项来新建。图层或对象会在那一帧之后的时间保持冻结停止运动的状态。第 6 种关键帧是由普通线性关键帧转换而成，第 7 种是由缓入缓出关键帧转换而成，如图 3-1-9 所示。

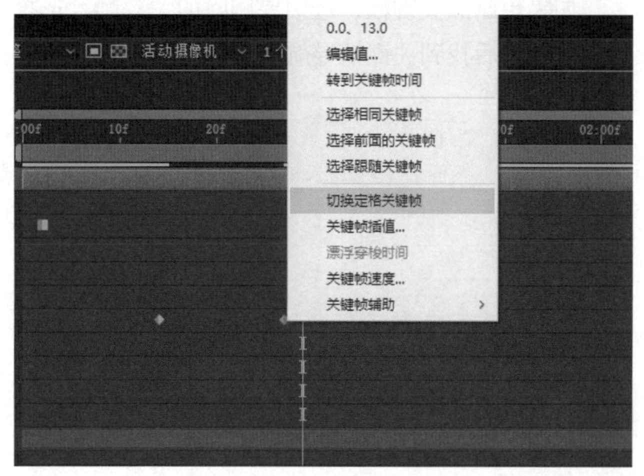

▲ 图 3-1-9　转换为定格关键帧

对层的不同属性设置关键帧，可以创建关键帧动画。首先选中要创建关键帧的层，并打开要创建关键帧的层属性，然后将时间指示器移动到要创建关键帧的位置，单击属性前面的秒表图标，此时时间指示器所处的位置就会显示已设置关键帧。将时间指示器移动到时间线上的另一个位置，调整相应属性，会在此游标处创建另一个关键帧，并根据属性值的变化产生相应的动画，如图 3-1-10 所示。

▲ 图 3-1-10　创建关键帧动画

选中单个关键帧时只需要鼠标单击该关键帧。选中多个关键帧有三种方法：①在“时间线”窗口中按住 Shift 键，依次单击要选中的关键帧。②用鼠标拖画选择框，框选要选中的关键帧。③在属性栏中单击某一层属性，可以一次性选中该属性在层上所有的关键帧。

想要编辑修改关键帧时，可以选中要编辑的关键帧，在属性栏中单击要进行编辑的属性，在弹出的属性设置对话框中进行修改，也可以双击关键帧弹出属性设置对话框。

移动单个关键帧时只需选中关键帧，按住鼠标左键，然后将其拖动到目标位置即可，移动多个关键帧的方法相同，移动多个关键帧时关键帧之间的相对位置保持不变。

复制关键帧时需要选中关键帧，在菜单栏中选择“编辑”→“复制”选项，然后将时间指示器移动至目标位置，在菜单栏中选择“编辑”→“粘贴”选项，这是在同一层中同一属性间进行关键帧复制的方法，也可以同时复制多个属性的多个关键帧，复制的方法相同。此外，也可以选中要复制的关键帧，按 Ctrl+C 组合键，移动时间指示器至预定位置，按 Ctrl+V 组合键可以在时间指示器位置粘贴复制的关键帧。

如果想删除关键帧，选中要删除的关键帧，选择菜单栏“编辑”→“清除”选项，或者选中关键帧后找到关键帧导航器前的对勾，取消勾选，也可以选中关键帧后按 Delete 键进行删除。

3.2　纯色素材制作

纯色层又叫固态层，是 AE 软件中常用的素材，很多效果需要添加在纯色层的上面。本小节将介绍纯色层的属性设置和钢笔工具的运用，以及结合运用属性关联的案例。

3.2.1　纯色设置

纯色层就像是我们平时用的纸，后期添加的命令就像笔。如果把命令添加到纯色层上，就相当于用笔在纸上绘画，最终呈现出来的效果就是制作者完成的作品。纯色层相当于纸张，即特效的载体，也可以作为独立存在的单位使用。

选择菜单栏“图层”→“新建”→“纯色”选项，或者在“时间线”面板空白处右击选择“新建”→“纯色”选项，弹出“纯色设置”对话框，也可以按 Ctrl+Y 组合键，如图 3-2-1 所示。

▲ 图 3-2-1　打开“纯色设置”对话框

在“纯色设置”对话框中可以对纯色层的名称、大小、单位、像素长宽比和颜色进行设置。如果不确定纯色层的大小，可以直接使用默认设置，或单击“制作合成大小”按钮。所有设置完成后，单击“确定”按钮，就可以在“时间线”面板看到刚刚新建的纯色层，同时，“合成”面板中会显示纯色占满整个面板。

如果需要更改纯色层的属性，可以选择菜单栏“图层”→“纯色设置”选项，或按 Ctrl+Shift+Y 组合键，重新打开“纯色设置”对话框，完成对纯色参数的更改，如图 3-2-2 所示。

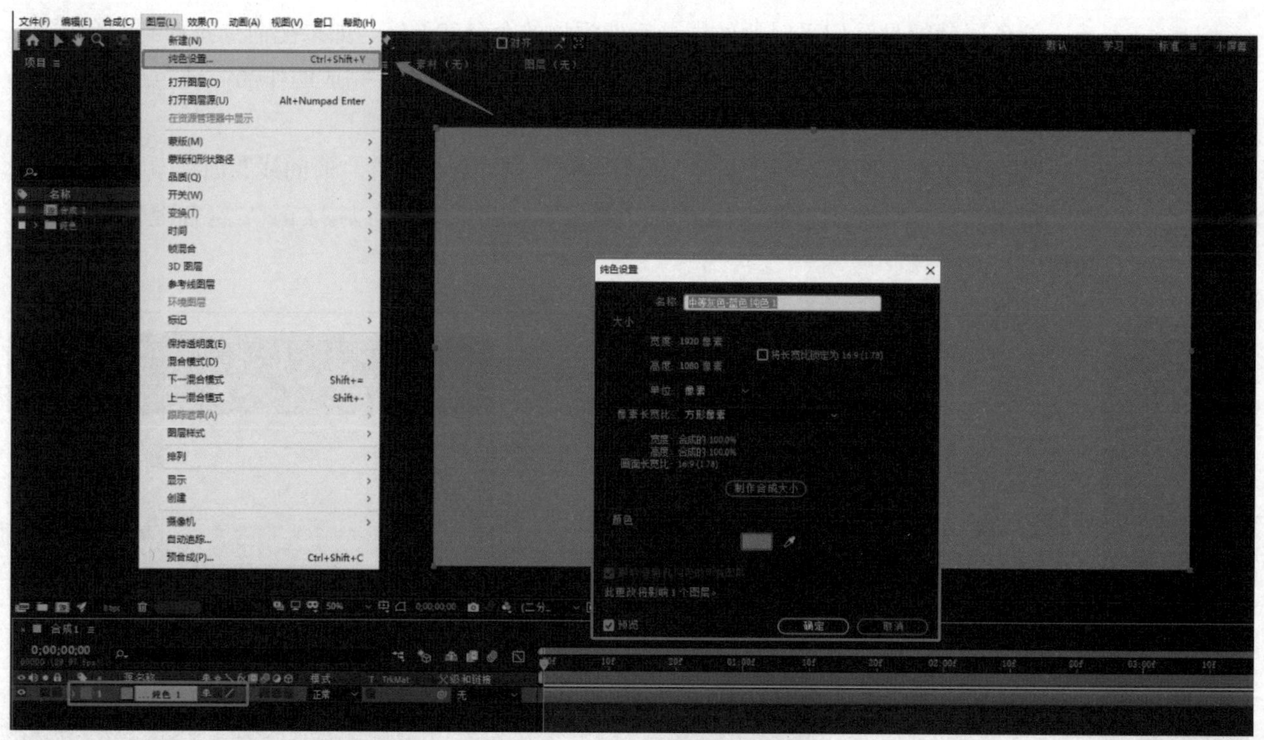

▲ 图 3-2-2　更改纯色参数

3.2.2　钢笔工具的运用

钢笔工具的运用

钢笔工具是 AE 软件中非常重要也是经常用到的一个工具，用于制作视频抠像、特效、路径动画等效果。与 Photoshop 中的钢笔工具相同，钢笔工具最主要的作用就是制作蒙版，如果上层素材没有 Alpha 通道，就需要使用蒙版来完成上下层的叠加效果。

在制作完成纯色层的基础上，选中纯色层。单击工具栏中的“钢笔工具”按钮，或按 G 键。鼠标箭头会变成钢笔头的形状，此时就可以用鼠标创建锚点，进行蒙版的绘制了。完成创建后，单击“时间线”面板纯色层前方的箭头，打开卷展栏，就可以看到下方已经添加了“蒙版”的效果属性，包括蒙版路径、蒙版羽化、蒙版不透明度和蒙版扩展参数，如图 3-2-3 所示。

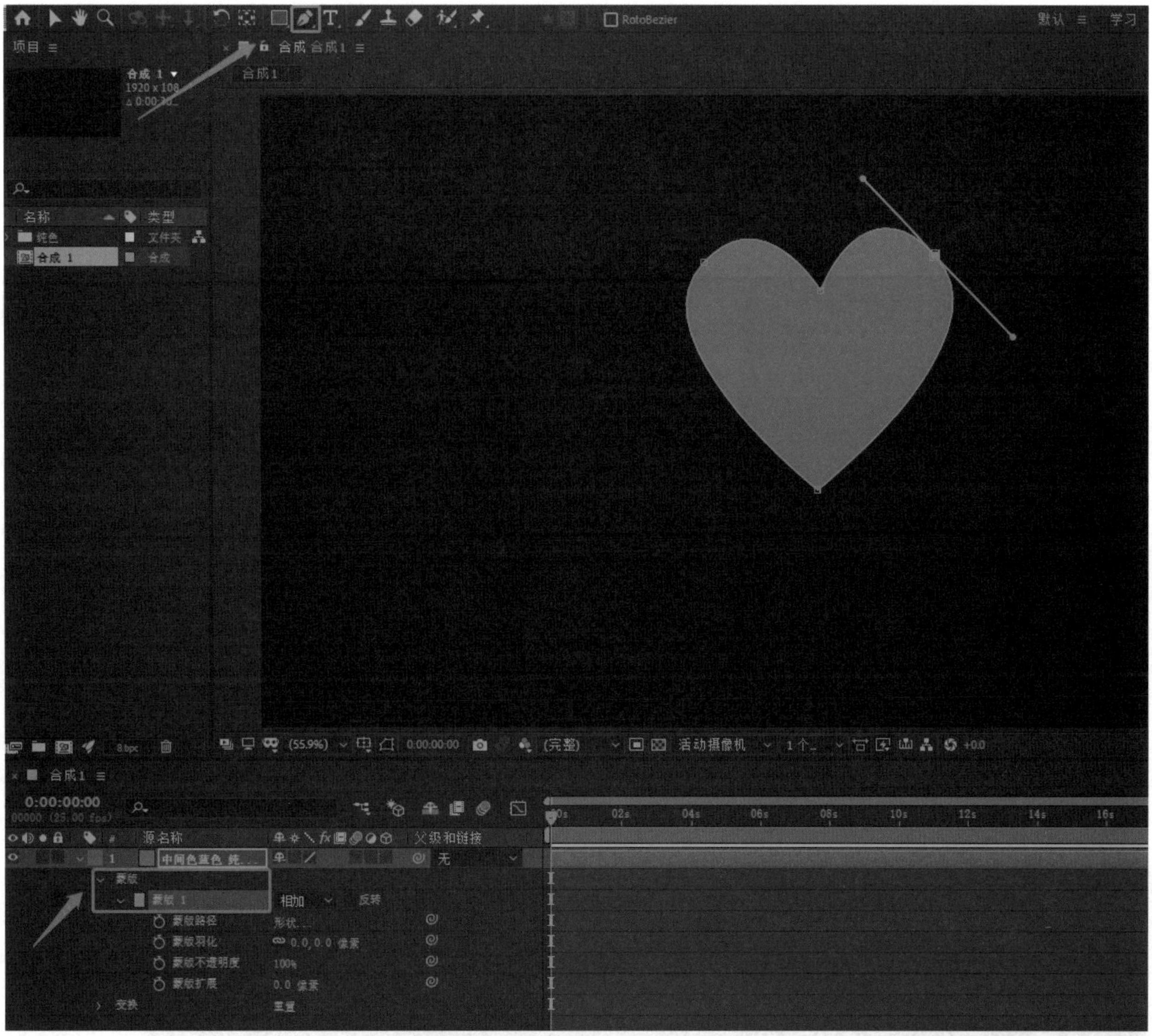

▲ 图 3-2-3　钢笔工具创建蒙版

用钢笔工具绘制蒙版时，可以创建两种锚点，单击鼠标会创建一个角点，按下并拖动鼠标会创建一个贝塞尔曲线的圆滑点，可以通过两端的控制柄调整曲线的圆滑度。如果想要转换锚点的属性，可以在工具栏中单击“钢笔工具”按钮，在弹出的菜单中可以看到“添加‘顶点’工具”“删除‘顶点’工具”“转换‘顶点’工具”“蒙版羽化工具”等选项，如图 3-2-4 所示。选择相应工具，就可以再次对锚点进行编辑。

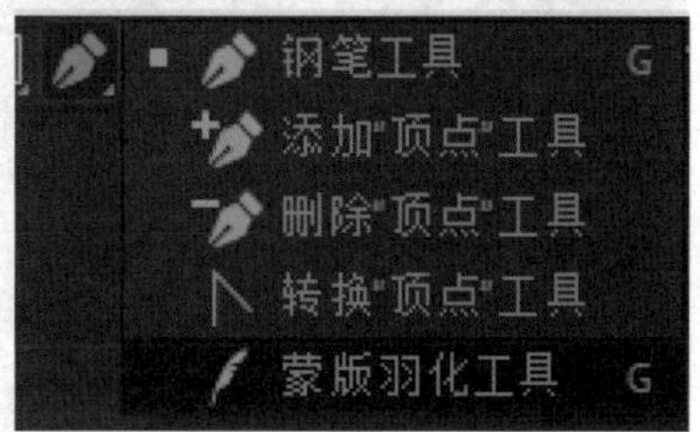

▲ 图 3-2-4　切换钢笔工具选项

人物素材

制作者可以通过蒙版对人物或物体进行抠像。首先导入一个素材，如图 3-2-5 所示。

▲ 图 3-2-5　导入素材

选中导入的素材层，选择钢笔工具，用钢笔工具结合角点和圆滑点对剪影角色进行抠像，就可以看到下面的纯色层，还可以创建多个蒙版进行叠加，将图抠得更干净。此时素材层就仅剩下抠像操作得到的角色图像，如图 3-2-6 所示。

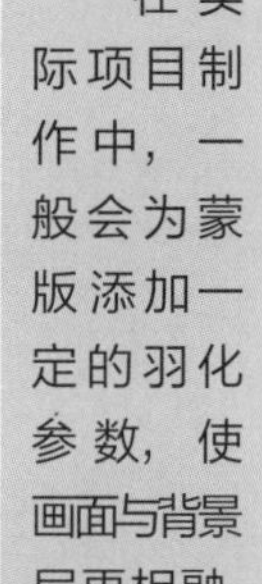

小贴士

在实际项目制作中，一般会为蒙版添加一定的羽化参数，使画面与背景层更相融。

▲ 图 3-2-6　抠出人物角色

3.2.3　属性关联设置

在项目制作中，有时会需要在调整某一层的某一参数时同时调整其他层的参数值，这就需要用到属性关联的相关设置，这种设置是 AE 软件中常用也比较实用的一种设置。

打开 AE 软件后，先创建合成，再新建两个纯色层，用蒙版工具分别绘制方形和圆形的蒙版，然后选中图层，按 Enter 键为图层重命名，如图 3-2-7 所示。

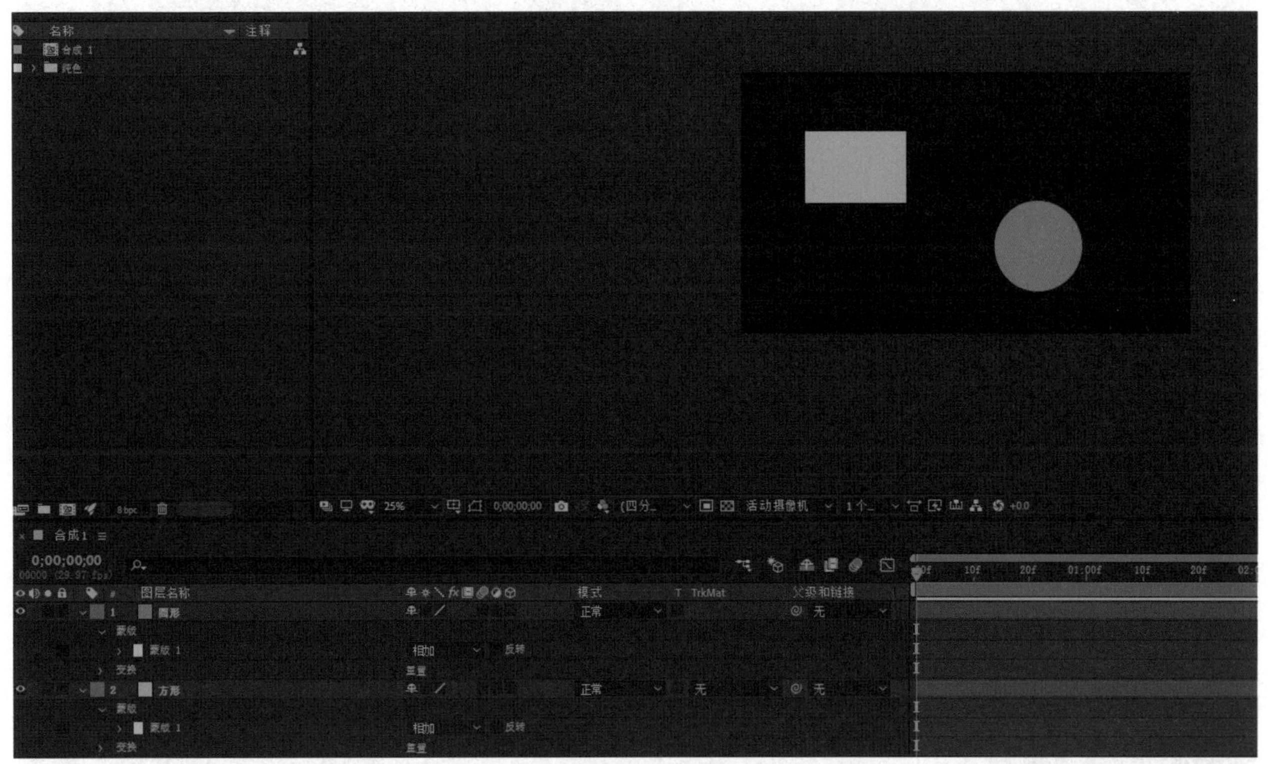

▲ 图 3-2-7　创建纯色层

选中“圆形”层，单击工具栏上的“向后平移（锚点）工具”按钮或者按 Y 键，将锚点位置移动至图形中心。用同样的方法也将“方形”层的锚点位置移到图形中心，如图 3-2-8 所示。

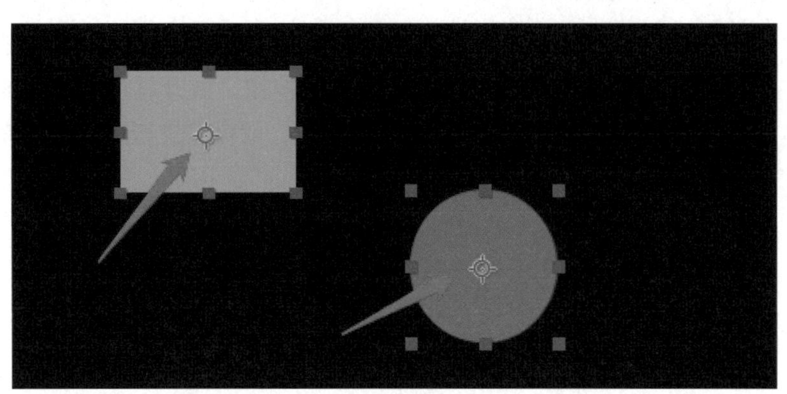

▲ 图 3-2-8　调整锚点位置

单击“时间线”面板中图层前方的箭头，展开属性设置，接下来把“圆形”层的缩放参数和“方形”层的不透明度参数相互关联。单击“圆形”层缩放参数后面旋涡状的“属性关联器”按钮，按住鼠标拖动并将其指向“方形”层的不透明度参数。如“圆形”层的缩放参数显示为红色，则表明两个参数的值已经相互关联，如图 3-2-9 所示。此时调整“方形”图层的不透明度值，“圆形 ” 图层的缩放参数值就会有相应地改变。

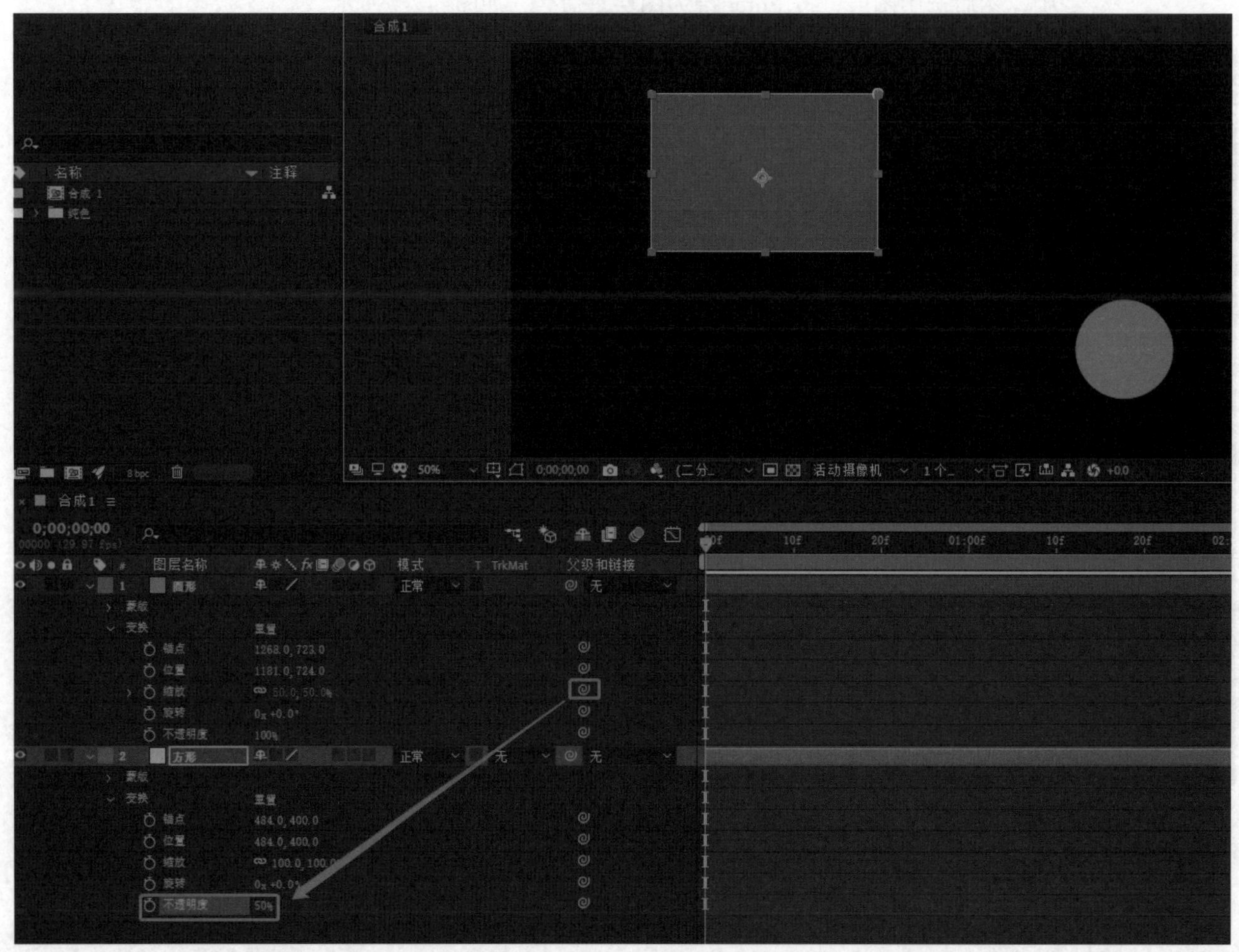

▲ 图 3-2-9　设置关联属性

通过这种方式，可以控制具体的属性参数相互关联。如果想进一步调整，可以在按住 Alt 键的同时单击“关键帖自动记录器”按钮，展开属性的表达式。此时可以看到已经添加了一段表达式，通过修改表达式中的参数，就可以进行进一步的修改。

除了用表达式来控制属性关联的方法，还可以通过父子链接的方式进行两个层的属性关联设置。在每一层后方的“父级和链接”栏，单击下方箭头打开下拉框，选择相应的层，可以指定此层的父级，如图 3-2-10 所示。调整父级的参数时，子级也会跟着变化，但需要注意的是，父子级链接关系只是针对锚点、位置、缩放和旋转参数的变化，调整父级的参数，子级会相应变化，但是子级自身属性参数不会改变。

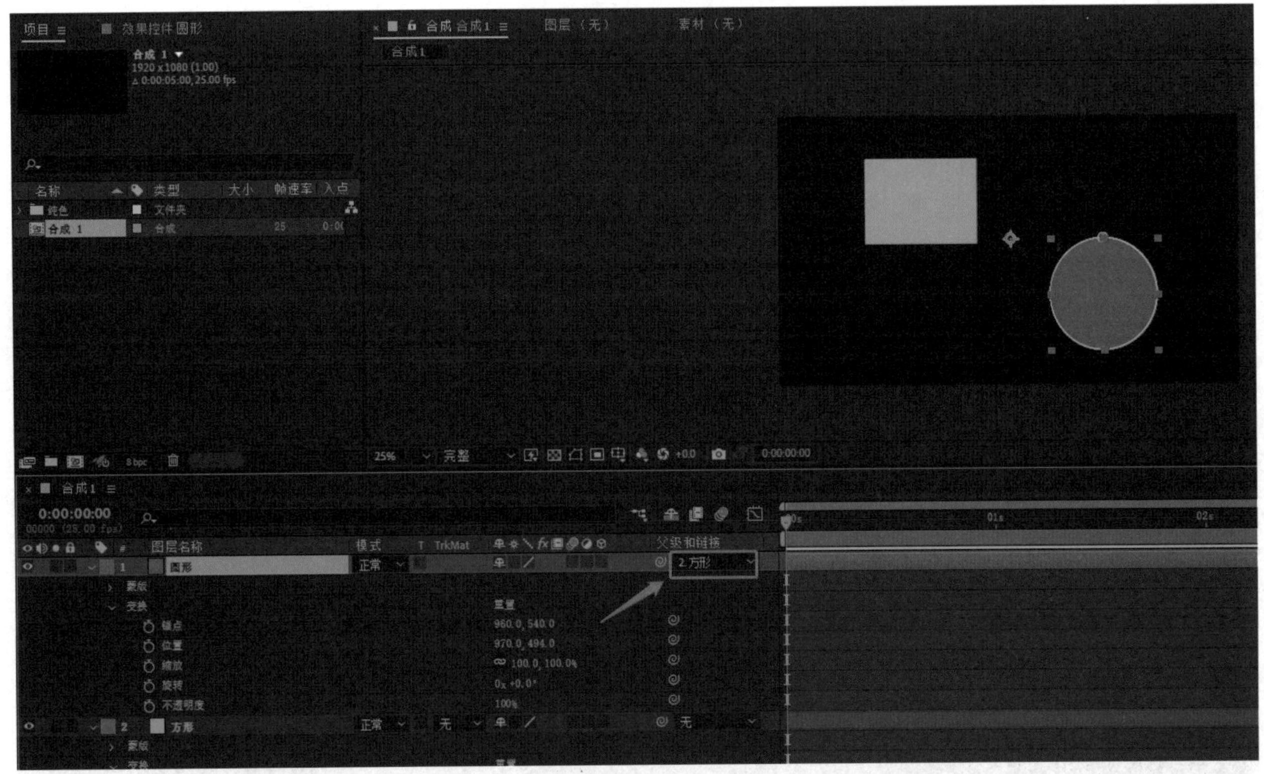

▲ 图 3-2-10　设置子父级关系

3.3 综合运用案例

通过前两小节的基础讲解，我们对关键帧动画有了一个初步的认识。本小节将通过两个案例对关键帧动画的综合运用进行展示。

3.3.1 片头动画制作

项目制作之前首先要确认项目的大小尺寸等相关信息。本案例创建的项目大小为1920×1080，帧速率为25帧/秒。合成新建完成后，在“时间线”面板空白处右击鼠标，选择“新建”→“纯色”选项，如图3-3-1所示。

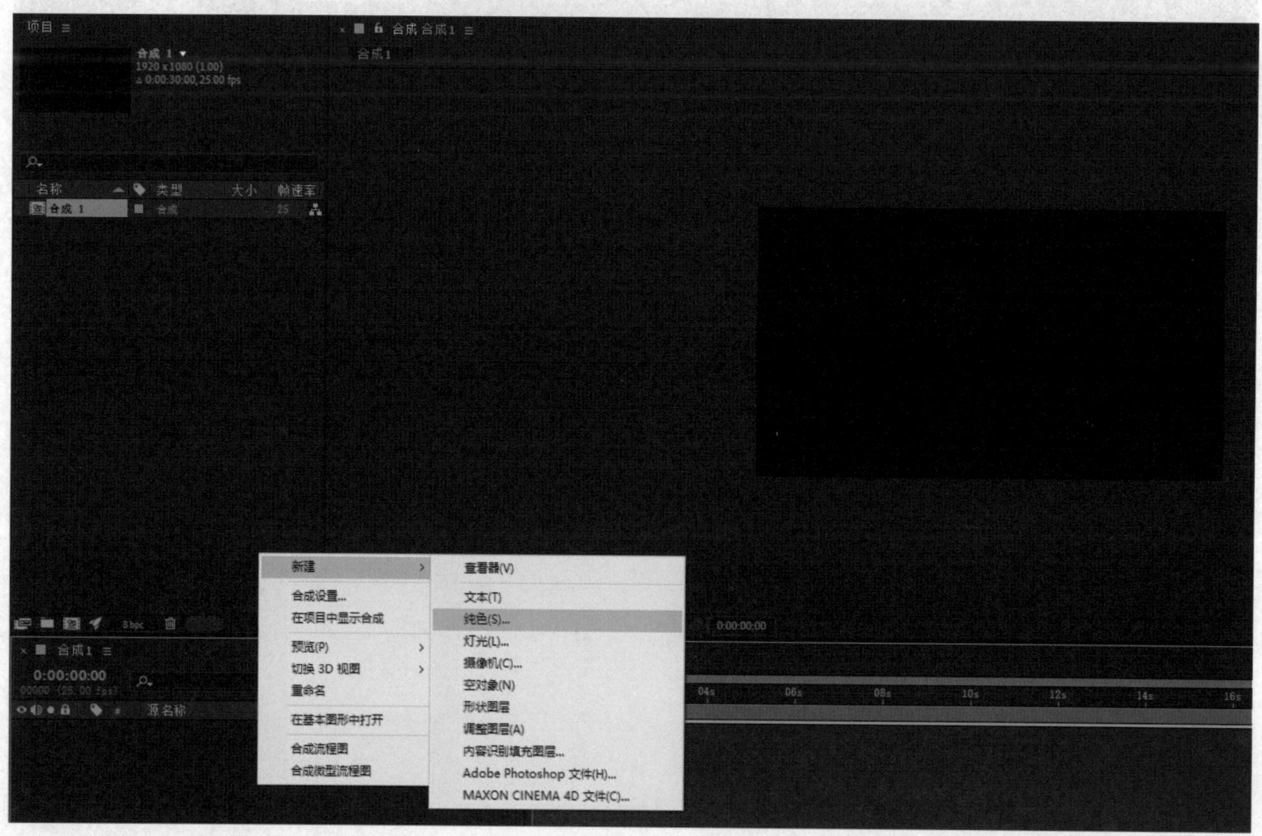

▲ 图 3-3-1　创建纯色素材层

在弹出的“纯色设置”对话框中，对纯色素材的大小、颜色等参数进行设置，如图3-3-2所示，首先新建一个黄色的纯色层。

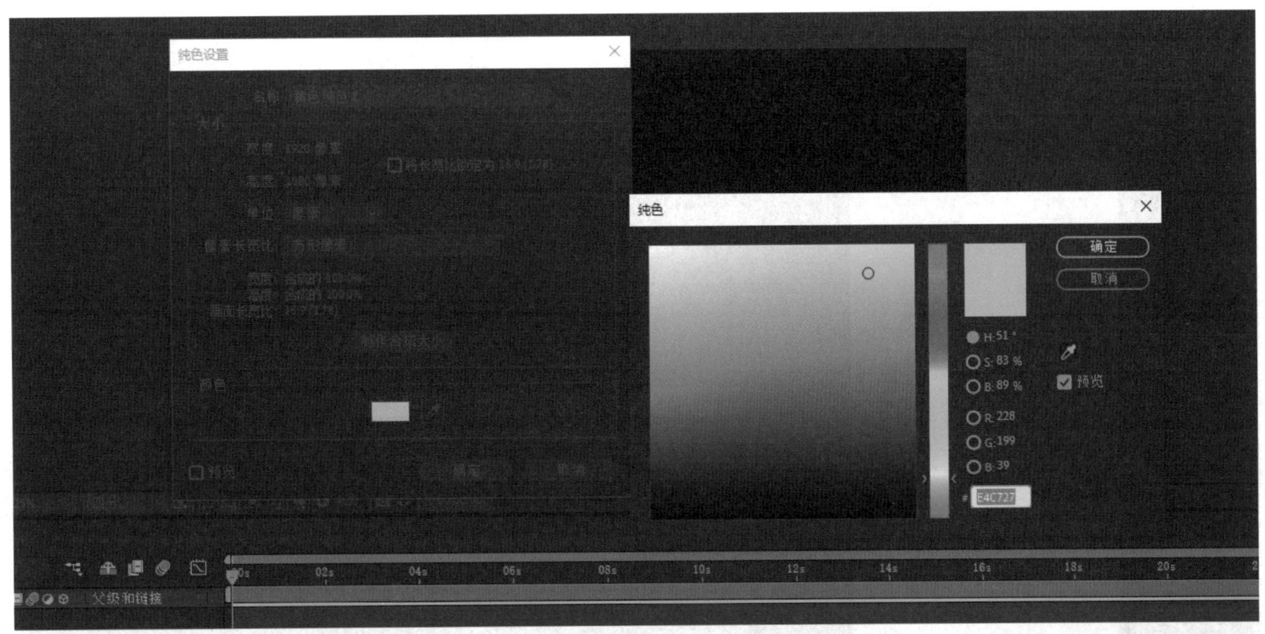

▲ 图 3-3-2　设置纯色层属性

选中新建的纯色层，在上方工具栏中单击“矩形工具”按钮，在“合成”面板中拖动鼠标，创建矩形蒙版，如图 3-3-3 所示。

▲ 图 3-3-3　设置蒙版

选中纯色层，按 Ctrl+D 组合键复制三层。选择工具栏“图层”→“纯色设置”选项，在弹出的“纯色设置”对话框中将纯色层的颜色改为黄色，如图 3-3-4 所示。

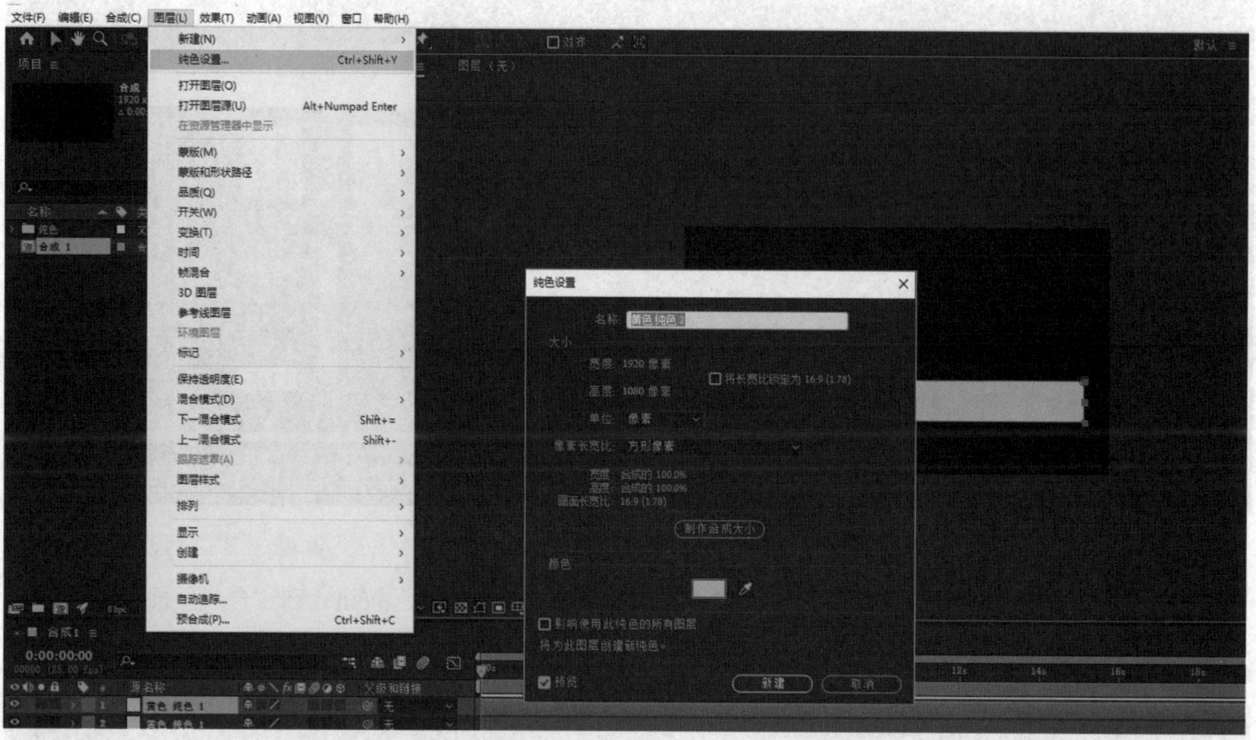

▲ 图 3-3-4　更改纯色层颜色

选中所有层，按 P 键展开各层的位置属性参数。根据设计调整各纯色层的位置，做成阶梯状的“纯色台阶”，并使用关键帧生成从左往右移动的动画，如图 3-3-5 所示。

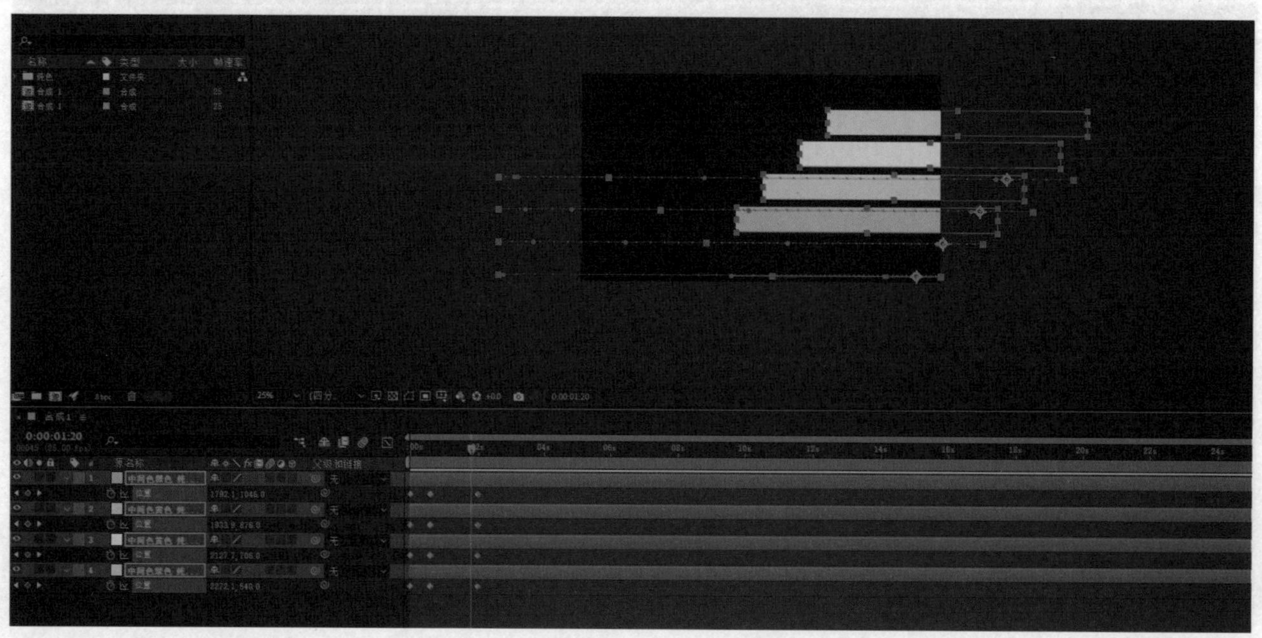

▲ 图 3-3-5　制作关键帧动画

选中所有层，按 Ctrl+Shift+C 组合键，在弹出的“预合成”对话框中勾选“将所有属性移动到新合成”，单击“确定”按钮，如图 3-3-6 所示。

▲ 图 3-3-6　创建预合成

此时，“合成 1”中就包含了“预合成 1”图层。单击工具栏上的“椭圆工具”按钮，在“合成 1”中绘制圆形的形状图层，如图 3-3-7 所示。

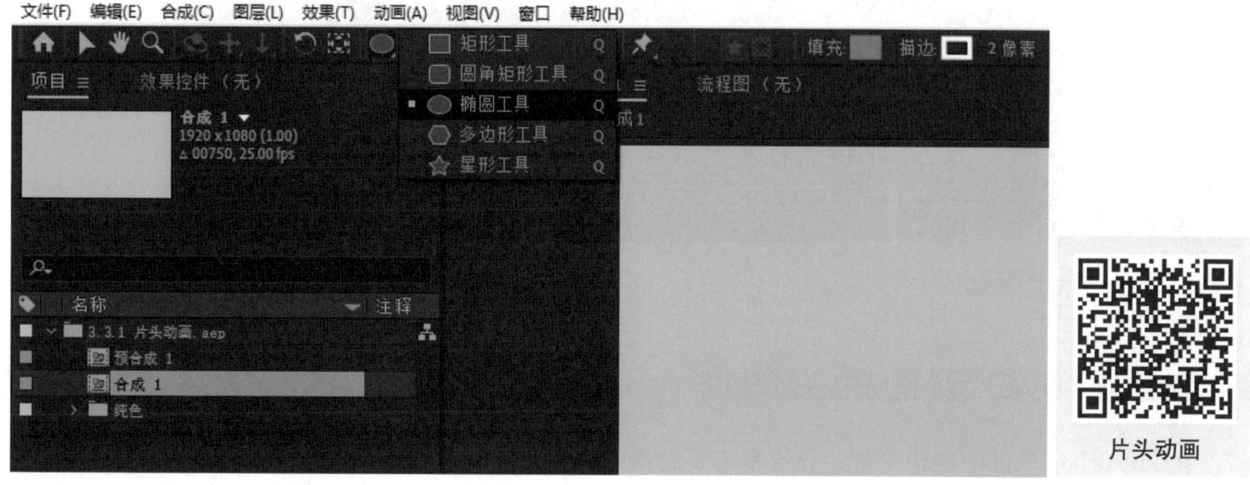

片头动画

▲ 图 3-3-7　选择椭圆工具

调整圆形的位置，将其放置到之前做好的“纯色台阶”上面。展开“圆形”图层的位置和缩放参数，为其制作出从台阶上下来，再放大覆盖住屏幕的动画效果，如图 3-3-8 所示。

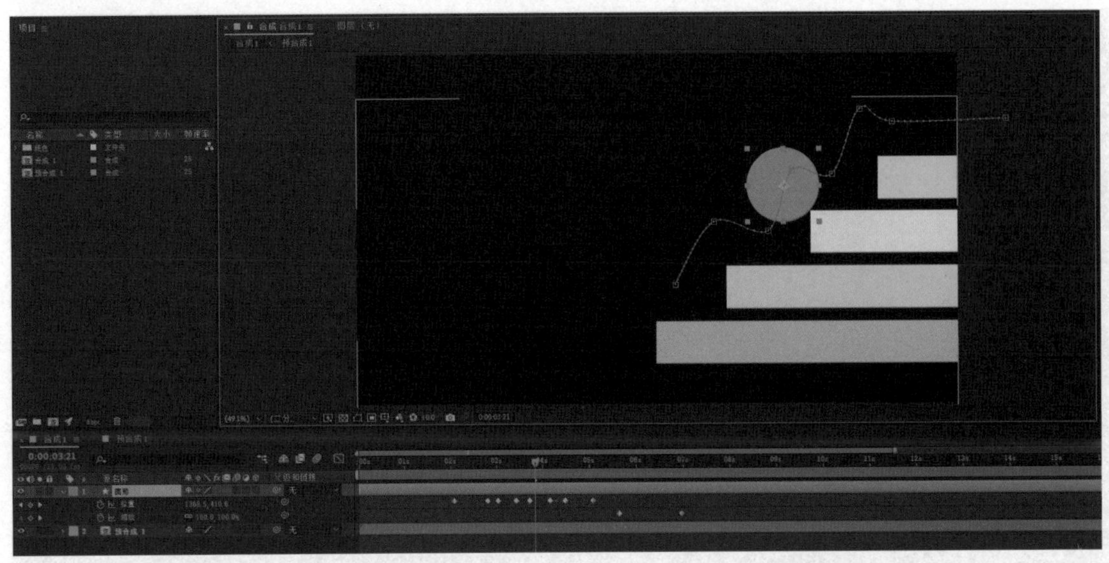

▲ 图 3-3-8　调整动画参数

最后，在所有层下方新建一个纯色层，作为镜头背景。最终完成效果如图 3-3-9 所示。

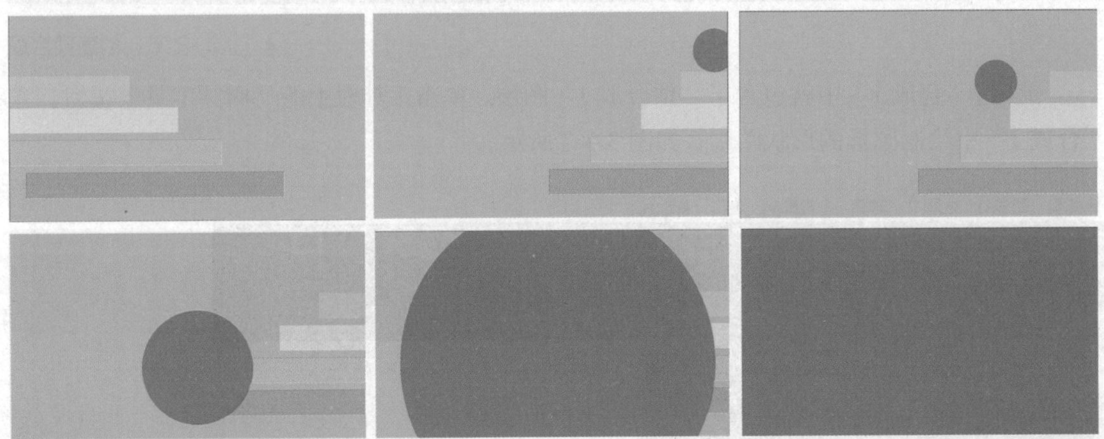

▲ 图 3-3-9　完成片头效果

3.3.2　MG 动画镜头制作

分层素材与最终效果

在 Photoshop 软件中创建项目，分辨率与要制作的视频相同，故本案例设置为 3830×2160 像素。绘制镜头需要的分层素材，将需要动画效果的素材单独设为一层，如图 3-3-10 所示，最终文件保存为 PSD 格式。

▲ 图 3-3-10 在 Photoshop 中制作分层素材

打开 AE 软件，双击“项目”面板空白处，在弹出的“导入文件”对话框中，选择制作完成的 PSD 文件。在下方“导入为”下拉框中将“素材”修改为“合成 - 保持图层大小”，单击“导入”按钮。在弹出的导入选项中，确认“图层选项”勾选为“可编辑的图层样式”，单击“确定”按钮，如图 3-3-11 所示。

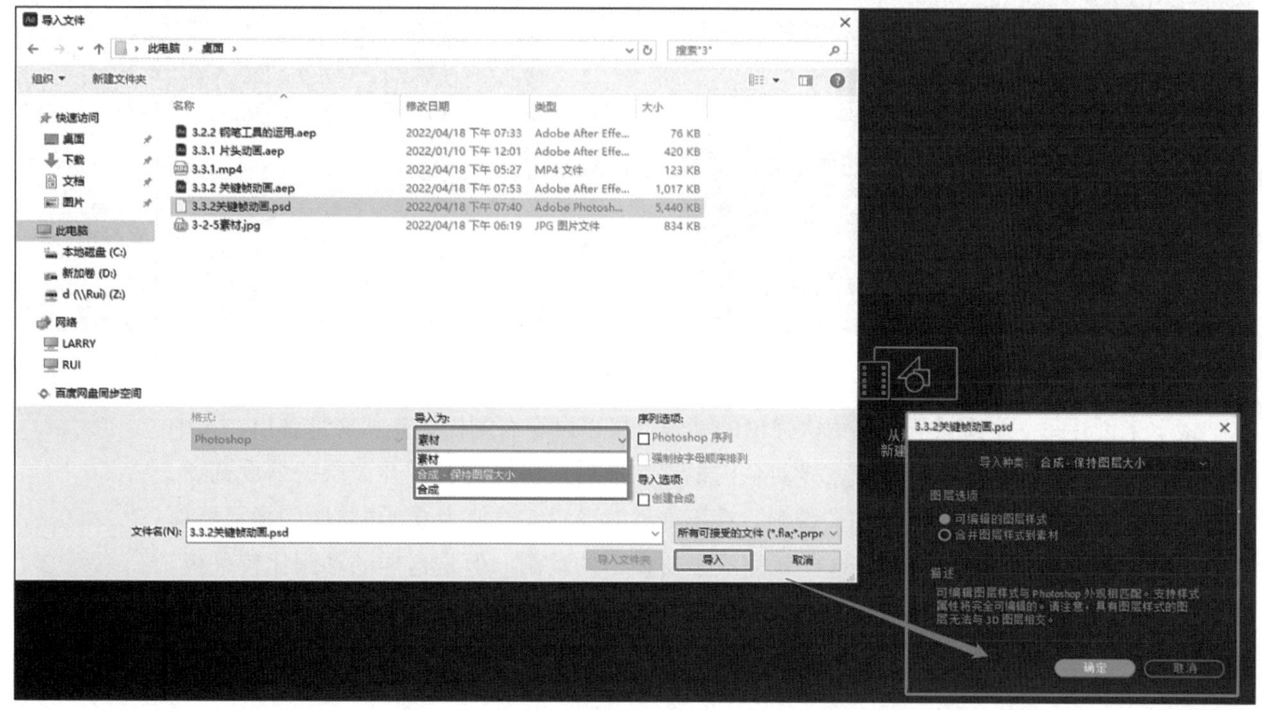

▲ 图 3-3-11 导入 PSD 文件

完成以上操作后，就会在“项目面板”中发现导入的一个总合成和一个文件夹。打开文件夹可以看到 Photoshop 里面设置好的分层，Photoshop 图层文件夹默认以合成的方式导入，如图 3-3-12 所示。

双击总合成“3.3.2 关键帧动画”，打开总合成的项目，可以看到和 Photoshop 里面相同的镜头场景。双击“元素”合成进入嵌套层，准备为相关素材制作动画，如图 3-3-13 所示。

▲ 图 3-3-12 “项目”面板显示效果

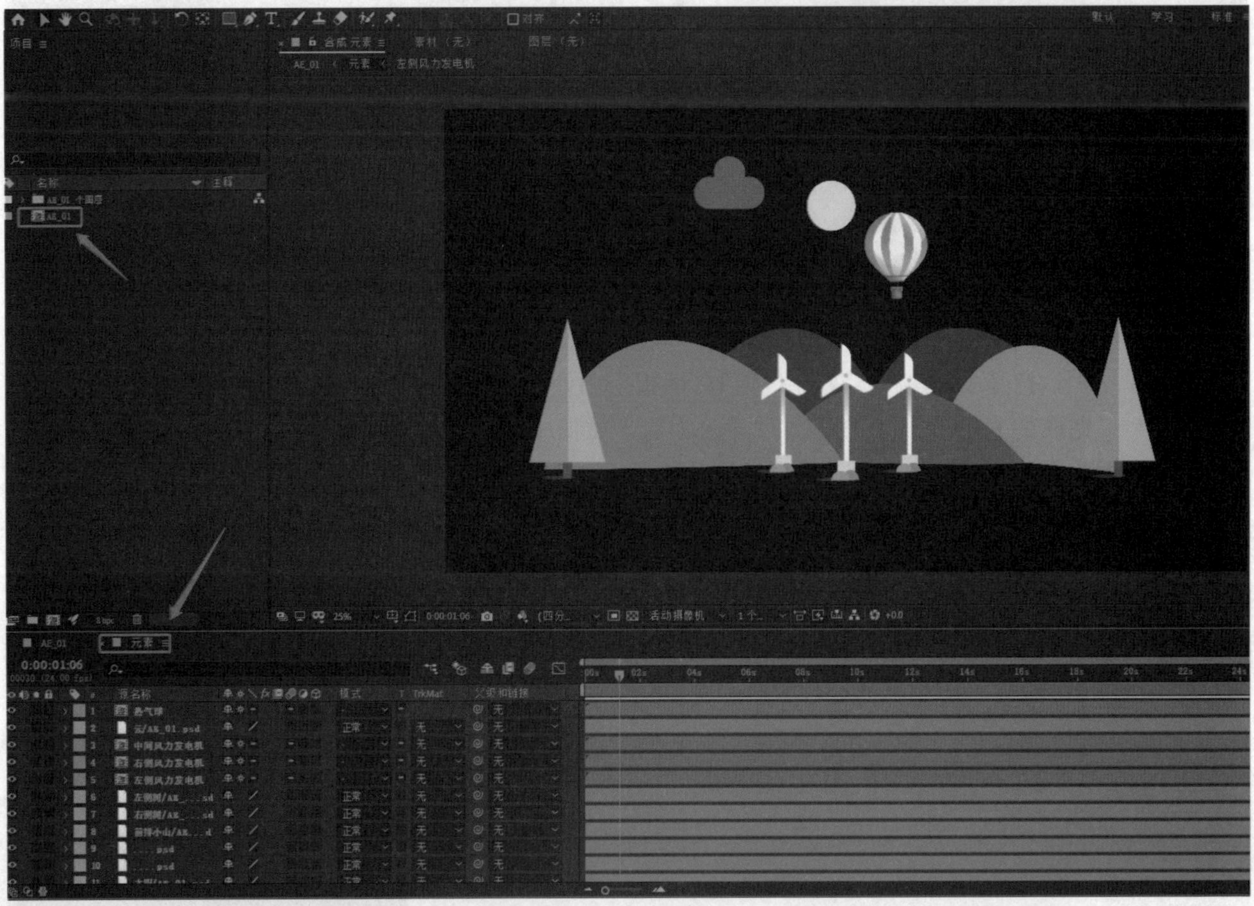

▲ 图 3-3-13 “合成”面板显示效果

接下来创建每一个素材从底部依次弹出的动画。可以设定右侧松树先从底部弹出，选中“右侧树”层，按 Y 键将该层的锚点移动至树根部。然后按快捷键 S 打开该层的缩放选项，单击缩放选项前的秒表，为其添加关键帧。在第 0 秒时设置缩放值为 0，再将时间指示器移至第 1 秒，将缩放值修改为 100。这样就完成了树弹出的动画，但是这样的动画比较呆板。为了使其更加灵活，可以在缩放至最终大小的前几帧，将缩放值调至大于 100。这样，整个动画效果就会更加有弹性，如图 3-3-14 所示。

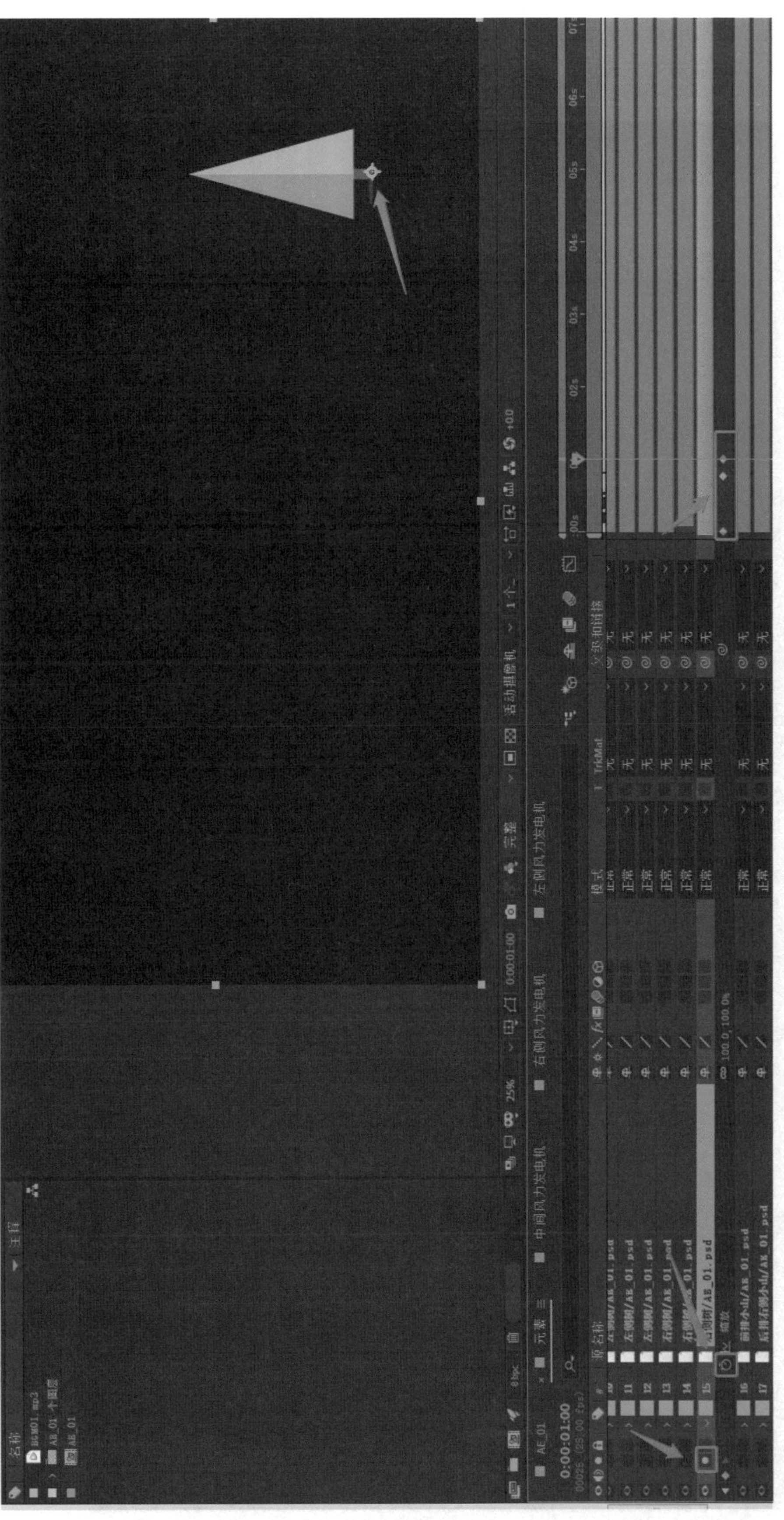

▲ 图 3-3-14 制作弹出效果

用相同的方法为镜头中所有的元素制作弹出动画。为了使动画更加灵活，可以将不同元素的弹出时间错开，如图 3-3-15 所示。

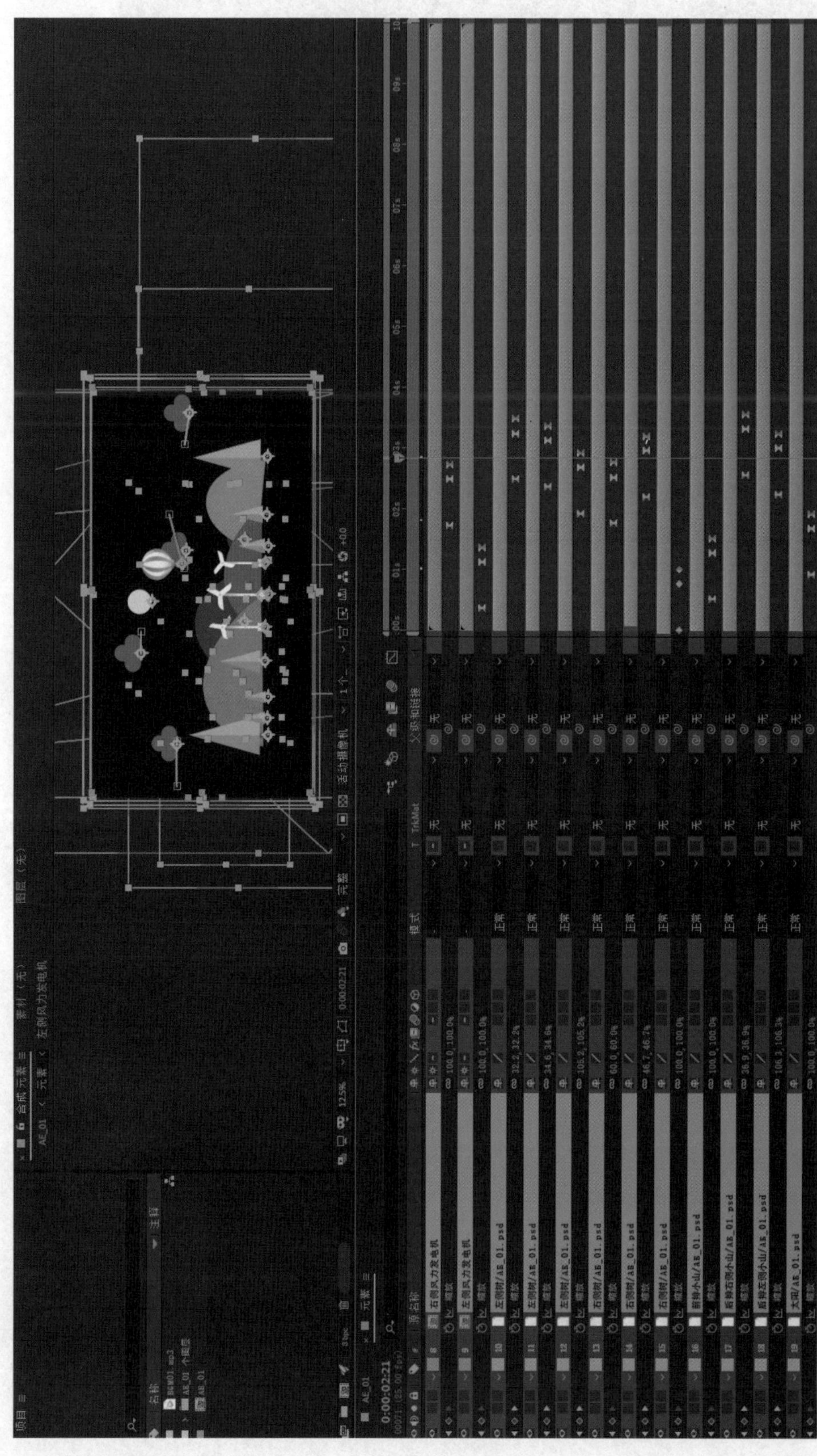

▲ 图 3-3-15 为所有元素制作动画

接下来制作风车的旋转效果。双击“左侧风力发电机”预合成，打开合成，选中“风扇”层，按 R 键，展开“风扇”层的旋转属性，然后按 Y 键，将锚点移动至风扇的旋转中心，再为其添加旋转的动画关键帧。另一种方法是通过表达式来控制其旋转属性。按住 Alt 键同时单击“旋转”前面的秒表图标，打开表达式输入栏，在其中输入“ time*300”，单击空白处保存设置，通过预览播放就可以看到动画效果，如图 3-3-16 所示。如果想让风扇转得慢一些，可以将数值降低到 300 以下。

▲图 3-3-16　添加风车旋转表达式

为了增加画面的细节，还可以为镜头中的云彩和热气球添加位移动画，最终完成的动画效果如图 3-3-17 所示。

▲图 3-3-17　视频最终效果

练一练

1. 思考在关键帧动画制作过程中怎么处理好关键帧和时间的配合，并制作一段小球由高处落下并不断弹起的动画镜头。

2. 自行完成一个 MG 动画镜头的设计和制作。

第4章 图层的运用

| 本章概述 |

图层是 AE 软件中合成图像的基本组件，在“合成”面板中添加的所有素材都将作为图层使用。很多操作和效果需要用不同图层的叠加来实现，通过图层的运用可以更好地对多个图层进行效果控制。本章将结合相应案例对 AE 软件中图层的不同操作和编辑进行详细介绍。

| 学习目标 |

1. 了解 3D 图层的概念，熟悉 3D 图层的使用及调整方法。
2. 熟悉不同层的添加方式，掌握通道图层及空对象层的运用方法。

| 素质目标 |

1. 树立创新意识，培养探索精神。
2. 培养项目制作的细心和自主学习的习惯。

4.1　3D 图层的运用

上一章已经讲述了层编辑区域的不同参数设置及其能够实现的效果，本小节将结合案例详细讲解 3D 图层的运用。

4.1.1　3D 图层的设置

视频和图像最终都是以二维的帧图像形式呈现的，后期制作就是在二维的图像上添加效果。但有时需要借助 AE 软件的虚拟三维空间模式进行效果制作，可以在“时间线”面板中的图层后面勾选“3D 图层”选项，开启 3D 图层。如果想更直观地观察 3D 虚拟空间，可以在“合成”面板下方的视图布局选项中选择 4 个视图。此时如果勾选了“3D 图层”选项，就会看到不同视图中显示的图层状态。选中的视图四角会显示蓝色小三角，同时在下方会显示选中的视图名称，如图 4-1-1 所示。

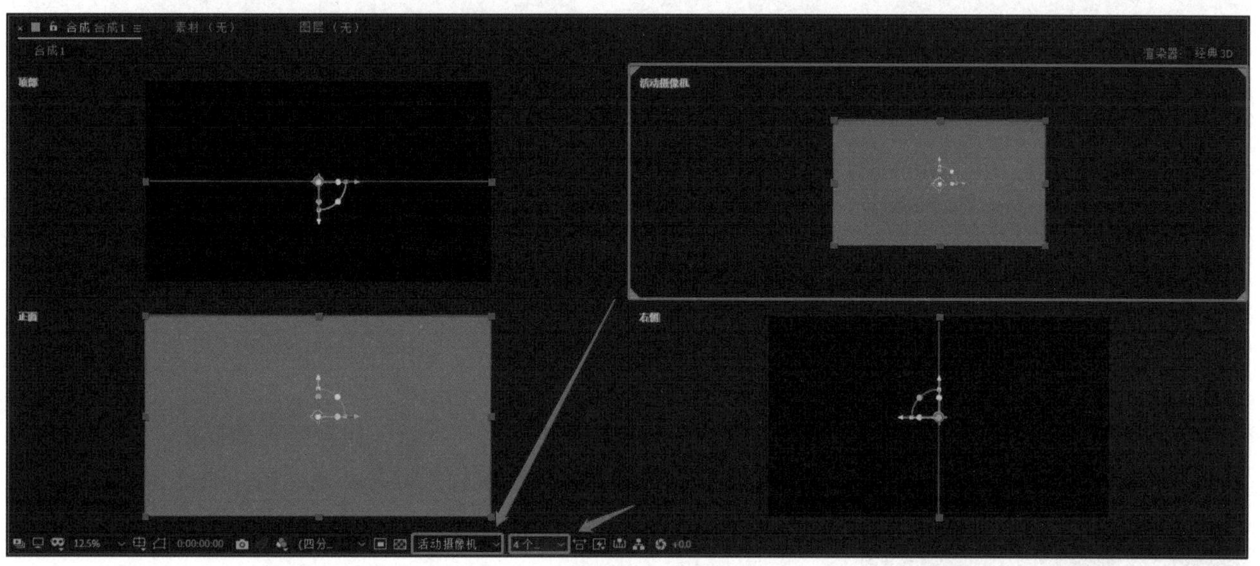

▲ 图 4-1-1　切换视口布局选项

打开“3D 图层”选项后，就可以看到下方“变换”属性中出现了“Z 轴旋转”参数，后面还增添了“几何选项”属性和“材质选项”属性。

4.1.2　3D 图层的调整

通过调整 3D 图层的不同参数，可以轻易实现三维效果，使镜头更加具有空间感。每一层都有很多参数可以调整，“Z 轴旋转”参数可以调节图层的深度值；“几何选项”属性可以在选择渲染器后编辑弯度值和分段数；“材质选项”属性一般和灯光层进行搭配使用，可以设置层的投影、灯光、材质、折射和反射等参数，其默认设置为不投影，只接受阴影效果，如图 4-1-2 所示。

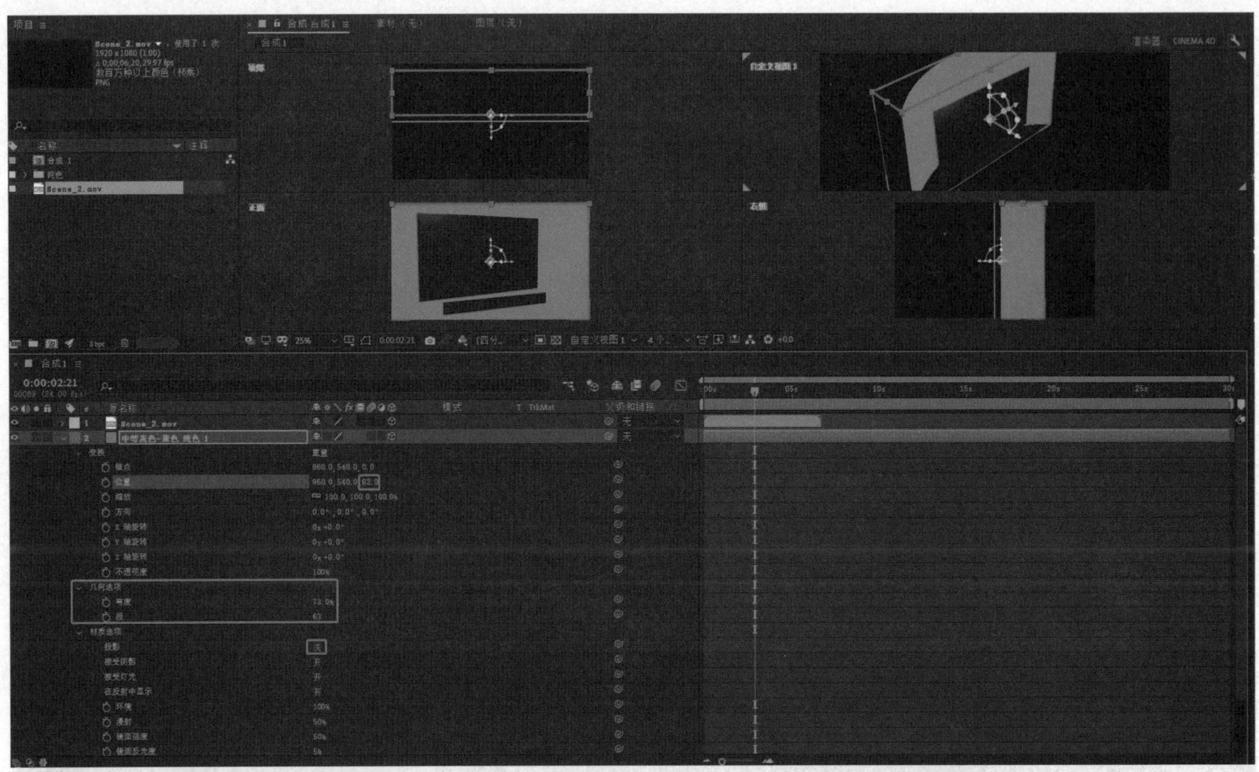

▲ 图 4-1-2 调整 3D 图层的相关参数

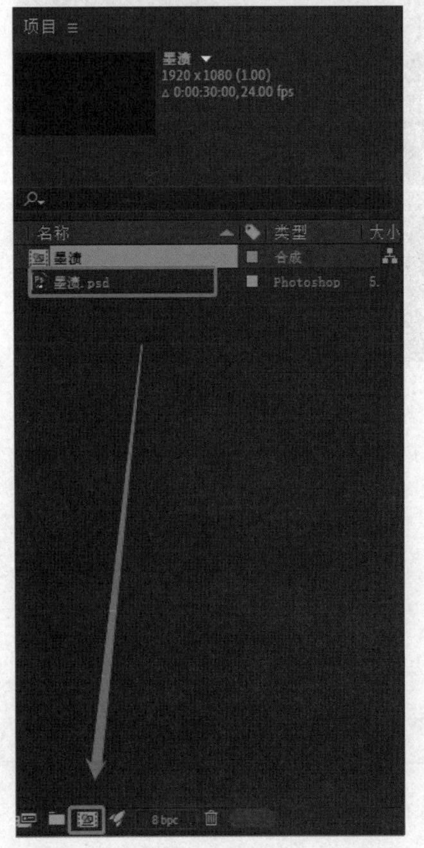

▲ 图 4-1-3 根据素材大小新建合成

4.1.3 3D 动画效果制作

下面将通过一个应用案例，对 3D 图层进行更加深入的讲解。

首先打开 AE 软件，在“项目”面板空白处双击，导入事先准备的“墨渍”素材。将素材拖入到“项目”面板下方的“新建合成”按钮上，依据素材大小创建合成，如图 4-1-3 所示。

右击“时间线”面板空白处，或者在工具栏选择“文字”工具，新建一个文字层。在其中输入文字，并在右侧快捷面板中调出“字符”面板，调整文字的属性值，包括字体、字号等参数，如图 4-1-4 所示。

“墨渍”素材与最终效果

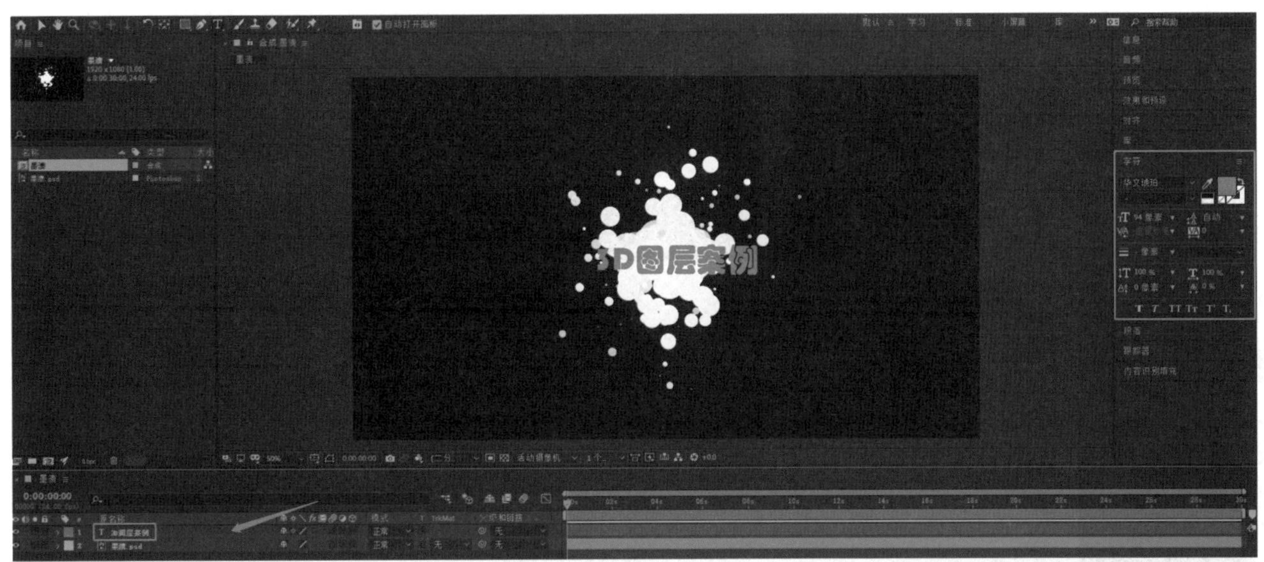

▲ 图 4-1-4　创建文本

单击文字层和“墨渍”层的“3D 图层”图标，打开 3D 图层，在“合成”面板中，调整视图为“自定义视图 1”。展开文字层的“变换”属性，调整文字层的位置参数，将文字层的位置调整至“墨渍”层之前，如图 4-1-5 所示。

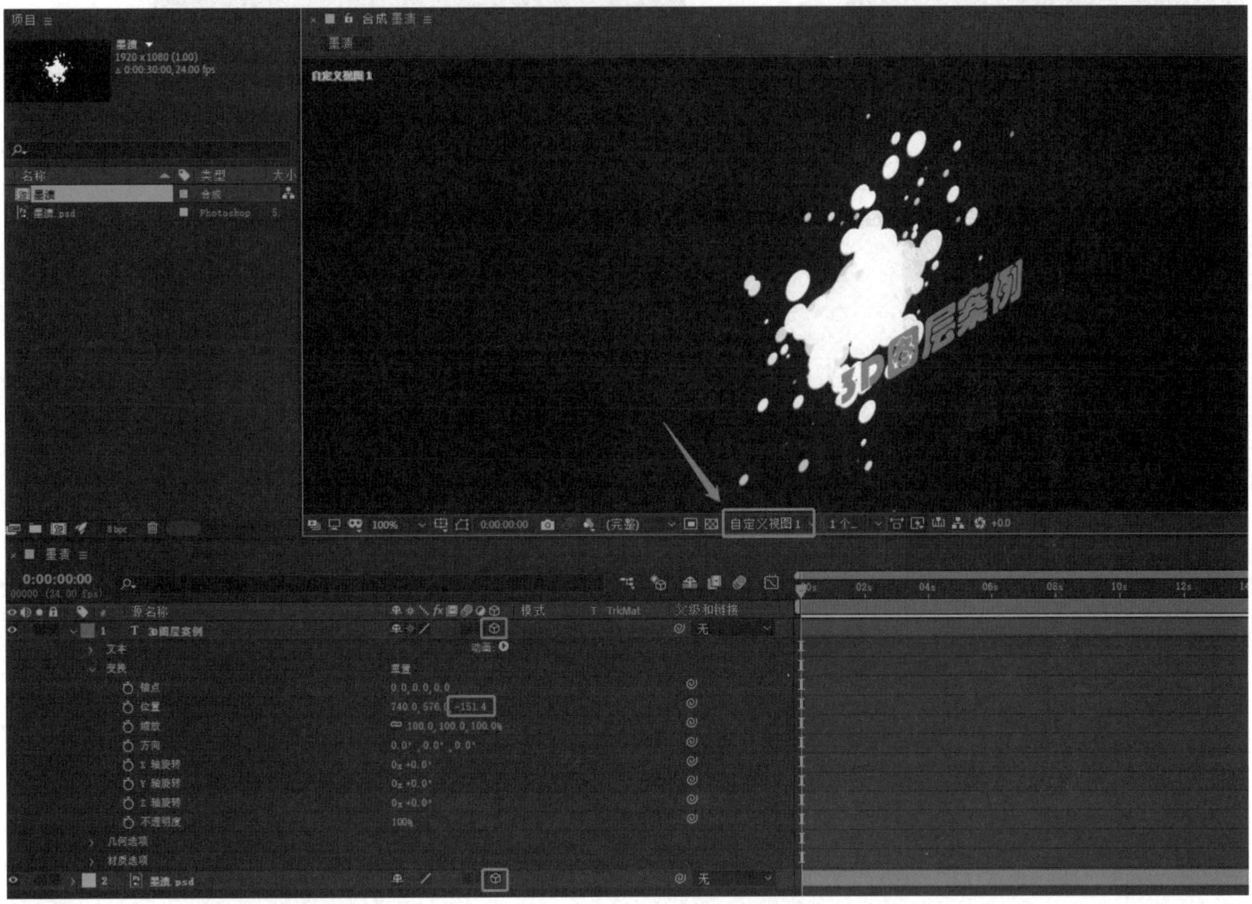

▲ 图 4-1-5　调整 Z 轴属性

选择菜单栏中的“效果”→“生成”→“填充”选项，为“墨渍”层添加填充效果，更改图层颜色为红色，并将文字层颜色更改为蓝色。为了方便观察，可以单击“合成”面板中的“透明网格”按钮，打开背景透明网格，如图 4-1-6 所示。

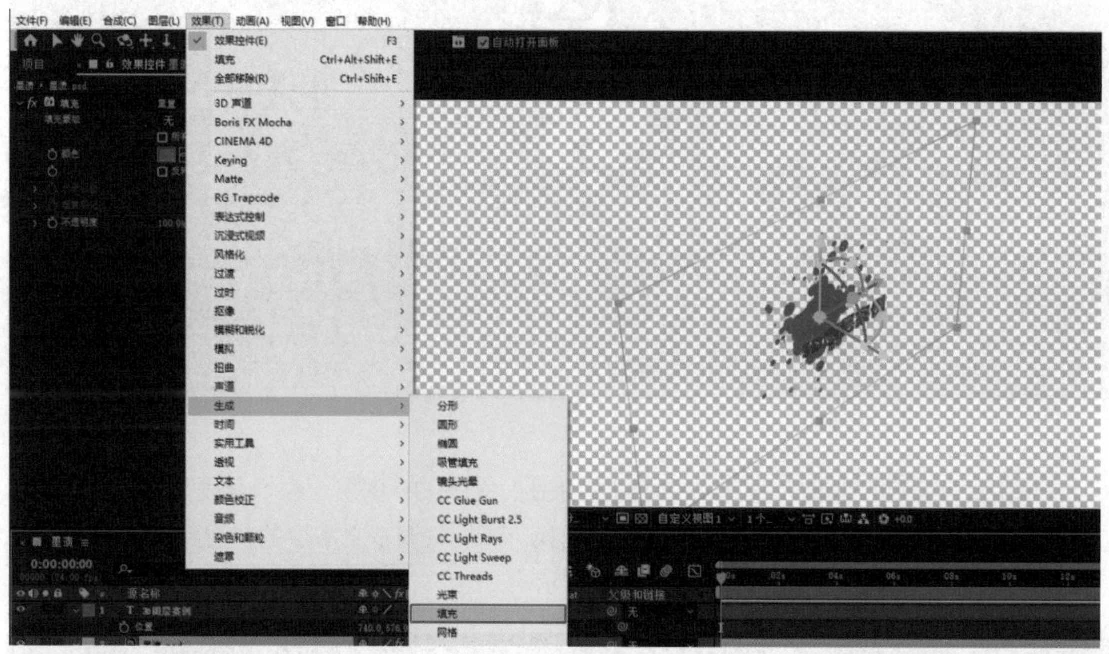

▲ 图 4-1-6　更改图层颜色

选中“墨渍”层，按 Ctrl+D 组合键，将素材复制两层，然后按 P 键展开图层的“位置”属性，将 Z 轴位置参数调整至合适位置，并在第 0 帧创建关键帧，如图 4-1-7 所示。

▲ 图 4-1-7　复制图层

切换至“活动摄像机”视图，将时间指示器移动至第 3 秒，调整各层的位置参数，形成左、中、右依次排列的画面，并记录动画关键帧。为了方便区分，可以将两侧填充颜色的明度降低一些，如图 4-1-8 所示。

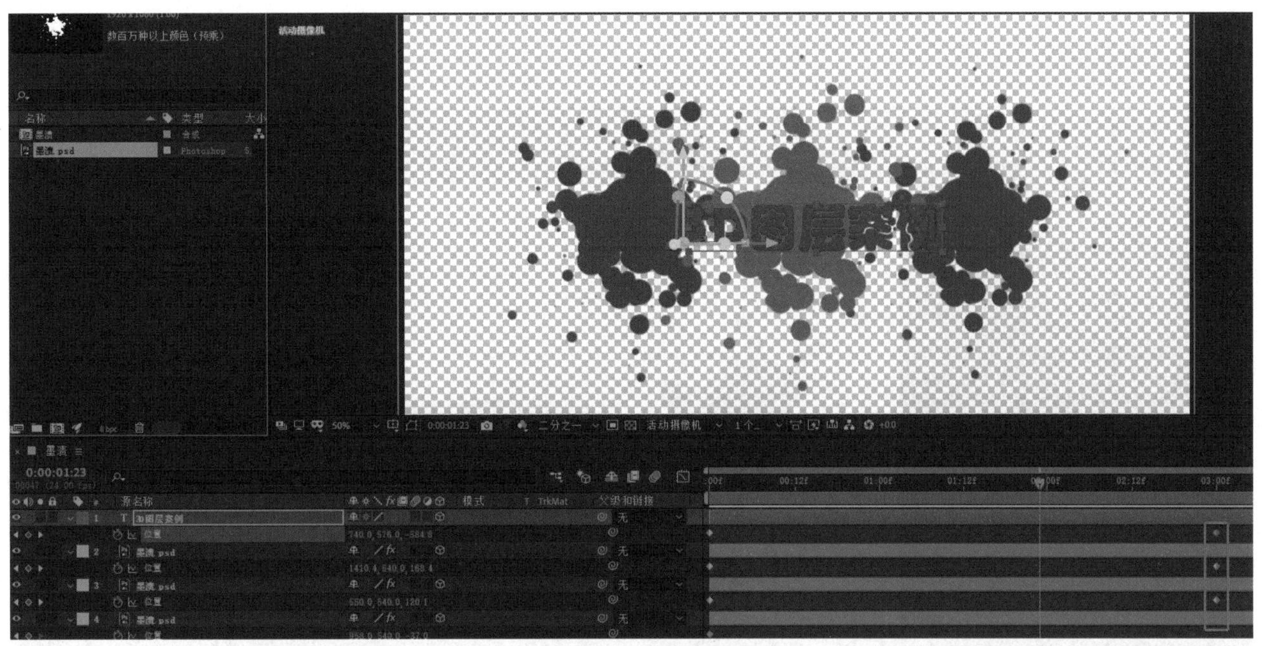

▲ 图 4-1-8　调整图层位置

选中三个“墨渍”层，按 Enter 键，分别将其重命名为“墨渍左”“墨渍中”“墨渍右”。按 R 键展开“旋转”参数，从第 0 秒处开始记录旋转动画的关键帧，再将时间指示器移动到第 3 秒处，将“墨渍左”和“墨渍右”的“Y 轴旋转”参数和“墨渍中”的“X 轴旋转”参数进行调整。为了给动画增添灵动性，可以把旋转动画和位置动画的关键帧起始时间略微错开。最终关键帧效果如图 4-1-9 所示。

▲ 图 4-1-9　最终关键帖效果

完成动画参数设置后，新建白色纯色层，放置在最底层作为背景。最后改变各个层的颜色，将三个“墨渍”层改为黑色，将文字层的颜色改为红色，按空格键可以预览动画效果，最终完成效果如图 4-1-10 所示。

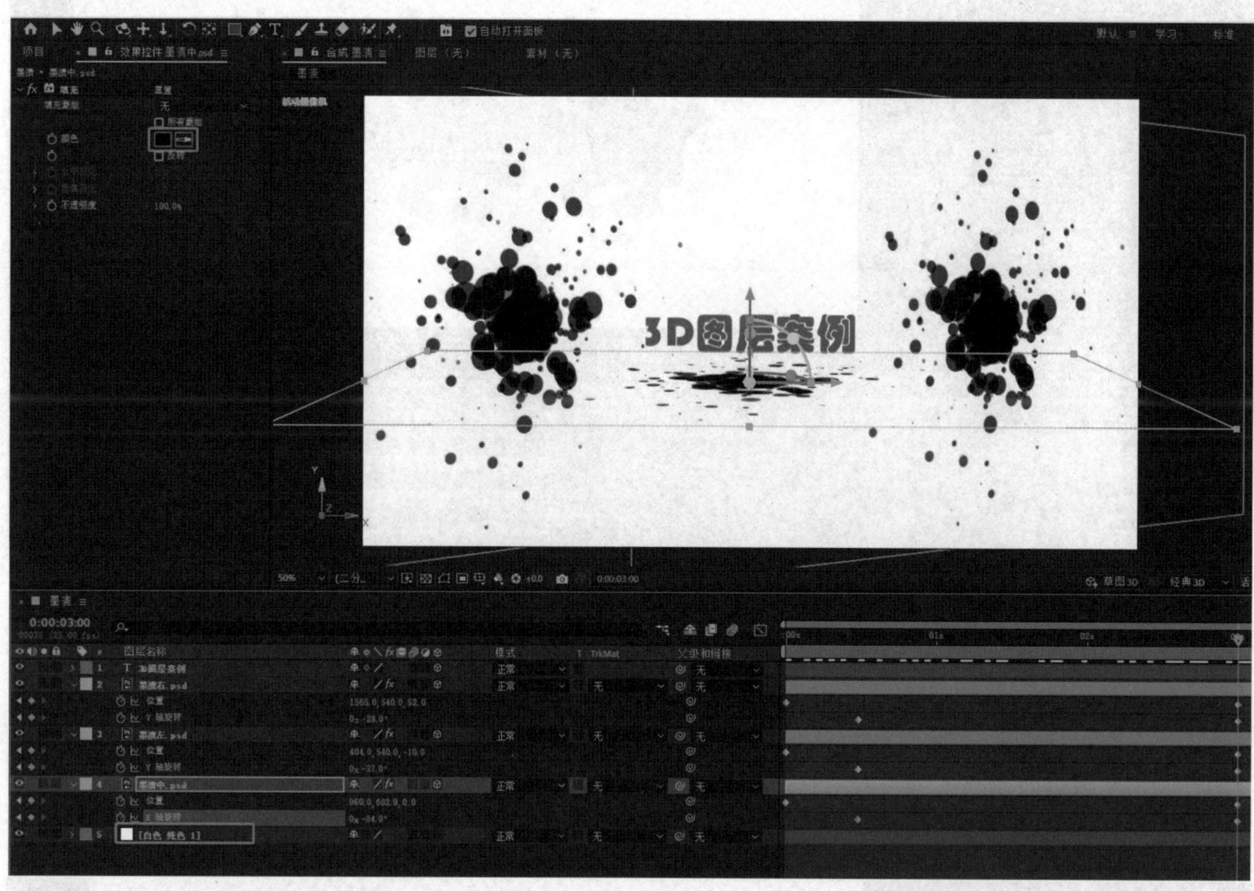

▲ 图 4-1-10 最终效果

4.2　通道控制的运用

运用“置换图”效果可以轻易地实现“伪 3D”特效，其主要原理是通过不同的通道来控制素材水平和垂直的置换效果。

头像素材与最终效果

4.2.1　素材的准备和导入

将一张准备好的素材图片导入 AE 软件，并依据图片大小新建合成，本案例将利用一张油画作品作为范例来讲解。

选中导入的图片素材层，按 Ctrl+D 组合键将其复制。双击上方素材层，进入图层编辑模式，在工具栏上单击“画笔工具”按钮，在右侧快捷面板中调整笔刷大小、颜色、不透明度和流量大小，如图 4-2-1 所示。

▲ 图 4-2-1　准备素材和画笔

4.2.2　通道效果的绘制

现在开始制作图片的黑白深度图。用画笔工具在图片素材上进行绘制，其原则为距离镜头越近的地方明度越高。先把空间距离较远的地方（如人物的背景）绘制成黑色，再将距离较近的地方（如人物的鼻尖和额头）绘制成纯白色。对于图片其他的地方，可根据其在画面中的远近程度，分别绘制为几个由深到浅的渐变灰度层。绘制得越细致，将来做出的效果就越精准。最终绘制完成的效果如图 4-2-2 所示。

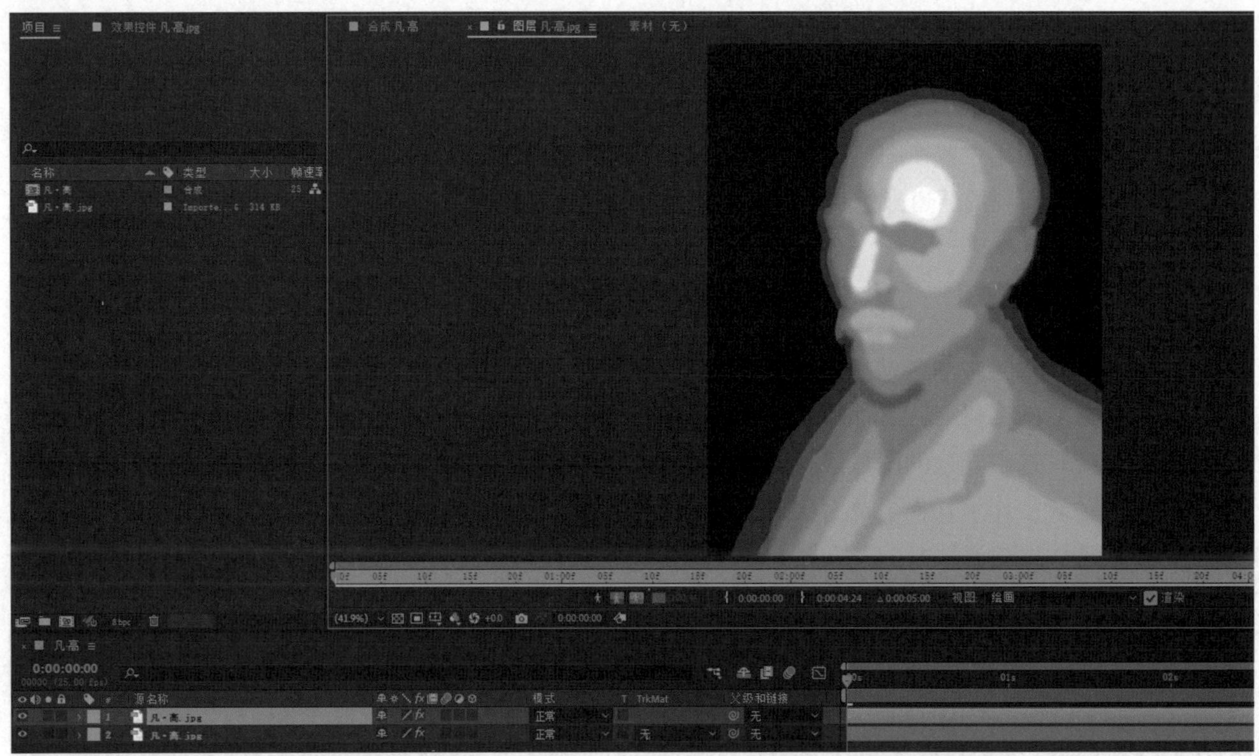

▲ 图 4-2-2　绘制灰度图

选中进行绘制的素材层，按 Enter 键将其重命名为“灰度置换层”。按 Ctrl+Shift+C 组合键，在弹出的“预合成”对话框中勾选“将所有属性移动到新合成”，将绘制好的置换图层设置为预合成，如图 4-2-3 所示。

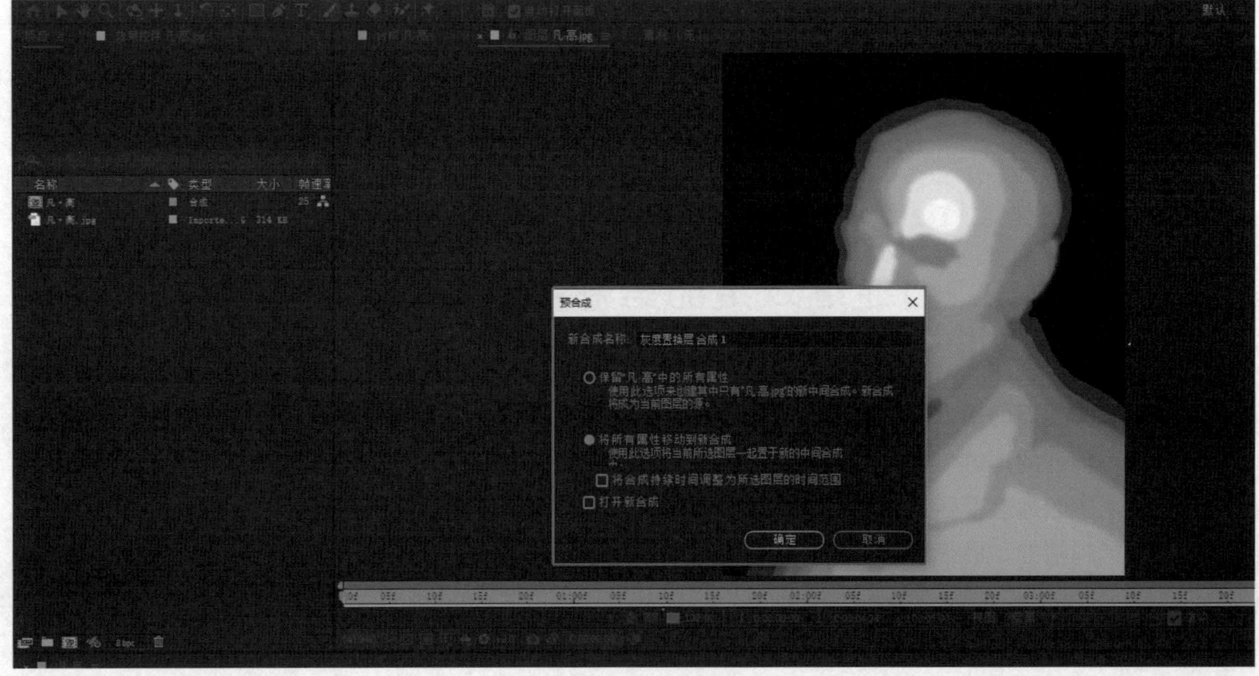

▲ 图 4-2-3　添加预合成

将新建的预合成设为隐藏，选中图片素材层。选择菜单栏中的“效果”→“扭曲”→“置换图”选项，“项目”面板会变为“效果控件”面板。选择“置换图”效果，在其“置换图层”属性中选择“灰度置换层 合成 1”，将“用于水平置换”和“用于垂直置换”的设置调整为“明亮度”，如图 4-2-4 所示。

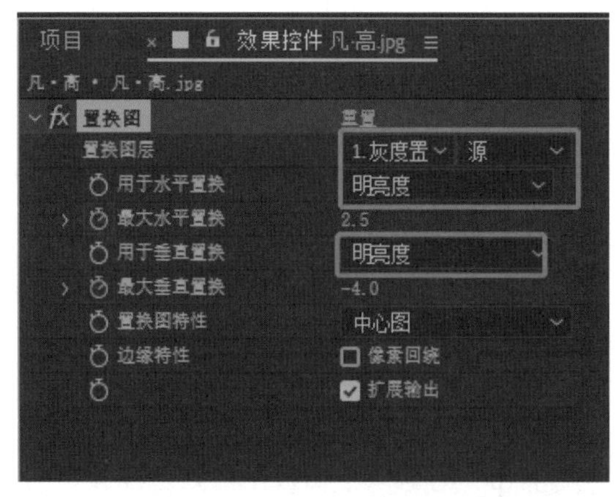

▲ 图 4-2-4　调整置换图效果参数

将“最大水平置换”和“最大垂直置换”前面的“关键帧自动记录器”打开，将时间指示器拖动到 1 秒的位置，调整参数值，为其添加动画，具体参数可根据所需的效果进行调整。为了避免背景置换时效果有瑕疵，可以勾选“边缘特性”，设置后面的“像素回绕”选项。按空格键播放预览，就可以看到图片的“伪 3D”效果，如图 4-2-5 所示。

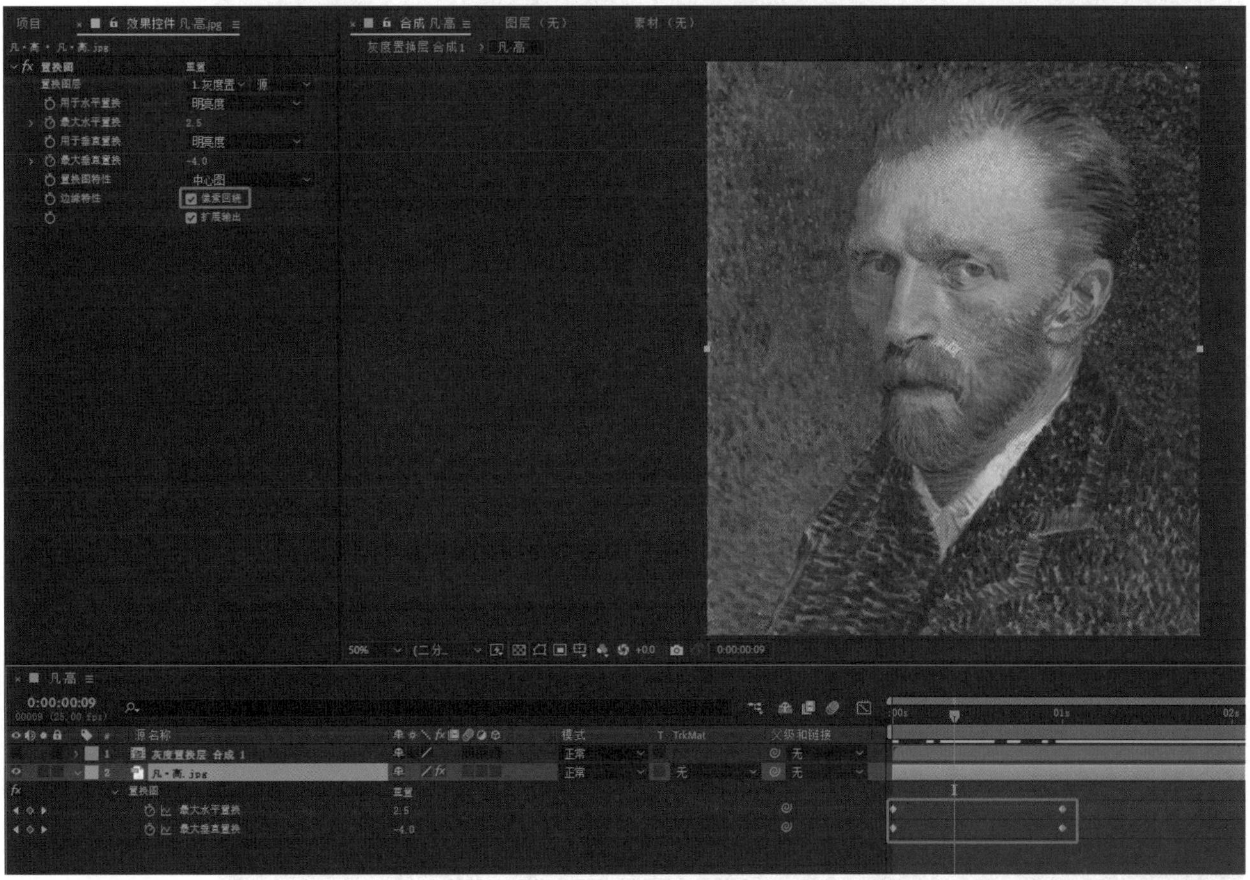

▲ 图 4-2-5　最终参数设置

4.3 空对象层的运用

空对象与固态层和形状层等图层不同，是一种不可见图层。它的主要作用是用来辅助其他图层效果的实现，或作为一个载体（如父子级、表达式）来使用。本小节将通过一个控制多边形旋转的案例来简要说明空对象图层对其他图层的“总控”作用。

4.3.1 空对象层的创建

右击“时间线”面板空白处，在弹出的菜单中选择“新建”→“空对象”选项，新建空对象图层，如图 4-3-1 所示。

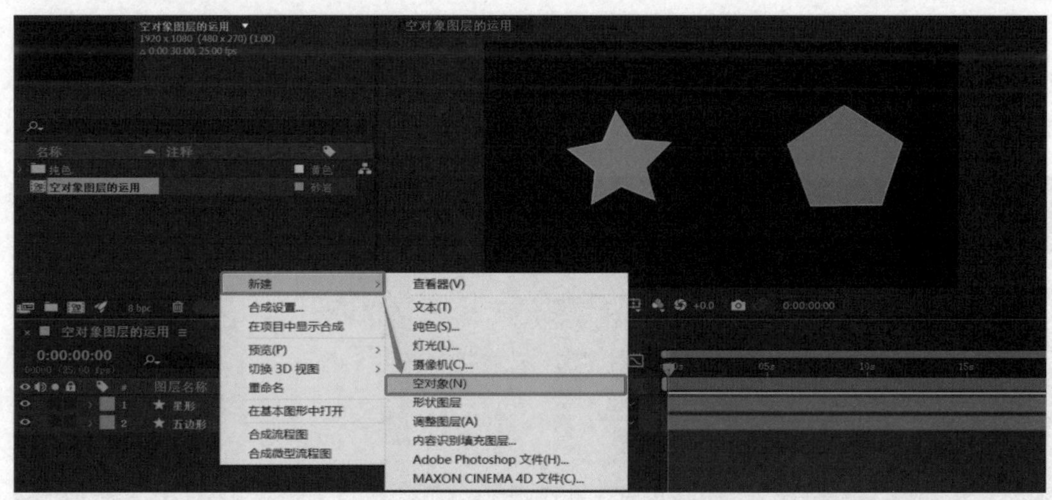

▲ 图 4-3-1　新建空对象图层

若要发挥空对象图层的“总控”作用，就需要与被控制图层建立父子级关系（空对象图层为父级，被控图层为子级）。单击“时间线”面板中文字层后面的“父级关联器”按钮，拖动至空对象图层，将空对象图层作为文字层的父对象，如图 4-3-2 所示。父子级关系建立完成后，通过调节空对象图层的相关属性，就可以实现对被控图层的属性调整。

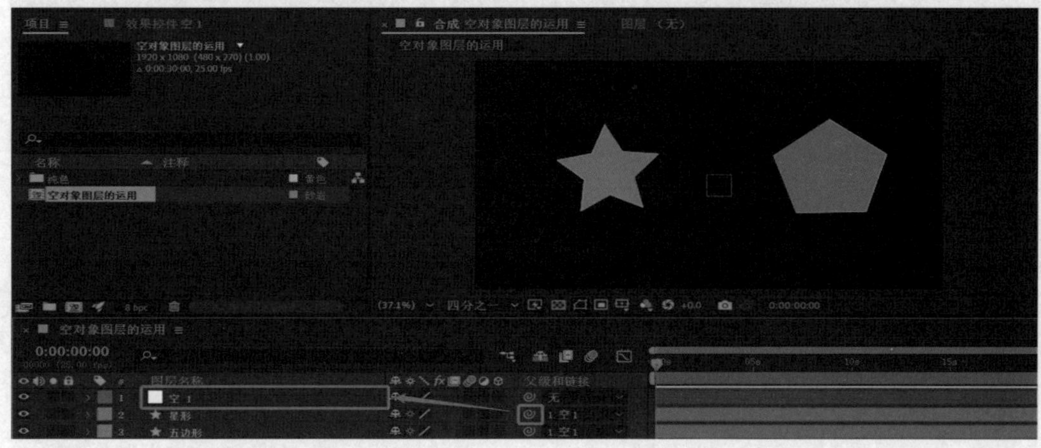

▲ 图 4-3-2　建立父子级关系

4.3.2　空对象层的调整

选中空对象层，单击左侧箭头状按钮 ▶ 展开图层属性。尝试更改锚点、位置、缩放、旋转等多种变换属性，可看到“合成”面板里的五角星和多边形（即子图层里的内容）也产生了相应的属性变换。不难发现，两个图形并非各自变换，而是以空图层的“锚点”为中心进行变换的，两个图形俨然组成了一个整体。也就是说，空对象层对其他图层进行的是整体控制。修改过程如图 4-3-3 所示。

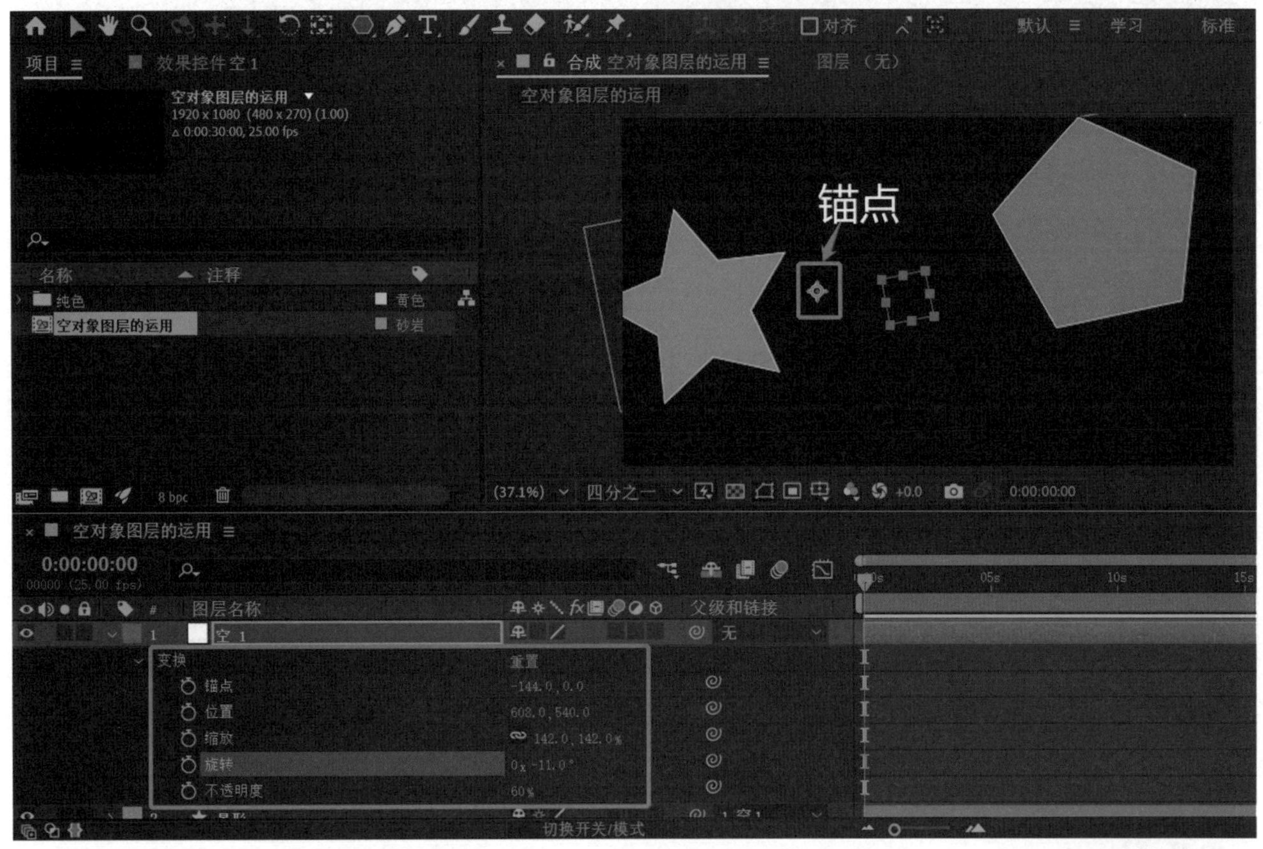

▲ 图 4-3-3　修改空对象图层的相关属性

此外，还可以通过创建针对单个属性的父子级关系来进行更加精确的属性控制。在本例中，若想要让空对象层只控制“星形”层和“五边形”层大小的变化，而不影响旋转、位置等其他属性，则可以先取消原先的父子级链接，然后选中对象层“缩放”属性后面的“父级关联器”按钮，拖动至空对象层的“缩放”属性处释放，如图 4-3-4 所示。

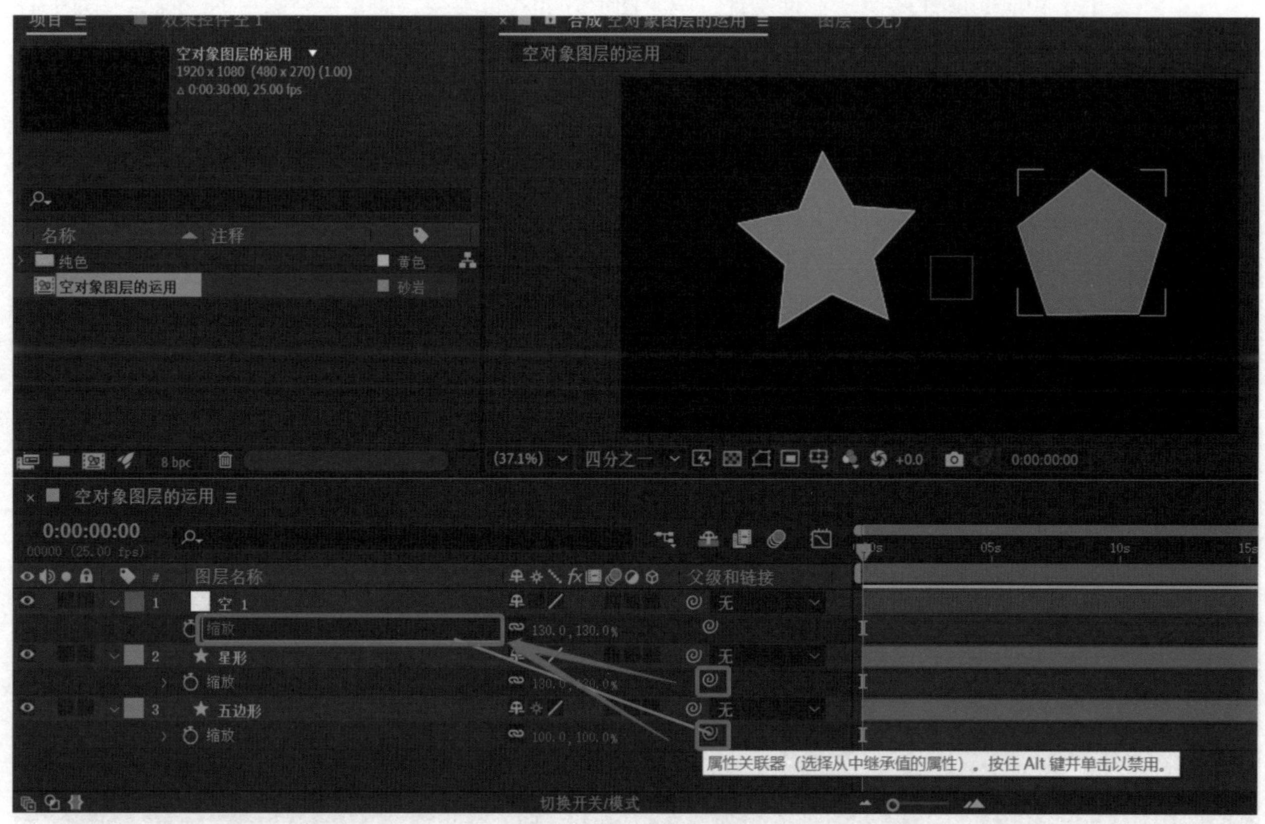

▲ 图 4-3-4　创建单个属性的父子链接关系

温馨提示

空对象层并不能控制子图层的不透明度以及色彩、色调等属性，这和下文即将谈到的“调整图层”形成互补。

4.4　调整图层的运用

与空对象层相同，调整图层在一般情况下是不可见的。调整图层的主要作用是为其下的所有图层附加上相同的特效，调整图层的好处在于可以对多个图层同时进行调整，也更方便以后的修改操作。

4.4.1　调整图层的新建

右击“时间线”面板空白处，在弹出的菜单中选择“新建”→“调整图层”选项，即可在所有图层的最上方新建调整图层，如图 4-4-1 所示。

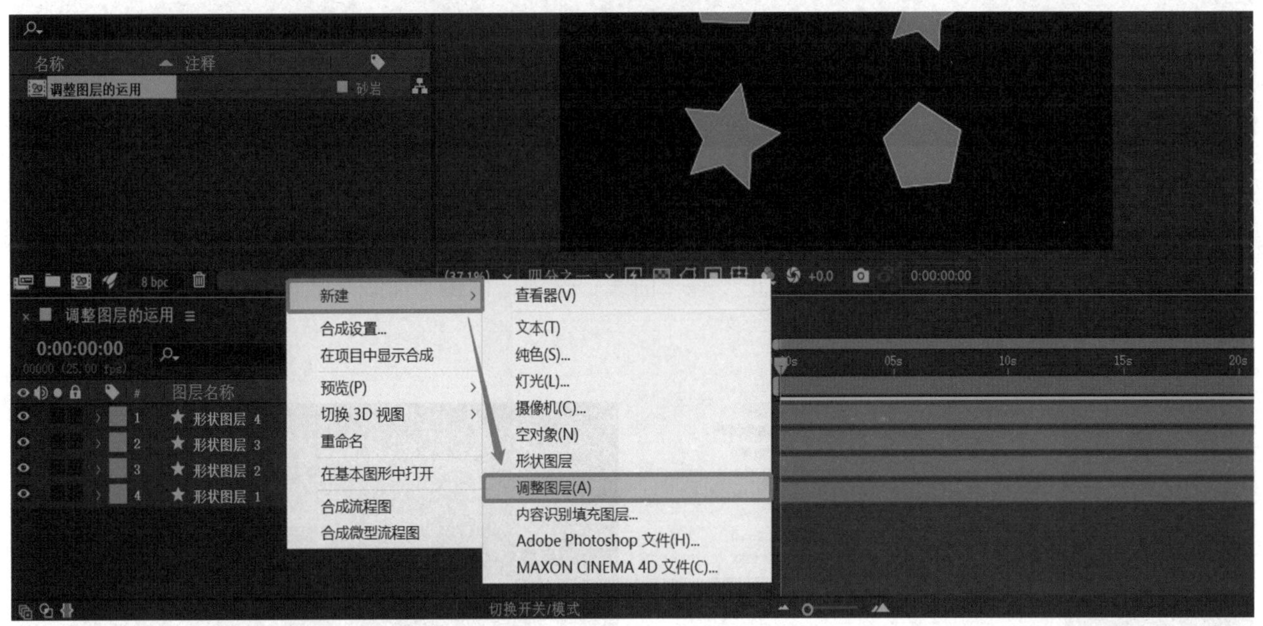

▲ 图 4-4-1　调整图层的新建

4.4.2　调整图层的设置

调整图层主要用来调整其下所有图层的整体色彩和色调，当位置、缩放等属性改变时，只有“合成”面板上象征调整图层本身的透明框和锚点发生了变换，在其下方图层的各项属性均未受到影响，如图 4-4-2 所示。

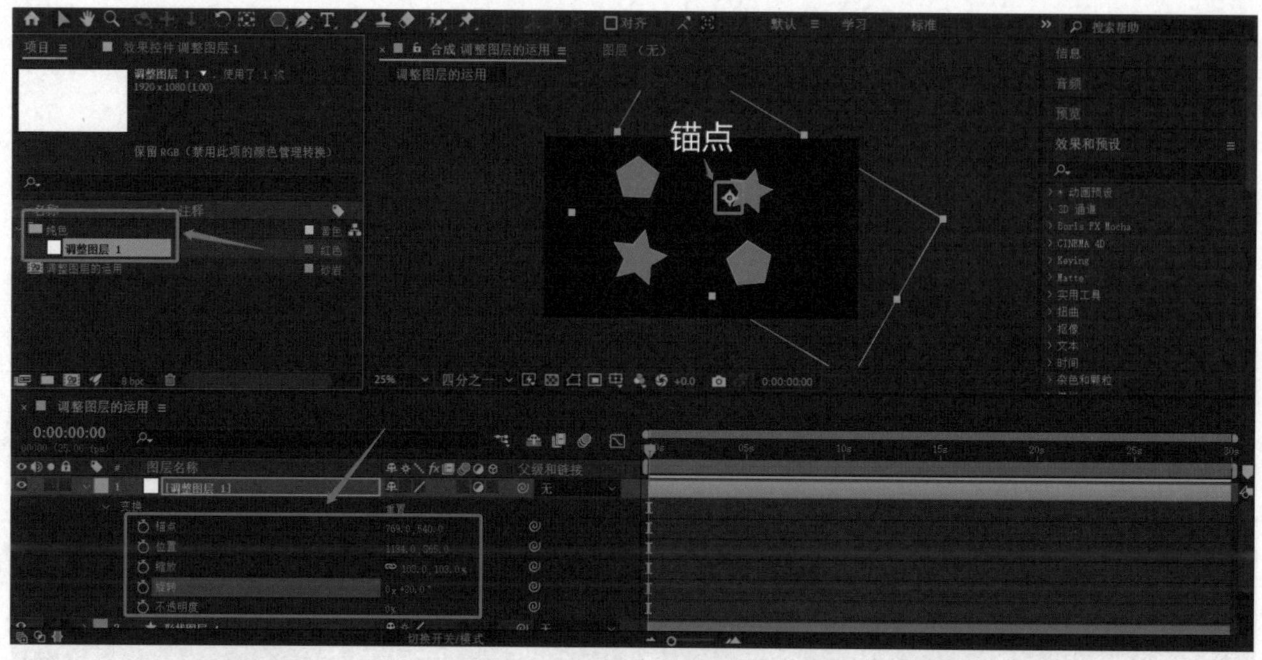

▲ 图 4-4-2 调整图层的部分属性变化对其他图层不构成影响

调整图层可以影响其下方图层的色调，也可以为下方的图层添加各种效果，例如，打开左上角菜单栏，选择“效果”→“颜色校正”→“曲线”选项，使用“曲线”效果改变图像的整体色调，如图 4-4-3 所示。

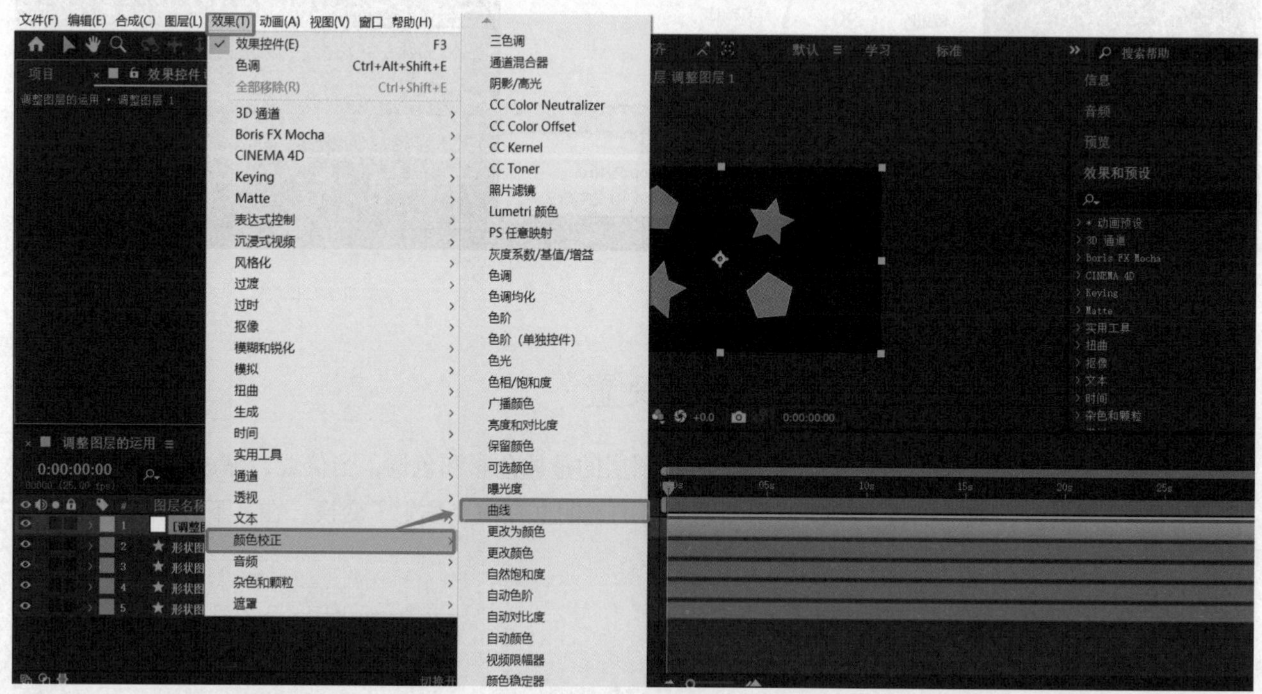

▲ 图 4-4-3 添加“曲线”效果

打开“曲线”效果控件后，调整“项目”面板内的曲线，并及时观察右侧“合成”面板内多边形的色彩变化，可以观察到图形的颜色随着曲线变化而变化。将“调整图层 1”下移一层，发现其中三个图形由原先的浅红色变为了蓝色，而五边形却依旧是原来的浅红色，这是因为调整图层只对其下方的图层（且是下方的全部图层）产生影响，对其上方的图层则不产生影响，如图 4-4-4 所示。

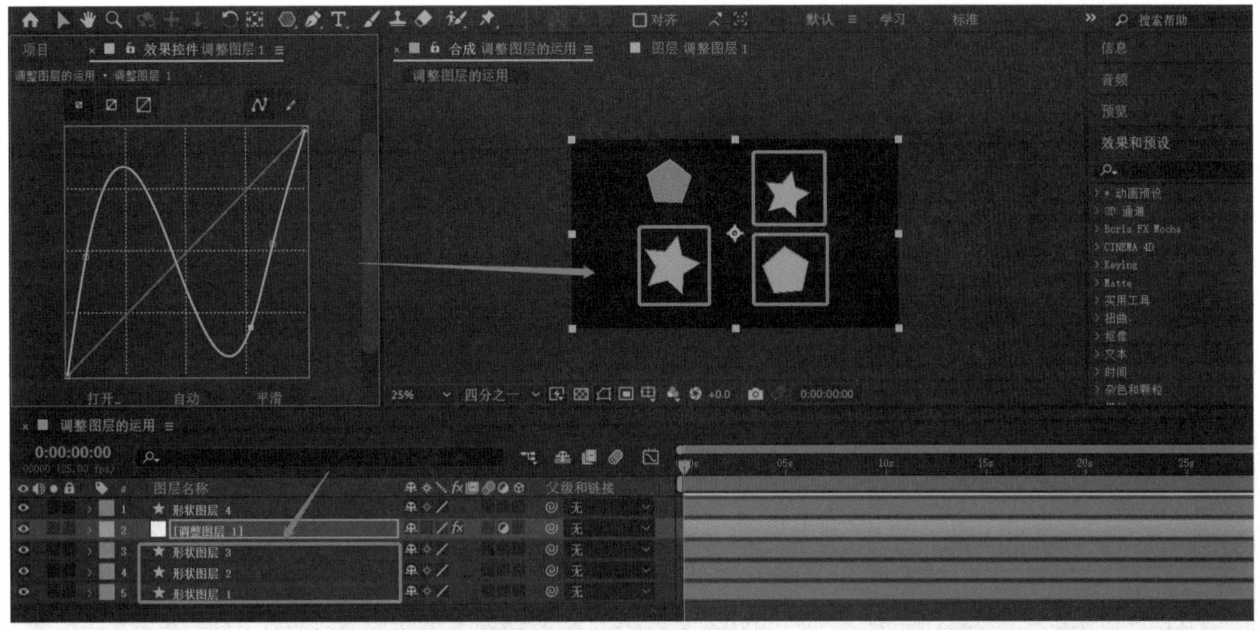

▲ 图 4-4-4　运用调整图层修改色调

下面示范另一种为调整图层添加效果的方式。选择快捷面板上“效果的预设”选项，输入关键字“模糊”，找到“高斯模糊”选项。选中并将其直接拖拽至下方“时间线”面板的“调整图层 1”处，即可为该图层直接添加效果。添加完后观察图形的变化，可以发现在“调整图层 1”之下的图层中的图形均被添加了模糊效果，如图 4-4-5 所示。

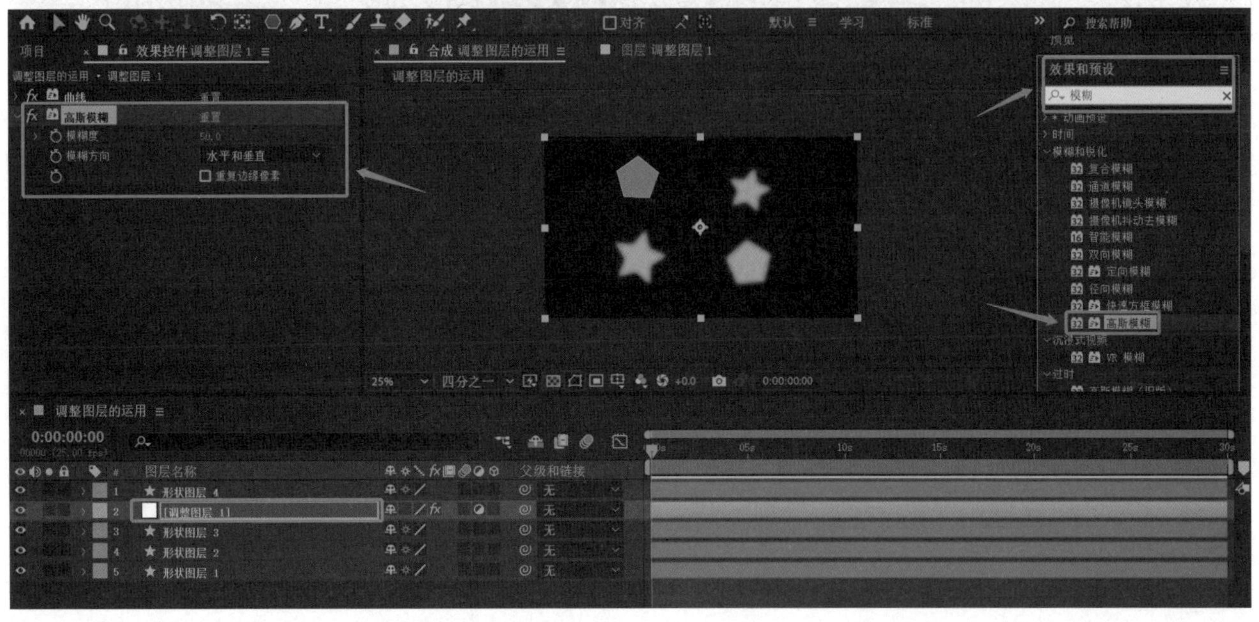

▲ 图 4-4-5　添加高斯模糊效果

4.5 综合运用案例

掌握以上几种类型的图层运用，便于我们在设计与制作过程中根据具体需求“对症下药”，简化制作过程，提升制作效率。下面两个案例分别展示了空对象层和调整图层的综合运用方法。

4.5.1 动态文字排版

1. 素材的准备和导入

制作时可以提前准备文案，并制作配音文件作为素材。打开 AE 软件后新建一个项目，创建 1920×1080 大小的合成。在工具栏单击“文字创建”按钮T，在“合成”面板中输入文字，可以在右侧快捷面板对文字的字体、字号和颜色进行调整，如图 4-5-1 所示。

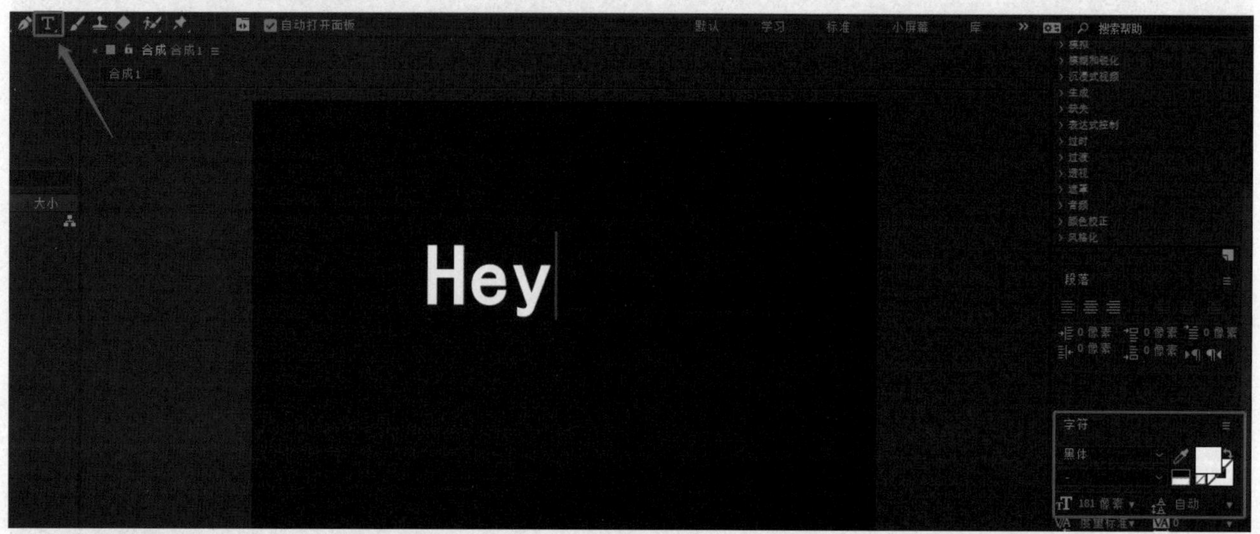

▲ 图 4-5-1　创建文字层

将制作好的配音文件导入“时间线”面板。根据配音文件的时间轴制作字幕，并逐词创建文字层，勾选所有文字层的“3D 图层”选项，并对文字进行排版，如图 4-5-2 所示。

▲ 图 4-5-2　根据配音创建文字层

2. 建立空对象层以及各图层间的父子链接

右击“时间线”面板空白处，在弹出的菜单中选择“新建”→“空对象”选项，新建空对象层。选中新创建的空对象层，按 Enter 键重命名为“ ANIMATION”，并勾选“3D 图层”选项。

选中最上层的文字层，按住 Shift 键同时单击最下层的文字层，选中所有文字层。再按住文字层后面的“父级关联器”按钮，拖动至“ ANIMATION”空对象层，将其作为文字层的父对象，如图 4-5-3 所示。

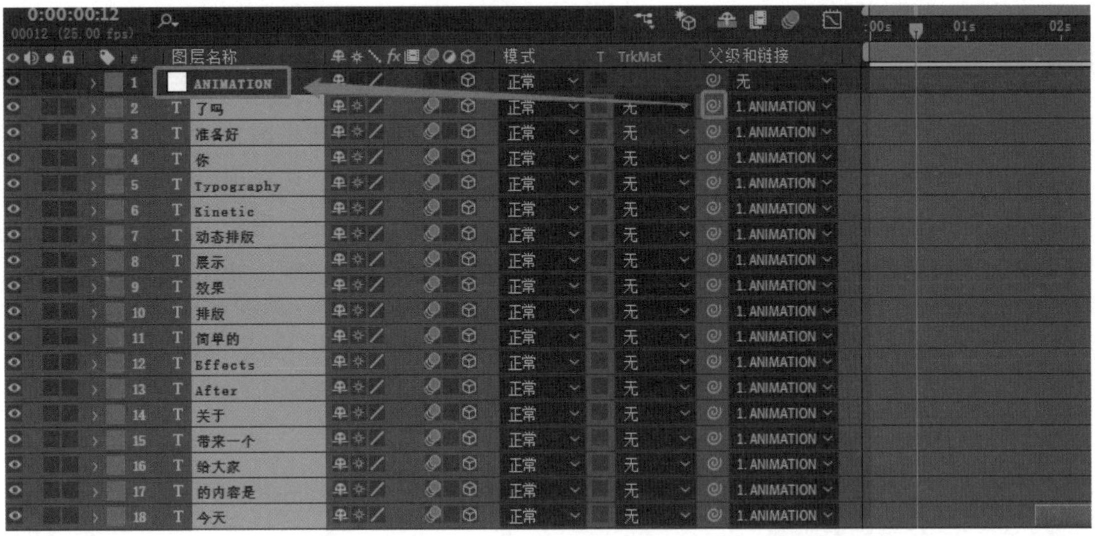

▲ 图 4-5-3　多个子级图层链接同一个父级图层

3. 调整层属性

选中“ANIMATION”空对象层，按P键，展开“位置”参数。根据字幕的出现时间调整空对象层的位置及字幕的方向属性，勾选所有图层的“运动模糊”选项，最终完成字幕伴随配音不断弹出的效果，如图 4-5-4 所示。

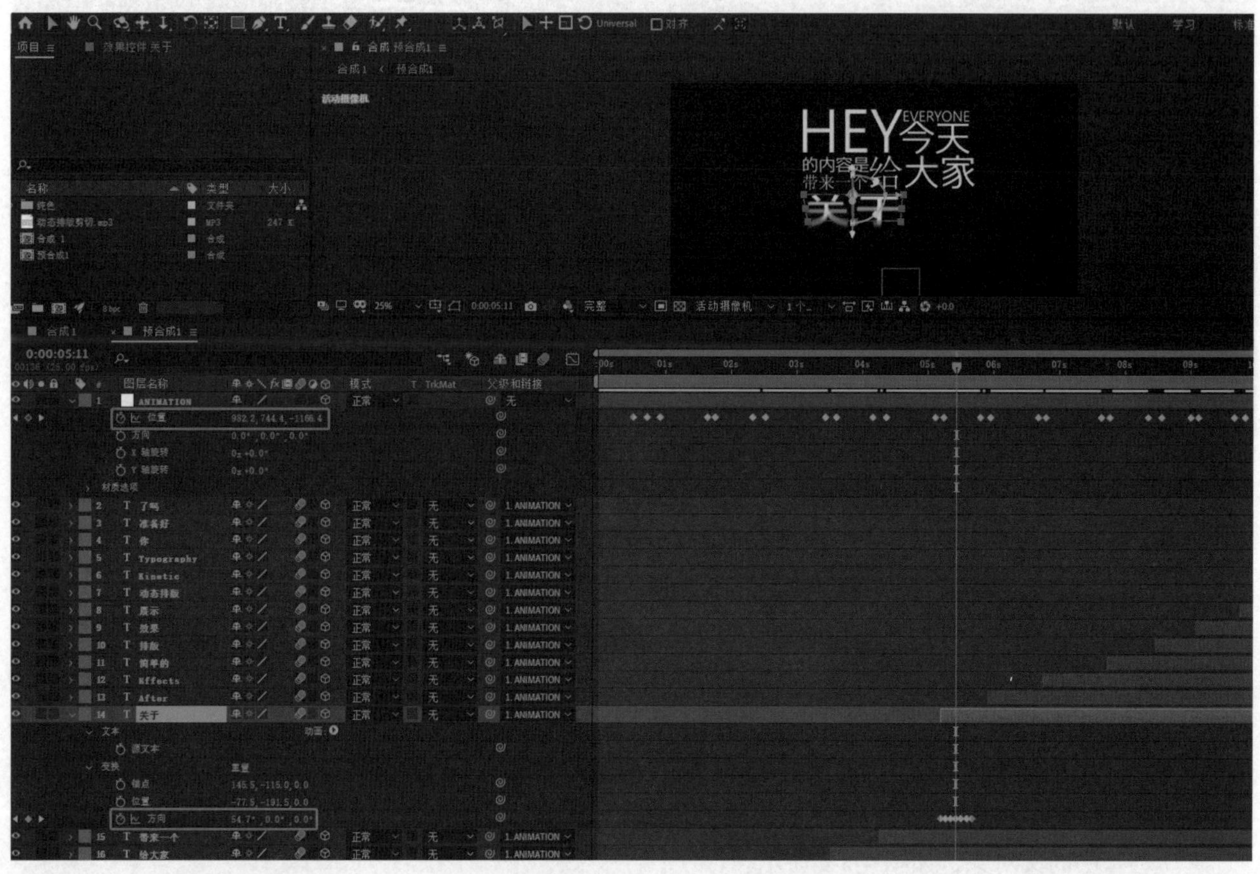

▲ 图 4-5-4　调整层的属性

4. 优化与预览

动画制作完成后，选中所有素材层，按 Shift+Ctrl+C 组合键新建预合成。可以在预合成下方新建一个灰色的纯色层，作为文字的背景。选择预合成层，在工具栏选择“效果”→“生成”→“四色渐变”选项，为预合成层添加“四色渐变”效果，并调整四色渐变的颜色使文字更加美观，如图 4-5-5 所示。

动态文字排版
最终效果

▲ 图 4-5-5　为预合成添加颜色和效果

最终效果预览如图 4-5-6 所示。选择菜单栏“合成”→“添加到渲染队列”选项，或按 Ctrl+M 组合键，将合成载入渲染队列，渲染输出最终成片。

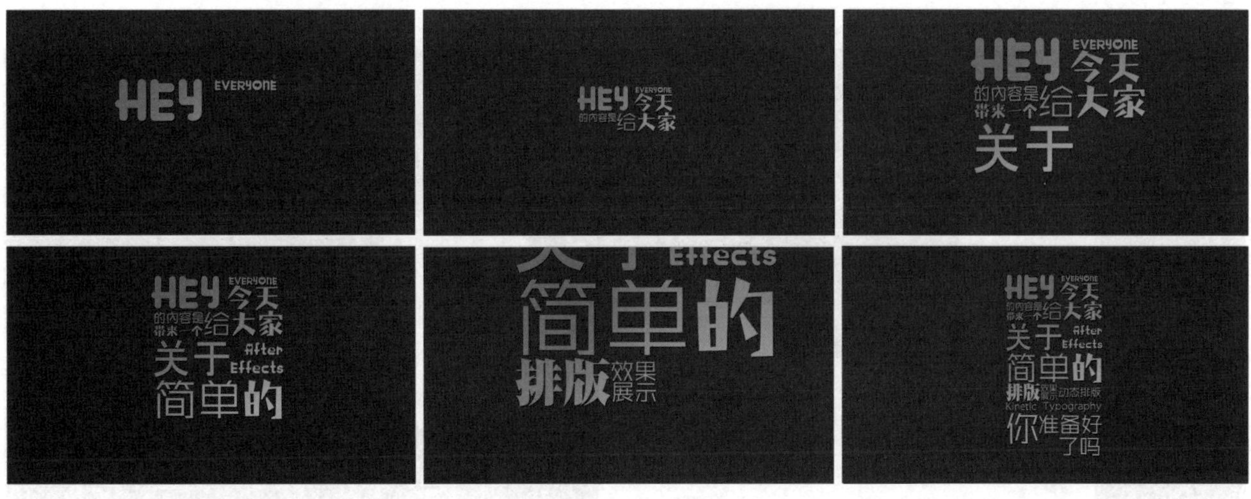

▲ 图 4-5-6　案例最终效果

4.5.2 气泡发散效果

1. 素材的准备

打开 AE 软件后，新建 1920×1080 大小的合成。在合成中新建名为“圆形”的纯色层。在工具栏中选择“椭圆”工具，按住 Shift 键，在纯色层上绘制圆形蒙版，如图 4-5-7 所示。

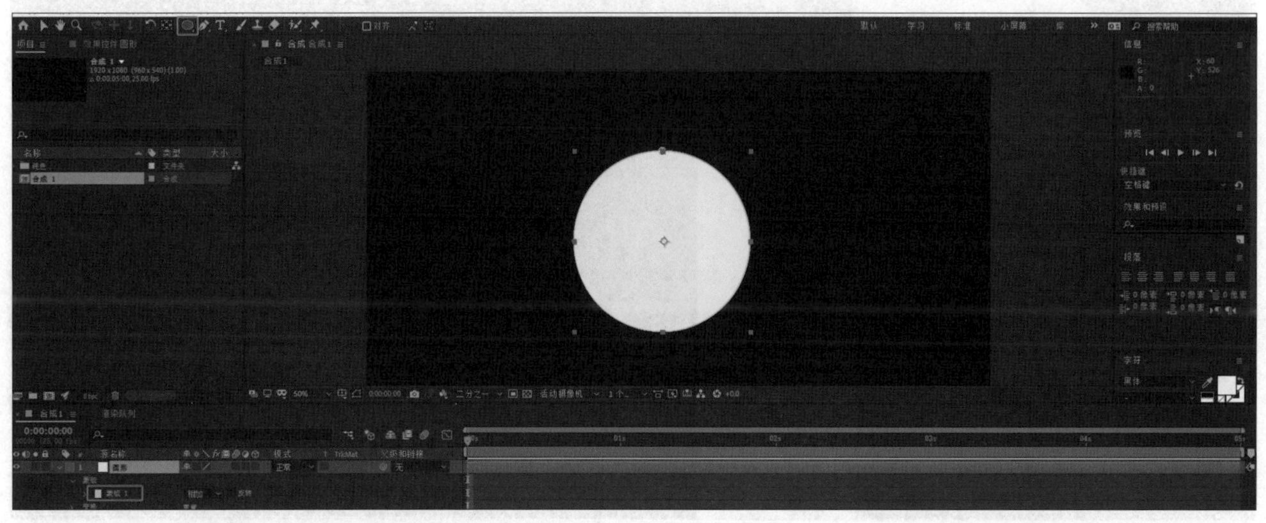

▲ 图 4-5-7 绘制圆形蒙版

新建名称为“粒子发射”的白色纯色层，调整至“圆形”层下方。右击图层，在弹出的菜单中选择“效果”→“模拟”→“ CC Particle World”选项，为该图层添加粒子效果，如图 4-5-8 所示。

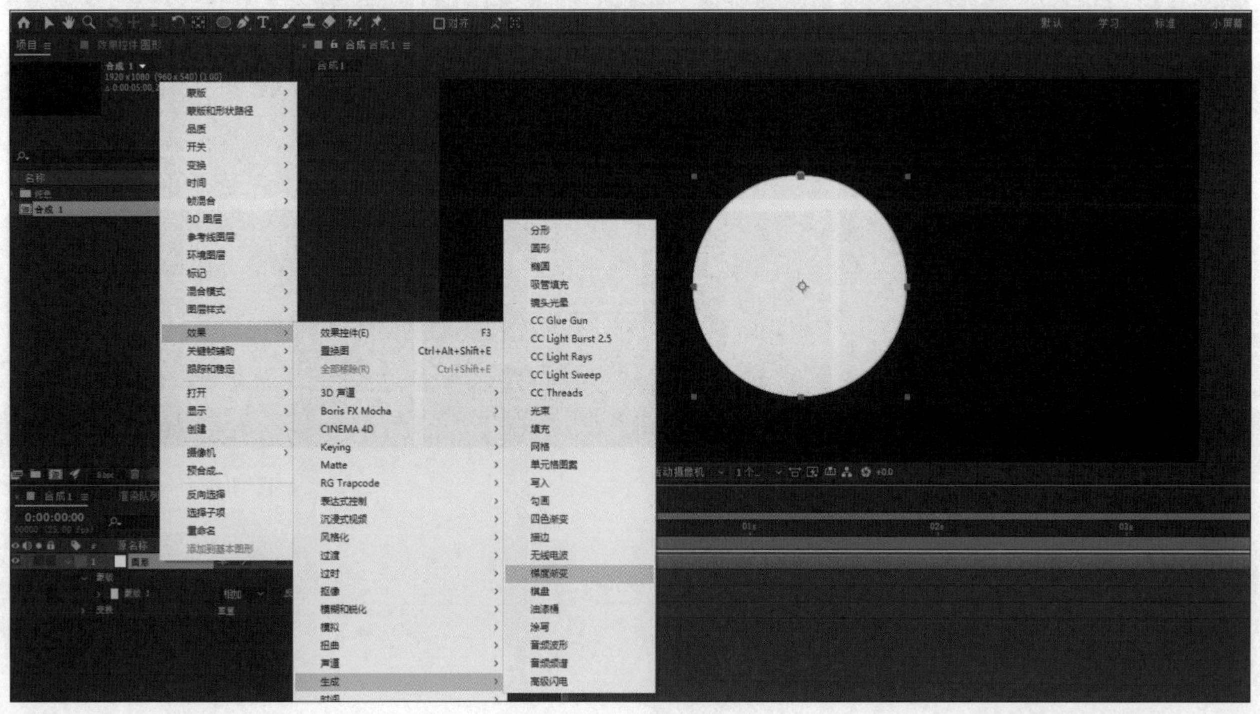

▲ 图 4-5-8 添加粒子效果

调整 CC Particle World 的参数值。取消勾选“ Grid & Guides（网格和引导线）”属性中的所有选项。调低“ Birth Rate（出生率）”属性的参数值。将“ Physics（物理）”属性中的“ Gravity（重力）”的参数值设置为 0，将 Particle（粒子）属性中的“ Particle Type（粒子模式）”设置为“ Lens Convex（凸透镜）”选项，如图 4-5-9 所示。

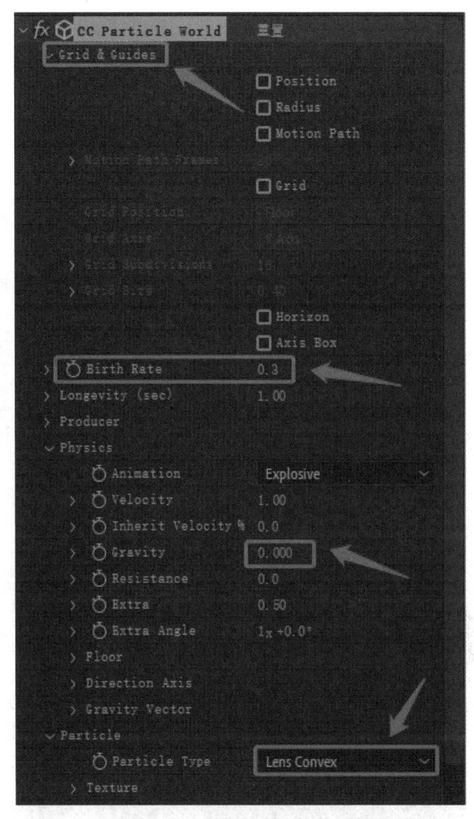

▲ 图 4-5-9　调整粒子效果相关参数

还可以将“ Particle（粒子）”属性中的“ Birth Size（出生大小）”调整为 1，“ Death Size（死亡大小）”调整为 0，从而使粒子大小对比明显一些。

2. 新建并利用调整图层实现对其他图层的属性控制

在“时间线”面板空白处右击，在弹出的菜单中选择“新建”→“调整图层”选项，在所有图层的最上方新建调整图层。

右击调整图层，在菜单栏中选择“效果”→“模糊和锐化”→“高斯模糊”选项，提高“模糊度”参数，如图 4-5-10 所示。还可以勾选“重复边缘像素”选项，以此实现气泡黏连的效果。

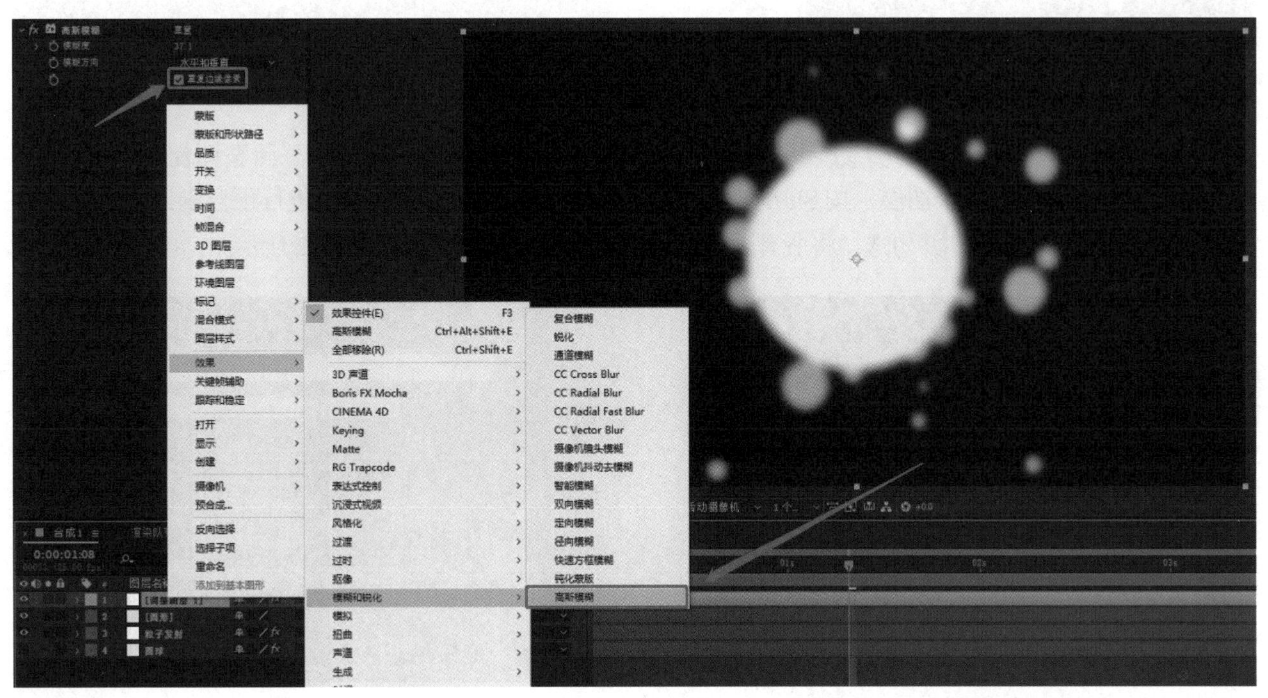

▲ 图 4-5-10　添加模糊效果

接下来为调整图层添加色阶效果，在菜单栏中选择“效果”→“颜色校正”→“色阶”选项，调整色阶的“通道”选项为“Alpha”，调整“直方图”的黑白灰输入值至坐标轴中间位置，直至“合成”面板中的图像显示清楚，如图 4-5-11 所示。

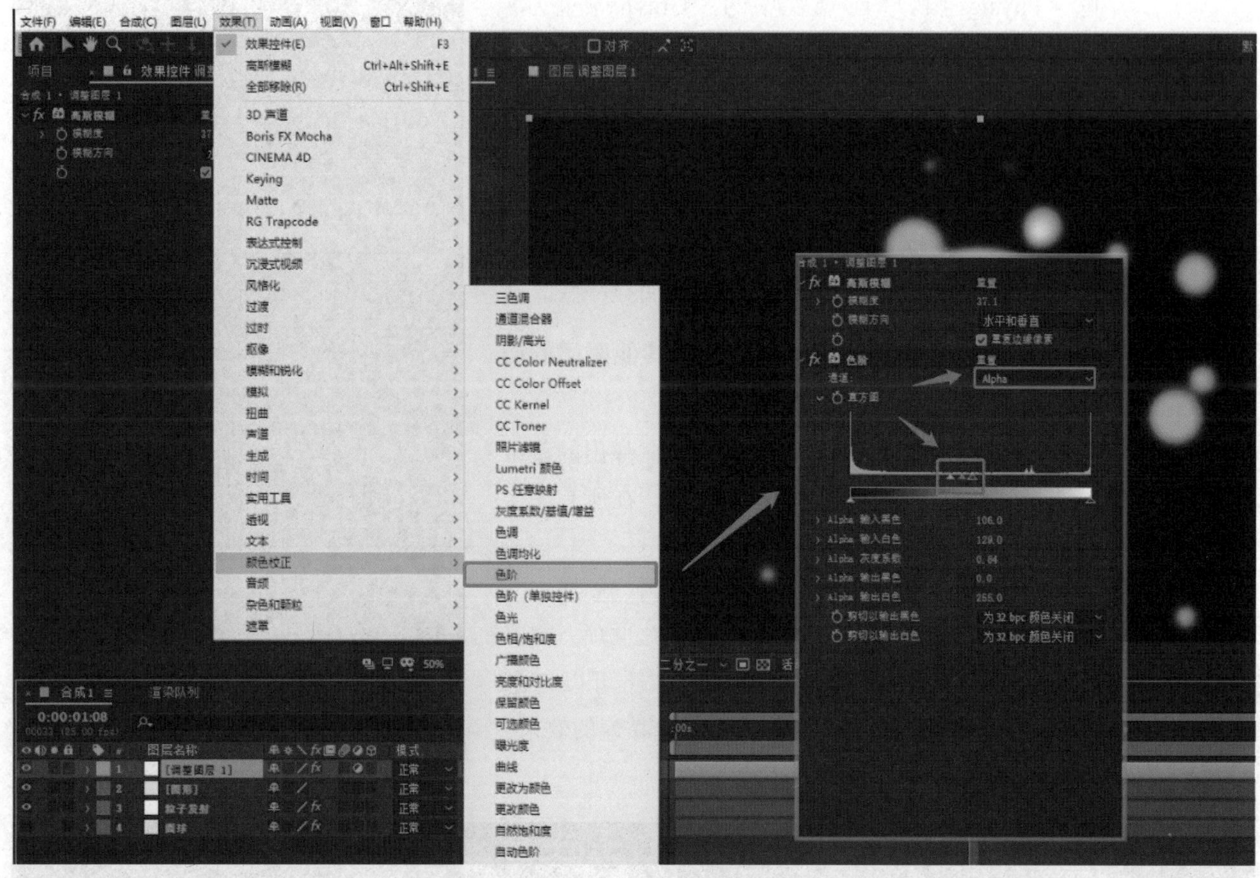

▲ 图 4-5-11　添加色阶效果

选中“圆形”层，按 Ctrl+D 组合键复制一层，并将其置于最上层。选中“调整图层 1”“圆形”“粒子发射”三个图层，按 Shift+Ctrl+C 组合键复制一层对选择的图层进行预合成，命名为“粒子调整图层”，并勾选“将所有属性移动到新合成”选项，如图 4-5-12 所示。

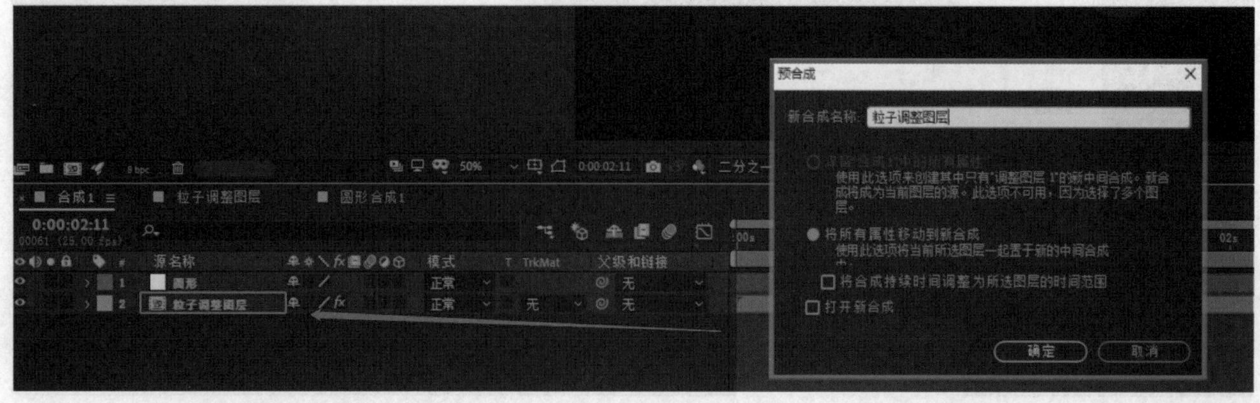

▲ 图 4-5-12　基于图层新建预合成

3. 添加“梯度渐变”效果

选中“圆形”层，再进行一次预合成。将新的预合成命名为“圆形 合成 1”，并右击弹出菜单项，选择“效果”→“生成”→“梯度渐变”选项，如图 4-5-13 所示。调整“渐变起点”“渐变终点”“起始颜色”“结束颜色”等选项，并将“渐变形状”选项修改为“径向渐变”，使蒙版呈现出球形的样式。

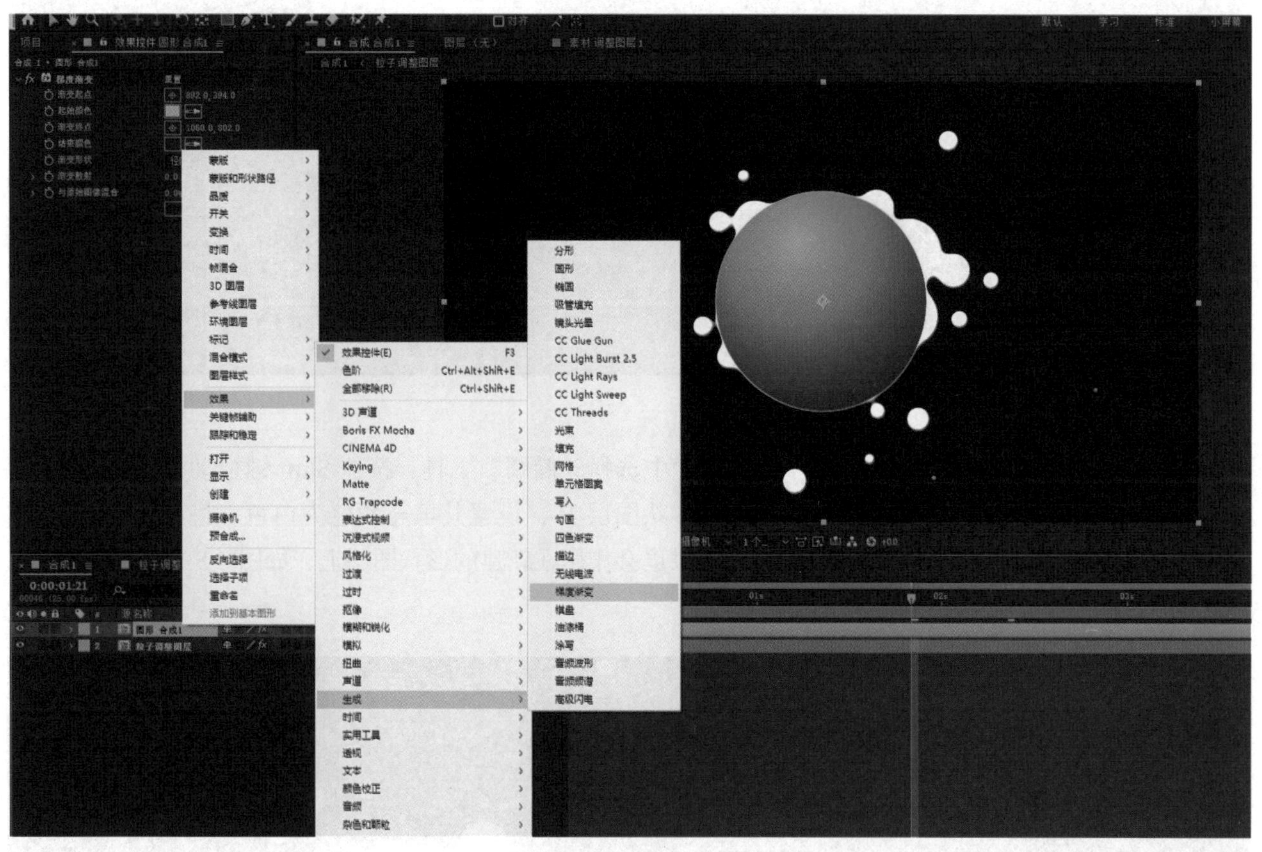

▲图 4-5-13　添加梯度渐变效果

温馨提示

只有上下层都新建预合成，方能保证上下层的大小保持一致，添加的“梯度渐变”效果才会相同。否则会因“梯度渐变”的起点和终点不一致而影响合成效果。

选中“圆形 合成 1”的“梯度渐变”效果，按快捷键 Ctrl+C 进行复制。再选择“粒子调整图层”，按快捷键 Ctrl+V，将效果复制到“粒子调整图层”中。这样一来，上下层的效果参数变得完全一致，如图 4-5-14 所示。

▲ 图 4-5-14　复制效果参数

双击“粒子调整图层”打开合成。在工具栏中选择“椭圆”工具，按住 Shift 键拖动鼠标，在“图形 合成 1”的边缘新建一个圆形“形状图层 1”，设置其填充颜色为白色。将其调整至“调整图层 1”下方，可以会发现黏连效果也会作用在新建的形状图层上，如图 4-5-15 所示。

▲ 图 4-5-15　新建形状图层

为“形状图层 1”添加位置动画，使其与粒子发射的运动相似。拖动时间指示器，可以发现产生的粒子也会和该图层产生黏连效果，如图 4-5-16 所示。

▲ 图 4-5-16　新建“形状图层 1”的动画

返回到“图形 合成 1”，进入收尾工作，在球体表面新建文字层，将梯度渐变效果以同样的方式复制到文字层，调整好渐变起点和终点位置。在菜单栏选择“图层”→“图层样式”→“投影”选项，为文字层添加投影效果，如图 4-5-17 所示。

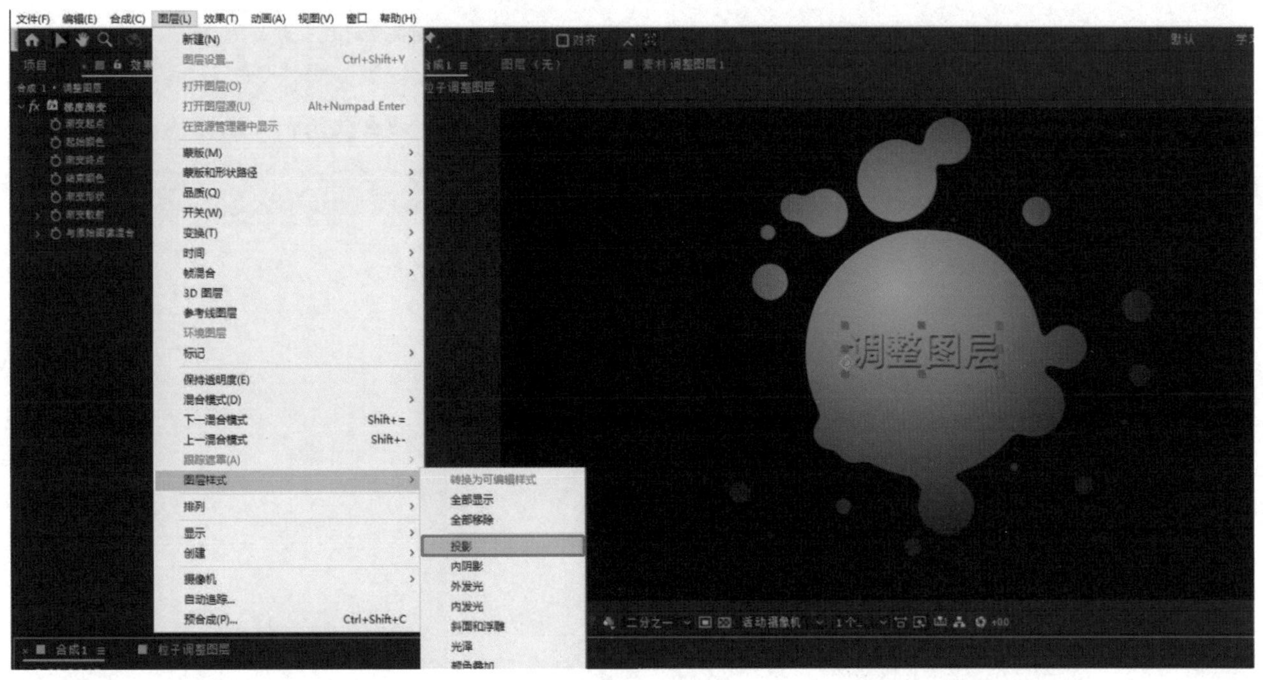

▲ 图 4-5-17　新建文字层

最后为合成添加背景。新建纯色层，用上述方法为其添加“梯度渐变”效果，调整好起始点颜色和位置，使其形成暗角效果。最终案例效果如图 4-5-18 所示。

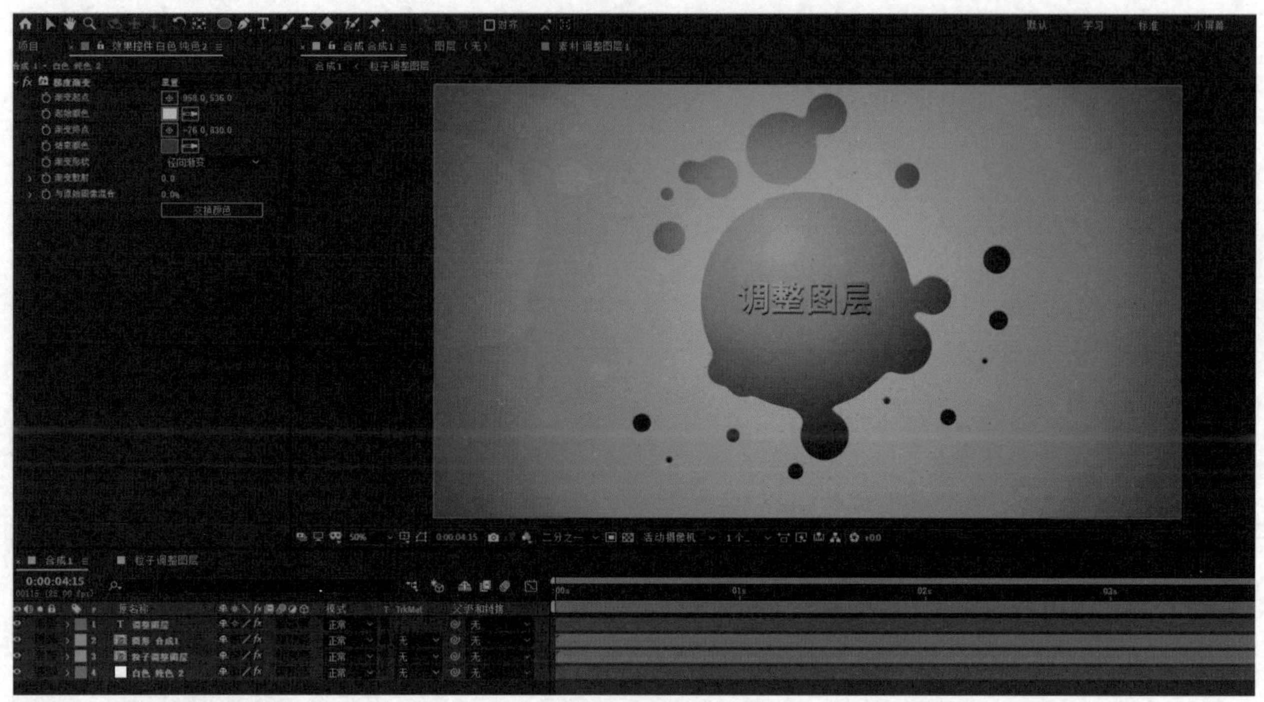

▲ 图 4-5-18 添加背景

练一练

1. 在 AE 软件中导入几张照片，运用空对象层以及调整图层的相关知识，为其添加运动和色彩效果。

2. 在 AE 软件中导入一张人物图片，为人物主体做出“伪 3D”动画效果，并在背景上点缀一些大小不一的气泡或星星。

第5章

文字特效制作

| 本章概述 |

文本在视频中有着重要的作用，如电影片头、标题、下沿字幕和演职员表等，都需要用到文本。而在短视频等新媒体创作中，绚丽的文本效果能增强视频的吸引力。在 AE 软件中，制作者一般通过文字层为镜头添加所需的文本。本章将通过几个不同的文字制作案例，详细介绍文字层的各种应用方法。

| 学习目标 |

1. 掌握文字层的创建方式，了解文字属性的更改方法。
2. 了解几种文字特效的添加方式，掌握文字层动画效果的运用。
3. 掌握遮罩和关键帧动画与文本的结合运用。

| 素质目标 |

1. 激发对中国优秀传统文化的兴趣。
2. 提高责任心意识。

5.1　打字效果制作

使用 AE 软件制作出打字动画效果并不是一件难事，有很多种方法可供选择，下面介绍一种最快速简单的方法。

5.1.1　创建文本

打开 AE 软件，在菜单栏选择“合成”→“新建合成”选项，弹出的“合成设置”对话框中，将合成命名为“打字动画效果”，最后单击“确定”按钮新建合成，如图 5-1-1 所示。

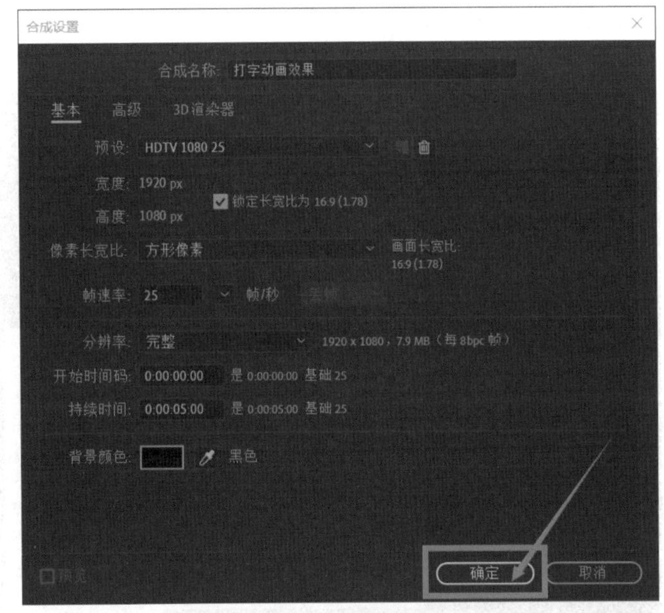

▲ 图 5-1-1　新建合成

在工具栏中选择“横排文字工具”按钮T，在“合成”面板单击鼠标创建文字层，并输入文字“打字动画效果”，如图 5-1-2 所示。

▲ 图 5-1-2　创建文字

5.1.2 设置打字特效

选中文本层，在菜单栏选择“动画”→“动画文本”→“不透明度”选项，为文本层添加不透明度属性，如图 5-1-3 所示。

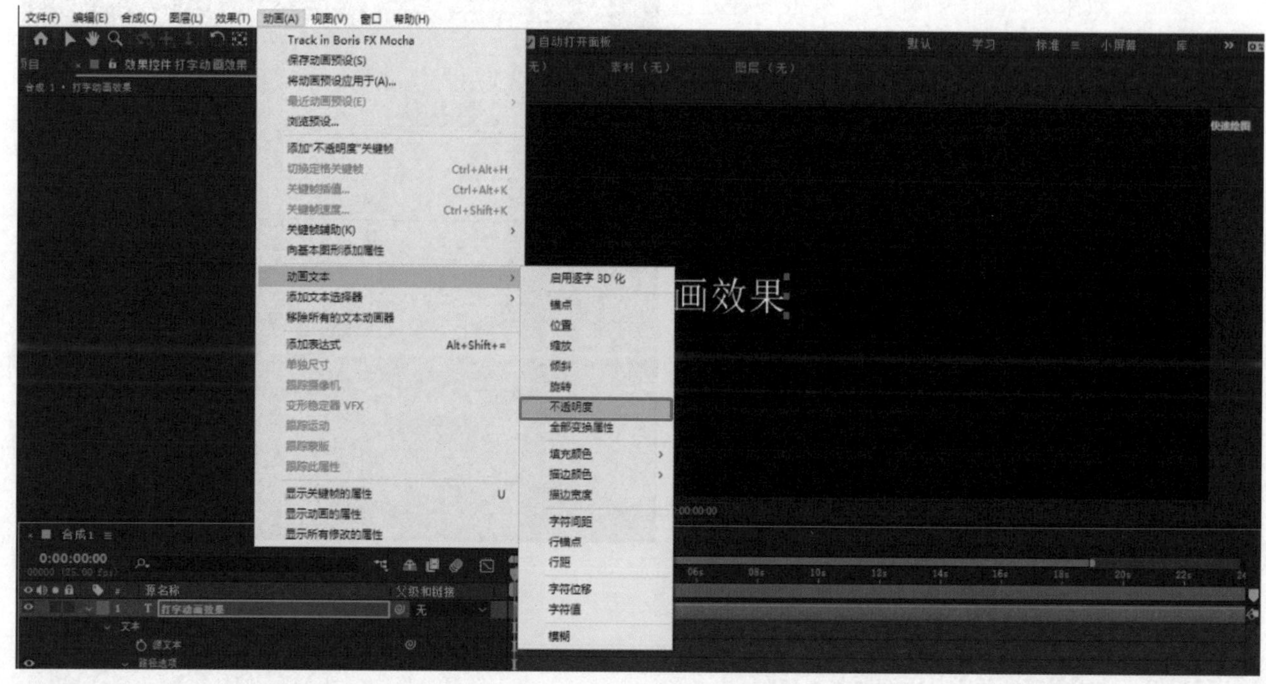

▲ 图 5-1-3 添加不透明度属性

在“时间线”面板的文字层属性中，找到刚才添加的“不透明度”属性，调整其参数为“0”，此时合成窗口中的文字转换为不可见状态，如图 5-1-4 所示。

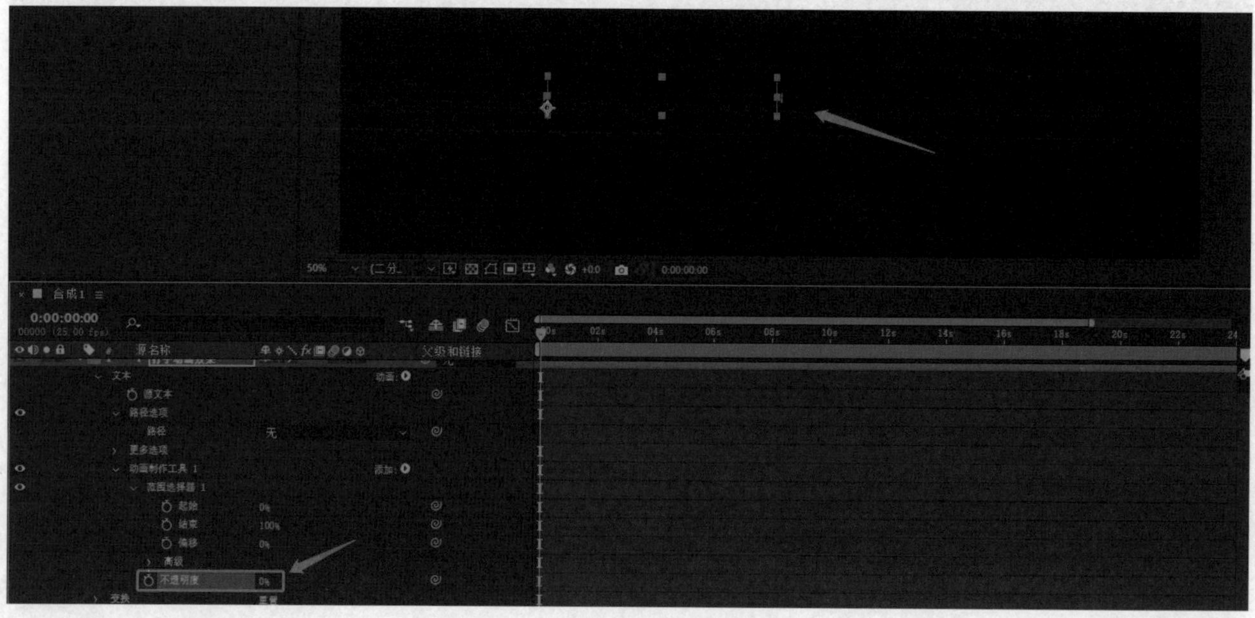

▲ 图 5-1-4 调整不透明度

选择“文本”→“动画制作工具 1”→“范围选择器 1”选项，单击“起始”参数前面的“关键帧自动记录器”按钮⏱，激活关键帧，并在 0 秒处设置第一帧关键帧，将“起始”值设置为“0”，在下一个时间点上将“起始”值设置为“100”。拖动时间指针即可预览打字动画效果，如图 5-1-5 所示。

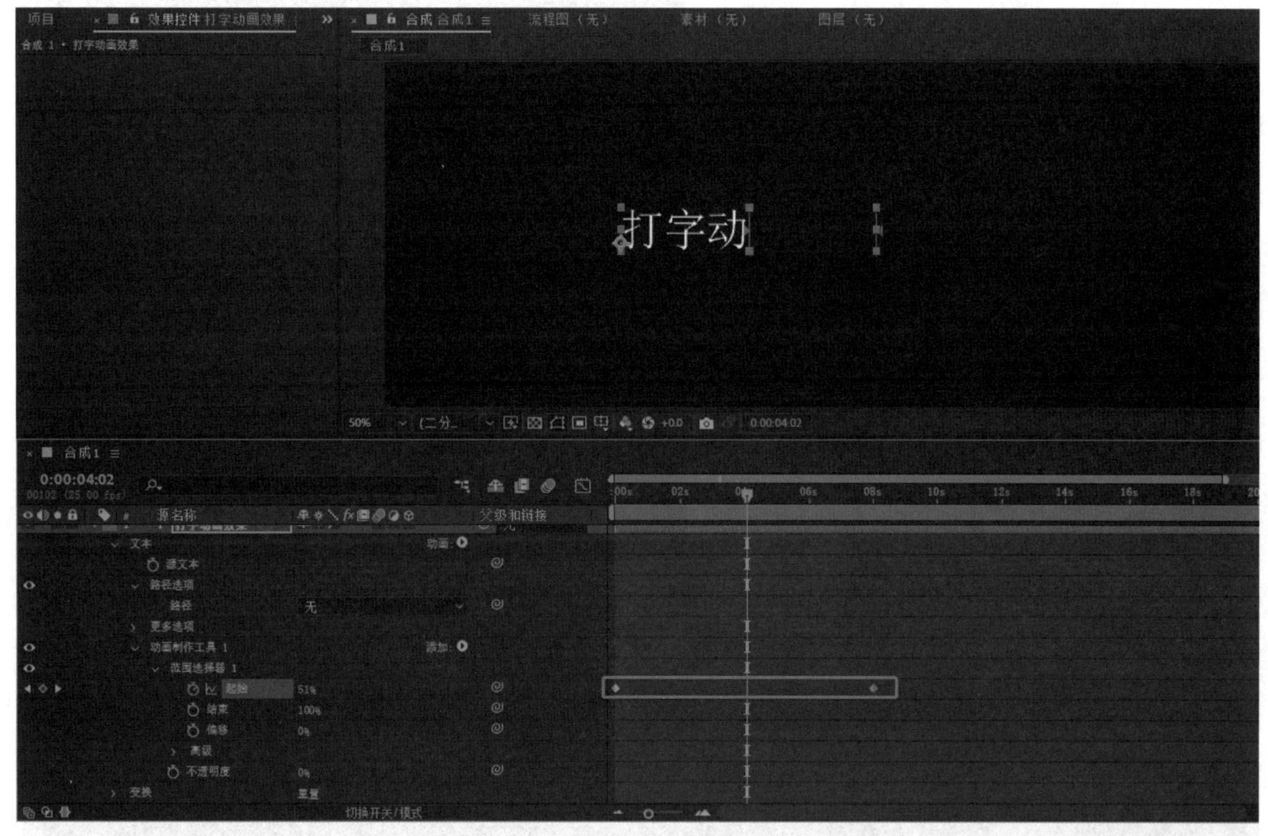

▲ 图 5-1-5　设置打字效果关键帧

5.2 滚动文字制作

有时候制作者还需要制作文字滚动弹出的效果，这种效果既能增加文字的动感，也能起到一定的功能性作用。本小节将通过案例进行细致的讲解。

5.2.1 创建静态文本

在 AE 软件中新建合成，将合成名称命名为“滚动文字动画效果”，单击“确定”按钮，如图 5-2-1 所示。

单击工具栏中的“文字”按钮 T，在“合成”面板中输入文字“After Effects”。再单击“选取工具”按钮 ▶，调整文本框位置，如图 5-2-2 所示。

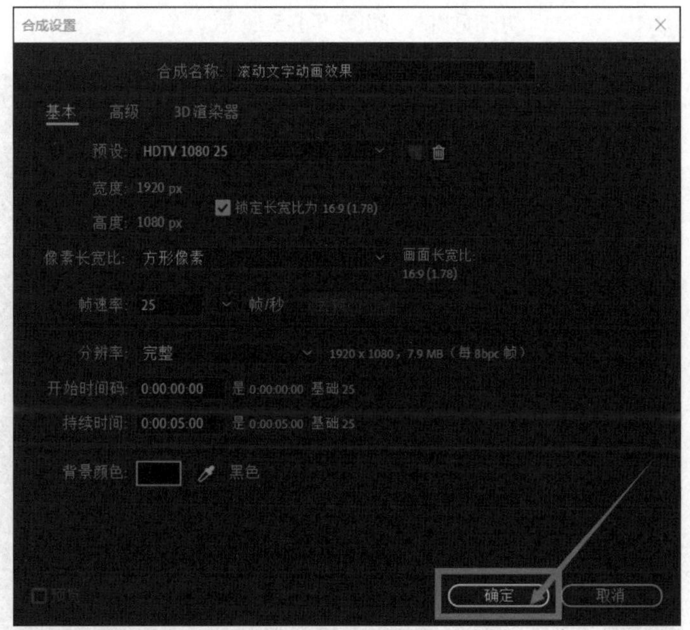

▲ 图 5-2-1 新建合成

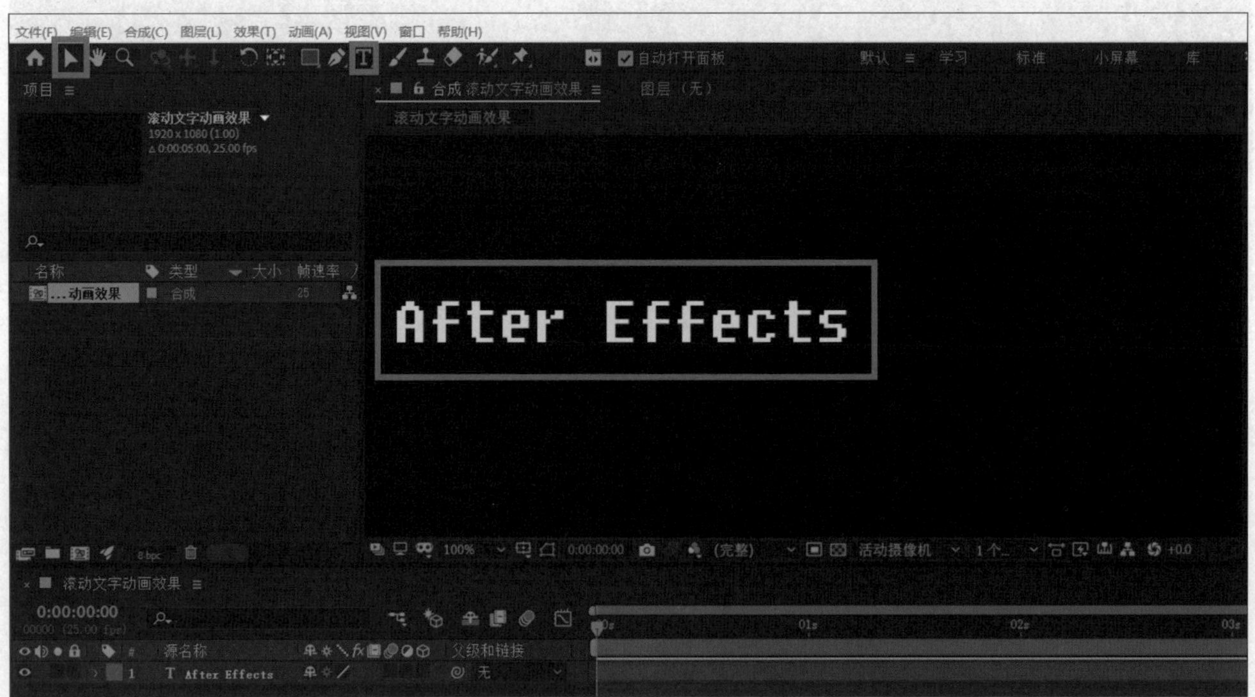

▲ 图 5-2-2 新建文字层

5.2.2　制作滚动文字

新建文字层，输入“1.0”“2.0”至“7.0”等需要滚动的文字。单击“时间线”面板文字层前方的箭头按钮展开文字层的属性栏，选择“变换”属性，将时间指示器拖动至第 0 帧。在“位置”参数设置关键帧，再调整文本框位置，确保“1.0”与前面的“ After Effects”对齐，如图 5-2-3 所示。

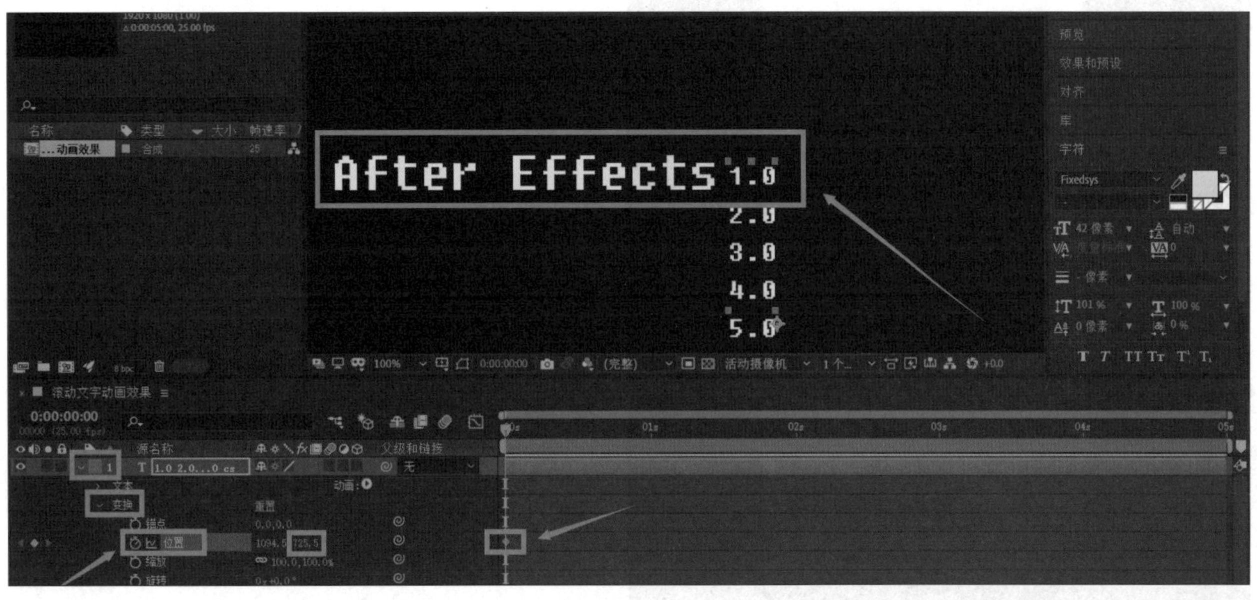

▲ 图 5-2-3　创建滚动文字效果关键帧

将时间指示器向后拖动至合适的位置，新建关键帧，再调整文本框位置，使得“ cs”与“After Effects”对齐，如图 5-2-4 所示。

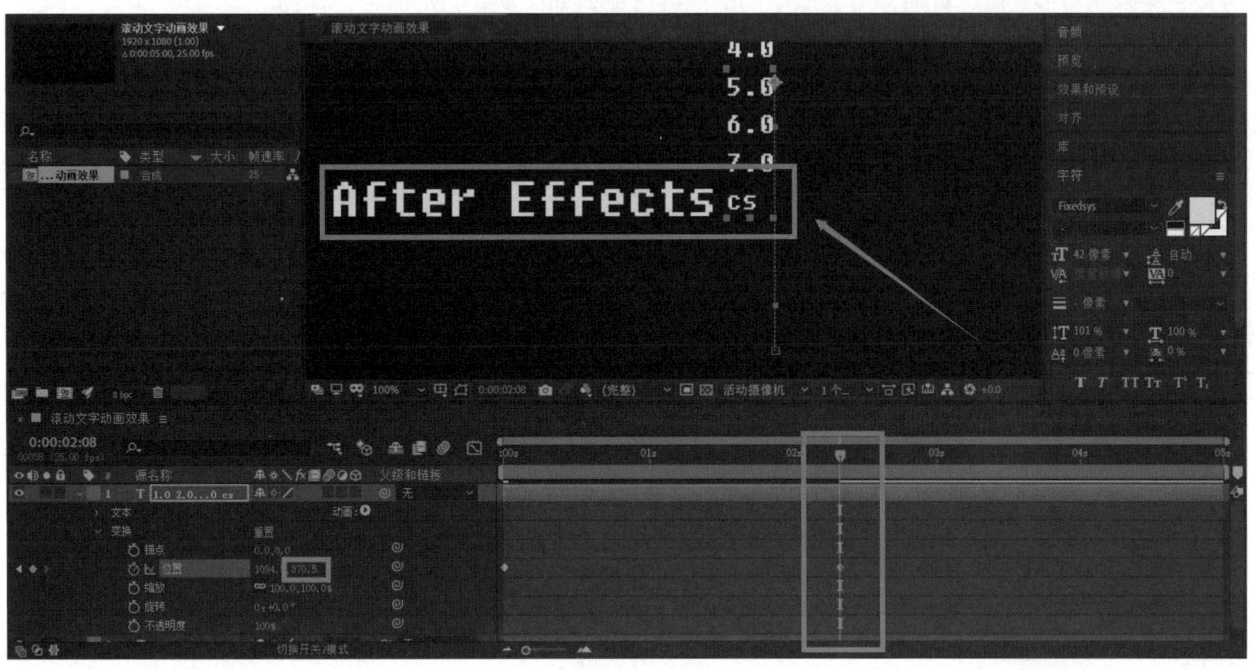

▲ 图 5-2-4　创建滚动文字效果关键帧

选中数字文字层，在菜单栏中选择“图层”→“预合成”选项，弹出“预合成”对话框后单击“确定”按钮，如图 5-2-5 所示。

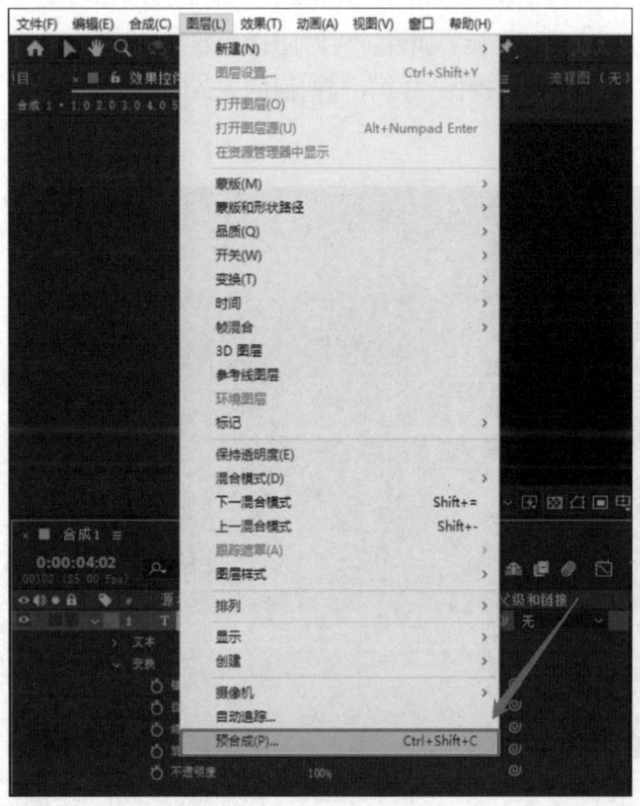

▲ 图 5-2-5　新建预合成

选中数字文字层，在工具栏单击“矩形工具”按钮，在“合成”面板中新建矩形框，为文字层添加矩形蒙版，此时只有蒙版里面的内容可见，如图 5-2-6 所示。

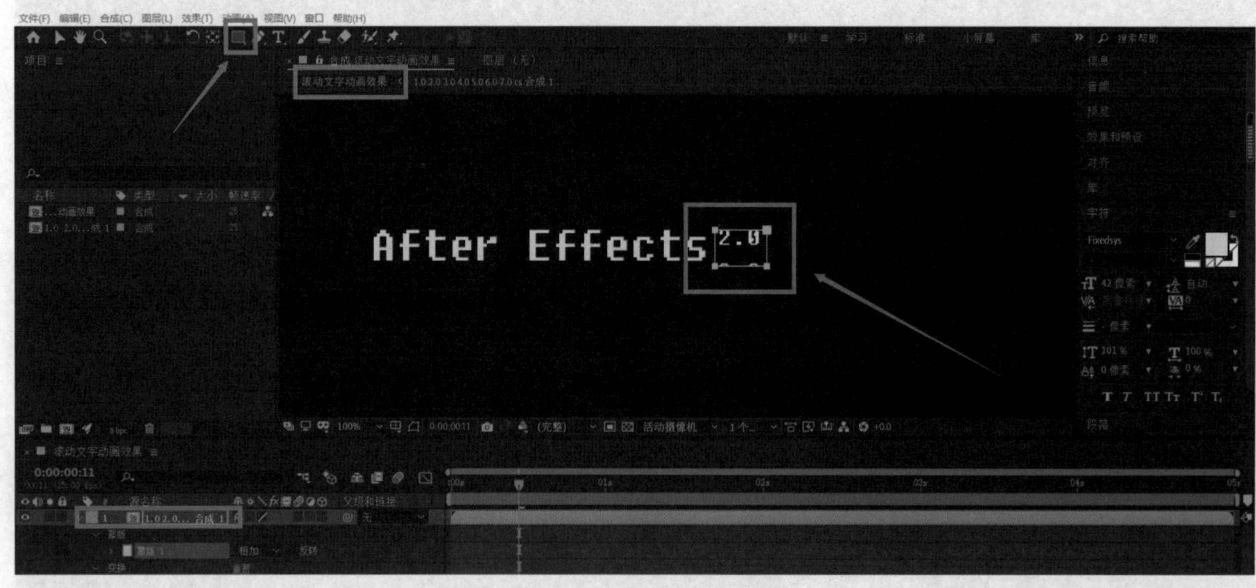

▲ 图 5-2-6　新建矩形蒙板

选中数字文字层，在菜单栏中选择“效果”→“风格化”→“发光”选项，为数字添加发光效果，如图 5-2-7 所示。

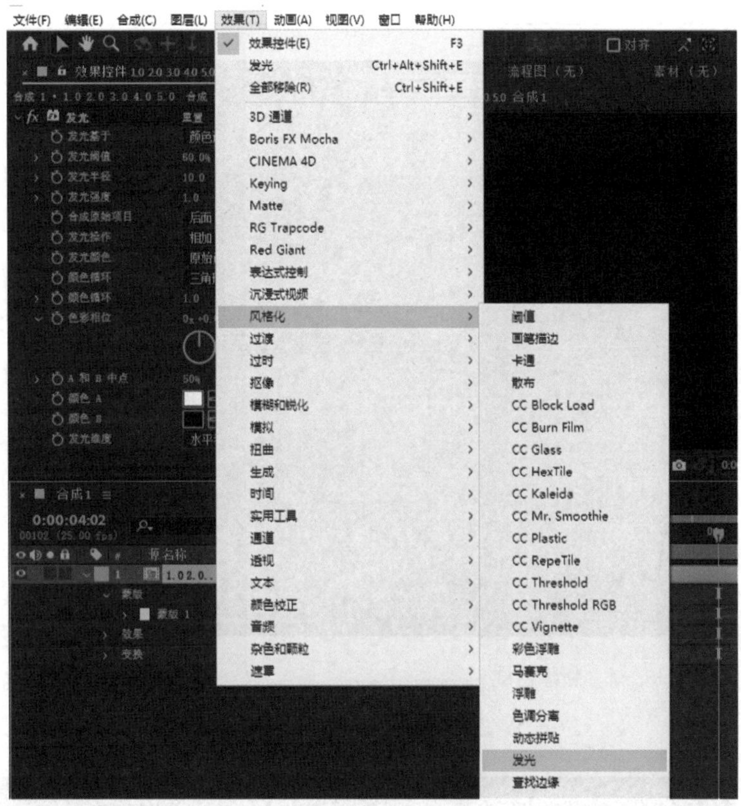

▲ 图 5-2-7　添加发光效果

在“效果控件”面板中可以找到发光效果的属性，调整“发光半径”和“发光强度”的参数，以达到设想的效果，如图 5-2-8 所示。设置完成后拖动时间轴查看，就可以看到做好的滚动文字动画效果。

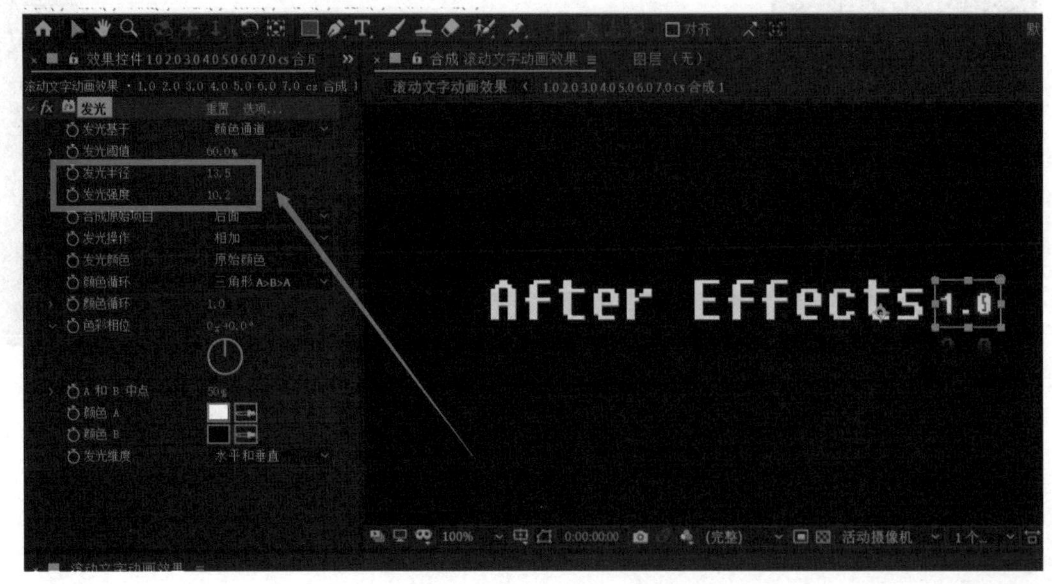

▲ 图 5-2-8　调整发光效果参数

5.3 路径文字制作

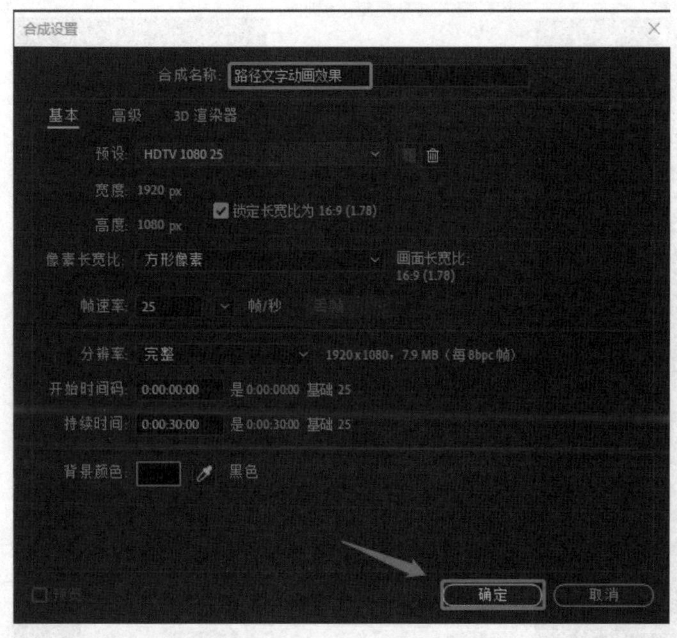

▲ 图 5-3-1 新建合成

在实际项目制作中，有时候会需要制作文字按照不规则路径运动的镜头，这就需要利用路径文字来实现。

5.3.1 创建路径文本

首先新建一个合成，可以将合成名称命名为“路径文字动画效果”，如图 5-3-1 所示。

右击“时间线”面板左侧空白处，选择“新建”→“纯色”选项，在合成中新建一个纯色层，如图 5-3-2 所示。

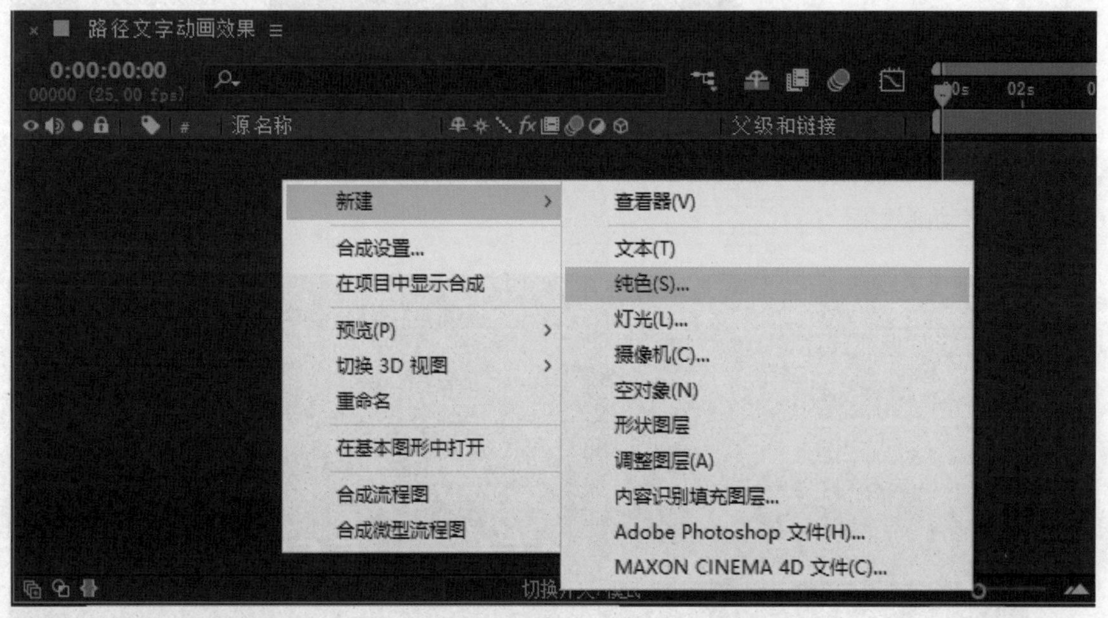

▲ 图 5-3-2 新建背景图层

在弹出的“纯色设置”对话框中，将背景颜色设置为黑色，作为背景图层，如图 5-3-3 所示。

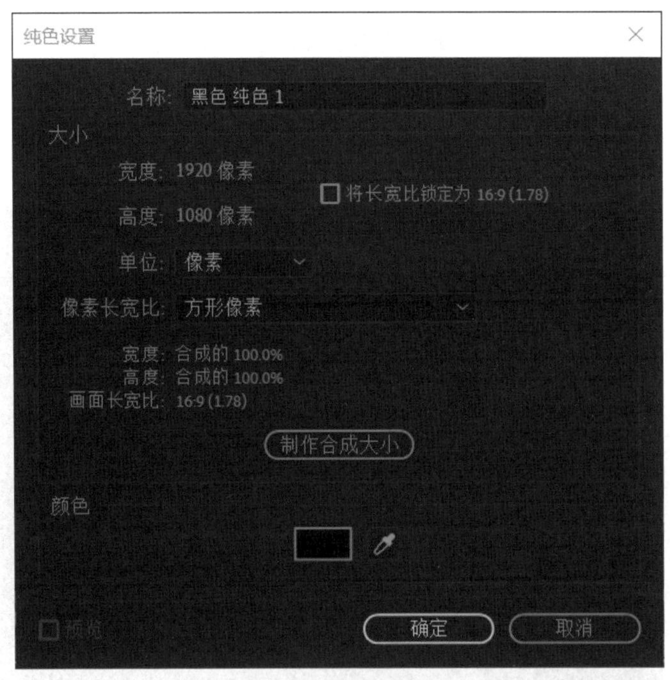

▲ 图 5-3-3　创建黑色纯色层

在菜单栏中选择“效果”→“过时”→“路径文本”选项，为黑色纯色层添加路径文本特效。在弹出的“路径文本”对话框中的文本框中输入“After Effects”，再单击“确定”按钮，创建路径文字，如图 5-3-4 所示。

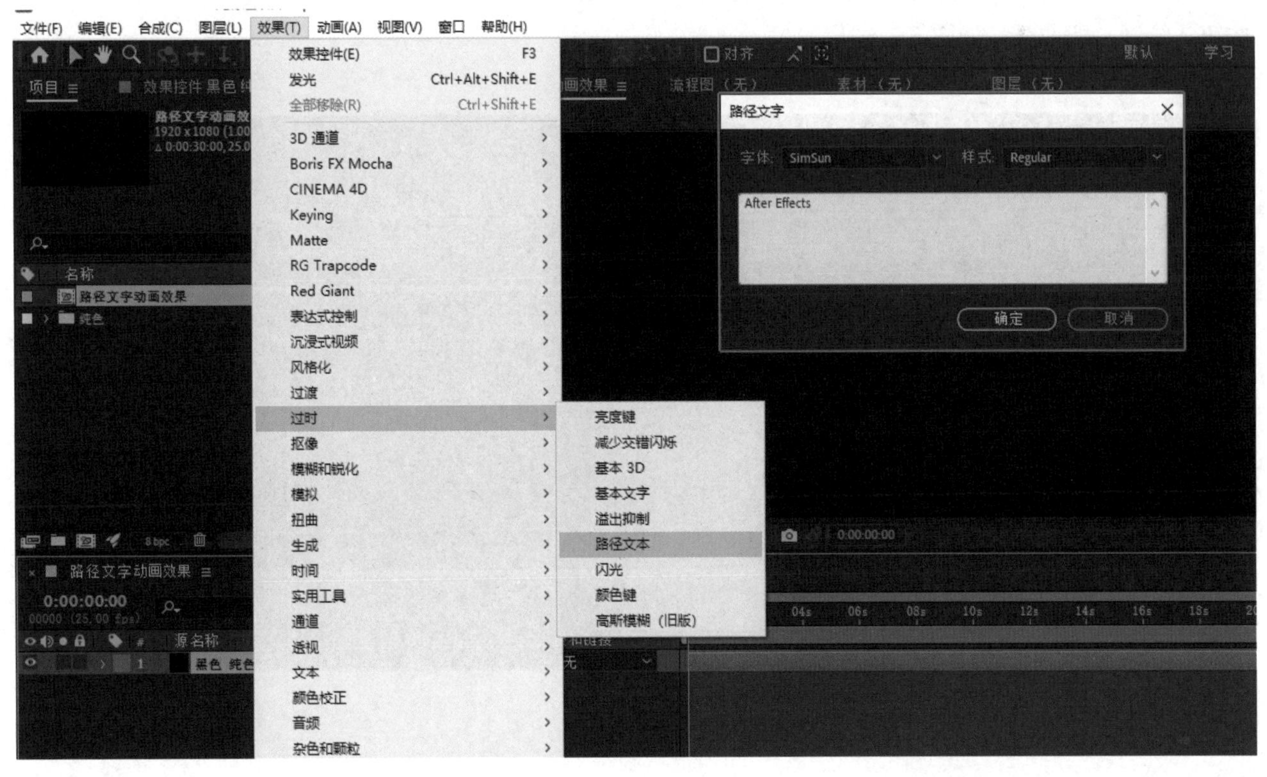

▲ 图 5-3-4　创建路径文本

5.3.2 调整路径参数

可通过移动路径和改变效果控件中的各项参数数值来调节路径文本，达到自己想要的效果，如图 5-3-5 所示。

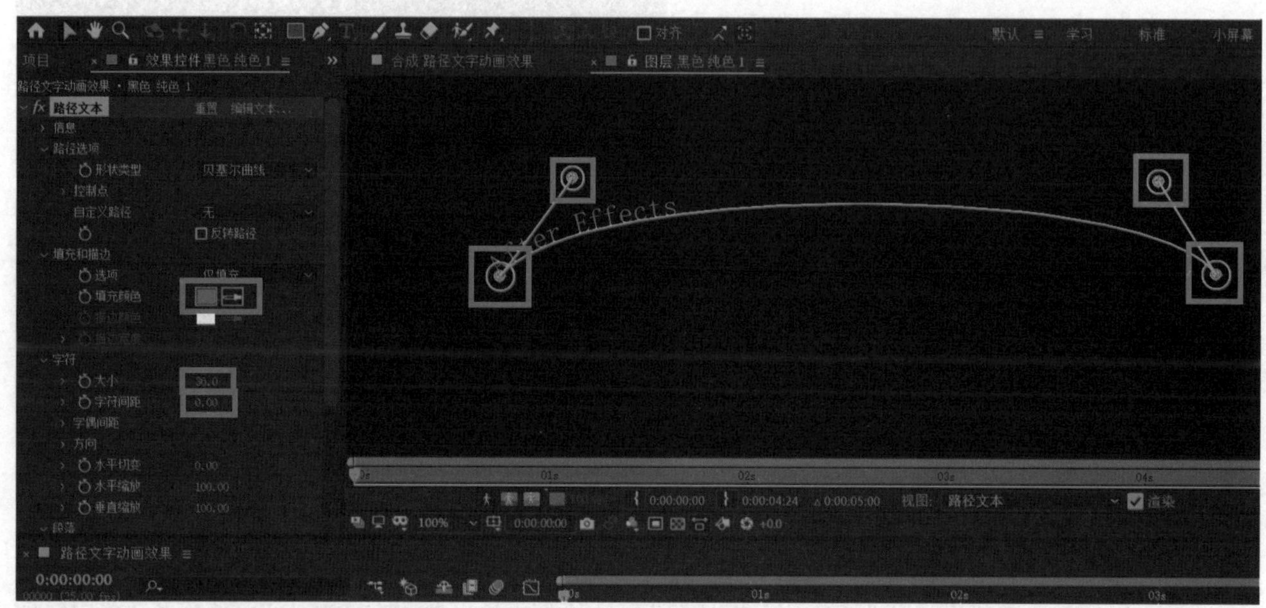

▲ 图 5-3-5　调整路径文本

如果自带的路径不能满足项目需求，也可以利用钢笔工具绘制路径。单击“钢笔工具”按钮，绘制一条曲线，如图 5-3-6 所示。

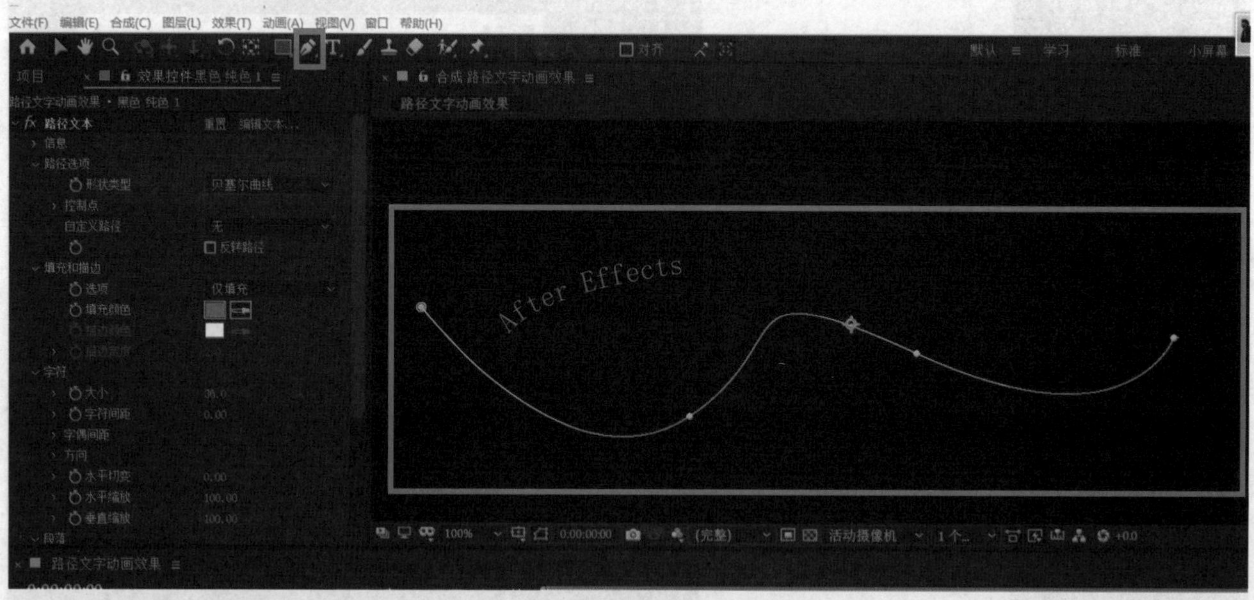

▲ 图 5-3-6　绘制曲线

展开“路径选项”属性，在“自定义路径”选项框中选择“蒙版 1”选项，路径文本就会依附在刚刚画好的曲线上，如图 5-3-7 所示。

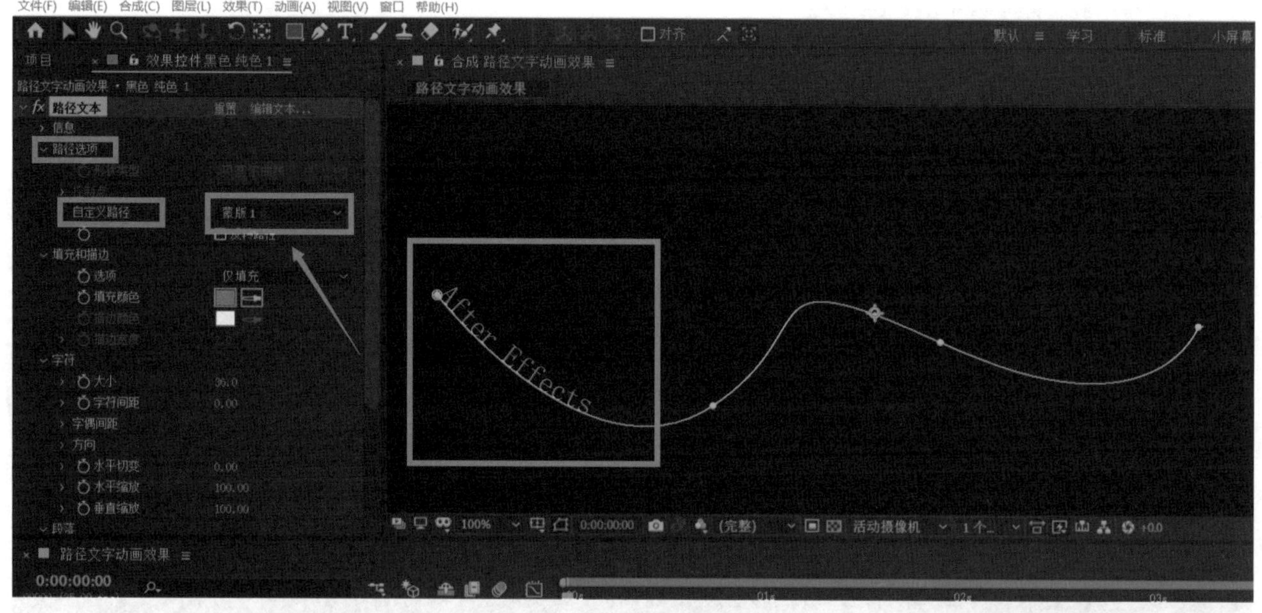

▲ 图 5-3-7　设置自定义路径

在“时间线”面板中展开纯色层的属性栏，选择“效果”→“路径文本”→“高级”→“可视字符”参数选项，将时间指示器拖动至第 0 秒处，单击“关键帧自动记录器”按钮，创建关键帧，并把参数数值调到 0，如图 5-3-8 所示。

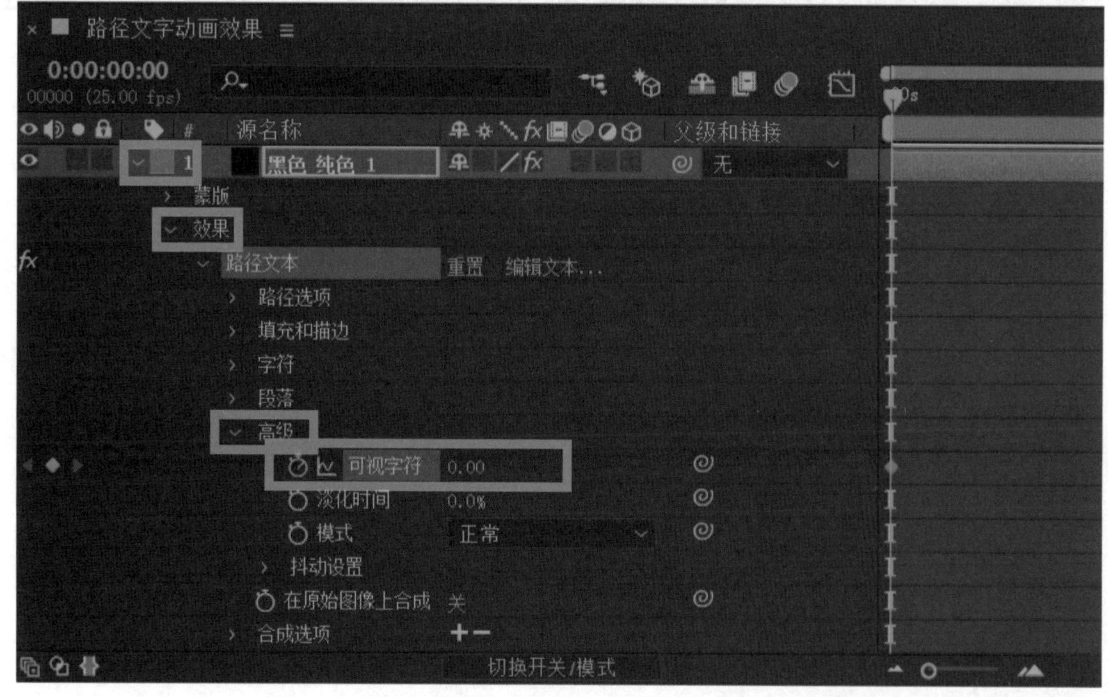

▲ 图 5-3-8　创建关键帧

将时间指示器拖动至合适的位置，并调整参数数值为 50，如图 5-3-9 所示。这样路径文字动画效果就创建好了。

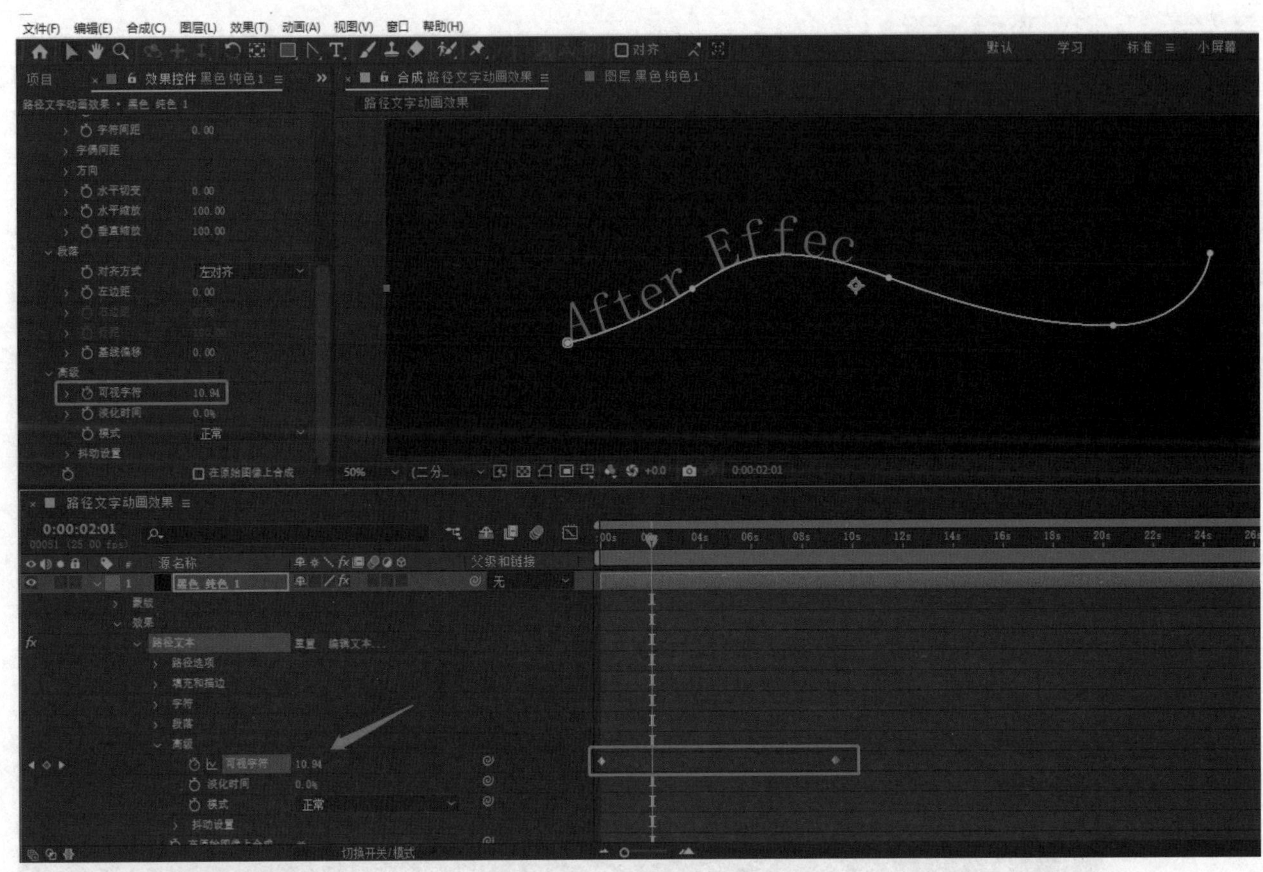

▲ 图 5-3-9　创建关键帧动画

5.4　爆炸文字制作

在很多影片的开头，经常会用到文字出现后立刻爆炸碎裂的效果，下面将通过案例讲解爆炸文字效果的制作方法。

5.4.1　创建文本

新建名为“爆炸文字动画效果”的合成，如图 5-4-1 所示。

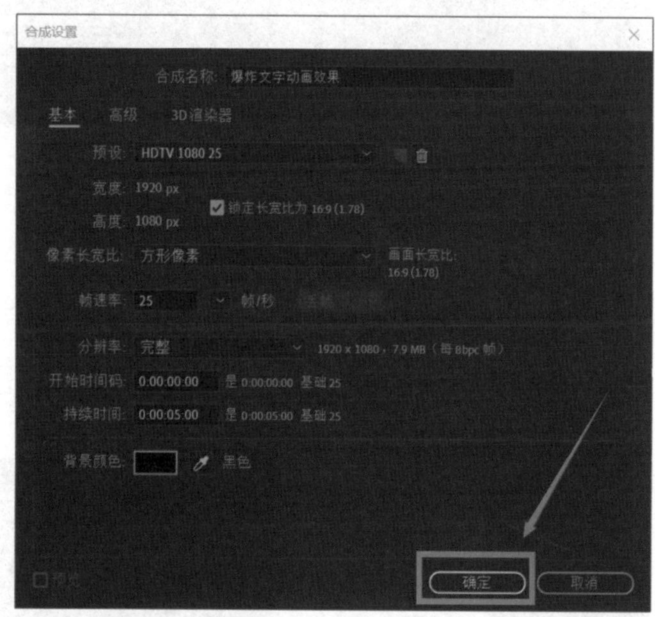

▲ 图 5-4-1　新建合成

新建文字层，输入文字“After Effects”，如图 5-4-2 所示。

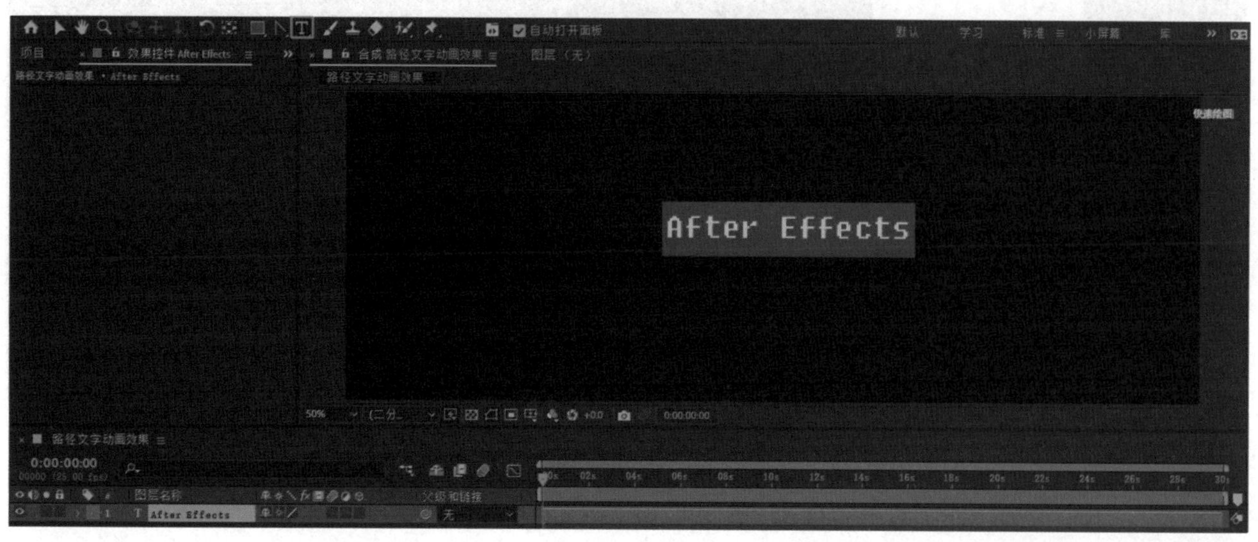

▲ 图 5-4-2　新建文本

通过右侧快捷面板中的“字符”面板，设置文本的不同参数，如图 5-4-3 所示。

▲ 图 5-4-3　调整文本参数

5.4.2　制作爆炸效果

选中文字层，选择菜单栏中的“效果”→“模拟”→“碎片”选项，为其添加特效。加入该特效后“合成”面板会变成默认的砖块，如图 5-4-4 所示。

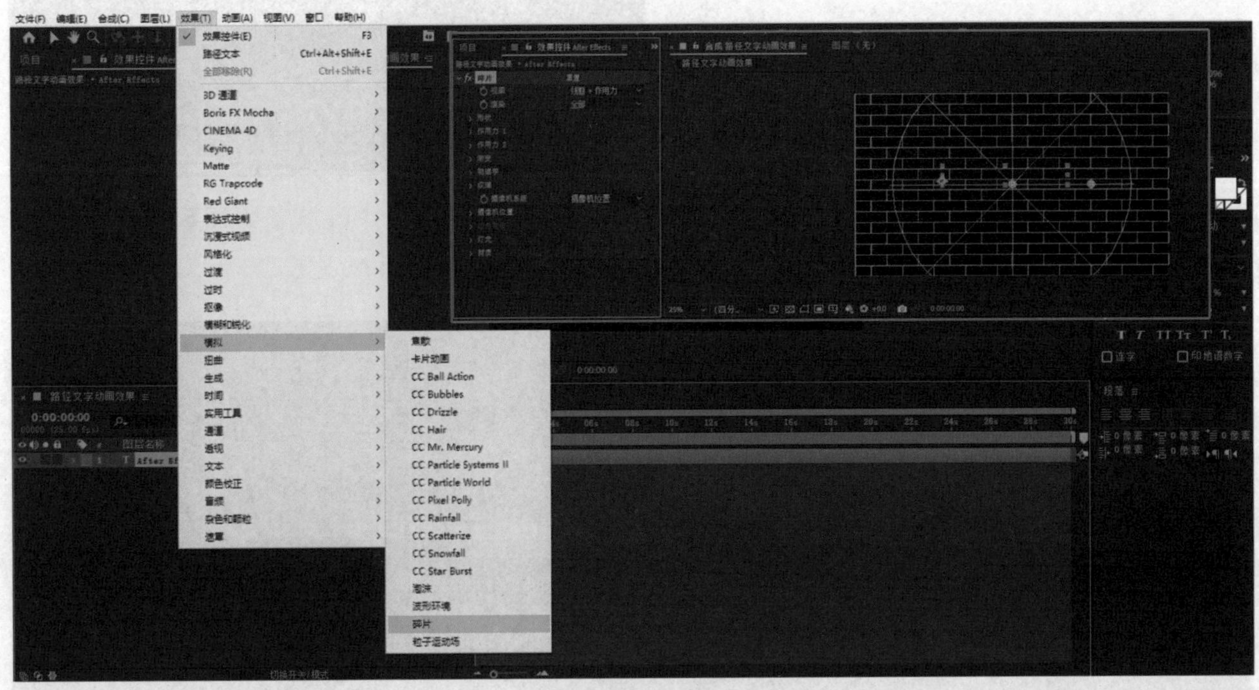

▲ 图 5-4-4　添加“碎片”效果

在“效果控件”面板中，选择“碎片”→“视图”选项，将“线框 + 作用力”修改为“已渲染”，此时会显示出文本。再修改“形状”→“图案”选项为“玻璃”，再将“重复”参数数值调整为 60，向后拖动时间指示器，会看到文字破碎的效果，如图 5-4-5 所示。

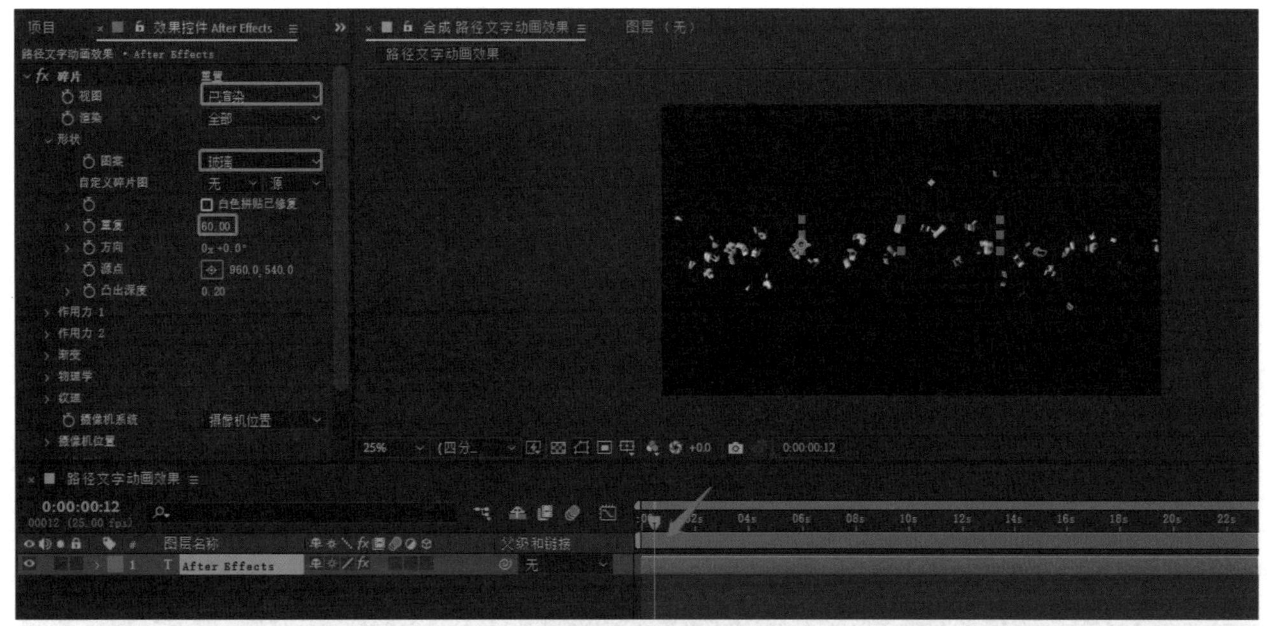

▲ 图 5-4-5　调整碎片特效

为了实现文字从右往左破碎的效果，接下来需要新建作用图层。右击“时间线”窗口空白处，选择“新建”→“纯色”选项，创建名称为“渐变”的黑色纯色层，如图 5-4-6 所示。

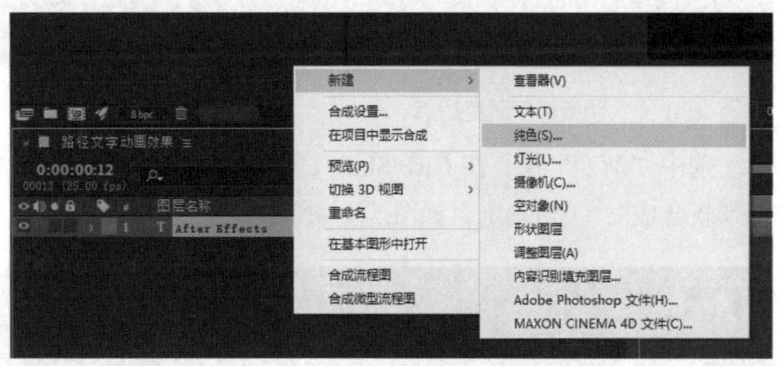

▲ 图 5-4-6　新建纯色图层

为新建的纯色层添加特效。选中“渐变”层，右击选择“效果”→“生成”→“梯度渐变”选项，如图 5-4-7 所示。

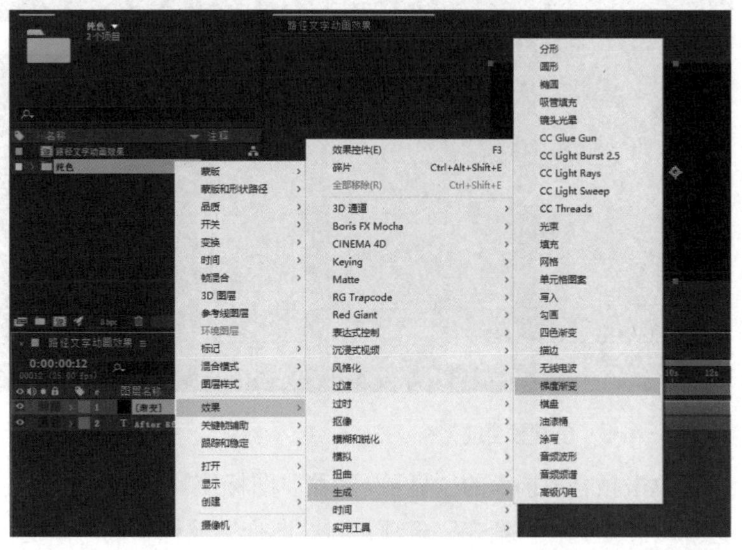

▲ 图 5-4-7　添加梯度渐变效果

在“效果控件”面板中将“梯度渐变”效果中的“渐变起点”参数调整为 0.0，360.0，如图 5-4-8 所示。

▲ 图 5-4-8　调整梯度渐变起点

选中“渐变”层，按 Ctrl+Shift+C 组合键弹出“预合成”对话框，选择“将所有属性移动到新合成”，单击确定，如图 5-4-9 所示。

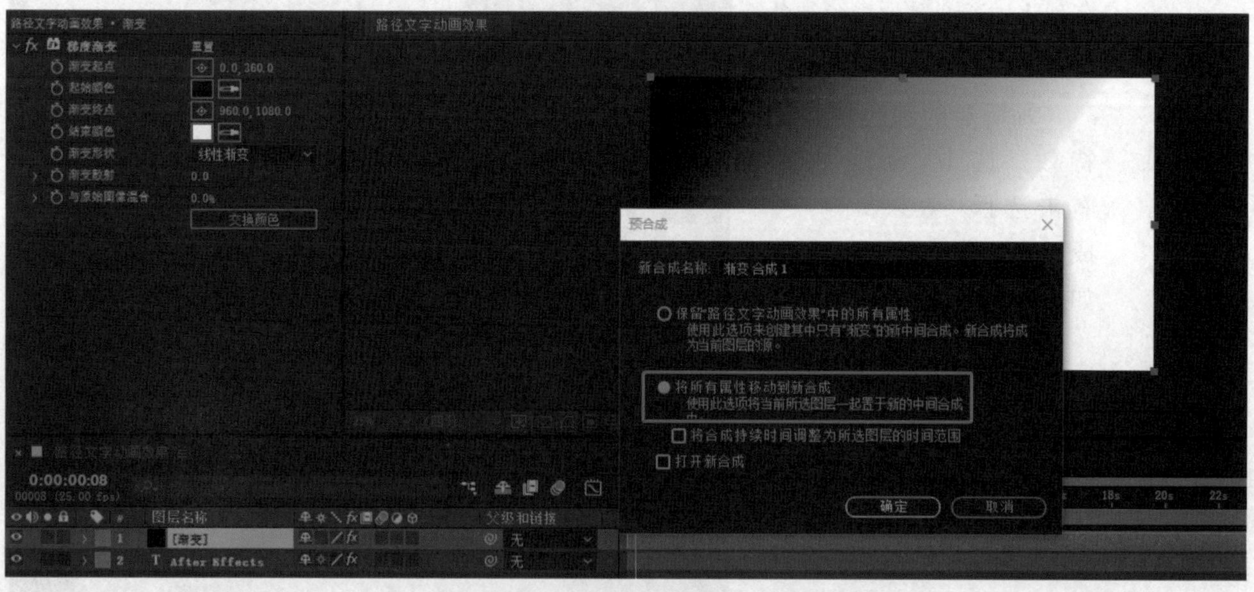

▲ 图 5-4-9　创建预合成

单击预合成前面的“显示 / 隐藏”图标使其隐藏。选中文字层，在“效果控件”面板中选择“碎片”→“渐变”选项，将“渐变”属性下的“渐变图层”选项指定为“渐变 合成 1”，如图 5-4-10 所示。

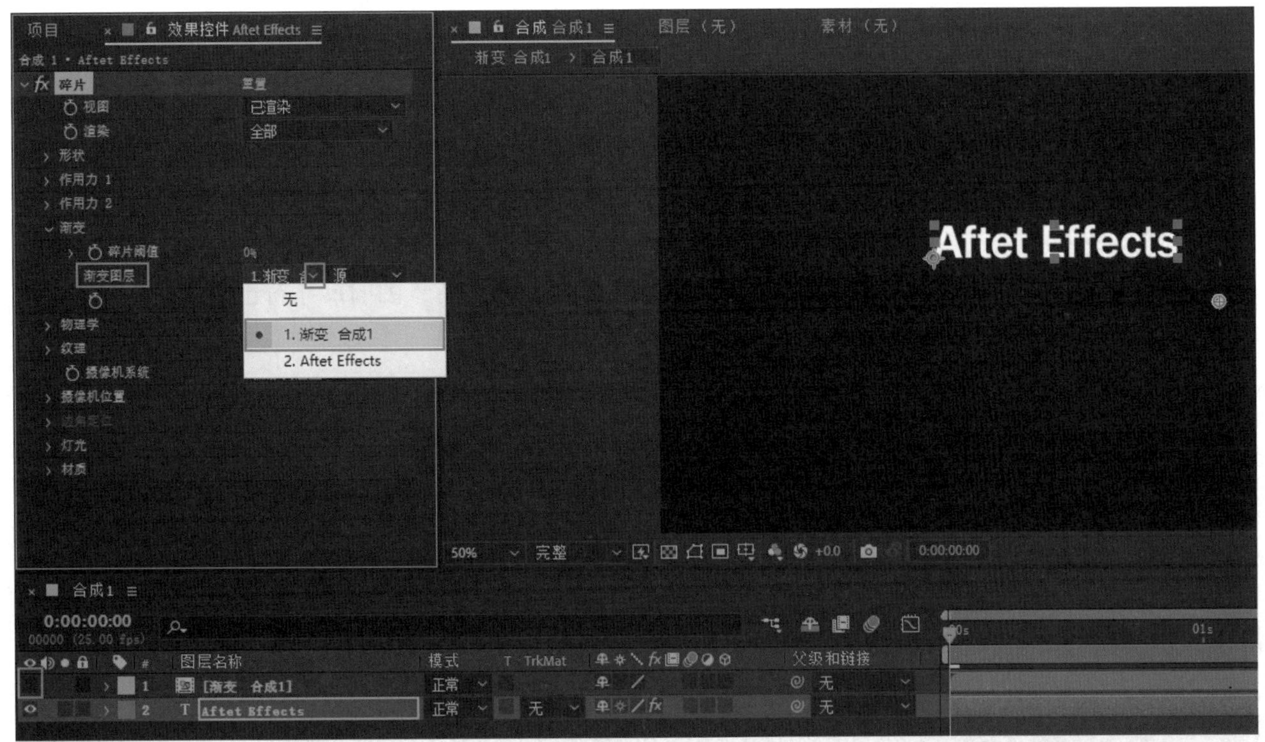

▲ 图 5-4-10　调整碎片效果

将时间指示器拖动至第 0 秒处，单击“碎片阈值”参数前的“关键帧自动记录器”按钮，在第 0 秒为其设置关键帧，设置参数为 0。向后拖动时间指示器至破碎完毕的时间位置，调整“碎片阈值”的参数至文字破碎完成。此时再次拖动时间指示器，会看到文字从右往左不断破碎的效果，如图 5-4-11 所示。

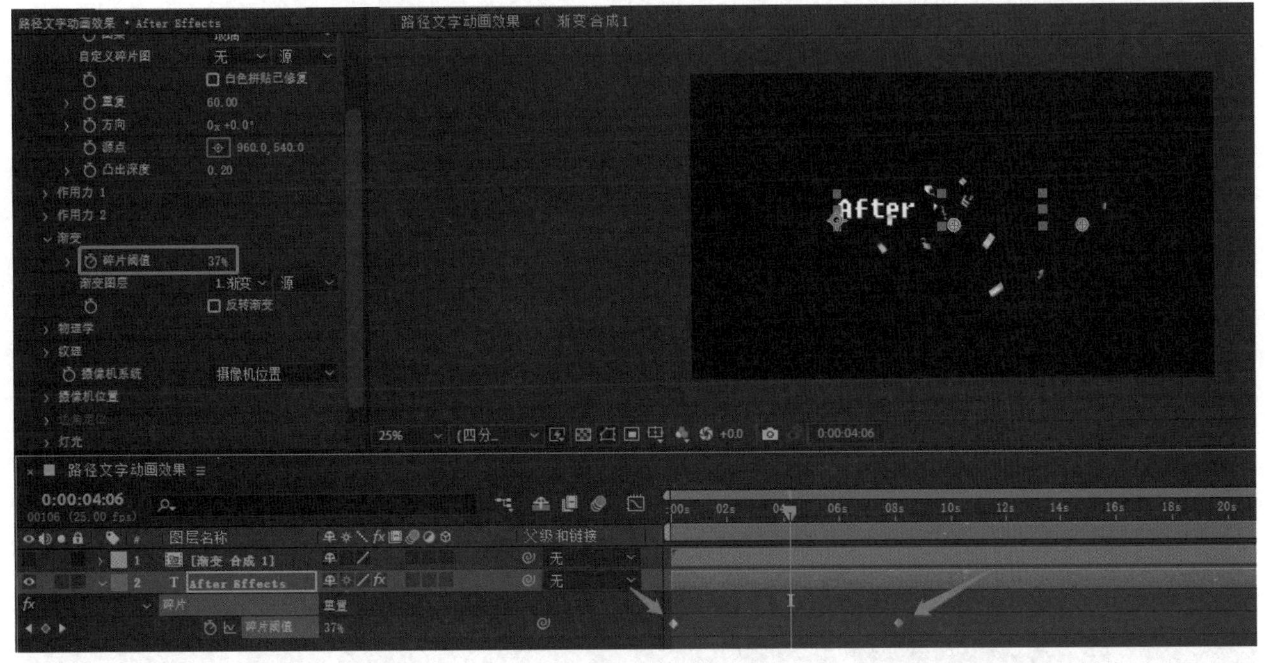

▲ 图 5-4-11　创建破碎关键帧动画

5.5 综合运用案例

文字特效制作素材与最终效果

在短视频中经常会有文字讲解类的镜头，这就需要用到文字的编辑和特效来完成，本小节将借助一个为诗歌配图的镜头制作案例针对短片中文字类镜头的制作进行详细讲解。

首先将背景图片导入到“项目”面板，根据背景图的尺寸新建项目，如图 5-5-1 所示。

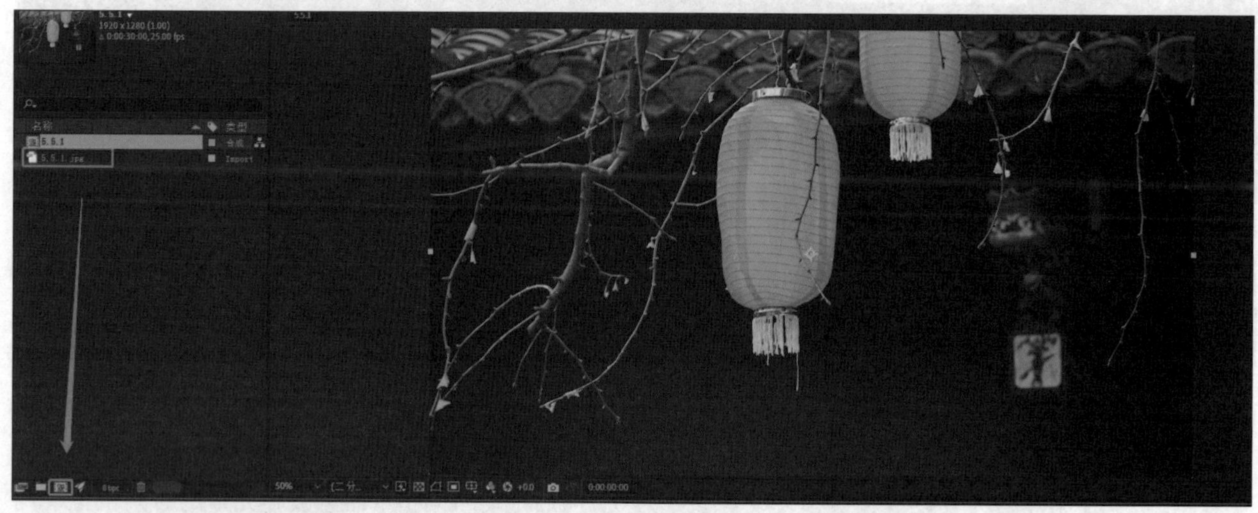

▲ 图 5-5-1　根据素材新建项目

在工具栏选择“文字工具”，在“合成”面板需要添加文字的位置单击，会出现闪烁的光标，同时在“时间线”面板中会自动新建一层文字层，如图 5-5-2 所示。

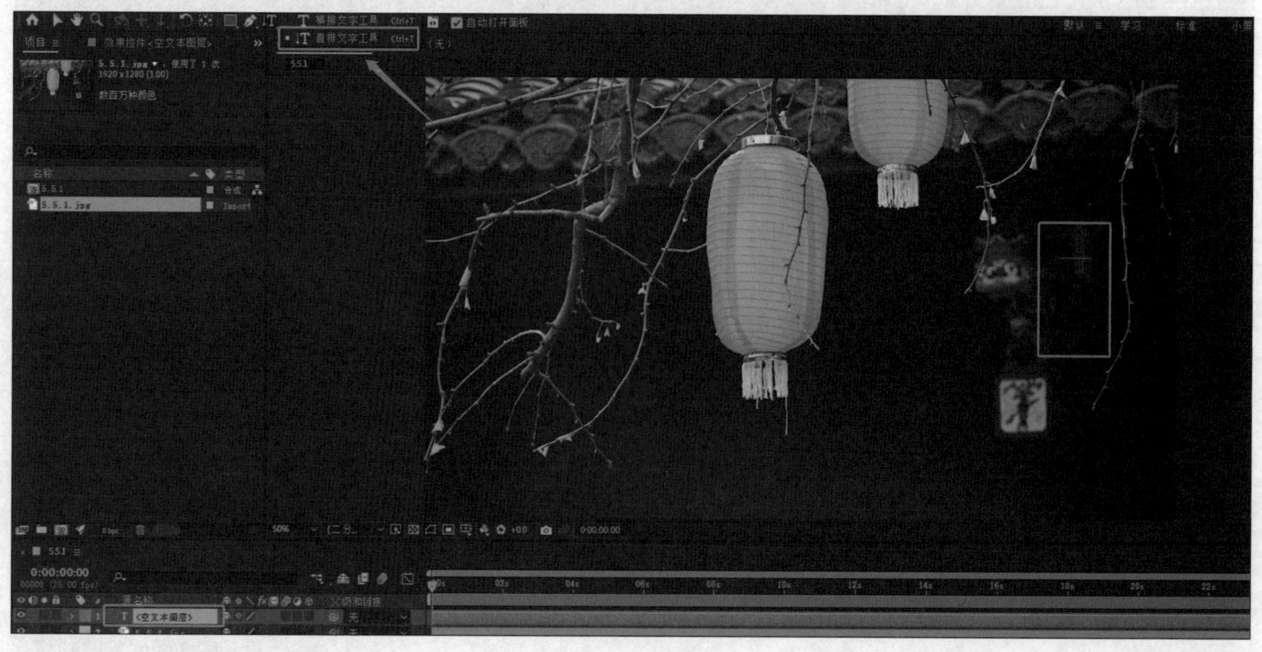

▲ 图 5-5-2　自动新建文字层

输入与背景图片相应的文字，选中文字层并在右侧“字符”面板中调整相应的参数，调整文字的样式及位置，使画面更加美观，如图 5-5-3 所示。

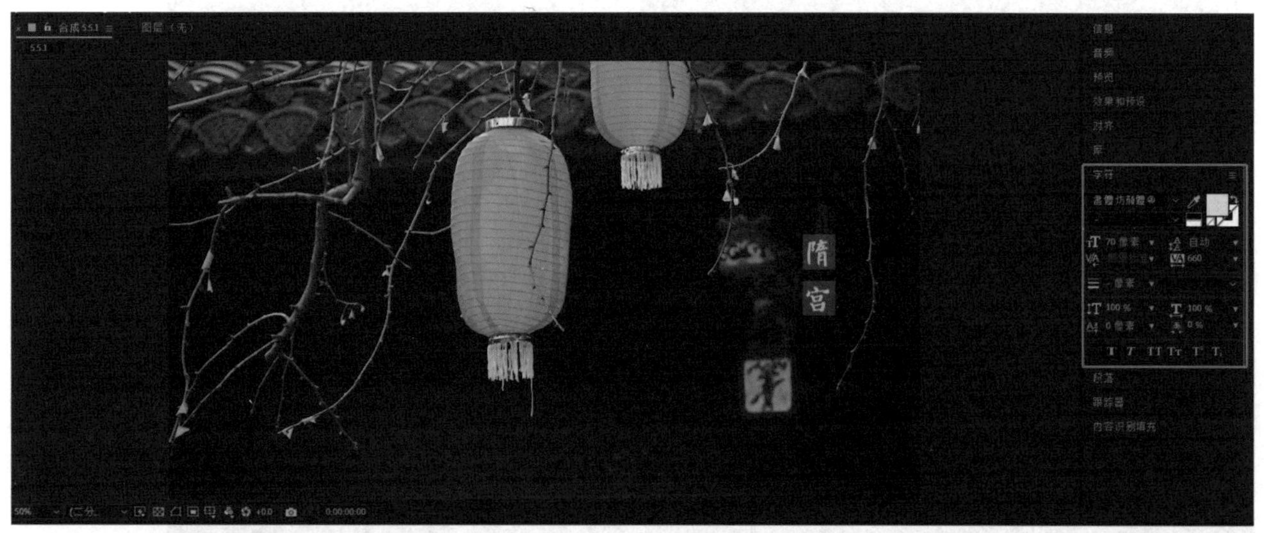

▲图 5-5-3　调整文字样式

可以单击“合成”面板下方的“标题 / 动作安全”按钮，在“合成”面板中显示安全框，如图 5-5-4 所示。

> **小贴士**
> 一般设计师的电脑中会安装丰富的字体库，在制作文字镜头时选择好看的字体，会使镜头更加的美观。

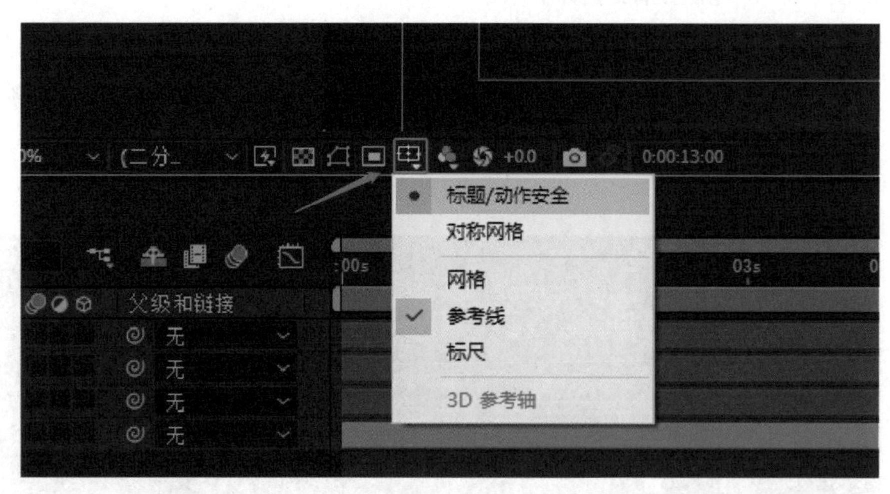

▲图 5-5-4　显示安全框

因为字体样式不同，为了更方便编辑，可以分多个图层创建文字。以同样的方式创建完所有的文字素材，并进行文字样式调整及排版，尽量把所有文字放置于内层安全框之内，如图 5-5-5 所示。

▲ 图 5-5-5　创建所有文字素材

制作完文字素材以后，接下来需要制作文字的特效，此镜头需要诗的题目先淡入。选中题目的文字层，按 T 键展开“不透明度”参数，单击图层前面的关键帧自动记录器按钮。该镜头需要题目在第 1 秒时开始淡出，将时间指示器拖动至第 1 秒，将参数调整为 0，如图 5-5-6 所示。

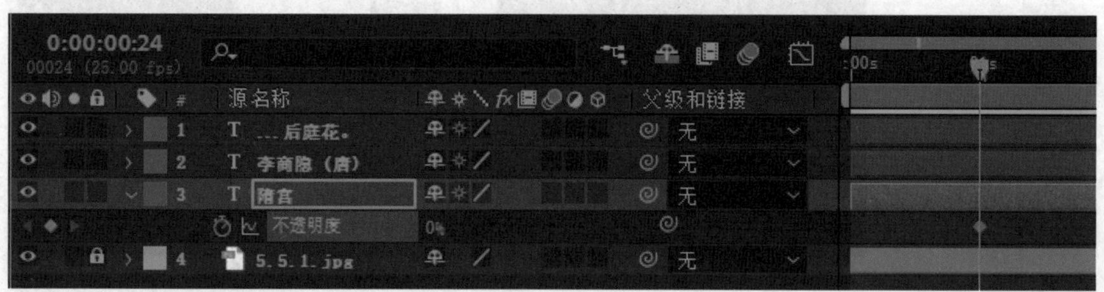

▲ 图 5-5-6　设置不透明度参数

淡出的持续时间设定为 1 秒。接下来将时间指示器拖动至第 2 秒处，将“不透明度”参数调整为 100。此时题目的淡出效果制作完成，如图 5-5-7 所示。

▲ 图 5-5-7　题目淡入效果

使用同样的方式制作作者文字层的淡入效果，如图 5-5-8 所示。

▲ 图 5-5-8　设置作者名淡入

将后面的诗句部分设计成打字效果，随着时间的推移，诗句便逐字显示出来。此时需要选中诗句文字层，在“时间线”面板中展开“文本”属性。单击“文本”属性后面的“动画”黑箭头，选择“不透明度”选项，为该文本层添加不透明度属性，如图 5-5-9 所示。

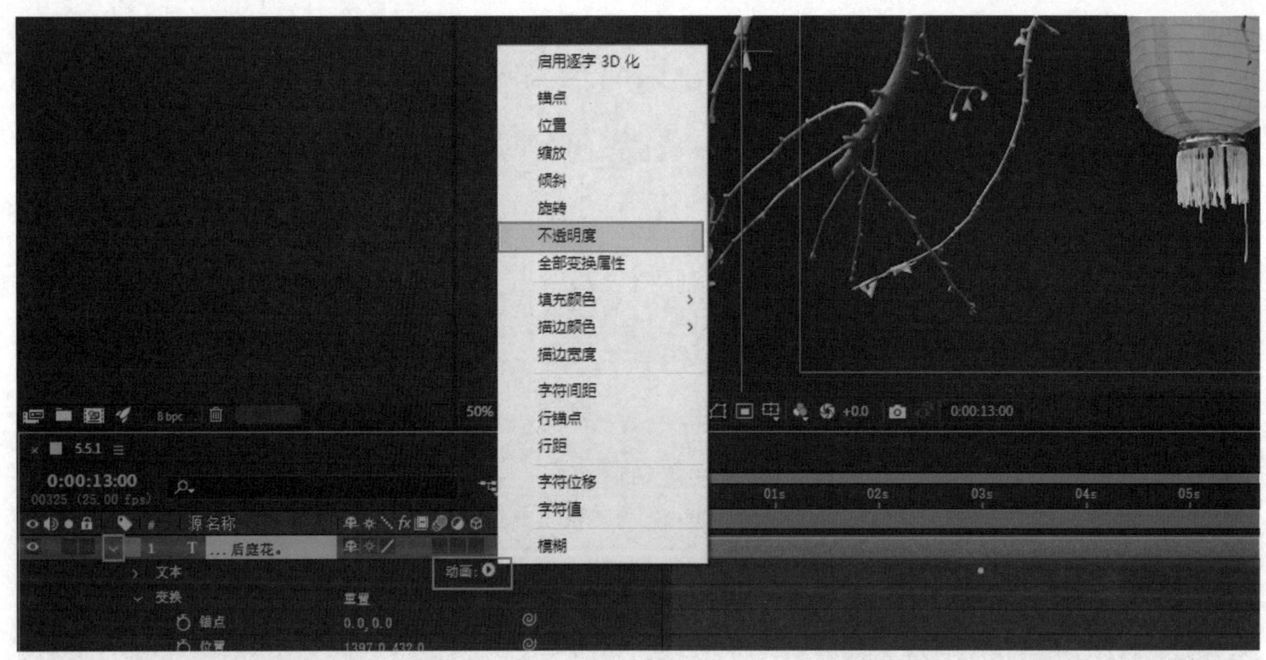

▲ 图 5-5-9　为文本层添加不透明度属性

此时在该文本层的“文本”属性下方会增加“动画制作工具 1”属性。将时间游标拖动至第 3 秒处，打开”范围选择器 1”属性下“起始”参数的关键帧。同时将“范围选择器 1”属性下的“不透明度”关键帧打开，并设置属性值为 0。经过此步设置以后，“合成”面板中的诗句就处于隐藏状态了，如图 5-5-10 所示。

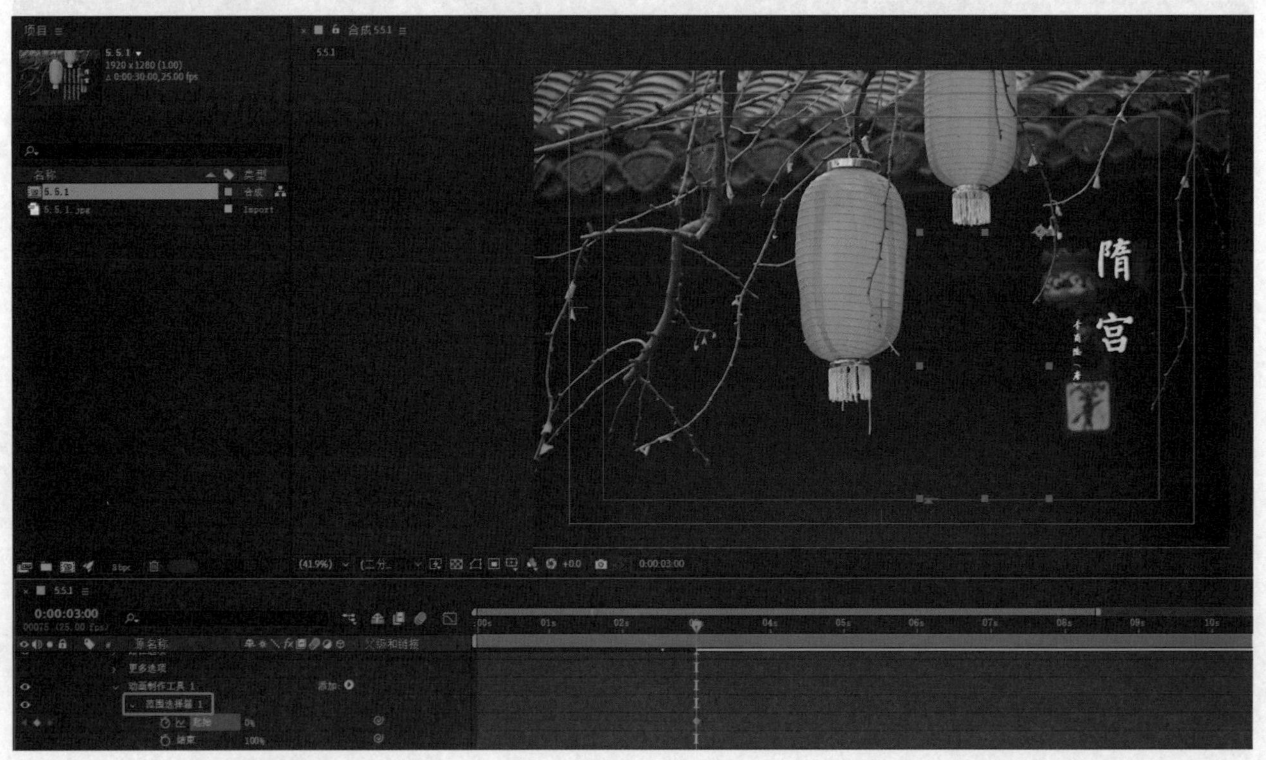

▲ 图 5-5-10　设置诗句层不透明度属性

接下来制作打字的效果。上一步已经在第 3 秒处设置了“起始”属性参数的关键帧，假如需要 7 秒的时间使整个诗句出现，可以在第 10 秒处将“起始”参数设置为 100，如图 5-5-11 所示。

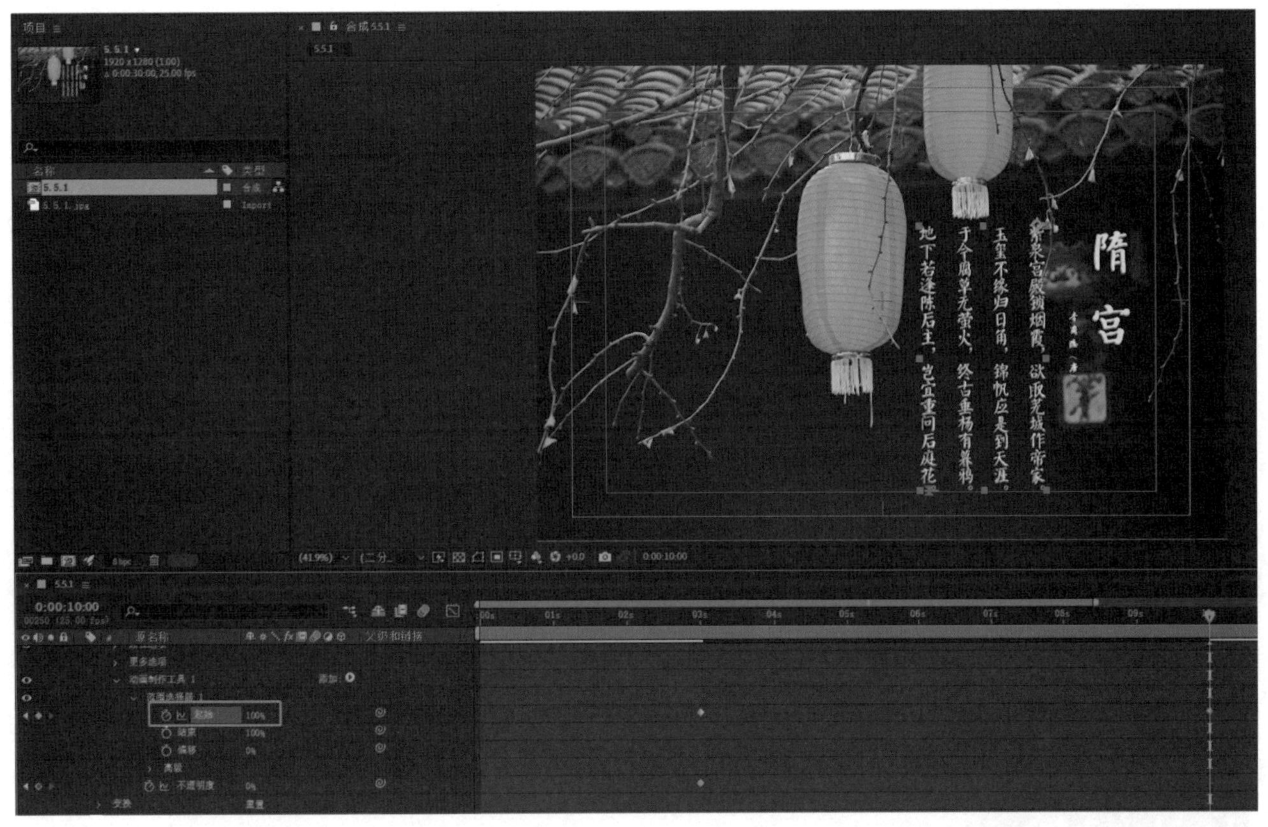

▲ 图 5-5-11　制作打字效果

此时按空格键可以预览完成的打字效果。对所有素材都设置进入效果后，在该镜头结束时还需要制作文字淡出的效果。设定在第 12 秒所有文字都开始淡出，在第 13 秒全部消失。将时间指示器拖动至第 12 秒处，按住 Ctrl 键选中所有文字层，按 T 键同时展开各文字层的“不透明度”参数。在第 12 秒为各文字层添加关键帧，并确认参数值为 100，如图 5-5-12 所示。

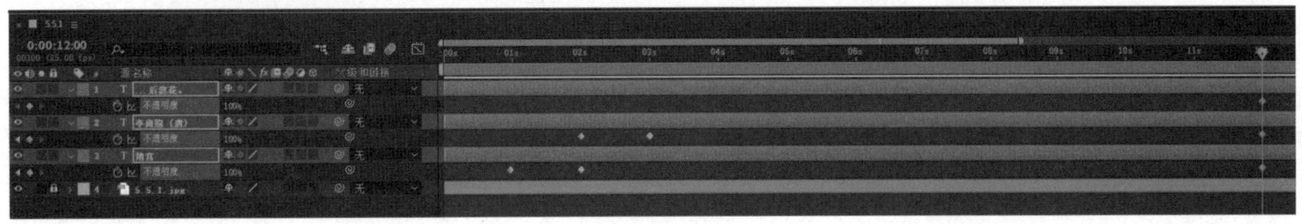

▲ 图 5-5-12　设置不透明度属性值

将时间指示器拖动至第 13 秒处，在选中所有文字层的前提下调整单独一层的透明度属性值为 0，则所有文字层的属性值都同步调整为 0，文字素材的淡出效果就完成了，结束效果如图 5-5-13 所示。

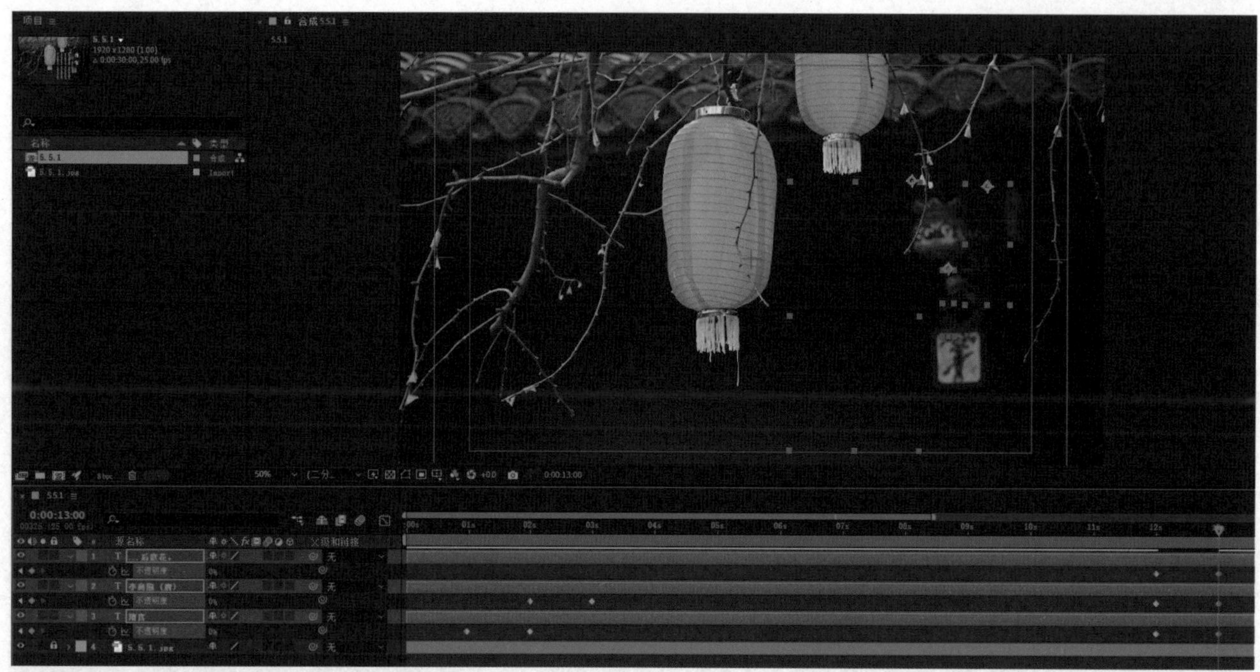

▲ 图 5-5-13　结束效果

练一练

1. 结合 5.5 综合运用案例，完成文字爆炸淡出的效果。
2. 完成几种类型的文字入镜和出镜的效果。

第6章

遮罩和蒙版的运用

| 本章概述 |

遮罩和蒙版是后期制作的重要模块，通过遮罩和蒙版的应用能使不同层进行叠加融合。在后期制作中很多初学者搞不清蒙版和遮罩这两个概念的区别，甚至有的人认为它们就是同一个东西。这两个看似一样的概念，其实是有很大区别的。本章将通过轨道遮罩的运用、蒙版绘制及调整、叠加蒙版三方面内容和一个案例对遮罩和蒙版进行深入的讲解。

| 学习目标 |

1. 认识蒙版和遮罩的区别，掌握蒙版和遮罩的创建方式。
2. 了解蒙版和遮罩常见的应用方式，掌握蒙版的调整及叠加方式。
3. 能够利用蒙版和遮罩完成部分镜头的效果制作。

| 素质目标 |

1. 树立大局意识和创新精神。
2. 培养探索精神和灵活多变的问题处理能力。

6.1　轨道遮罩的运用

遮罩（matte）即遮挡、遮盖，遮罩可以遮挡部分图像内容，并显示特定区域的图像内容，相当于一个窗口。不同于蒙版，遮罩是作为一个单独的图层存在的，并且通常是上对下遮挡的关系，其实质是一个路径或者轮廓图，用于修改层的 Alpha 通道。

6.1.1　Alpha 遮罩及 Alpha 反转遮罩

Alpha 遮罩主要是通过读取遮罩层的不透明度信息完成两层的叠加效果。使用 Alpha 遮罩之后，遮罩的透显程度受到自身不透明度影响，但是不受亮度影响。遮罩层不透明度和透显程度成正比，也就是不透明度越高，显示的内容越清晰。也可以理解为遮罩层透明度越低（最低为 0），显示出的内容越清晰。因此 Alpha 遮罩的特性是：只受遮罩不透明度的影响。

首先新建一个合成，导入一个背景素材，之后在合成里新建一个文字层，如图 6-1-1 所示。

▲ 图 6-1-1　创建文本图层

创建所需要的文字，然后在“时间线”面板中把文字层放在背景层上方（文字层也可以换成其他有 Alpha 通道的图层），找到背景图层后面的“TrkMat”选项，选择“Alpha 遮罩”即可，这里遮罩后面的图层是文字层，如图 6-1-2 所示。

▲ 图 6-1-2 Alpha 遮罩

设置完成的 Alpha 遮罩的效果，如图 6-1-3 所示。

▲ 图 6-1-3 Alpha 遮罩效果

运用相同的方法，找到背景图层后面的“TrkMat”选项栏，选择“Alpha 反转遮罩”，如图 6-1-4 所示。

▲ 图 6-1-4 Alpha 反转遮罩

最终完成的 Alpha 反转遮罩效果，如图 6-1-5 所示。

▲ 图 6-1-5 Alpha 反转遮罩效果

6.1.2 亮度遮罩及亮度反转遮罩

与 Alpha 遮罩不同，亮度遮罩读取的是遮罩层的亮度（明度）信息，即白色的部分透显程度最高，图片最清晰；黑色的部分图片完全不显示，图片最暗；灰色部分，清晰度为原图的一半，介于前两者之间。遮罩层亮度值越大，显示出的图片越亮越清晰，反之越暗，二者成正比。亮度遮罩模式下，遮罩层的透显程度也会受到遮罩层的不透明度影响，不透明度越高，显示图像越清晰。

首先需要新建合成，在“项目”面板中右击鼠标，选择“导入”→“文件”选项，将导入的视频素材或者图片素材拖动到“时间线”面板中，如图 6-1-6 所示。

▲ 图 6-1-6 导入素材

在工具栏选择“星型工具”选项，设置“填充”属性为白色，“描边”属性为 0 像素，在“合成”面板中绘制星型图案，如图 6-1-7 所示。

▲ 图 6-1-7 新建遮罩素材

把绘制好的素材层放在图片素材层的上面，在“TrkMat”选项栏中选择亮度遮罩“形状图层 1”选项，如图 6-1-8 所示。

▲ 图 6-1-8　选择亮度遮罩

最终得到的亮度遮罩效果和蒙版的效果类似，如图 6-1-9 所示。

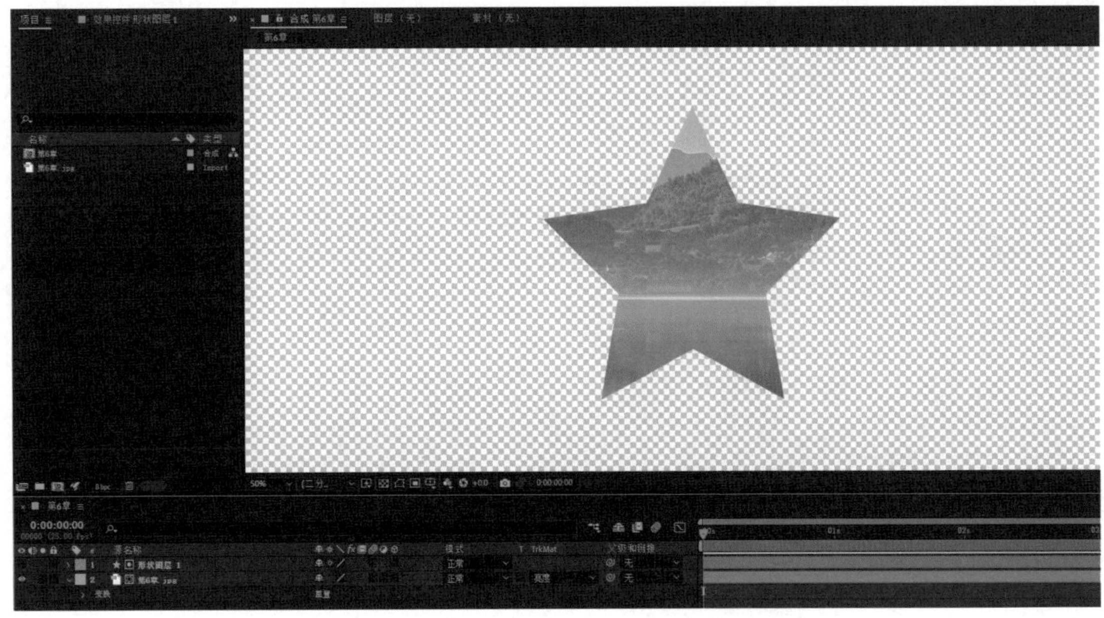

▲ 图 6-1-9　亮度遮罩效果

运用同样的方法，找到背景图层后面的“TrkMat”选项，选择亮度反转遮罩，最终效果如图 6-1-10 所示。

▲ 图 6-1-10　亮度反转遮罩最终效果

6.2　蒙版的运用

蒙版（mask）一词本身来源于现实生活，其字面意思为“蒙在上面的板子”。当需要批量制作或反复喷画、书写相同的内容时，为了提高效率，可以在一些薄板上裁剪、抠画出要制作的形状，将薄板盖在要喷画的物体上，再对着抠出的区域喷涂着色。取下薄板后，对应的形状就会呈现在物体上。这块薄板就称为蒙版。AE 软件中的蒙版是一条路径，可以分为闭合路径和开放路径。闭合路径蒙版就像现实中的蒙版一样，可以遮盖一部分图形，为图层创建透明区域；开放路径蒙版不能创建区域，但是可以作为效果的属性参数来使用，例如第五章中介绍的路径文字制作。蒙版和遮罩不同，它不是单独的图层，而是依附于图层，作为图层的属性存在。

6.2.1　蒙版的绘制及调整

首先需要在新的合成中新建一个纯色层，如图 6-2-1 所示。

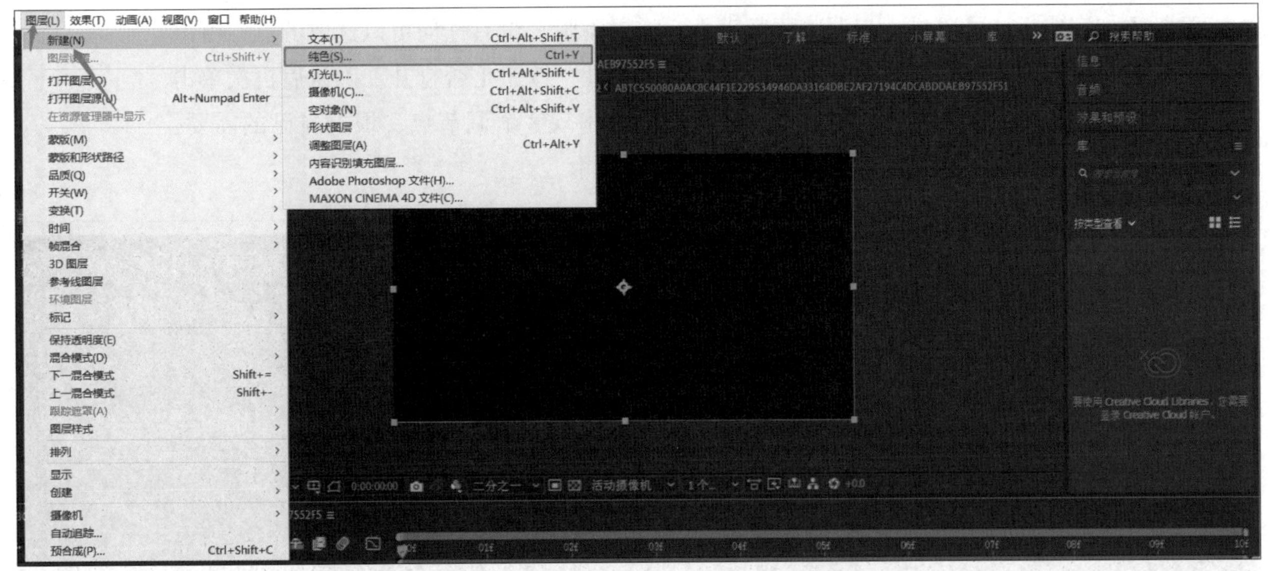

▲ 图 6-2-1　新建纯色层

在工具栏单击“图形工具”按钮，可以选择不同形状的工具，如图 6-2-2 所示。

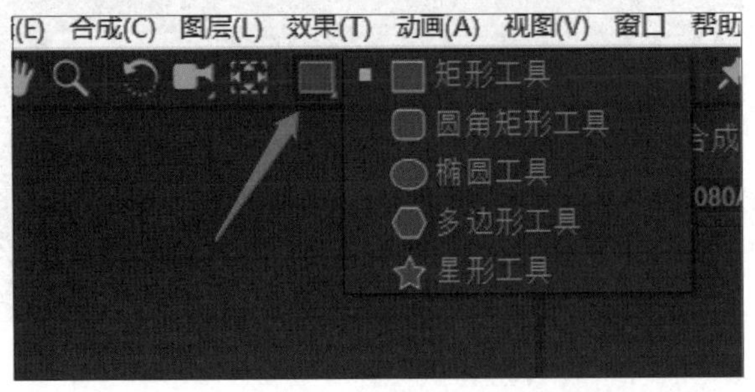

▲ 图 6-2-2　选择图形工具

选择后直接在“合成”面板中绘制图形，就会生成一个蒙版，可以看到纯色层只显示蒙版图形大小的部分。如果没有看到效果，可以在“合成”面板下方单击“切换透明网格”按钮，如图 6-2-3 所示。

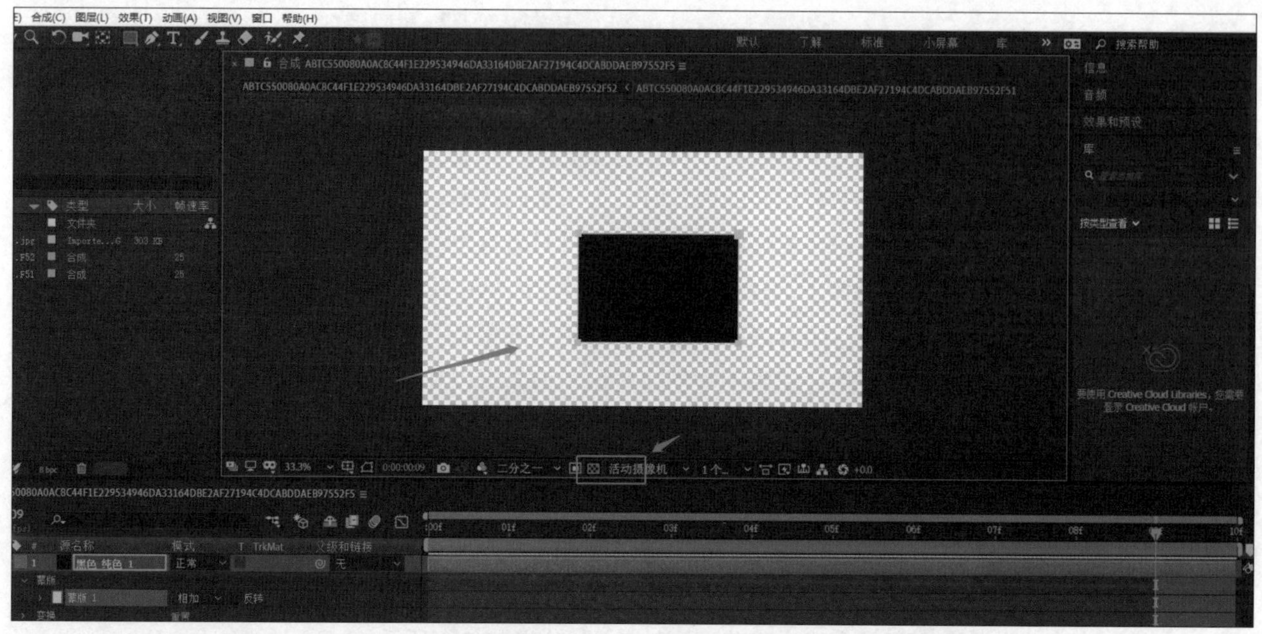

▲ 图 6-2-3　绘制蒙版

蒙版添加完成后，可以进一步调整蒙版大小。如果蒙版上没有任何可以选取的点，可以检查“合成”面板左下方的“切换蒙版和形状路径可见性”按钮是否打开。确认后再次单击“选取工具”按钮，双击蒙版路径的顶点，蒙版边框会出现 8 个调节点，根据自己的需要，按住其中的一个调节点调整蒙版大小即可，如图 6-2-4 所示。

▲ 图 6-2-4　调整蒙版大小

选中纯色层，展开图层参数，会看到在图层中自动添加了一个名为“蒙版 1”的属性栏，

在该属性栏里可以调节蒙版的相关参数，如蒙版的路径、羽化数值、不透明度以及扩展等属性，如图 6-2-5 所示。

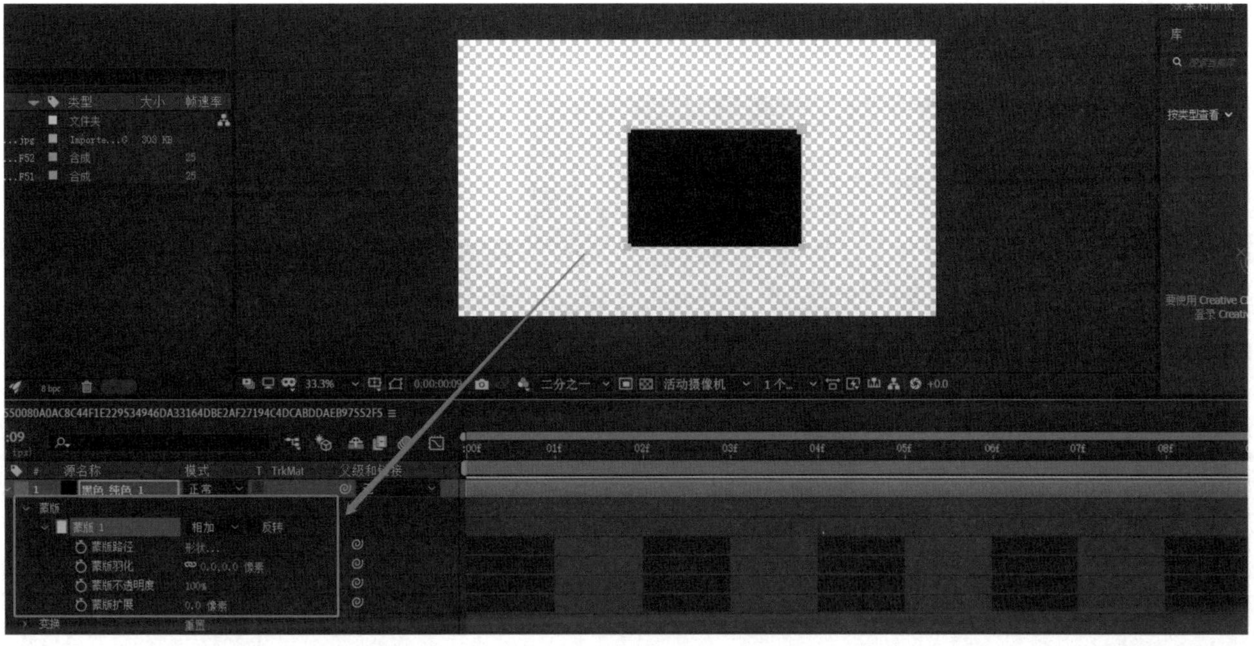

▲ 图 6-2-5　调整蒙版参数

6.2.2　蒙版叠加及动画制作

多个蒙版可以相互叠加以实现不同的显示效果，从而满足不同的制作需求。同时蒙版的不同节点也可以进行动画调整，以适应视频镜头中运动的物体。下面将对蒙版的不同叠加方式和蒙版动画进行详细地介绍。

打开 AE 软件，新建合成，右击“时间线”面板右空白处选择“新建”→“纯色”选项，如图 6-2-6 所示。

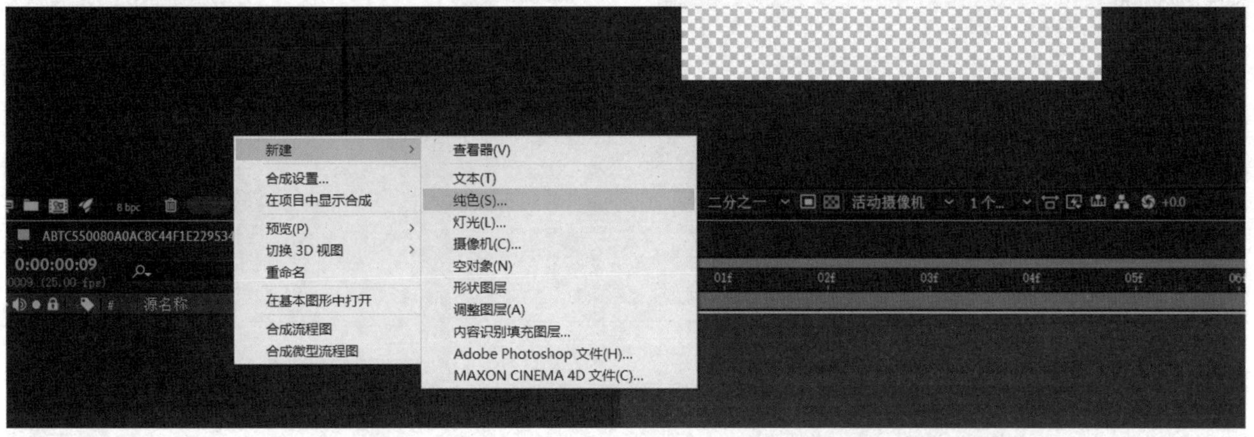

▲ 图 6-2-6　新建纯色层

选中固态层，利用矩形工具在“合成”面板中绘制矩形，就会自动生成蒙版。同时在纯色层属性栏里可以看到添加了“蒙版 1”的属性选项，它的右侧有一个“模式”选项框，包括无、相加、相减、交集、变亮、变暗和差值 7 种模式，以及一个“反转”选项如图 6-2-7 所示。

▲ 图 6-2-7　选择叠加模式

蒙版的叠加模式，默认是“相加”模式，比较常用的也是此模式，勾选旁边的“反转”，就会按照选区进行反向选择（“相减”模式与“相加”相反，也就是反向选择）。选项“无”，就是没有蒙版的意思，绘制出来的蒙版不起作用，仅作为路径存在。选中固态层，按住 Shift 键画一个正圆形，纯色层的“蒙版”属性下面会自动添加“蒙版 2”属性栏，把“蒙版 2”的叠加模式修改为“相减”模式，就会将上层“蒙版 1”交集的部分给减去，如图 6-2-8 和图 6-2-9 所示。

▲ 图 6-2-8　绘制蒙版

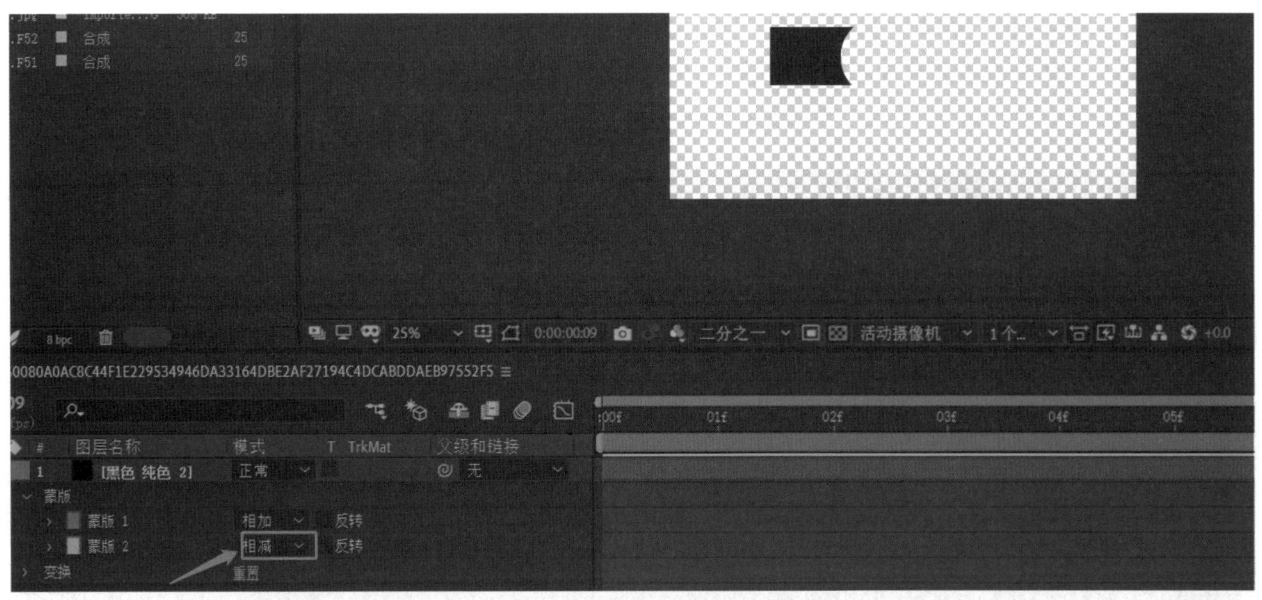

▲ 图 6-2-9　蒙版相减

将“蒙版 2”修改为“交集”模式，会只显示和上层“蒙版 1”相交集的部分，如图 6-2-10 所示。“差值”模式则跟交集相反，会减去交集部分。

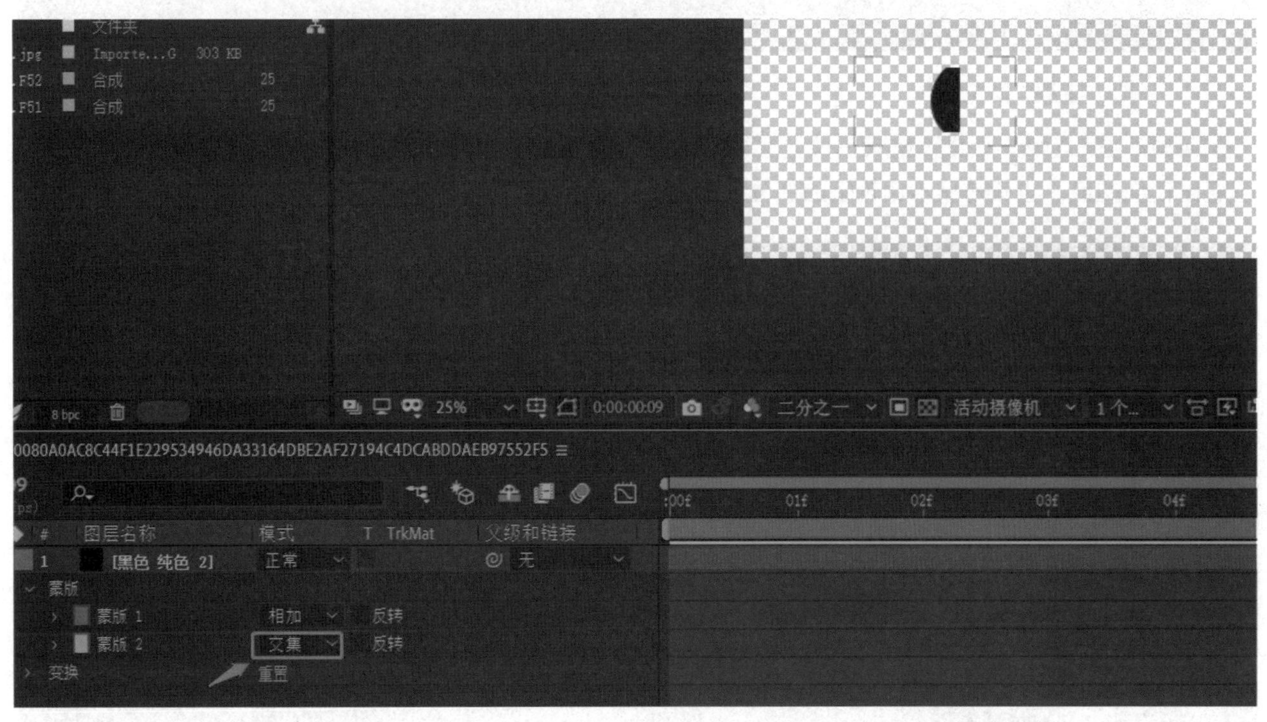

▲ 图 6-2-10　“交集”模式

先将“蒙版 1”的不透明度调低一点，再将“蒙版 2”设置为“变亮”模式。结果与“相加”模式类似，两个蒙版会叠加起来，但是在相交的位置会取不透明度较高的值，如图 6-2-11 所示。

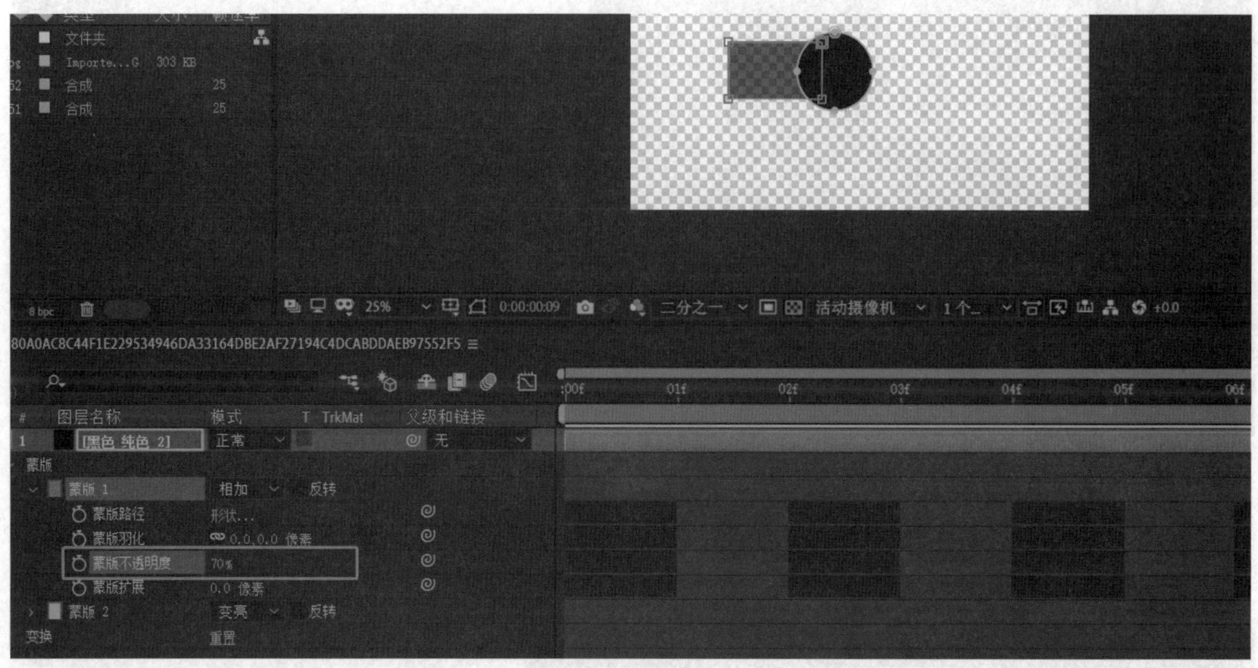

▲ 图 6-2-11 “变亮”模式

“变暗”模式跟“变亮”模式相反，它跟“交集”模式基本相同，但是在交集部分会取亮度比较低的值，也就是显示比较暗的部分，如图 6-2-12 所示。

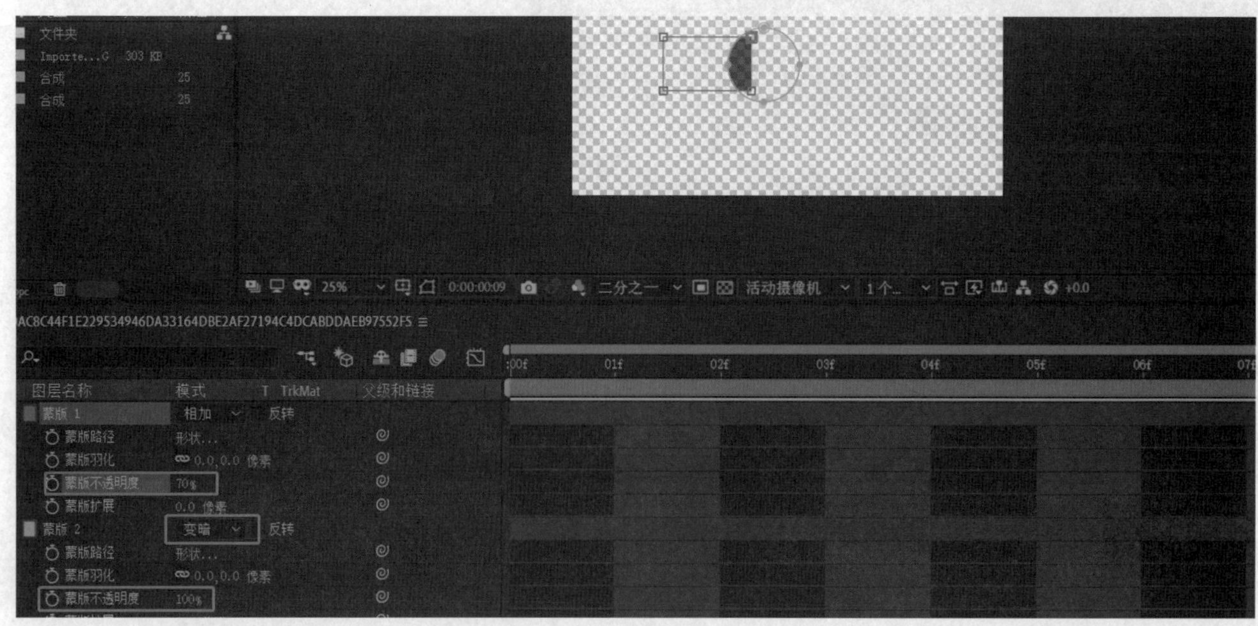

▲ 图 6-2-12 “变暗”模式

如何利用蒙版制作动画呢？绘制完蒙版以后，在蒙版属性中有“蒙版路径”选项，打开“蒙版路径”前面的“关键帧自动记录器”开关，拖动时间指示器并对蒙版上的调节点进行调整，软件会自动记录蒙版的各个调节点的位移动画，根据镜头需要对蒙版的各个调节点进行调整，可以达到动态遮罩的效果，如图 6-2-13 所示。

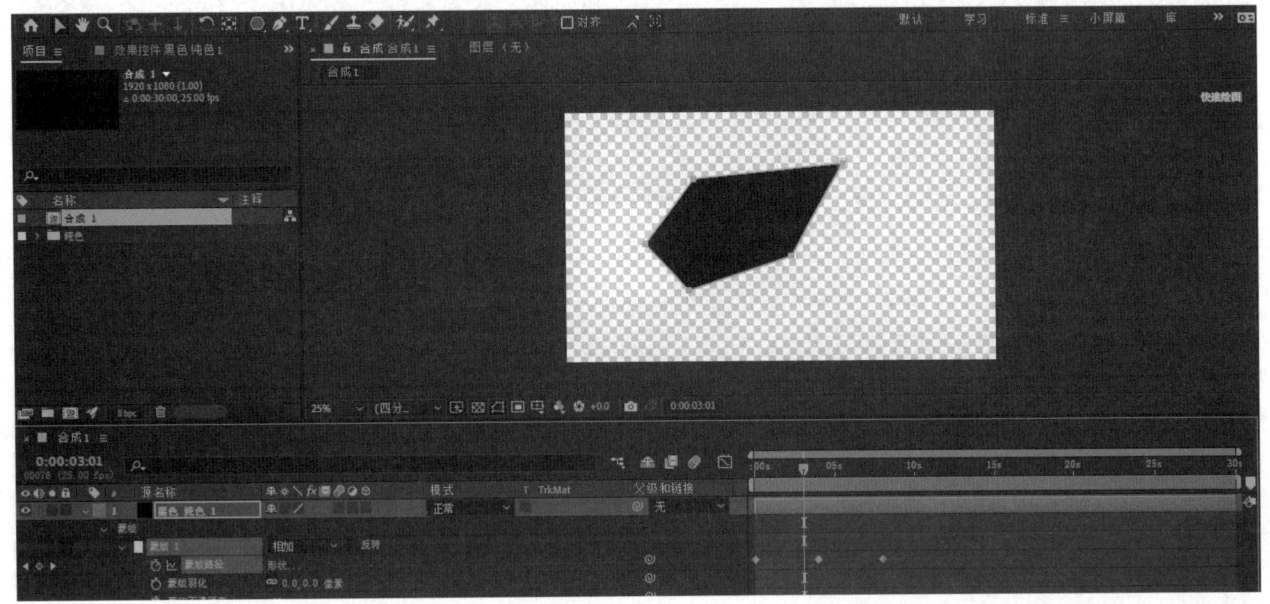

▲ 图 6-2-13　创建动态蒙版

这种方法是利用 AE 软件进行动态抠像的基础，如果想要制作动态图形的蒙版动画，这种方法是相对比较简单的一种，下面通过一个案例来具体说明。

首先，新建纯色层，如图 6-2-14 所示。

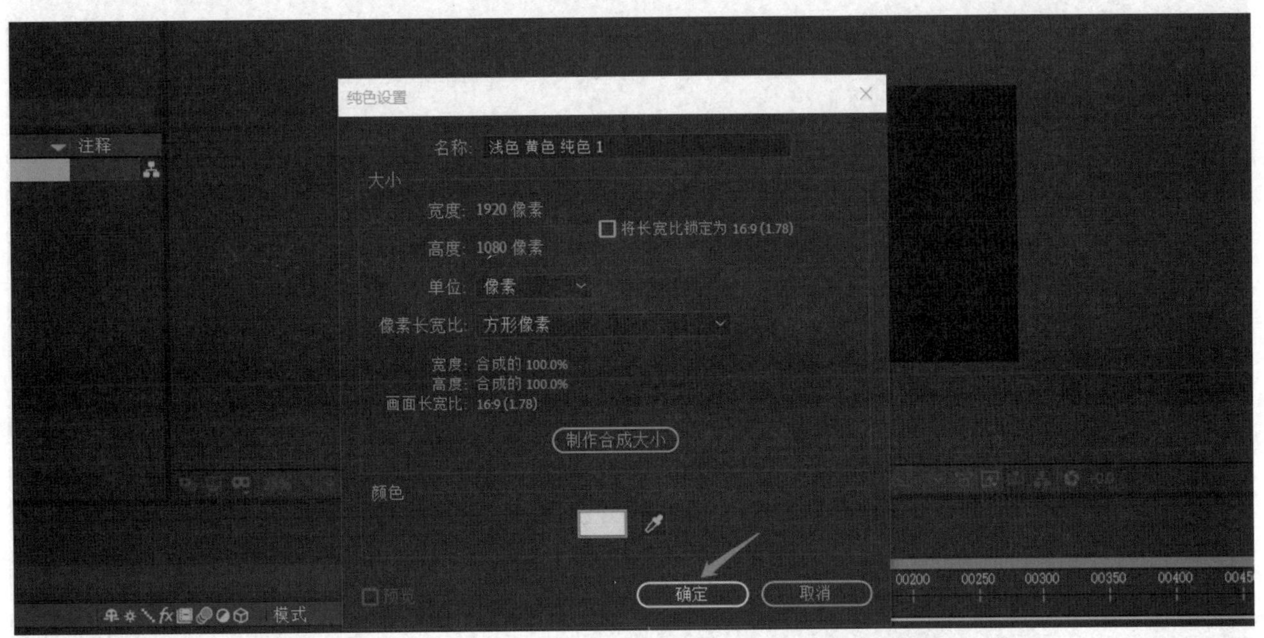

▲ 图 6-2-14　新建纯色层

在工具栏中选择“矩形工具”，按住 Shift 键拖动鼠标，在“合成”面板中绘制正方形蒙版，如图 6-2-15 所示。

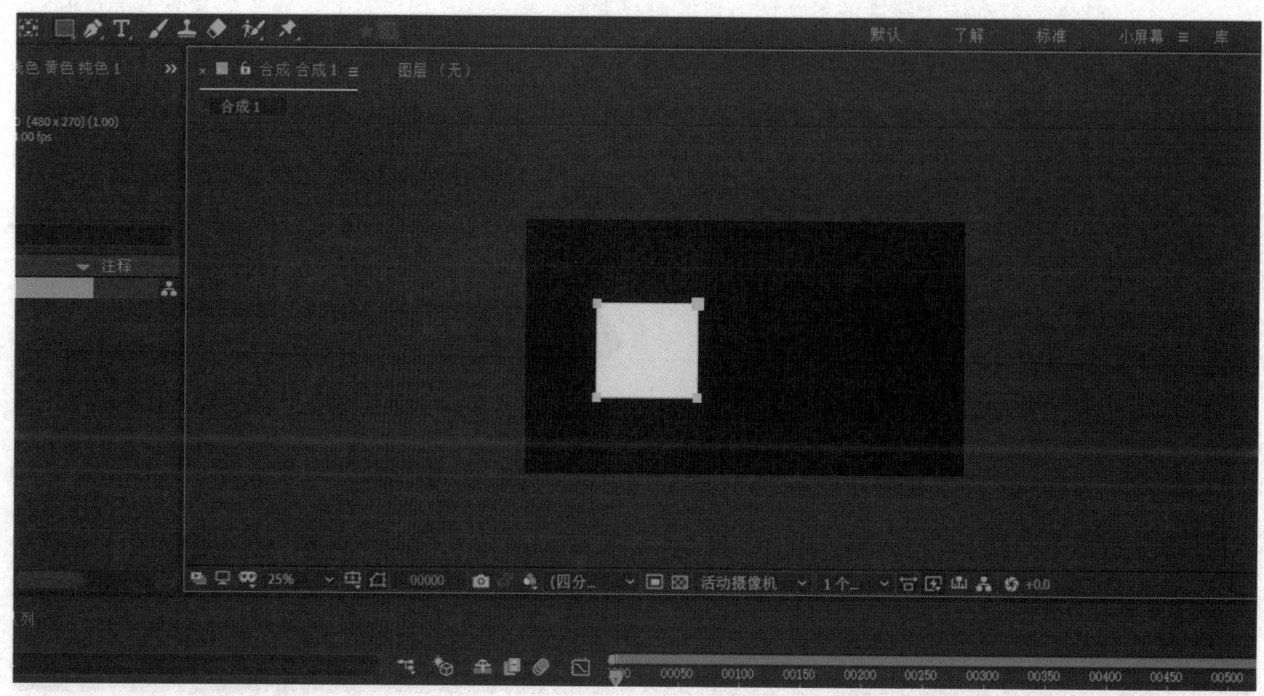

▲ 图 6-2-15 绘制正方形蒙版

再次选中纯色层，选择“星型工具”，在纯色层上绘制五角星蒙版，如图 6-2-16 所示。

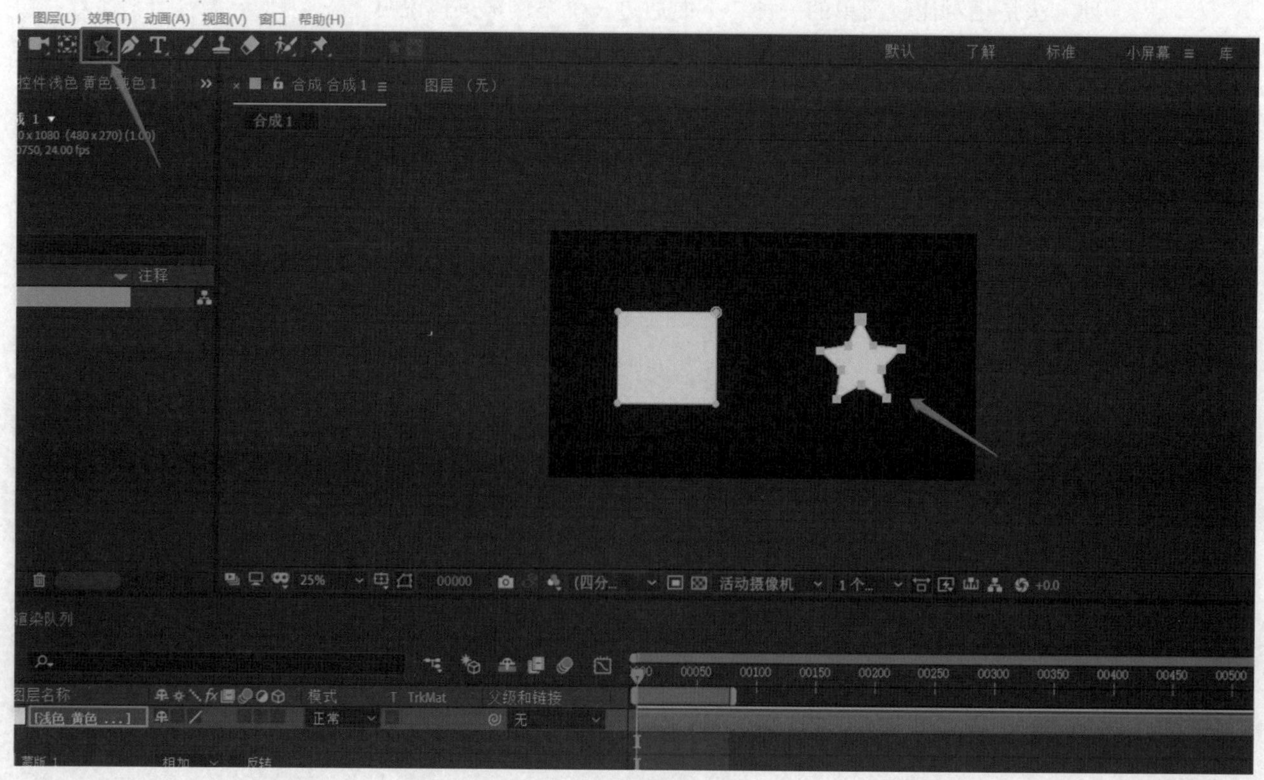

▲ 图 6-2-16 绘制五角星蒙版

选中正方形蒙版，移动时间指示器到第 0 帧位置。单击“蒙版路径”属性前的“关键帧自动记录器”按钮，为其添加起始关键帧，如图 6-2-17 所示。

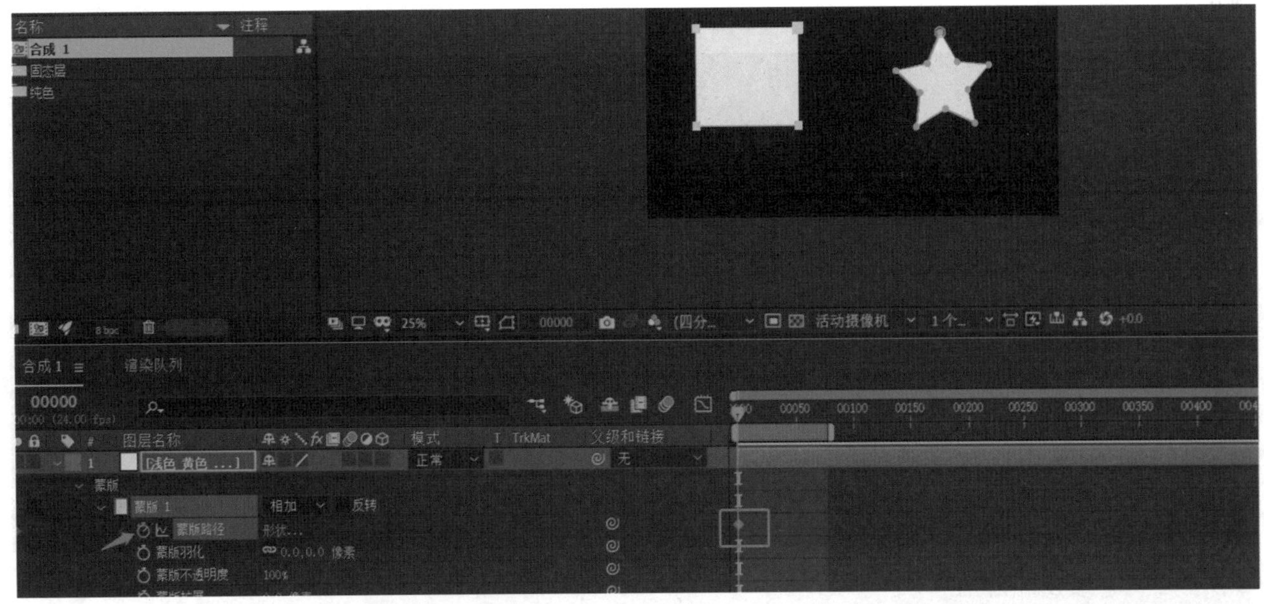

▲ 图 6-2-17　添加起始关键帧

选中五角星蒙版的“蒙版路径”属性选项，按 Ctrl+C 组合键复制蒙版路径，如图 6-2-18 所示。

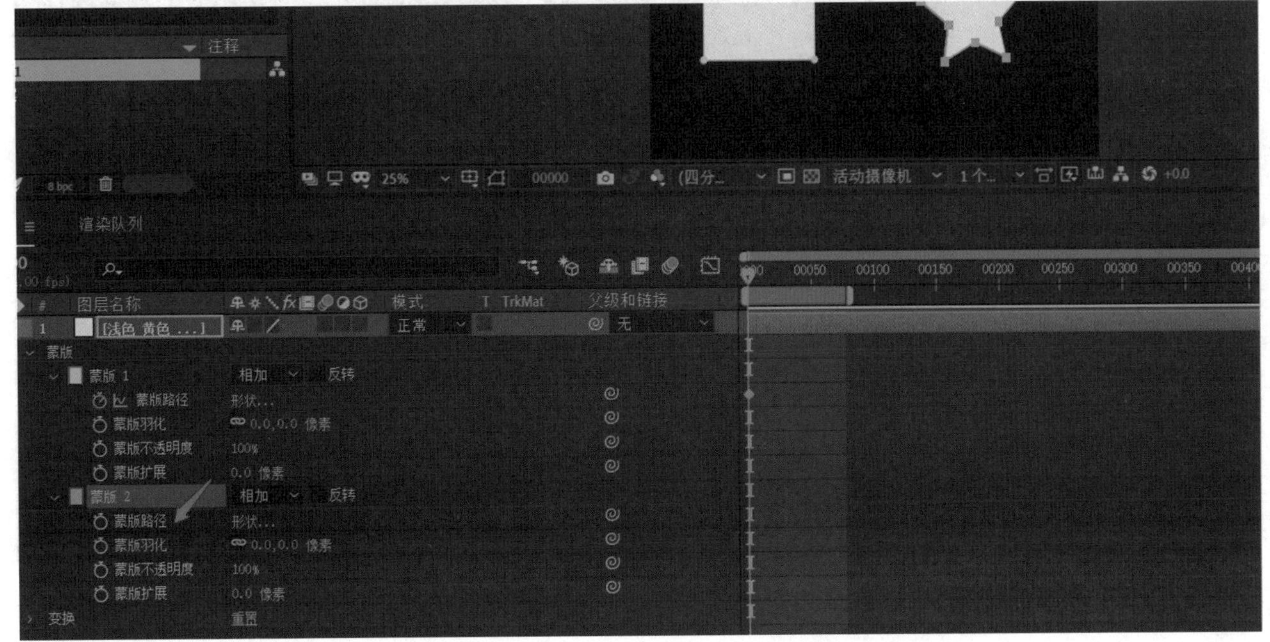

▲ 图 6-2-18　复制蒙版路径

将时间指示器向后拖动到适当位置，选中正方形的“蒙版路径”属性，按 Ctrl+V 组合键将五角星蒙版的路径属性复制给正方形蒙版，设置完成后再删除五角星蒙版，如图 6-2-19 所示。

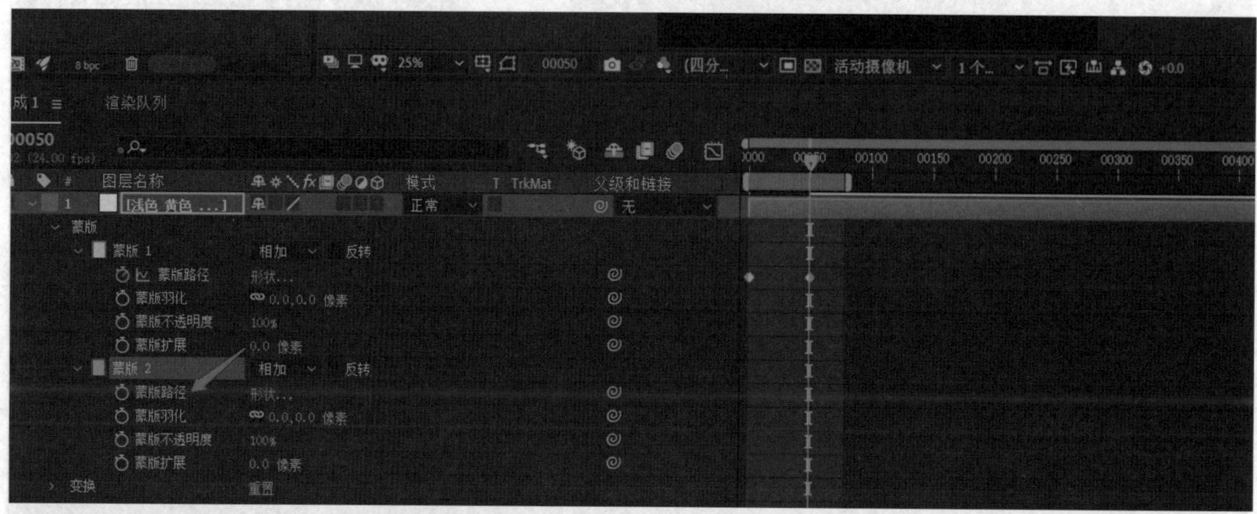

▲ 图 6-2-19 复制路径属性

按空格键预览动画，可以看到正方形变成五角星的动画效果，如图 6-2-20 所示。

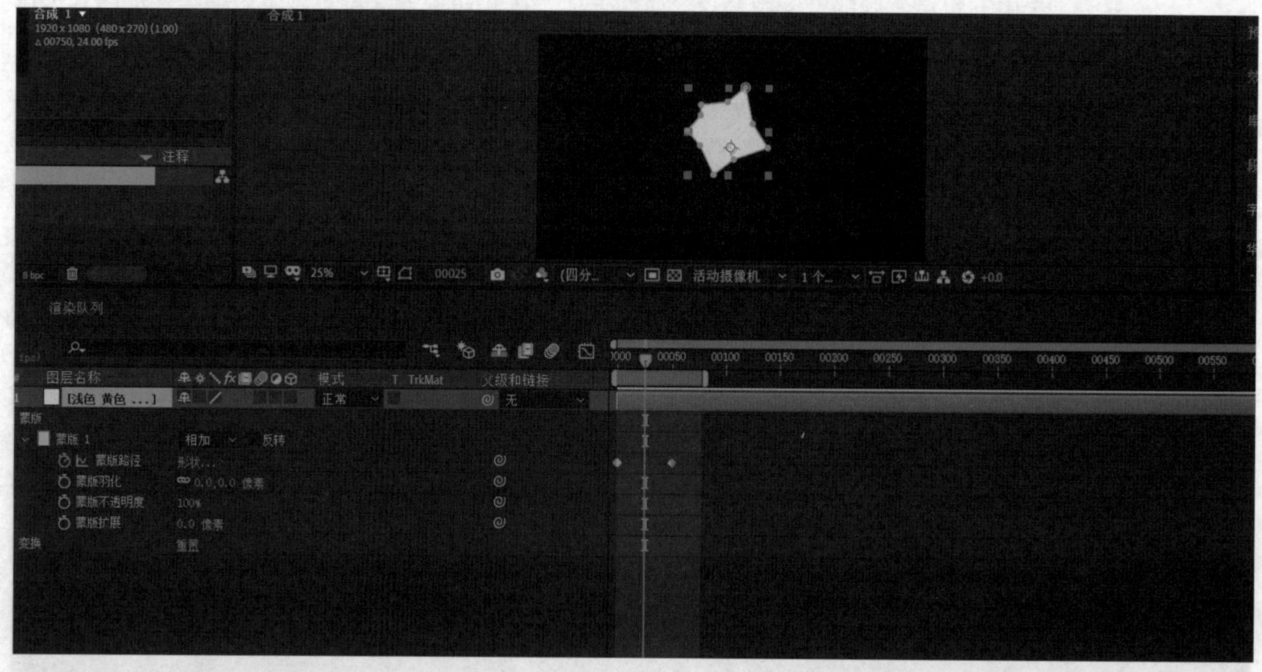

▲ 图 6-2-20 动画预览效果

6.3　综合运用案例

前两小节讲述了遮罩和蒙版的基础知识，本小节将通过两个案例详细展示遮罩和蒙版的综合运用。

时间冻结素材与最终效果

6.3.1　时间冻结特效制作

首先新建合成，导入镜头所需要的素材，本案例使用的素材是一段固定镜头拍摄的街景视频。将视频素材拖动至“时间线”面板，通过预览视频，确定视频中人和车错开的时间点，按 Ctrl+Shift+D 组合键将视频在时间指示器所指处进行分割，并将视频后半部分单独复制为一个图层，如图 6-3-1 所示。

▲ 图 6-3-1　分割素材

为了进行区分，可以选中后半部分素材，按 Shift 键进行重命名。将后半部分素材在时间线上向前拖动，使其与前半部分素材的时间点进行对位，移动到视频开始的位置，并降低图层的不透明度参数，以便我们更好地观察视频中人和车的位置，如图 6-3-2 所示。

▲ 图 6-3-2　降低不透明度

之后右击下方图层（视频前半部分），在弹出的菜单中选择“时间”→“启用时间重映射”选项，如图 6-3-3 所示，此时在素材起始处会自动添加两个关键帧。

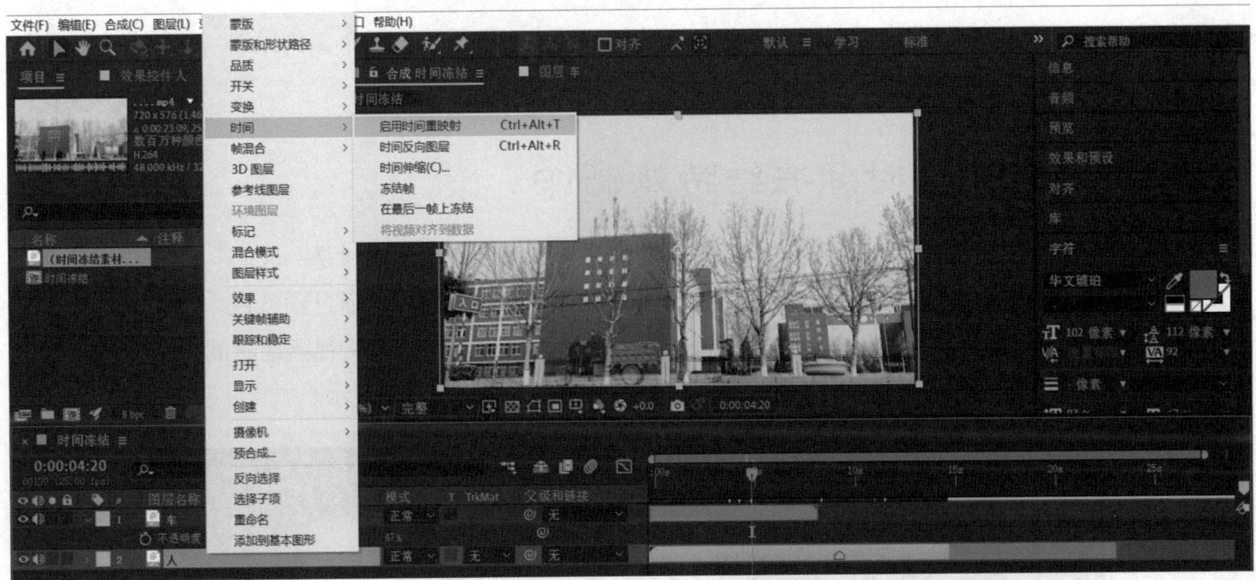

▲ 图 6-3-3　时间重映射

在视频中找到角色合理静止的时间点，然后单击“时间重映射”参数前的“关键帧自动记录器”按钮，为其添加一个关键帧，如图 6-3-4 所示。

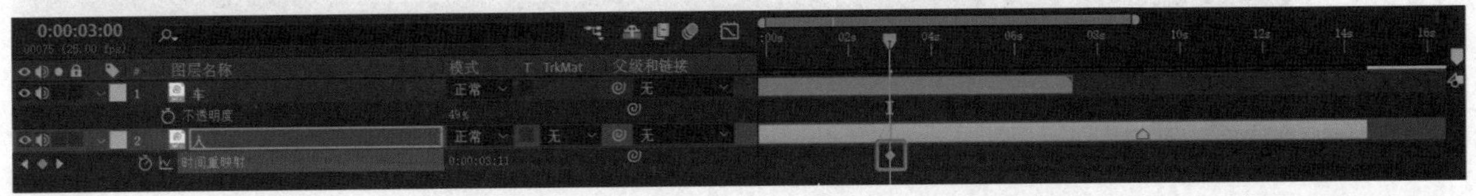

▲ 图 6-3-4　静止关键帧

往后移动时间指示器一帧，再为其添加一个关键帧，如图 6-3-5 所示。

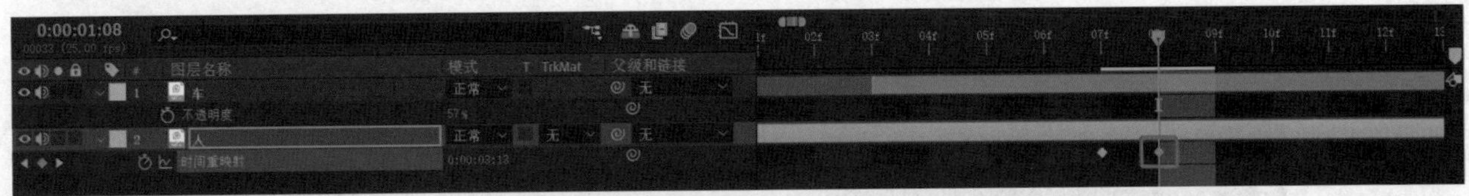

▲ 图 6-3-5　添加另一个关键帧

把第二个关键帧后移至上方图层（视频后半部分）中人物（骑三轮车的人）出画的位置，也就是下方图层结束静止的时间，此时预览就可以看到静止效果，如图 6-3-6 所示。

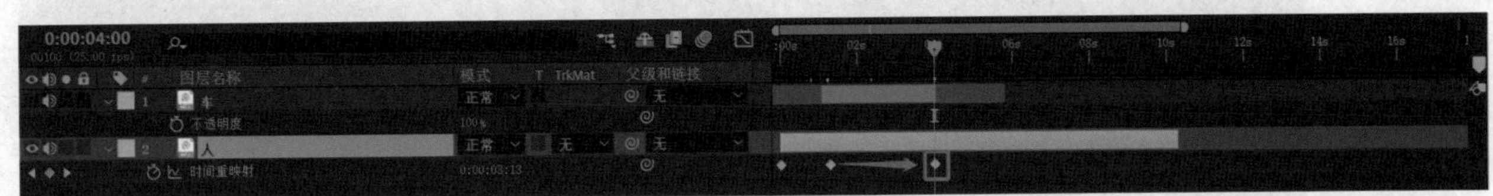

▲ 图 6-3-6　移动关键帧

按 Ctrl+D 组合键复制刚刚制作的时间静止图层并移动到最顶端。用钢笔工具绘制蒙版，将视频前景（行走的人）抠出来，如图 6-3-7 所示。之后把第二层的不透明度属性参数改回 100。

▲图 6-3-7　绘制蒙版

拖动时间指示器，选择人车交汇的时间点，调整蒙版边缘。可以调节蒙版的羽化值，使制作的效果更加真实。如果还有部分边缘不容易调整，可以选择菜单栏“效果”→“遮罩”→“简单阻塞工具”选项，进行收边处理，如图 6-3-8 所示。

▲图 6-3-8　简单阻塞工具

根据最终镜头效果对简单阻塞工具的“阻塞遮罩”参数进行细微调整，参数不宜过大，否则会影响素材的完整度，如图 6-3-9 所示。

▲图 6-3-9 调节“阻塞遮罩”数值

最后再精细地对位每个视频图层出现和结束的时间位置，最终完成效果，如图 6-3-10 所示。

▲图 6-3-10 最终完成效果

6.3.2　水波纹文字案例制作

本案例将通过水波纹文字的制作对遮罩的使用以及多层遮罩的联合作用进行详细地介绍。

首先，新建纯色层作为背景，根据自己的需要在弹出的“纯色设置”对话框中选择颜色，如图 6-3-11 所示。

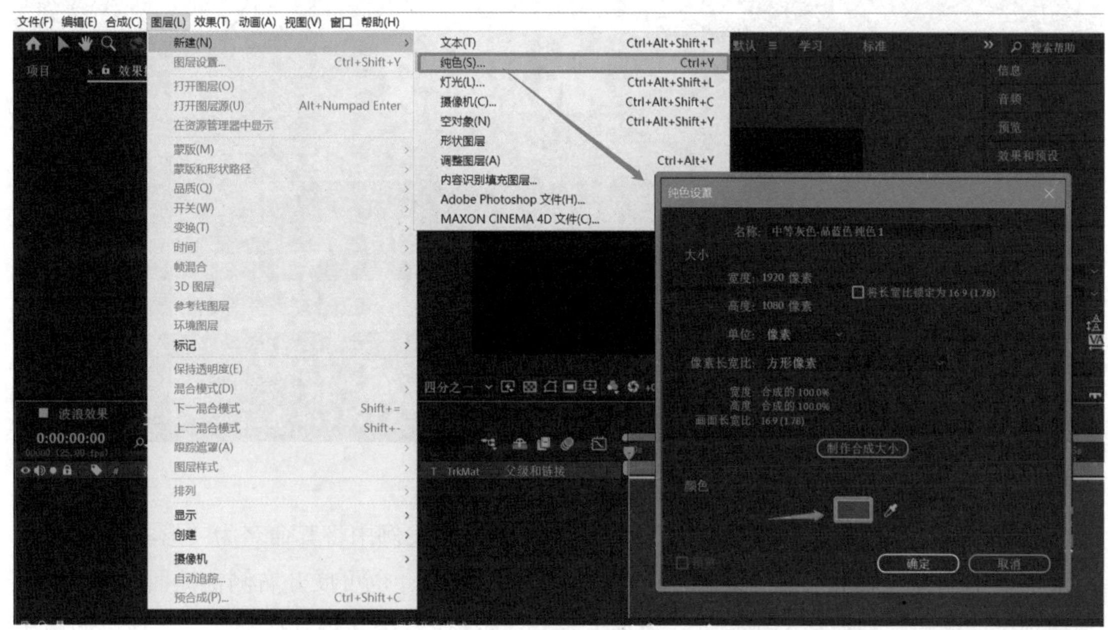

▲ 图 6-3-11　新建纯色层

然后单击工具栏中的“文字工具”按钮，新建文字层，本案例中使用“水波纹”三字，如图 6-3-12 所示，此图层将会作为后续步骤中波纹图层的蒙版。若不使用文字，也可绘制其他图形作为蒙版。

▲ 图 6-3-12　新建文字图层

单击工具栏中的“形状工具”按钮■，新建形状图层，画出大小可以覆盖住文字的矩形，单击“填充”按钮，将矩形颜色改为深蓝色，并将矩形图层拖动至文字层下方，如图6-3-13 所示。

▲ 图 6-3-13　创建深蓝色形状图层

接下来为矩形添加波形变形效果：选中矩形图层（本案例中将其命名为“形状图层 1”），在菜单栏中选择“效果”→“扭曲”→“波形变形”选项；也可展开右侧快捷面板中的“效果和预设”面板，在搜索栏中输入“波形变形”，选择该效果并将其拖动至“合成”面板中的矩形图层上（或者在选中矩形图层的前提下双击“波形变形”效果），上述任一方法均可正确添加效果，如图 6-3-14 所示。

▲ 图 6-3-14　添加“波形变形”效果

此时按空格键，会发现波上各点均在做上下方向的简谐运动，呈现出波纹浮动的状态。

在左侧“效果控件”面板中设置波形的高度和宽度，并根据“合成”面板中的效果，调整数据至合适范围，制作出较为逼真的水波纹效果，如图 6-3-15 所示。

▲ 图 6-3-15　调整波形参数

接下来制作水面升起的动态效果。将时间指示器拖动至第 0 秒处，展开“形状图层 1”的“变换”属性栏，在“位置”与“旋转”属性上打上关键帧，调整波纹的位置与倾斜度；将时间指示器拖动至第 6 秒处，同样打上关键帧，调整波纹位置与倾斜度。“合成”面板上两关键点之间的虚线为波纹形状的运动路径，关键点可直接拖动；调节关键点处延伸出的小“控制杆”，可进行更为细致的修改（使用方法可参考钢笔工具），使路径的曲线走势更加柔和。通过上述调整，使画面呈现波纹由文字下方逐渐上升直至淹没文字的效果，如图 6-3-16 所示。

▲ 图 6-3-16　调整波纹图形的路径

为使波纹的晃动更加真实，可打开“图表编辑器”模式做进一步调整。选中“形状图层 1”的“旋转”参数，单击时间轴上方的“图表编辑器”按钮，即可展开图表编辑器。单击选中两个关键帧之间的区域，右下角的各个编辑按钮即被点亮，其中分别将选中的过渡区域转换为“定格”“线性”“贝塞尔曲线”模式；则分别为选中的某关键帧添加“缓动”“缓入”“缓出”效果。如图 6-3-17 所示。

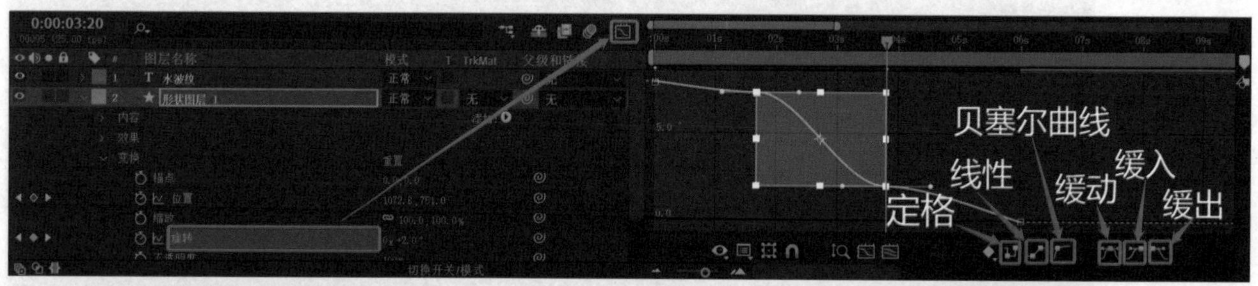

▲ 图 6-3-17 “旋转”属性的曲线编辑

此外，选中某关键帧，按住 Alt 键同时鼠标左键向一定方向拖动，即可拖出该处的“控制杆”(使用方法参考钢笔工具)，如图 6-3-18 所示。

▲ 图 6-3-18 调整关键帧的“控制杆”

“位置”属性的图表编辑器展开后会出现两条不同颜色的曲线，红色线和绿色线分别表示该图形所在位置的 X 轴方向和 Y 轴方向的参数（以像素为单位），它们联合起来表示出图形的精确位置。曲线编辑方法同上，如图 6-3-19 所示。

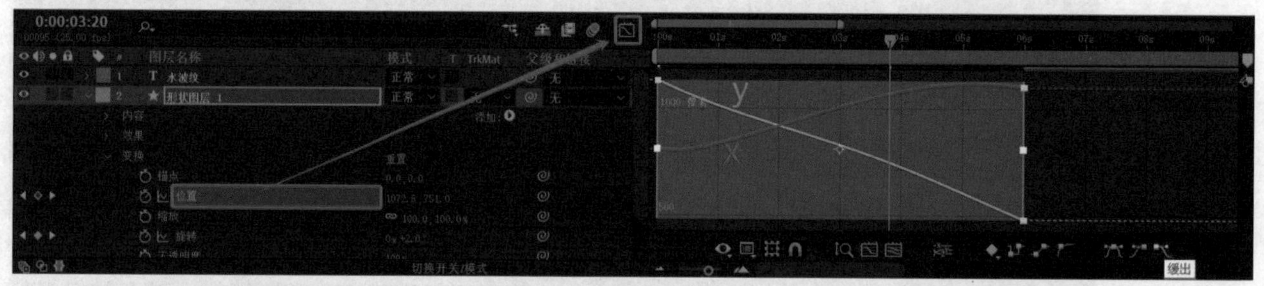

▲ 图 6-3-19 “位置”属性的曲线编辑

第一层波纹制作完成后，单击展开该图层后面的“TrkMat”选项栏，选择“Alpha 遮罩”选项，如图 6-3-20 所示。

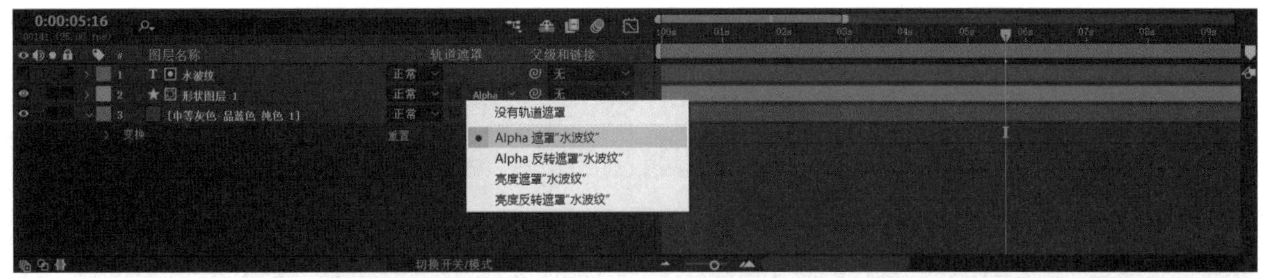

▲ 图 6-3-20　添加 Alpha 遮罩

由于遮罩范围的限制（每个遮罩层只能作用于其下的一个图层），需同时选中“形状图层 1”和文字层“水波纹”，按 Ctrl+D 组合键，将二者一同复制。然后将复制好的“形状图层 2”的图形颜色改为亮度更高的蓝色以作区分；在“效果控件”面板中对波纹的宽度和高度进行适当调整；按住 Shift 键选中两个被复制图层的右侧蓝色时间条，将其整体向后拖动；按 U 键显示出该图层下的所有关键帧并用鼠标框选住，再按住 Alt 键同时用鼠标将尾部关键帧向前拖动，即可将所有关键帧的间隔时间按比例缩短。通过上述操作，可以制作出错落有致的波纹效果，如图 6-3-21 所示。如法炮制，可以制作出第三层，甚至更多层波纹效果。

▲ 图 6-3-21　制作第二层波纹

最终效果如图 6-3-22 所示。

水波纹文字
最终效果

▲图 6-3-22 最终效果

练一练

1. 在 AE 中导入几段视频或图片素材，利用蒙版和遮罩的相关知识，为其制作过渡转场效果。

2. 简单设计一个 logo，利用 AE 制作 logo 出现及消失的动态效果。

第7章

灯光层和摄像机层的运用

| 本章概述 |

在 AE 中可以运用灯光层和摄像机层模拟三维空间。摄像机层不仅可以模拟真实摄像机的光学特性，更能超越三脚架、重力等真实摄像机受到的条件制约，在空间中任意移动。也可以通过创建灯光层来作为三维素材层的光源，并像操控现实中的灯光一样对其属性进行自由调节。需要注意的是，灯光层和摄像机层只对 3D 图层起作用。本章将对灯光层和摄像机层的作用进行基础讲解，并结合案例展示其灵活运用方法。

| 学习目标 |

1. 了解灯光层和摄像机层的运行机制，熟练掌握其创建方法及操作方式。

2. 掌握灯光和阴影的运动规律，掌握软件中灯光和阴影参数的调整技巧。

3. 了解摄像机镜头的相关知识，熟练操作摄像机层完成镜头运动效果的制作。

| 素质目标 |

1. 锻炼细心观察生活的能力，探索生活中的美。

2. 树立美好生活的信心，培养探索精神。

7.1 灯光层的运用

灯光层可以在合成中模拟灯光效果，只要打开图层的“3D 图层”选项，灯光层就会对其发生作用。灯光层可以分为平行光源、聚光灯、点光源和环境光 4 种类型。本小节将对灯光层的设置方法进行详细讲解。

7.1.1 灯光层属性设置

首先在新合成中创建一个纯色层，再右击“时间线”面板空白处，在菜单中选择“新建”→“灯光”选项，会弹出“灯光设置”对话框，如图 7-1-1 所示。

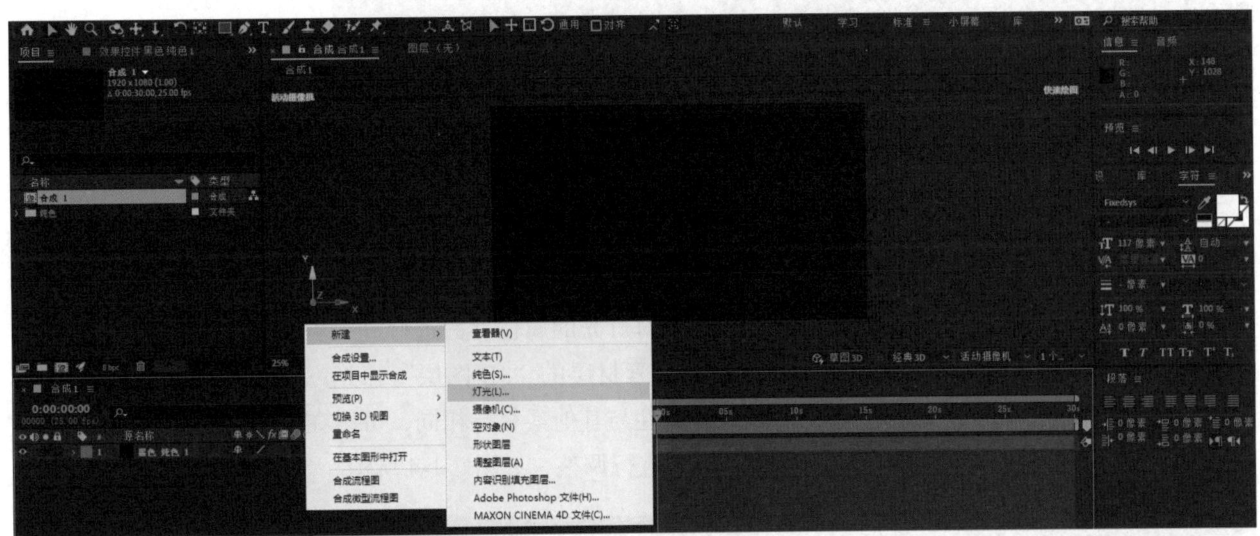

▲ 图 7-1-1　创建灯光层

通过“灯光设置”对话框可以对灯光层的相关属性进行预先设置，包括灯光颜色、强度、锥形角度、锥形羽化、是否衰减、灯光半径、衰减距离、是否投影、阴影深度、阴影扩散等，制作者可根据需要进行调整，如图 7-1-2 所示。

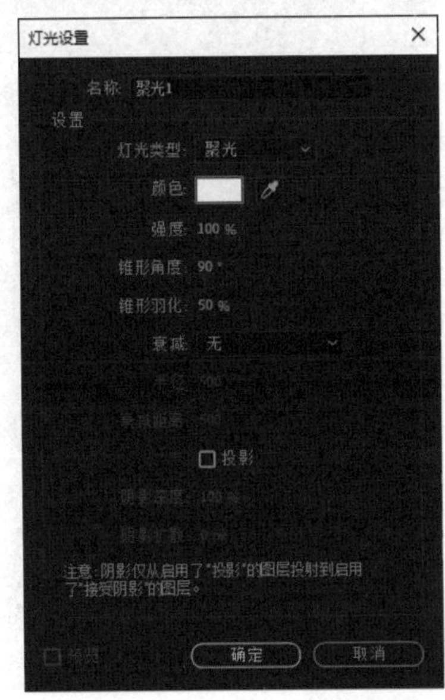

▲ 图 7-1-2　灯光层属性设置

“颜色”选项可以用来调节灯光的颜色。“强度”参数能控制光亮的强度，强度越高，灯光也就越亮，当强度为 0 的时候，整个场景呈黑色。“锥形角度”参数能控制照明的角度，主要是用来调节照明范围的大小，角度值越大，照明的范围也越大。“锥形羽化”参数用来控制光照范围的羽化值，即用以确定光照范围边缘的柔和程度。“衰减”是指自然界的真实光源从近到远的过程中，光的强度发生的衰减，越靠近光源，光的强度越大。在灯光设置中，如果将“衰减”选项设置为“无”，将不会产生光源的衰减，所以“衰减”选项可以用来模拟真实的灯光效果。当“衰减”选项设置为“平滑”时，可以对其衰减半径、衰减距离进行设置。勾选“投影”选项时，灯光会在场景中产生投影，此时可以设置阴影深度和阴影扩散参数。阴影仅从启用了“投影”选项的图层投射到启用了“接受阴影”选项的图层，这是 AE 软件和其他软件不同的地方。这些参数也可以后期在灯光层下的属性栏中进行调节，如图 7-1-3 所示。

▲ 图 7-1-3 “灯光选项”属性栏

7.1.2 灯光参数设置

灯光层设置完成后，可以在“时间线”面板中对灯光的属性参数进行进一步设置，通过反复调整不同参数最终实现理想的光照效果。打开素材层的“3D 图层”开关，再展开灯光层的“变换”属性，可以发现灯光层的“变换”属性与其他素材层相同，可以在属性栏中对灯光的目标点、位置、方向和不同方向的旋转参数进行调整，如图 7-1-4 所示。

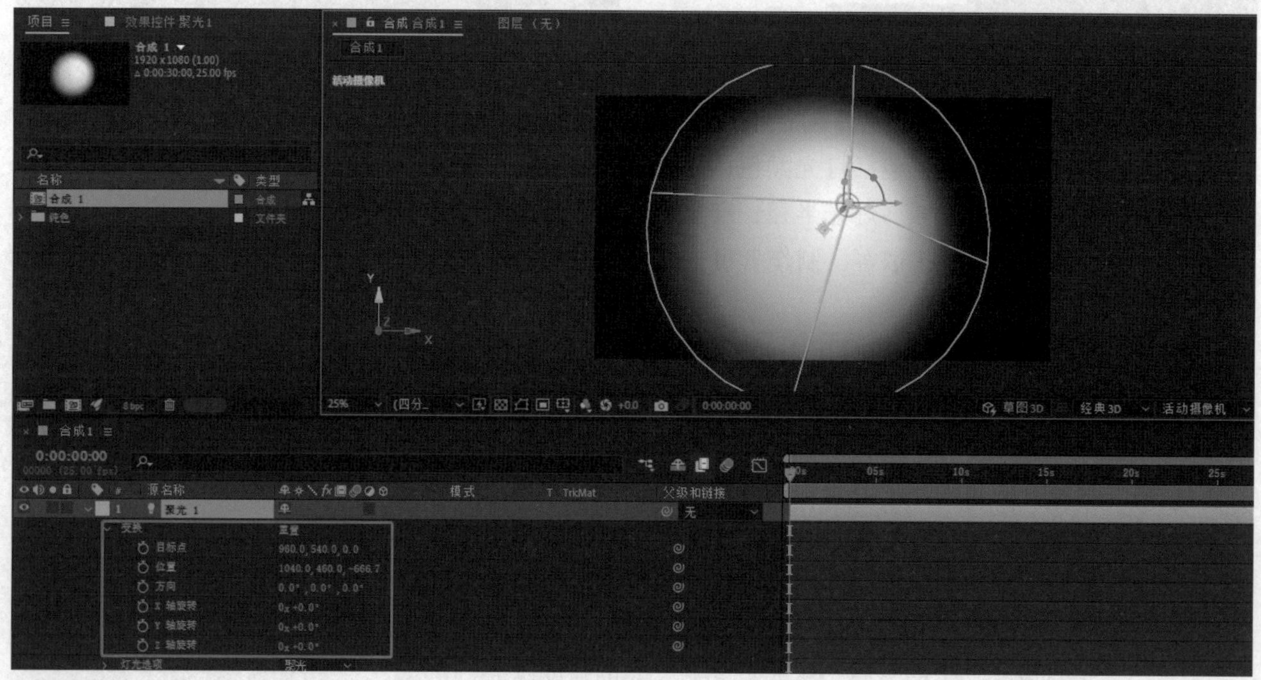

▲ 图 7-1-4 灯光变换参数调整

“变换”属性栏的下方为“灯光选项”属性。展示属性栏，会发现其参数与“灯光设置”对话框中的内容相同，可以在此随时对灯光层进行调整，如图 7-1-5 所示。

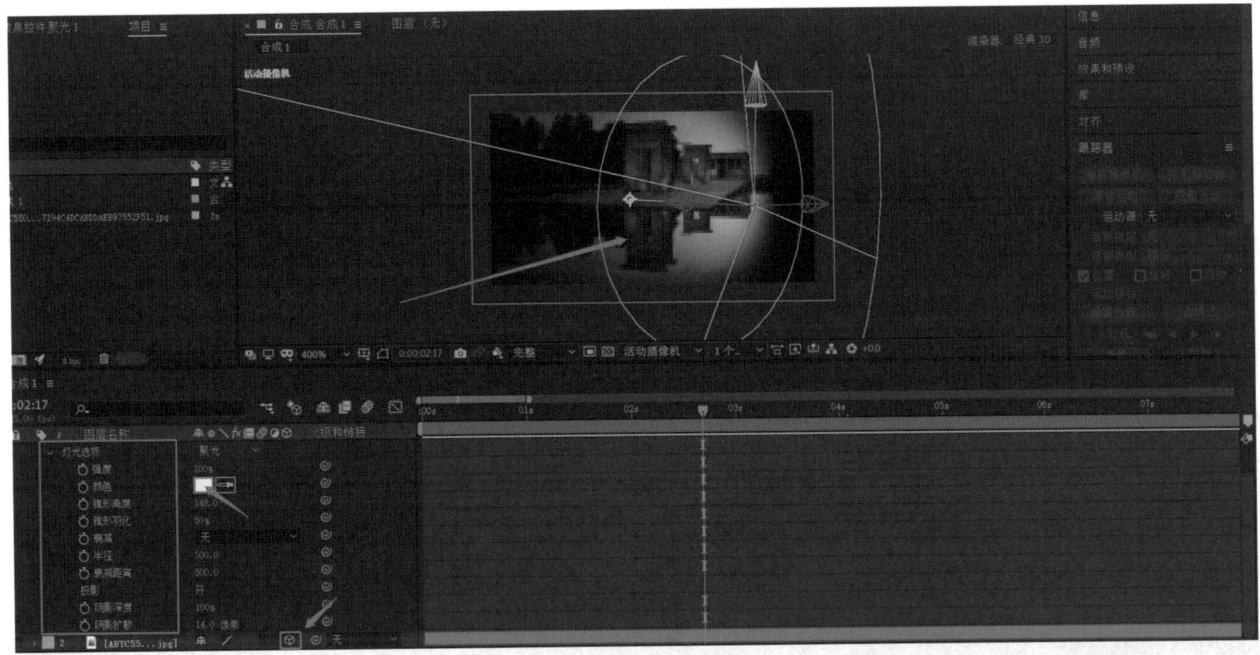

▲ 图 7-1-5　“灯光选项”属性栏

7.1.3　灯光投影效果制作

接下来通过一个案例来讲解灯光投影效果的设置。

在“时间线”面板中创建白色和蓝色两个纯色层，并打开“3D 图层”开关。调整上层白色纯色层的缩放和 Z 轴位置属性，使白色纯色层缩小并置于蓝色纯色层上方，如图 7-1-6 所示。

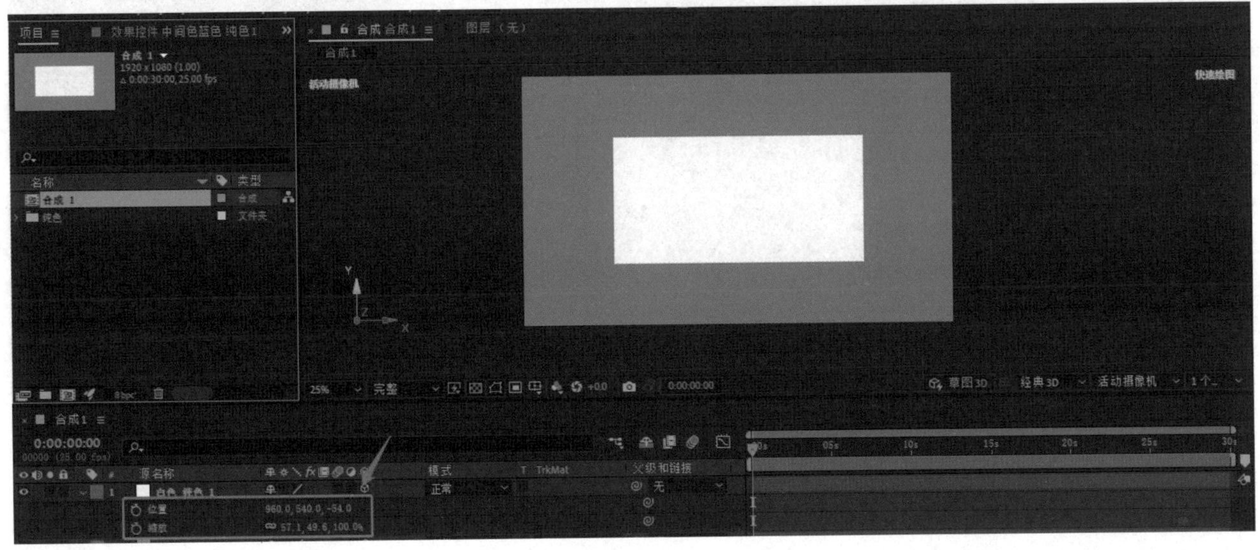

▲ 图 7-1-6　创建 3D 层素材

创建灯光层，确保勾选“投影”选项，根据需要来调整其他参数，也可以选择默认设置，如图 7-1-7 所示。

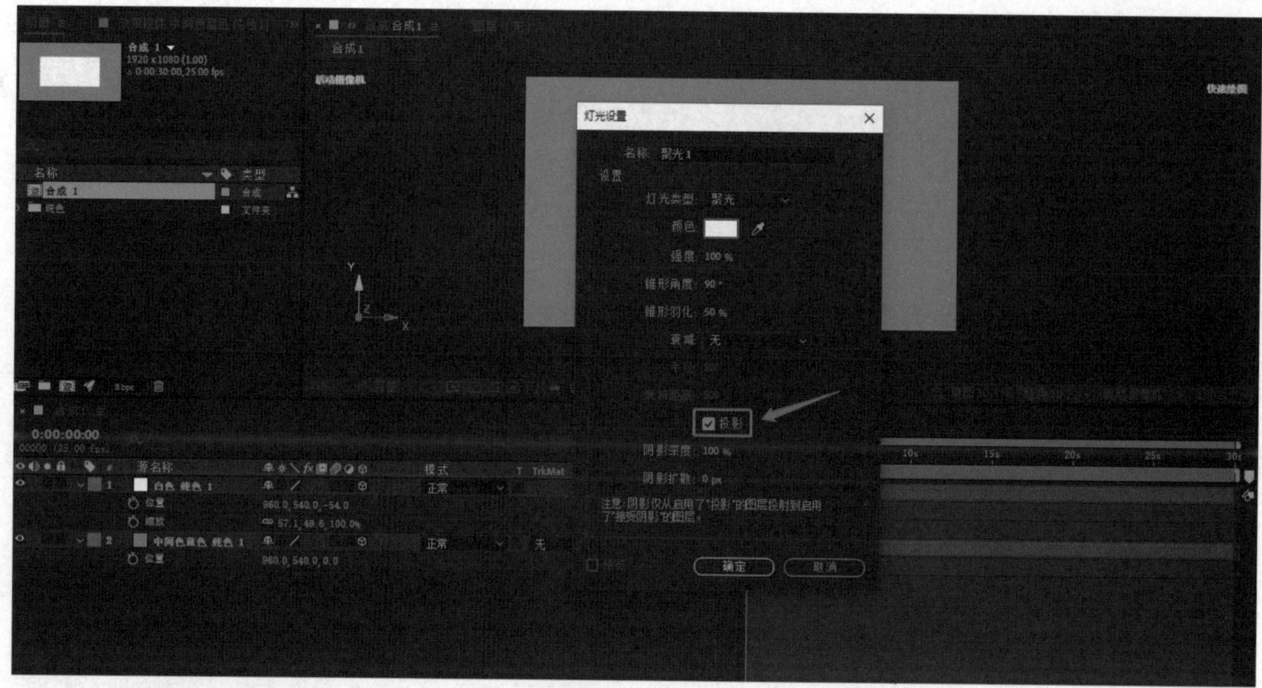

▲ 图 7-1-7　创建灯光层

调整灯光的位置及锥形角度，使光线照亮整个画面，如图 7-1-8 所示。

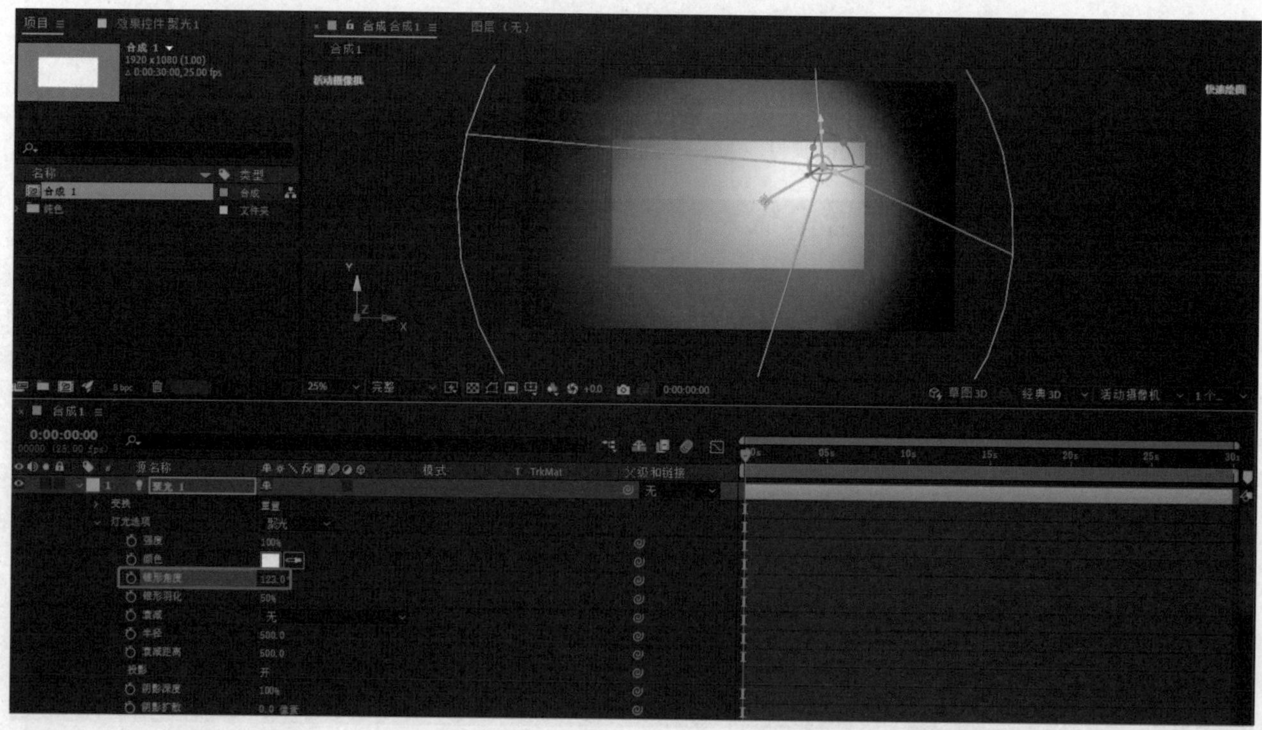

▲ 图 7-1-8　调整锥形角度

灯光投影需要和 3D 图层的材质选项设置互相联动才能实现。展开白色纯色层的“材质选项”，将其“投影”属性由“关”修改为“开”，并确保蓝色纯色层的“接受阴影”选项设置为“开”，此时位于前面的白色纯色层就会将影子投射到蓝色纯色层上面，投影效果也就制作完成了，如图 7-1-9 所示。

▲图 7-1-9　最终效果

后期仍然可以对灯光设置进行修改，以得到不同的投影效果，也可以改变灯的位置，从而改变投影的方向。

灯光投影效果

7.2 摄像机层的运用

在后期合成中有时候需要利用 AE 软件中的摄像机层来模拟摄像机的运动镜头，制作出推拉摇移的镜头运动感。这种在视频素材上直接修改镜头语言的处理方法，不但制作方便，还能节省制作成本，广受影视制作者的好评。本小节将对 AE 软件中摄像机层的功能进行详细介绍，并结合相关案例讲解摄像机层的运用方法。

7.2.1 摄像机参数设置

在新建的合成中创建纯色层，并打开图层的 3D 效果。右击“时间线”面板空白处，在菜单中选择“新建”→“摄像机”选项，弹出“摄像机设置”对话框，如图 7-2-1 所示。

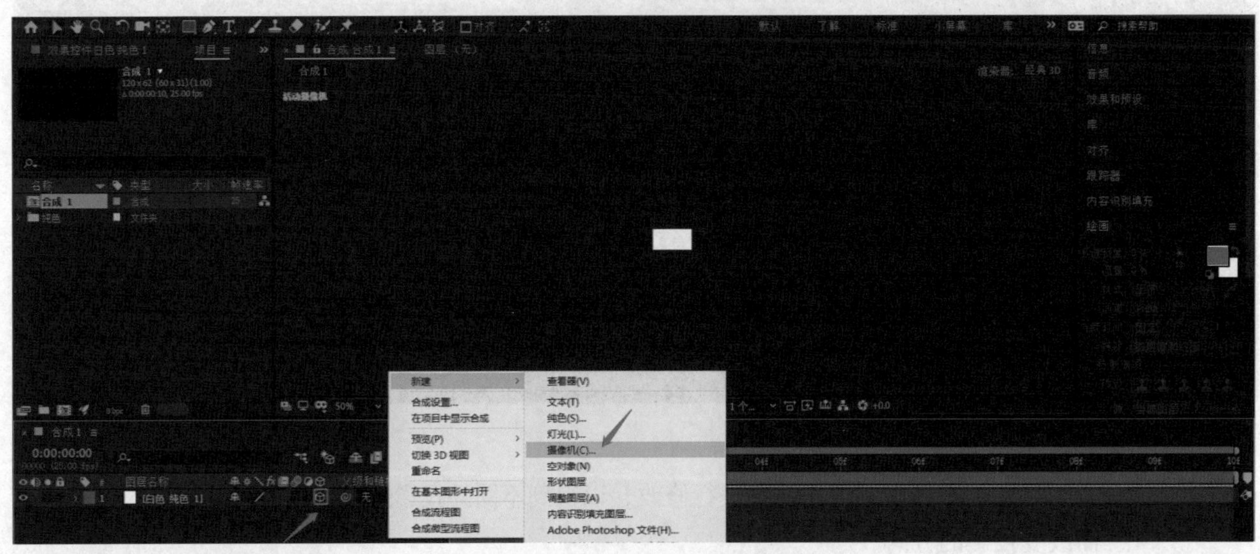

▲ 图 7-2-1　创建摄像机

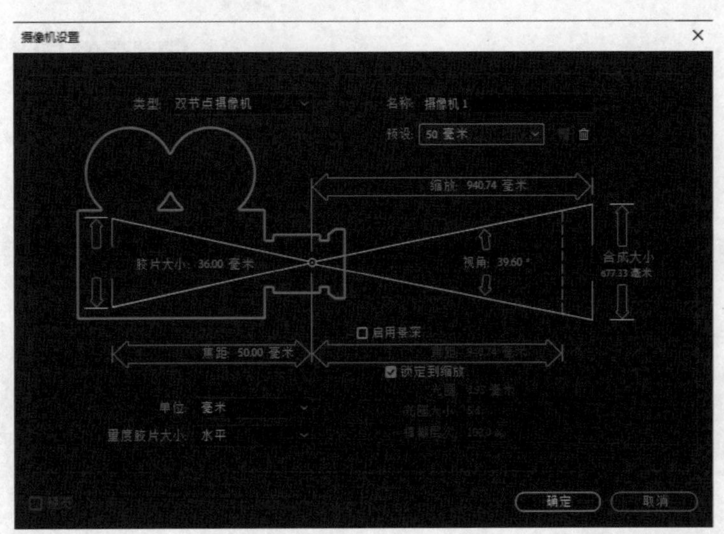

▲ 图 7-2-2　设置摄像机参数

在“摄像机设置”对话框中可以对摄像机的相关参数进行设置，包括摄像机的类型、名称、预设、单位、量度胶片大小，以及是否启用景深等。如果对摄像机参数没有特殊的要求，也可以选择系统提供的预设参数，进行快速设置，单击“确定”按钮完成摄像机层的创建，如图 7-2-2 所示。

在“时间线”面板中展开摄像机层的属性设置，可以看到“变换”和“摄像机选项”这 2 个卷展栏，“变换”属性与其他类型图层相同，可以通过调整摄像机层的位置、方向和旋转参数，并设置关键帧，来完成镜头的推拉摇移运动效果；也可以利用工具栏上的“摄像机工具”进行调整，如图 7-2-3 所示。

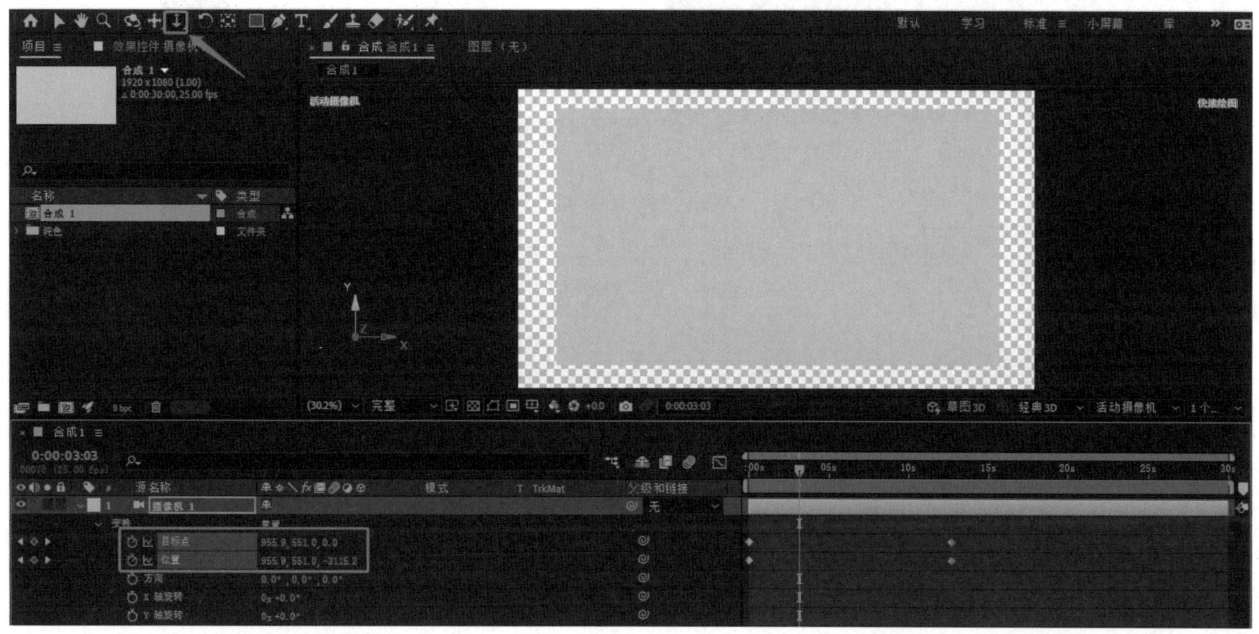

▲ 图 7-2-3　摄像机变换参数及工具

在“摄像机选项”属性栏中，可以对摄像机的相关参数进行细致的调整，还可以为镜头制作动画特效，如图 7-2-4 所示。

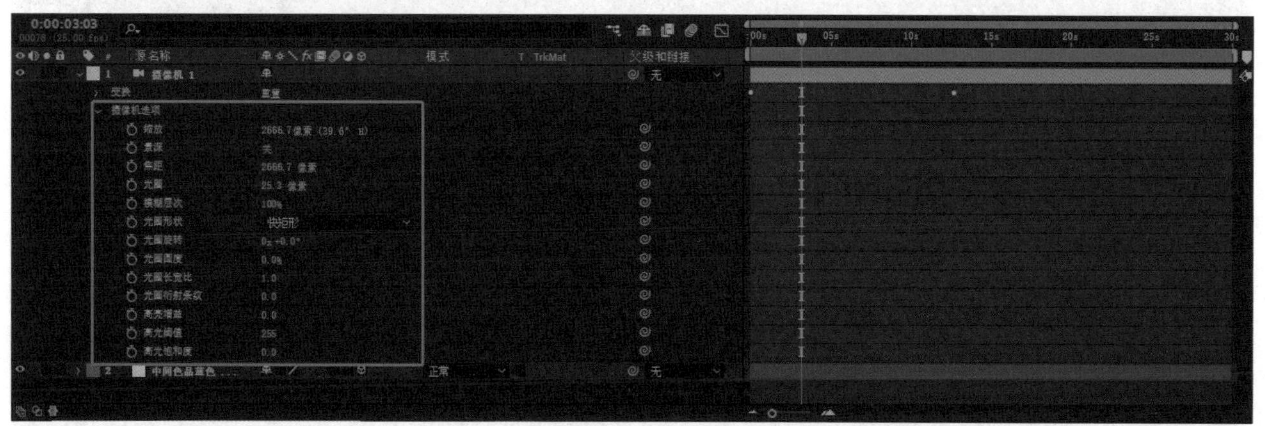

▲ 图 7-2-4　摄像机选项参数

7.2.2　摄像机推镜头效果制作

首先新建 1920 × 1080 大小的合成，导入相关素材并按照素材的前后顺序在“时间线”面板上调整好上下层位置，如图 7-2-5 所示。

▲ 图 7-2-5　导入并排列素材

分别打开各素材层的“3D 图层”选项，在“合成”面板中将视图修改为“自定义视图 1”，设置视图数量为 2 个视图，左侧为“活动摄像机”，右侧为“自定义视图 1”。这样就可以在调整参数时更方便地观察最终效果。选中所有图层后，按 P 键展开素材的“位置”参数。调节各图层的 Z 轴位置参数，使各个素材在 Z 轴方向拉开距离以便观察，如图 7-2-6 所示。

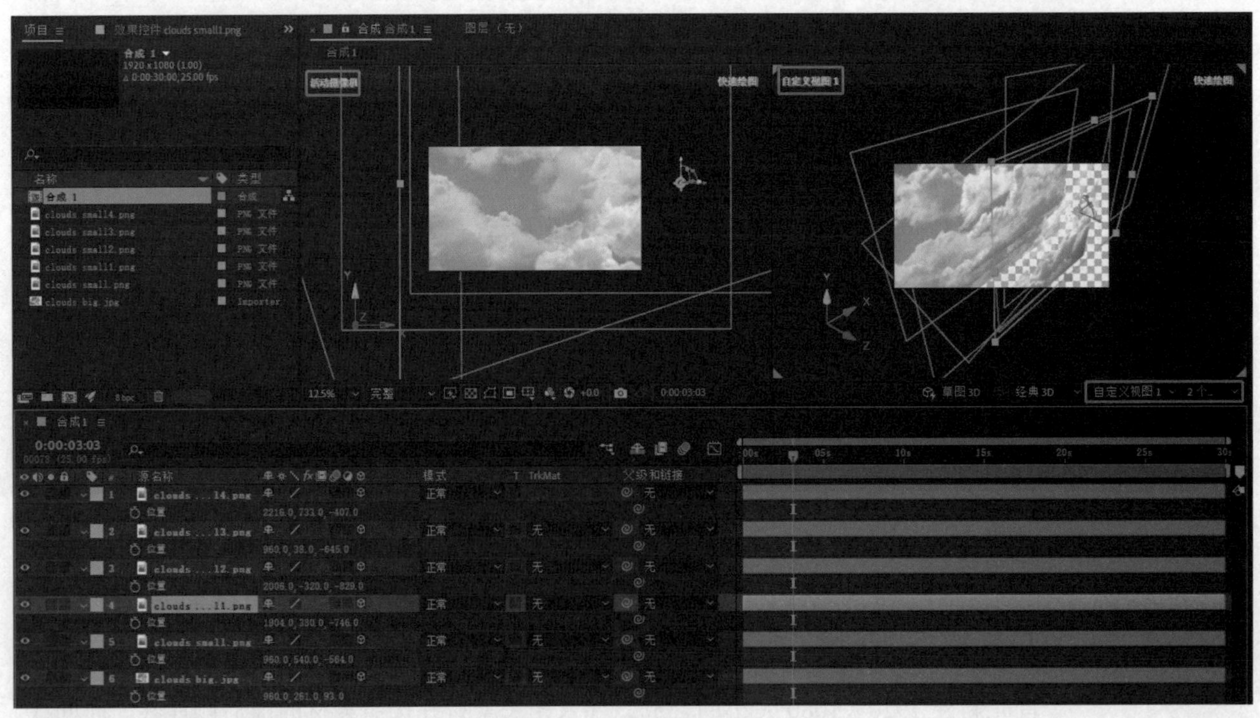

▲ 图 7-2-6　调节视图与参数

新建一个摄像机层，选择默认参数。在工具栏单击“摄像机工具”按钮，调整摄像机的位置。选中摄像机层，在“合成”面板中向上拖动鼠标，可以看到推镜头的效果，如图 7-2-7 所示。

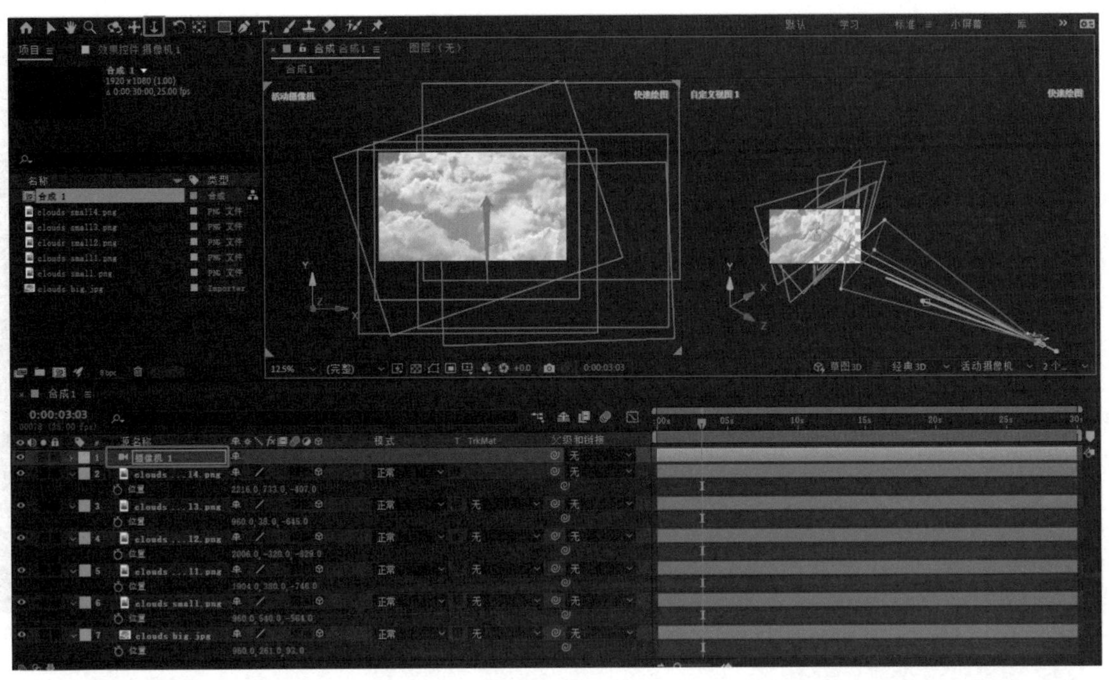

▲ 图 7-2-7　调节摄像机位置

左键拖动预览的只是推镜头效果，如果要实现推镜头动画，还需要为摄像机添加关键帧。选中摄像机层，按 P 键调出“位置”属性参数，将时间指示器置于第 0 秒处，单击“位置”属性前的“关键帧自动记录器”按钮，为其添加起始关键帧，如图 7-2-8 所示。

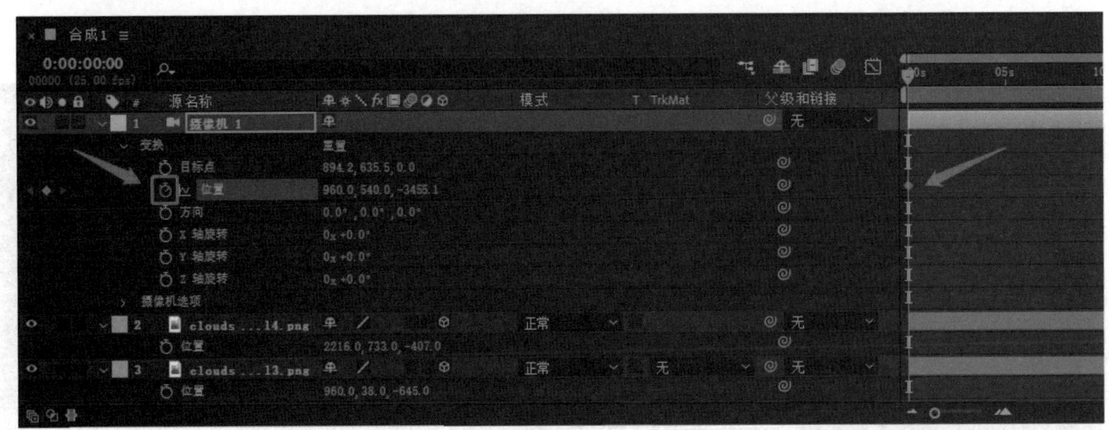

▲ 图 7-2-8　设置起始关键帧

摄像机推镜头效果

移动时间指示器到推镜头完成的时间点，在工具栏中选择“摄像机工具”，在“合成”面板视图选项中选择“摄像机 1”视图，按住左键向上拖动，实现摄像机的推镜头动画，如图 7-2-9 所示。

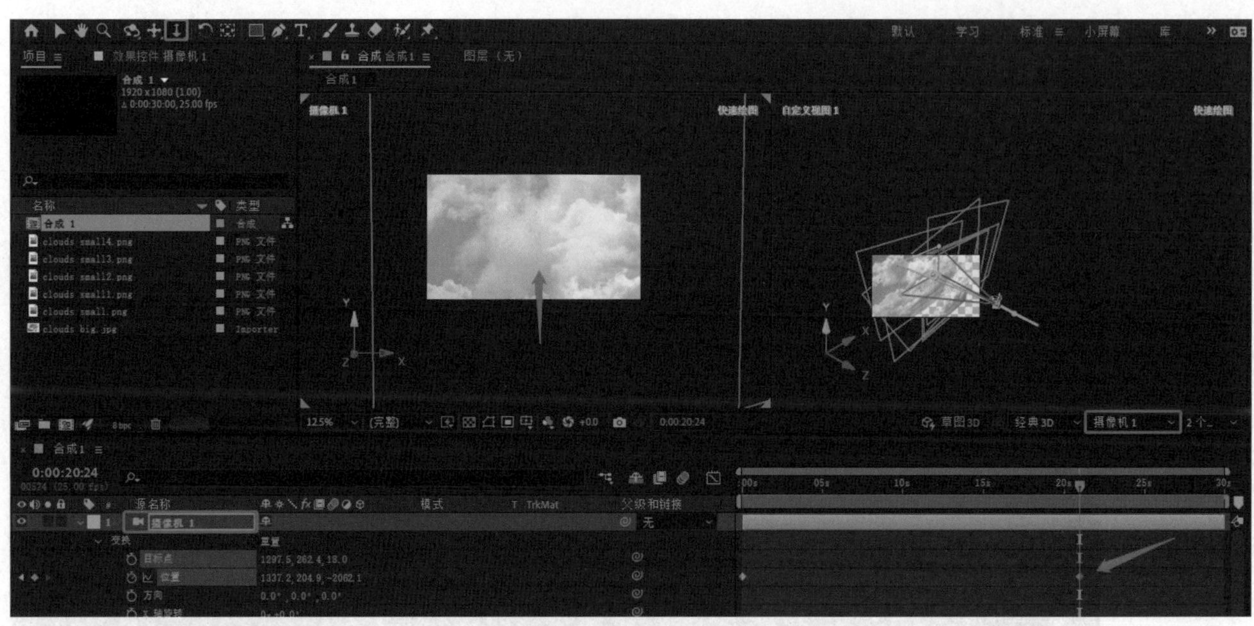

▲ 图 7-2-9　创建推镜头动画

7.2.3　摄像机抖动效果制作

下面介绍摄像机抖动效果的制作方法。首先导入视频素材，新建合成，本案例使用的素材是一个棒球运动员挥动球棒的视频。选择素材层，按 P 键调出其“位置”属性参数，如图 7-2-10 所示。

▲ 图 7-2-10　新建合成

拖动时间指示器预览视频。首先确定镜头抖动开始的位置，添加起始关键帧，如图 7-2-11 所示。

▲ 图 7-2-11　添加开始关键帧

再确定镜头抖动结束的位置，添加另一个关键帧，如图 7-2-12 所示。需要注意的是，本案例采用了先确定关键帧的位置，再调整参数的工作方法，所以此时添加的关键帧还未进行参数设置。

▲ 图 7-2-12　添加结束关键帧

在菜单栏中选择“窗口”→“摇摆器”选项，快捷面板中会显示“摇摆器”面板，如图 7-2-13 所示。

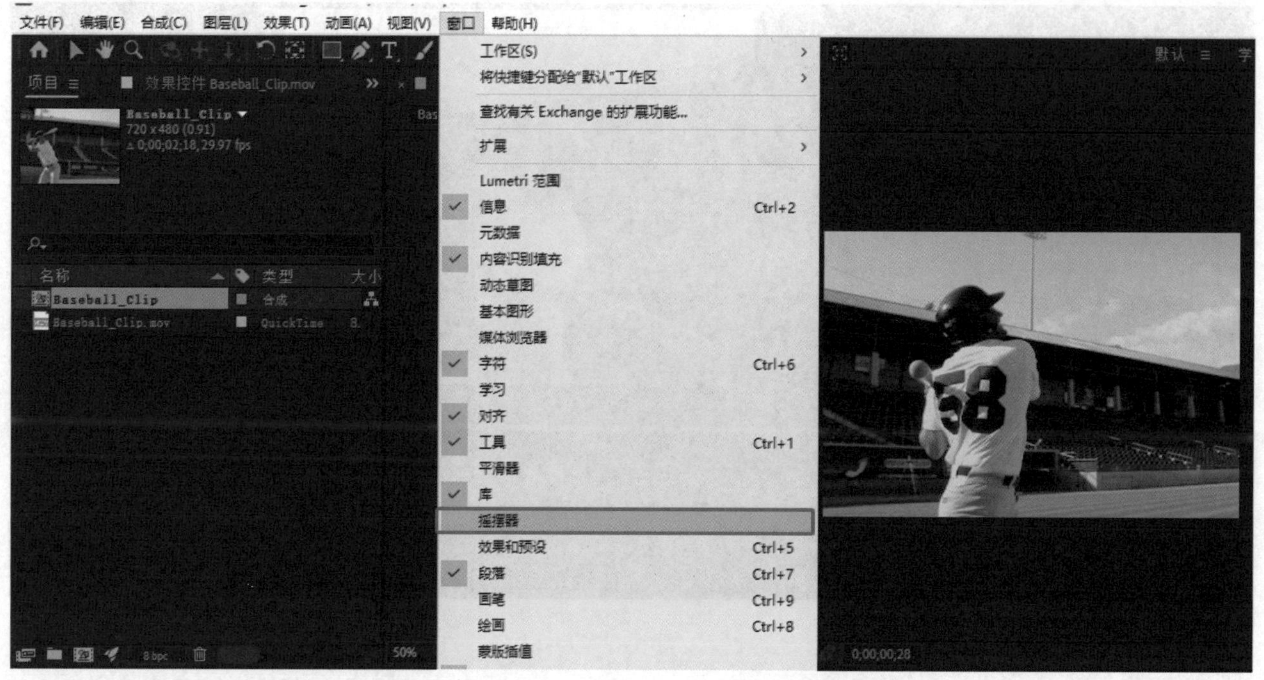

▲ 图 7-2-13　打开“摇摆器”面板

选中两个关键帧，在“摇摆器”面板中将“杂色类型”选项修改为“成锯齿状”，设置“频率”和“数量级”的参数，最后单击“应用”按钮，如图 7-2-14 所示。

▲ 图 7-2-14　设置摇摆器参数

此时，在两个关键帧之间就会自动添加抖动的效果，如图 7-2-15 所示。

▲ 图 7-2-15　抖动效果关键帧

在“时间线”面板中打开“运动模糊”开关，如图 7-2-16 所示。

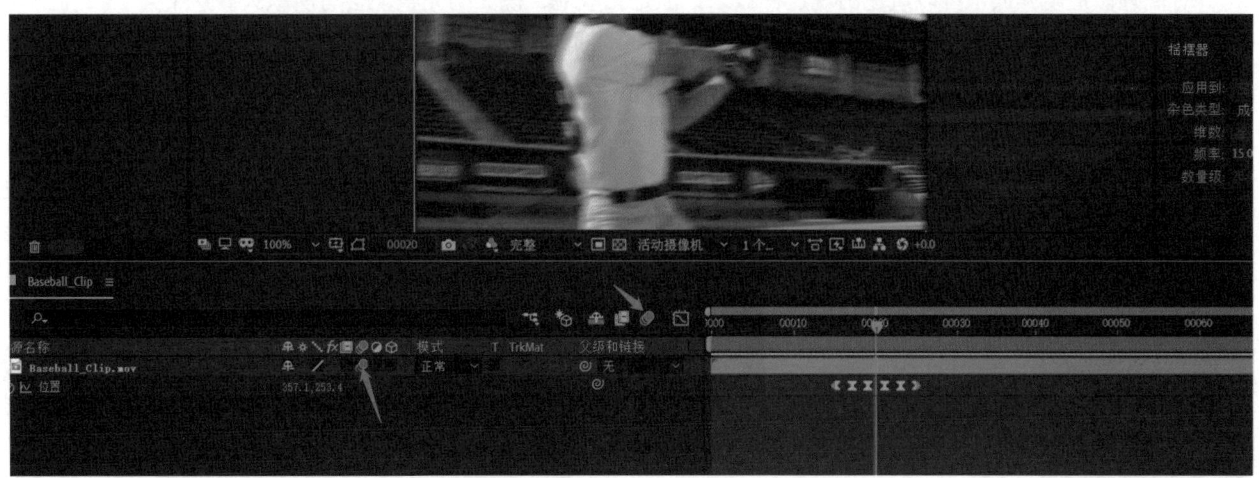

▲ 图 7-2-16　打开运动模糊

预览完成抖动效果的镜头，会发现周围伴随着抖动整个素材的边缘都会有黑边，如图 7-2-17 所示，成片中不能出现这样的效果。

▲ 图 7-2-17　视频存在黑边

对视频做适度缩放，可以避免出现这种效果，但是相应地，镜头的完整性会有所缺失。这个时候从菜单栏中为视频素材添加“效果”→“风格化”→“动态拼贴”效果，如图 7-2-18 所示。

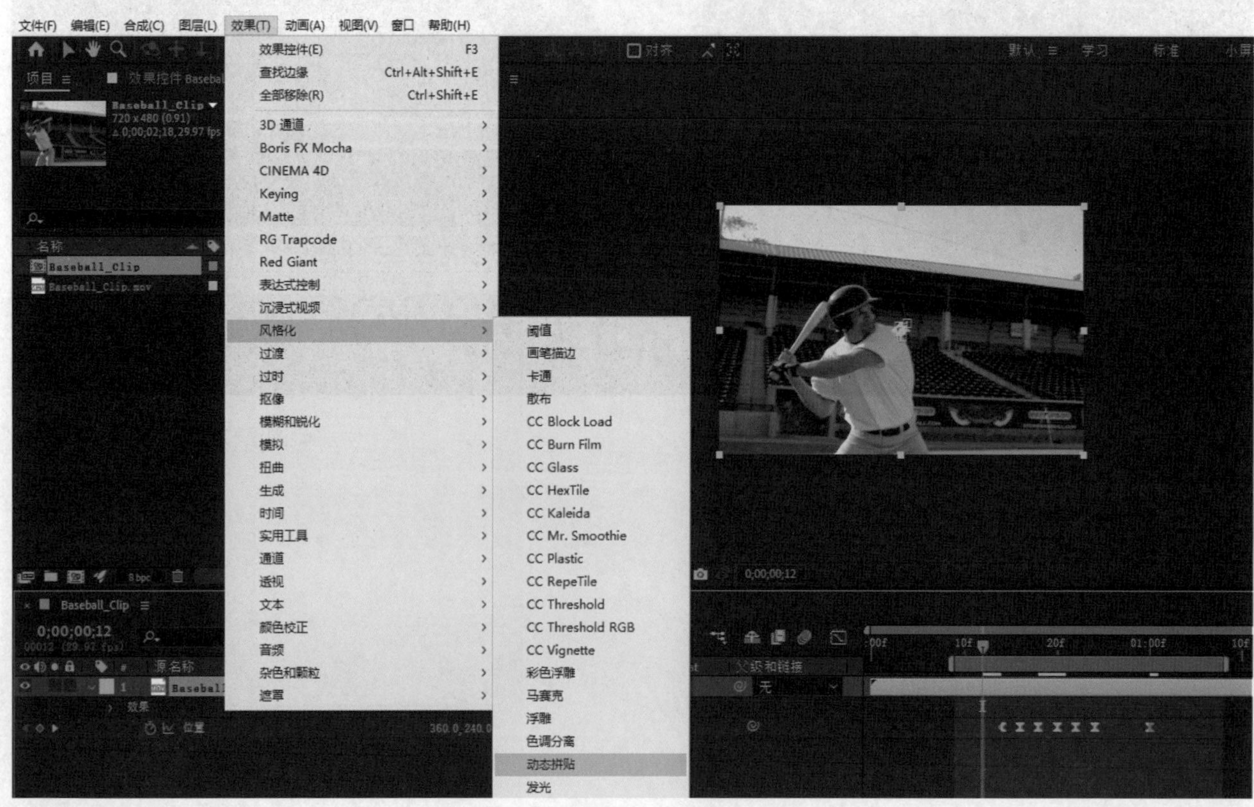

▲ 图 7-2-18　动态拼贴

在“效果控件”面板中对“动态拼接”效果的各项属性参数进行调整。根据素材的情况设置“输出宽度”和“输出高度”参数，再勾选“镜像边缘”选项，如图 7-2-19 所示。

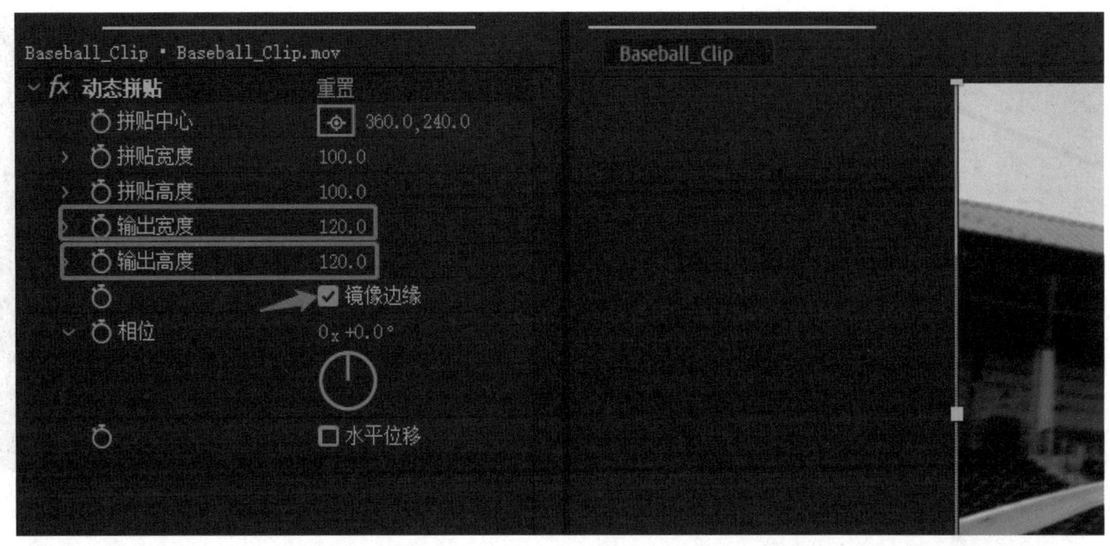

▲ 图 7-2-19　调整效果参数

拖动时间指示器查看预览效果，也可以打开“图表编辑器”模式查看属性变化曲线，如图 7-2-20 所示。

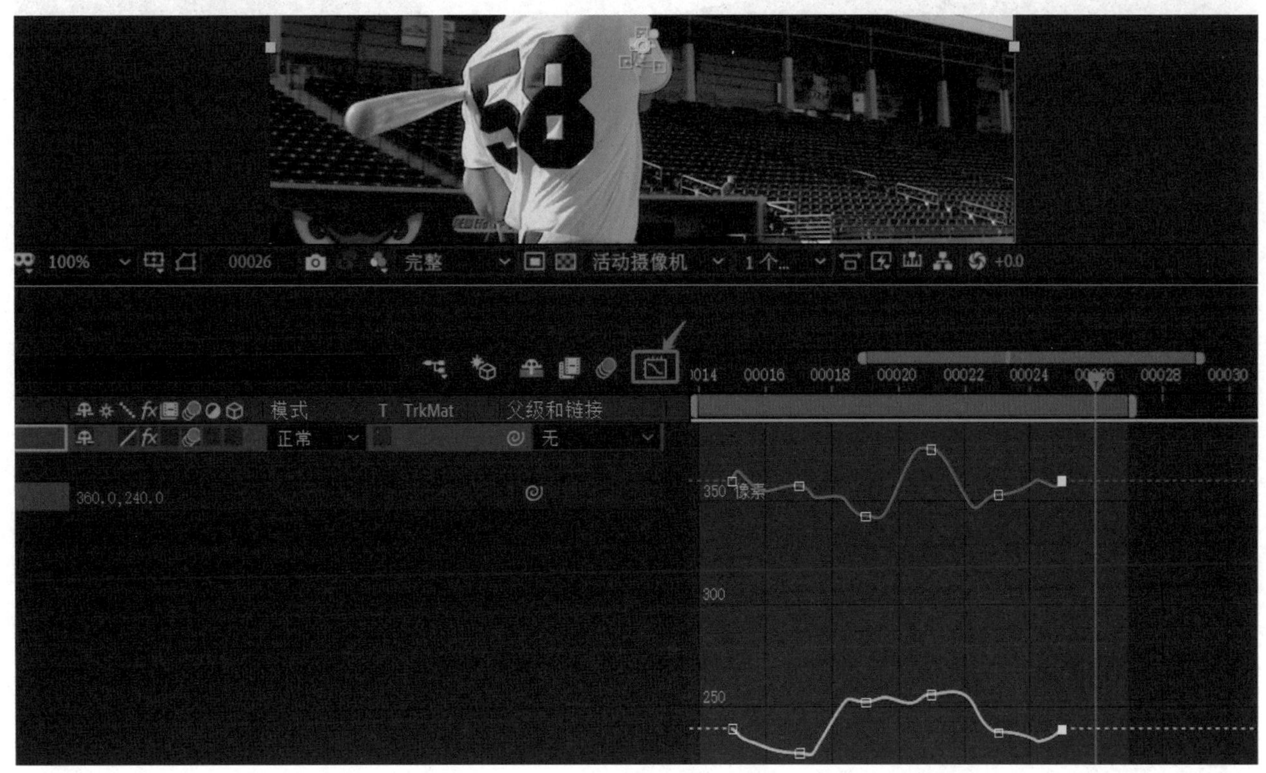

▲ 图 7-2-20 “图表编辑器”模式

选中最后一个关键帧，按 F9 键将此关键帧的类型转换为“缓动”关键帧，使画面抖动更加平滑，如图 7-2-21 所示。

▲ 图 7-2-21　添加缓动效果

镜头抖动效果制作完成，最后预览视频，如图 7-2-22 所示。

▲ 图 7-2-22　最终效果

7.2.4　摄像机跟踪效果制作

跟踪器是一个在后期制作中的常用功能，能够让某个素材匹配影片中另一物体的运动轨迹，达到以假乱真的效果。下面将通过一个为运动中的车辆添加车牌的案例，详细介绍跟踪器的运用方法。

首先将素材导入到软件中，并基于素材创建合成，然后导入“车牌”素材到新建的合成中，如图 7-2-23 所示。

▲图 7-2-23　导入素材

调整“车牌”的大小和位置，使其在视频的第 0 帧时盖住车辆原本的车牌所在的位置，也可以调整“车牌”的颜色和亮度，使之更加融入画面，如图 7-2-24 所示。

▲图 7-2-24　调整素材

选中视频素材层，选择菜单栏“动画”→“跟踪运动”选项，打开“跟踪器”面板，如图 7-2-25 所示。

▲ 图 7-2-25　打开“跟踪器”面板

在“跟踪器”面板中确认“运动源”选项设置为视频素材，“跟踪类型”选项为“变换”。可以勾选“位置”和“旋转”选项，此时“合成”面板中会出现两个“跟踪点”，将两个“跟踪点”分别拖动到视频中对比明显的位置点，同时确保跟踪点框住的对象在整个视频中不会被遮挡或移出画面，如图 7-2-26 所示。

▲ 图 7-2-26　调整跟踪点位置

如果视频素材的颜色对比比较明显，可以在“跟踪器”面板中单击“选项”按钮，打开“动态跟踪器选项”对话框，将“通道”修改为“RGB”，也可以根据素材进行其他设置，本案例采用默认的“明亮度”通道即可，完成后单击“确定”，如图 7-2-27 所示。

▲ 图 7-2-27　通道设置

因为此素材中镜头的晃动比较明显，可以尝试将两个跟踪点的内外框都拉大一些，如图 7-2-28 所示。

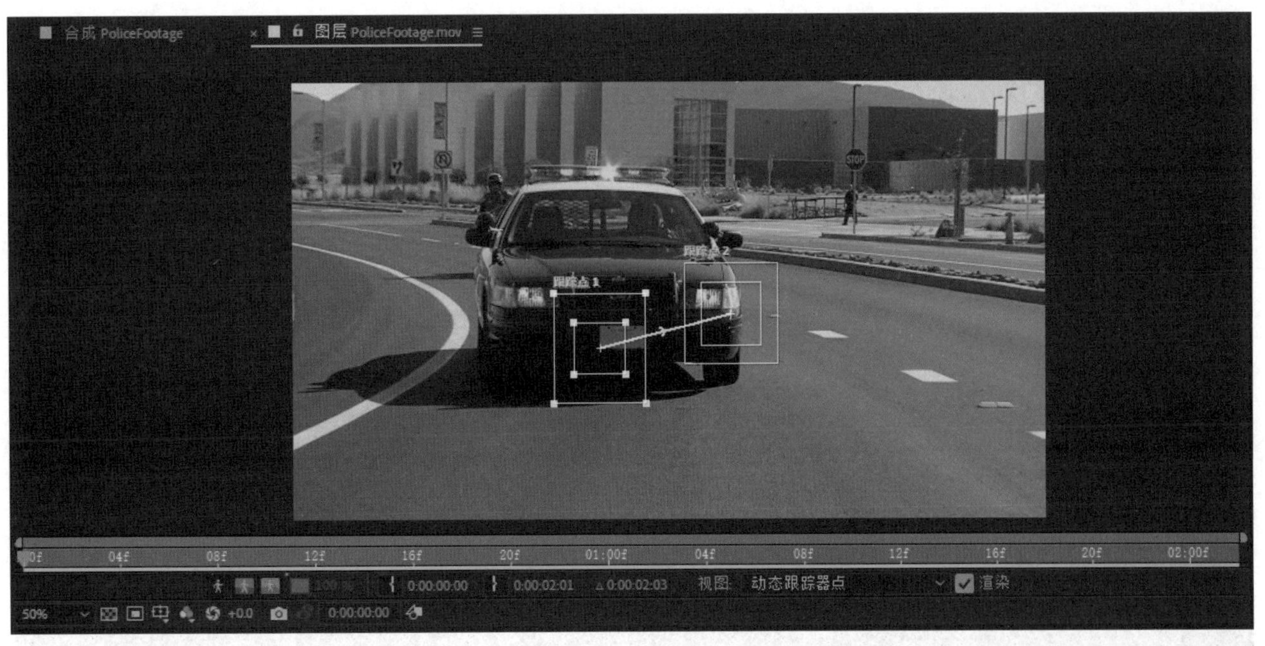

▲ 图 7-2-28　扩大跟踪范围

设置完成后，单击“分析”后的播放按钮，进行跟踪测试。电脑会自动计算跟踪数据，并在“合成”面板中生成跟踪轨迹关键帧。可以拖动时间指示器查看跟踪的效果，如图 7-2-29 所示。

▲ 图 7-2-29　生成跟踪数据

如果跟踪过程中有个别几帧出现掉帧，可以通过手动调整，最终达到理想的跟踪效果。跟踪数据调整完毕后，在“跟踪器”面板单击“编辑目标”按钮，确认将跟踪数据赋予哪一个图层。本案例中因为除了视频素材以外就只有“车牌”层，所以不用更改，如图 7-2-30 所示。

▲ 图 7-2-30　将运动应用于图层

设置完成后，单击“应用”按钮，在弹出的“动态跟踪器应用选项”对话框中将“应用维度”选项设置为“X 和 Y”，并单击“确定”按钮，如图 7-2-31 所示。

▲ 图 7-2-31　确认跟踪器应用维度

此时跟踪数据就会赋予到“车牌”层。但是旋转参数可能会出现问题，因为此案例中镜头没有太大的旋转，所以可以通过取消关键帧旋转的方法来修正，如图 7-2-32 所示。

▲ 图 7-2-32　应用后旋转参数出现问题

单击“旋转”参数前面的“关键帧自动记录器”按钮，取消其所有关键帧，并将参数数值设置为 0。此时发现“车牌”层的位置不正确，可以通过调整“锚点”参数来进行校正，如图 7-2-33 所示。

▲ 图 7-2-33　参数调整

调整完成后按空格键进行最终预览，预览无误后输出镜头，如图 7-2-34 所示。

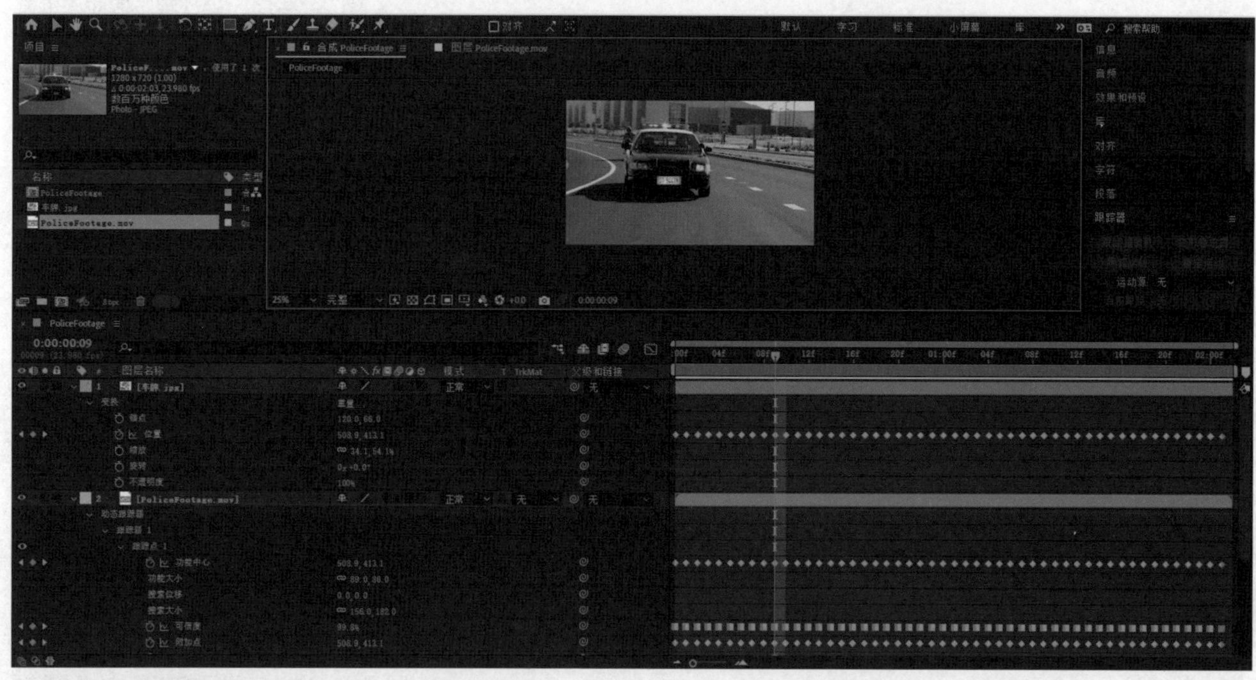

▲ 图 7-2-34　最终完成效果

摄影机跟踪效果

7.3　综合运用案例

下面将通过一个小案例来讲解灯光和摄像机的综合应用。

首先新建白色纯色层，并勾选“3D 图层”选项，调整纯色层的“X 轴旋转”参数，并向下移动，将其作为舞台的地面，如图 7-3-1 所示。

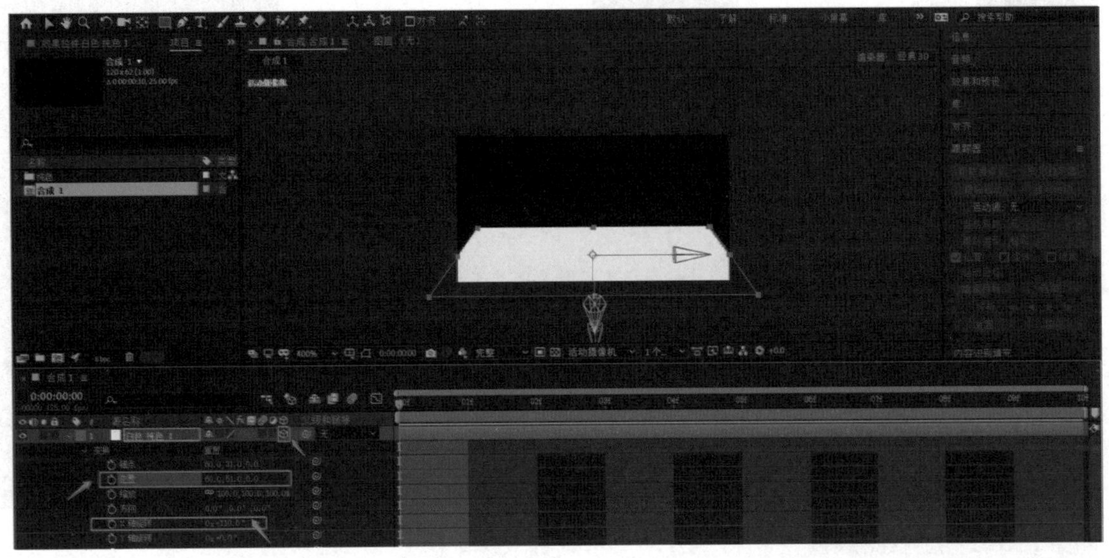

▲ 图 7-3-1　利用纯色层制作地面

选中纯色层，按 Ctrl+D 组合键复制该纯色层，并把新复制的纯色层的“X 轴旋转”参数改为 0。向上移动至覆盖画面，作为背景板，注意不要忘记重命名来区分不同纯色层，如图 7-3-2 所示。

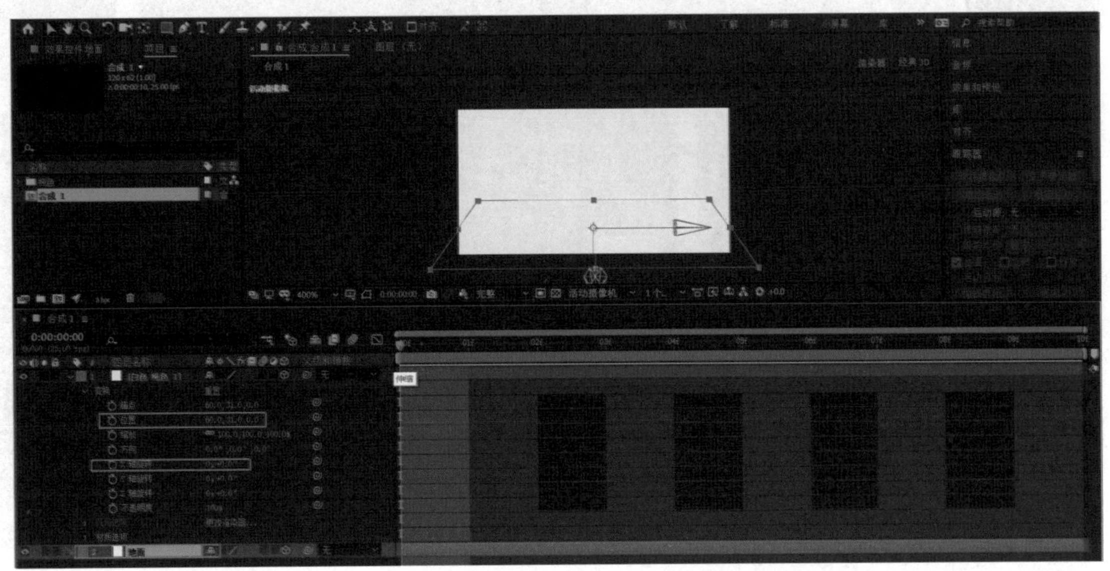

▲ 图 7-3-2　制作的背景板

为了区分背景和地面，可以把地面的颜色加深，选中“地面”层，在菜单栏中选择“图层”→“纯色设置”选项，打开“纯色设置”对话框，如图 7-3-3 所示。

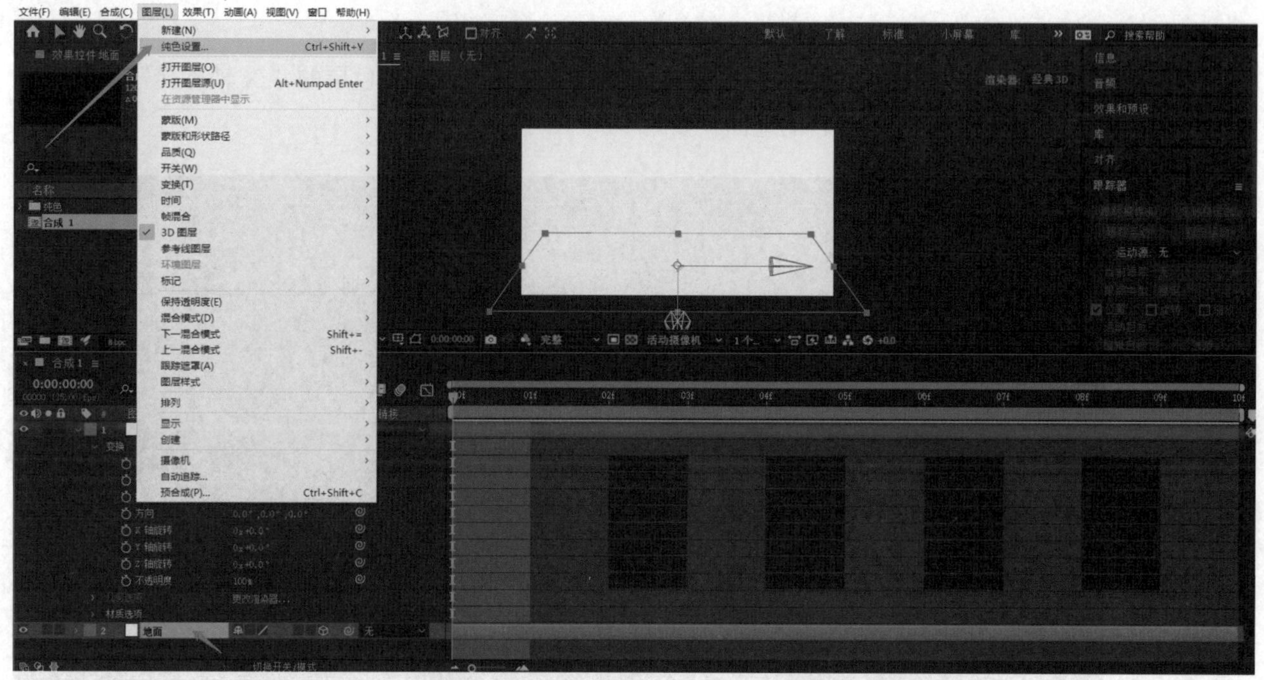

▲ 图 7-3-3　打开纯色设置

在“纯色设置”选项中，单击色板，在弹出的“纯色”对话框中选择较深的颜色，单击“确定”按钮，如图 7-3-4 所示。

▲ 图 7-3-4　选择颜色

分别新建一个焦距为 35mm 的摄像机层和一个灯光层。灯光层的灯光类型选择“聚光”，并勾选“投影”选项，调整“阴影扩散”参数的数值，如图 7-3-5 所示。

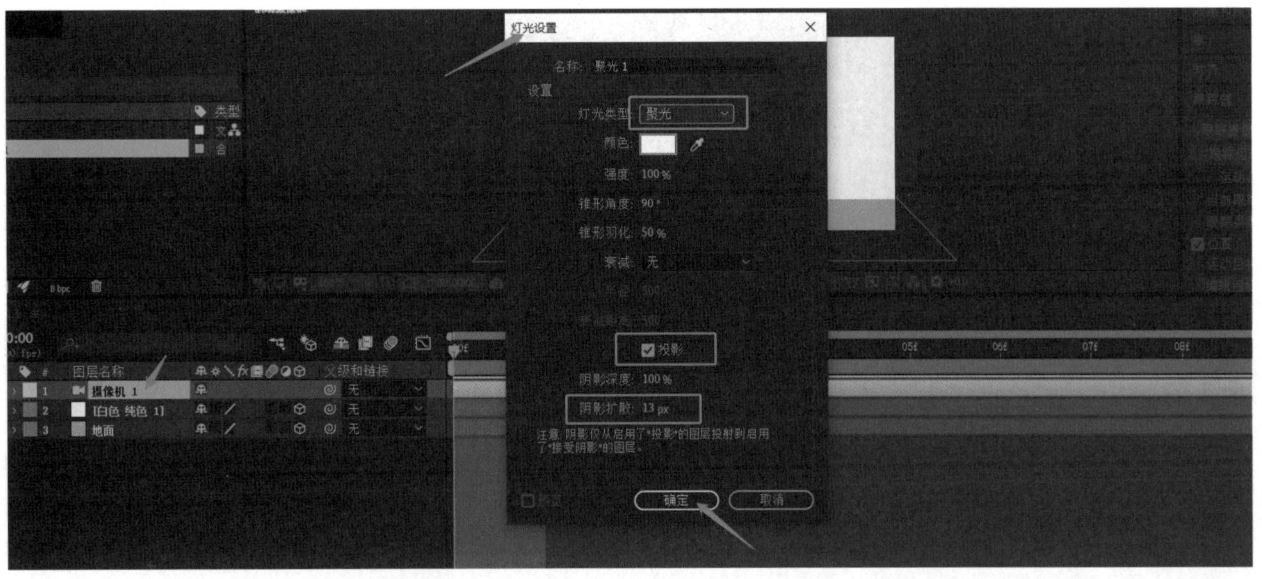

▲ 图 7-3-5　灯光层设置

为了方便观察和调整，“合成”面板可以设置成分为“2 个视图”显示，并把左边的视图改为“自定义视图”，右侧视图为“活动摄像机”视图，如图 7-3-6 所示。

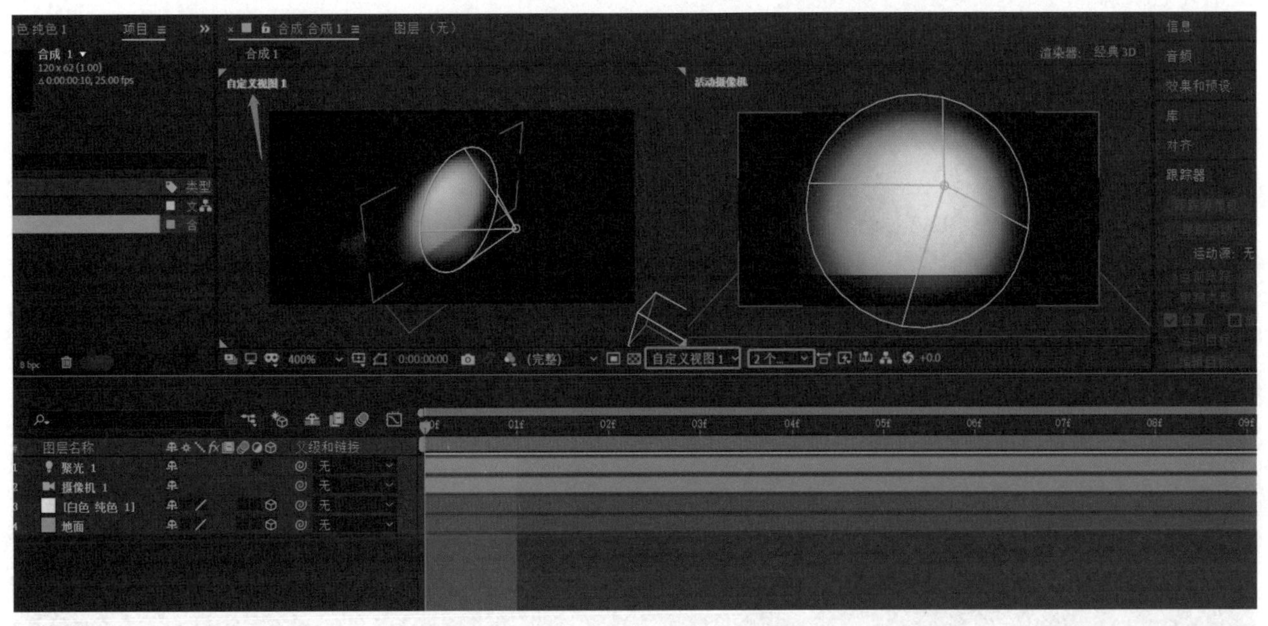

▲ 图 7-3-6　调整视图布局

展开灯光层的属性栏，调整“灯光选项”→“锥形角度”参数的值，确保光线把整个画面照亮的同时在镜头周围留有暗角，如图 7-3-7 所示。

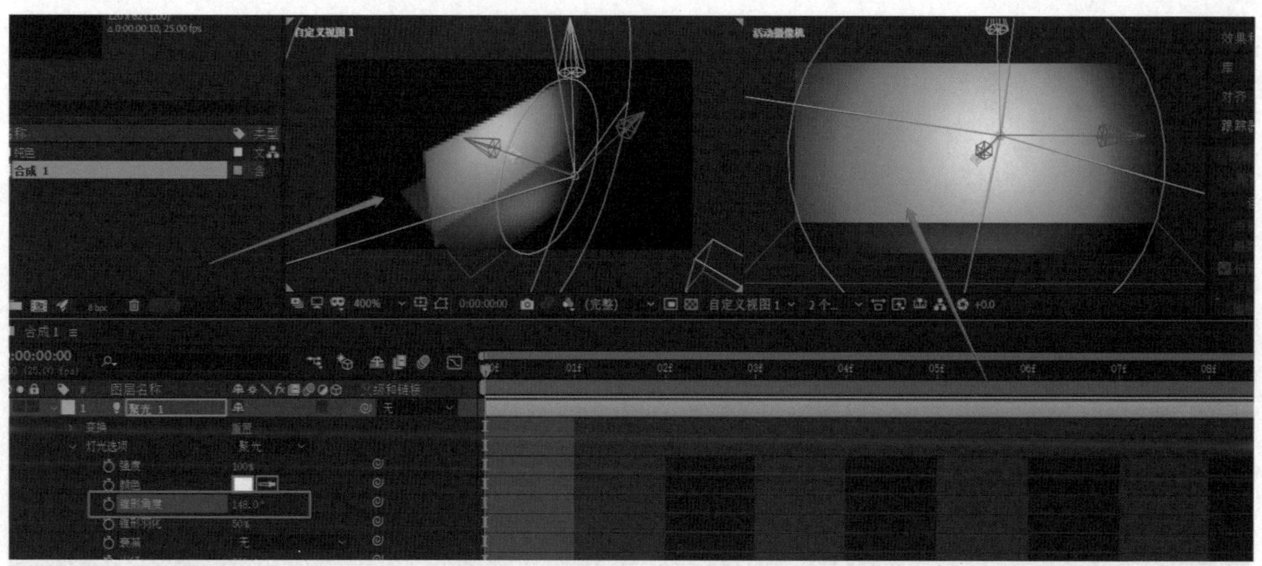

▲ 图 7-3-7 调整锥形角度

调整“背景”层和“地面”层到合适的位置，使其组合成舞台的样子。再新建一个纯色层，用钢笔工具绘制出任意形状，也可以导入带通道的二维素材，将该形状或素材作为舞台上的角色，如图 7-3-8 所示。

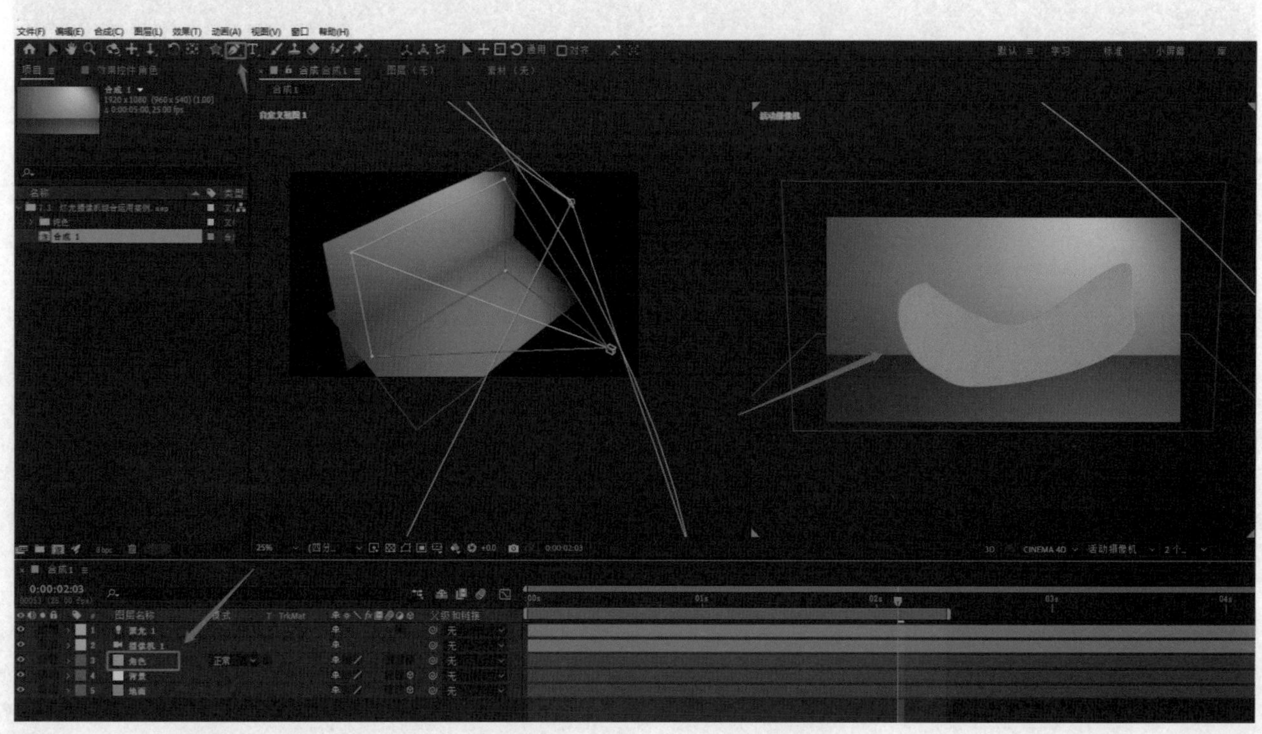

▲ 图 7-3-8 制作舞台角色

勾选“角色”层的“3D 图层”选项，调整其位置。展开层的属性栏，设置“材质选项”→“投影”选项为“开”。此时“角色”层会在舞台和背景层上产生投影效果，如图 7-3-9 所示。

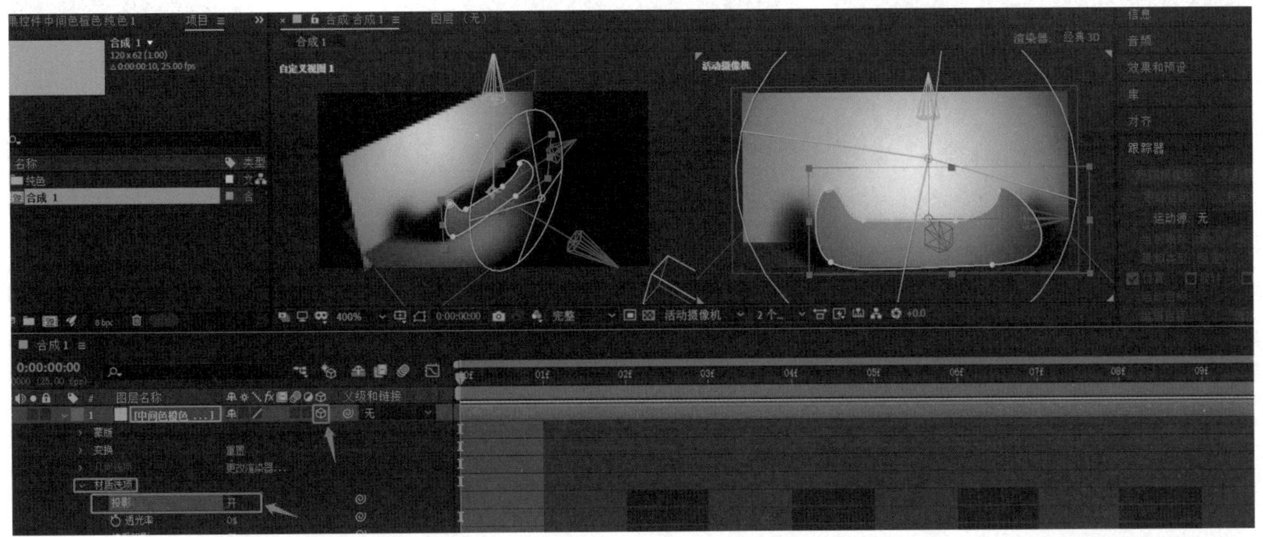

▲ 图 7-3-9　制作投影

调整灯光层的“目标点”“位置”“阴影扩散”等参数值，调整投影的形状和位置，如图 7-3-10 所示。

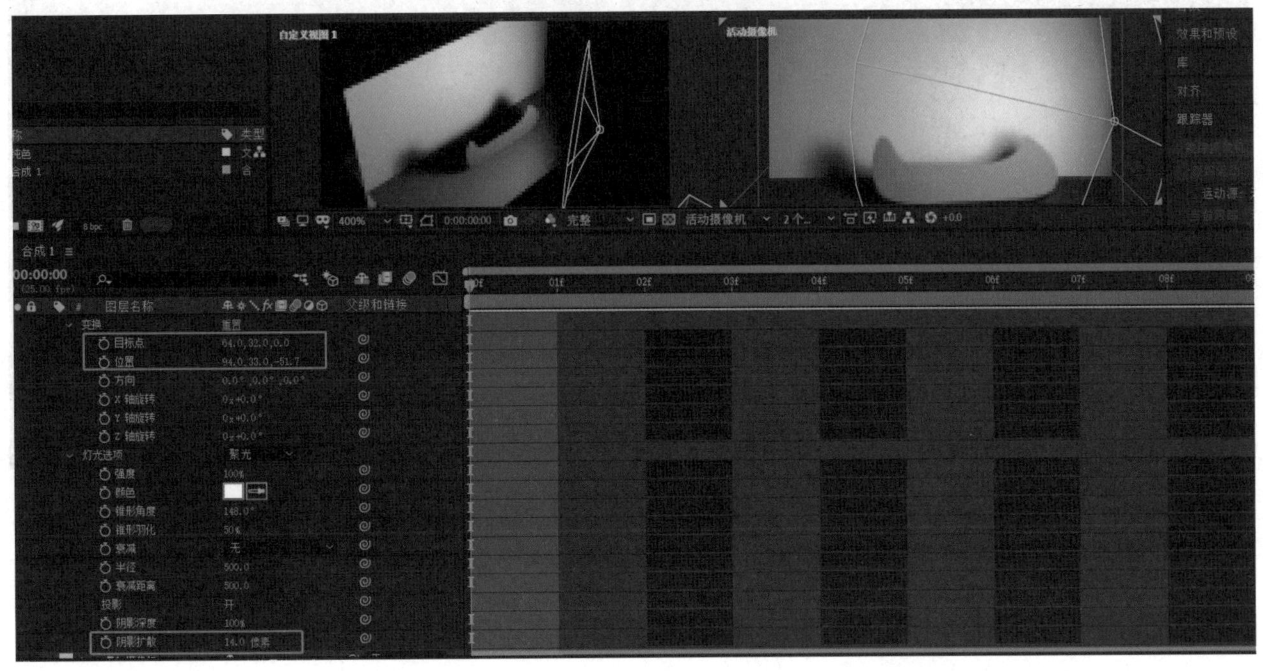

▲ 图 7-3-10　调节投影位置

为“角色”层添加运动效果，在其“位置”属性上添加关键帧，得到相应的运动效果，如图 7-3-11 所示。

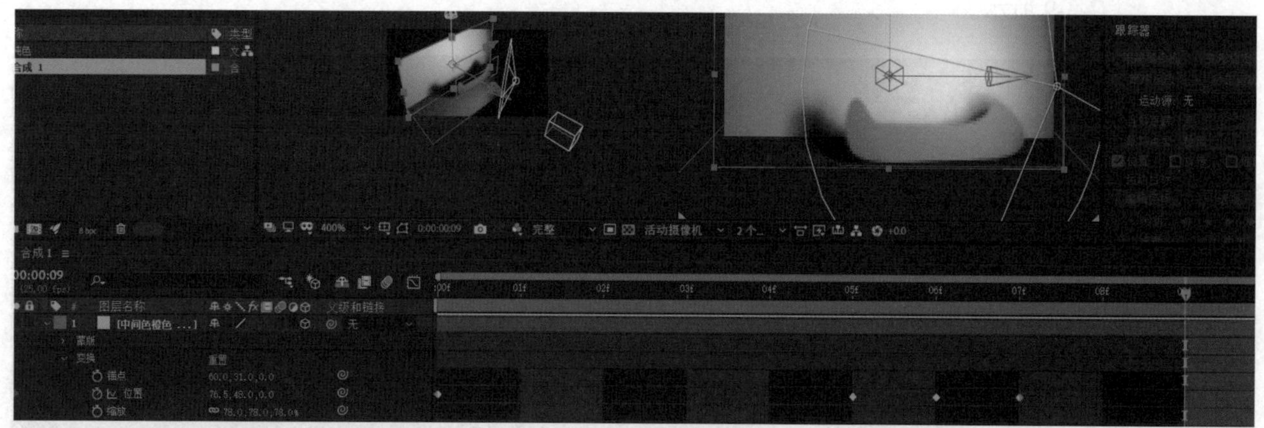

▲ 图 7-3-11　添加运动效果

展开摄像机层的属性栏，在第 0 秒处为“位置”属性添加关键帧，在最后几秒处调整属性参数，制作运镜效果，如图 7-3-12 所示。

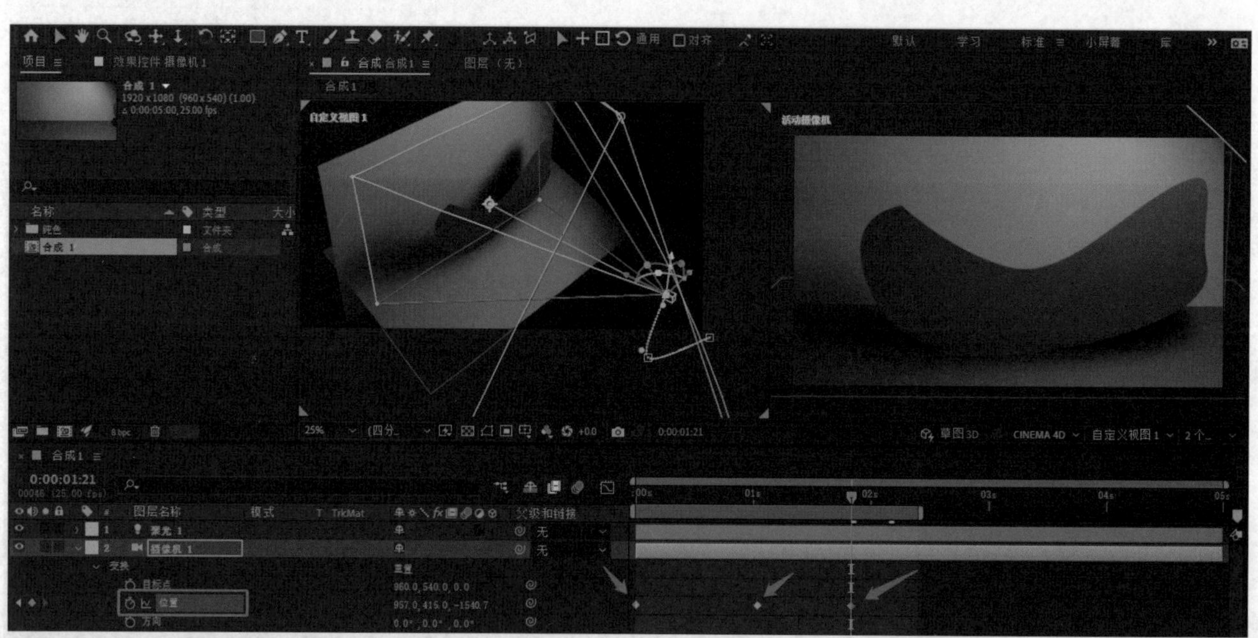

▲ 图 7-3-12　制作运镜效果

可以改变灯光层的颜色属性，制造出多变的色彩效果，如图 7-3-13 所示。

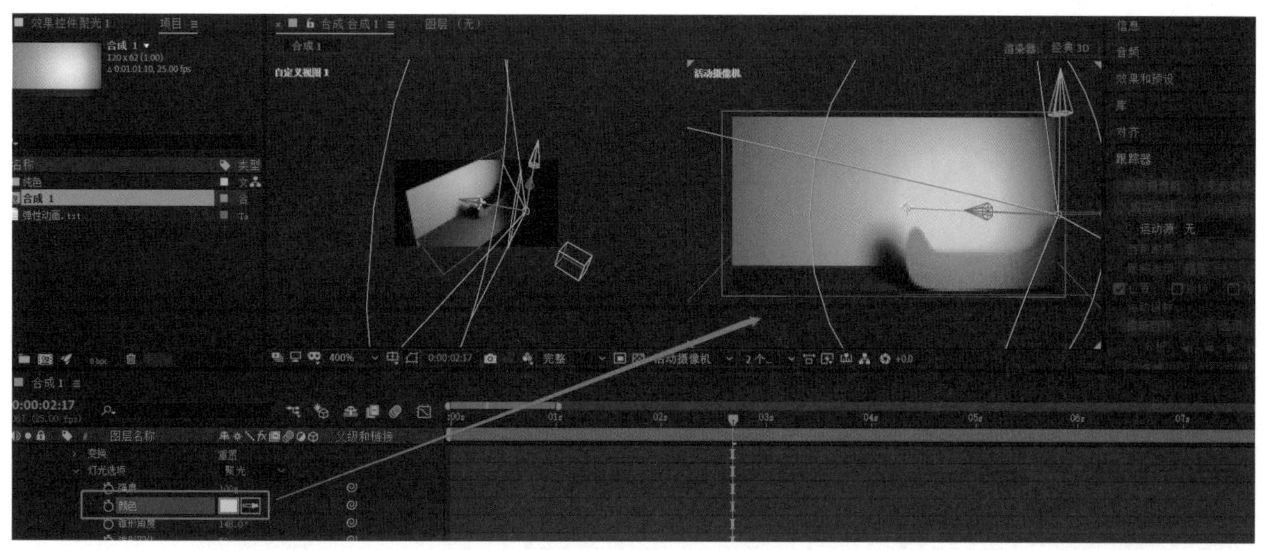

▲ 图 7-3-13 调整灯光颜色

完成所有设置后，按空格键进行镜头预览，确认无误后设置工作区域。按 Ctrl+M 组合键，将合成添加进渲染队列，修改输出设置和输出目标，最后单击“渲染”按钮完成镜头制作，如图 7-3-14 所示。

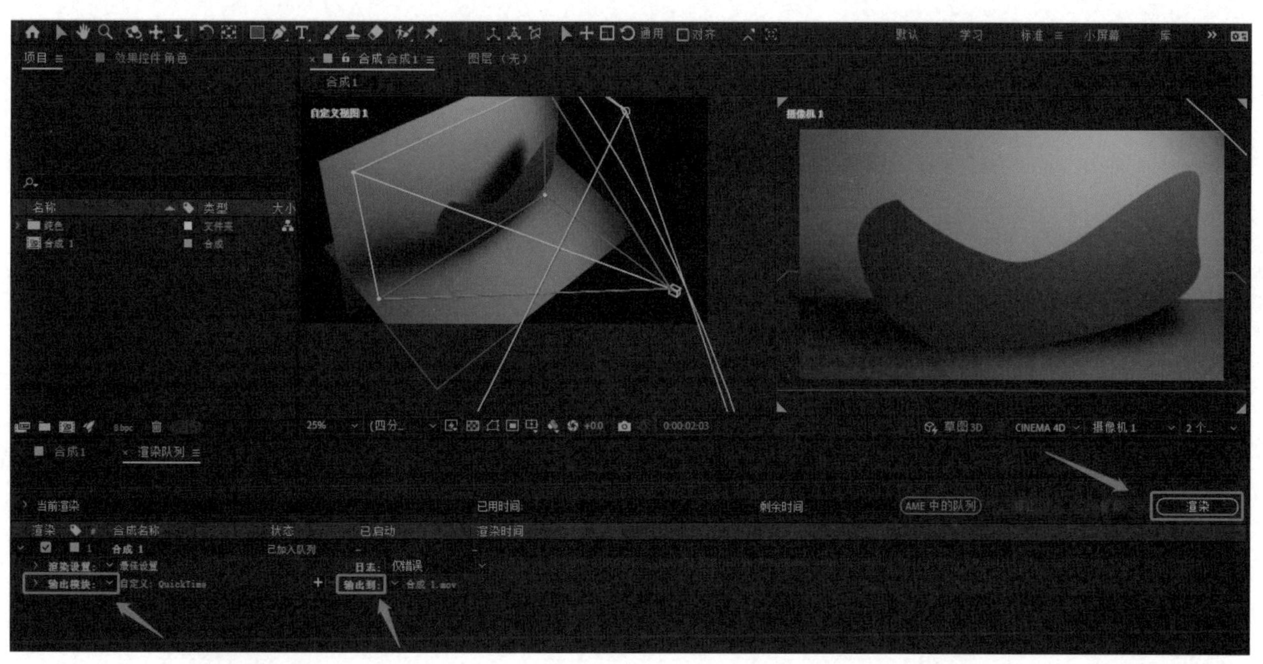

▲ 图 7-3-14 最终渲染输出

灯光摄像机的
综合运用案例

练一练

1. 利用灯光和摄像机层制作一段几秒钟的剪纸动画。
2. 拍摄一段视频素材，练习摄像机跟踪特效的应用。

粒子特效

| 本章概述 |

粒子特效是后期制作中一种十分常用的效果，专门用来模拟水、火、云雾、沙尘，甚至空气中受到光线照射的微粒。After Effects 软件中自带了两种粒子效果，通过安装插件可以在软件中运用更加酷炫的粒子效果。本章将通过能量聚集效果、“红包雨”和蝴蝶飞舞三个案例来讲解粒子效果的运用方法。

| 学习目标 |

1. 了解影视镜头中粒子效果的应用，熟练掌握软件中粒子效果的创建方法及属性。

2. 了解粒子效果的运行原理，掌握软件中粒子效果的调整技巧。

3. 认识主流粒子插件，掌握插件的安装方法及粒子属性的调整技巧。

| 素质目标 |

1. 培养创造美的能力，树立创新意识。

2. 耐心积累经验，探索不同的表达方式。

8.1　能量聚集效果制作

在科幻电影镜头中经常有能量不断汇聚的特效镜头，十分酷炫，而这通过 AE 软件中自带的粒子效果就可以轻松实现。本小节将通过能量聚集效果（见图 8-1-1）案例的制作，来讲解粒子特效的基本制作方法。

▲ 图 8-1-1　能量聚集最终效果

8.1.1　龙卷风素材的制作

在制作镜头前需要预先对镜头进行分析：首先需要一个聚拢粒子素材，能量中间是旋转的龙卷风粒子，还需要为其制作发光的效果；粒子层上方是不断喷涌的球形粒子，可以多叠加几层使画面更加丰富；地面上需要有能量变换照射的光晕；周围则需要四散飞旋的纸片及杂物效果；最后加入镜头抖动，压暗角调色，完成最终镜头的输出。

本案例使用的是一张街景照片，首先将素材导入“项目”面板，基于素材新建合成，如图 8-1-2 所示。

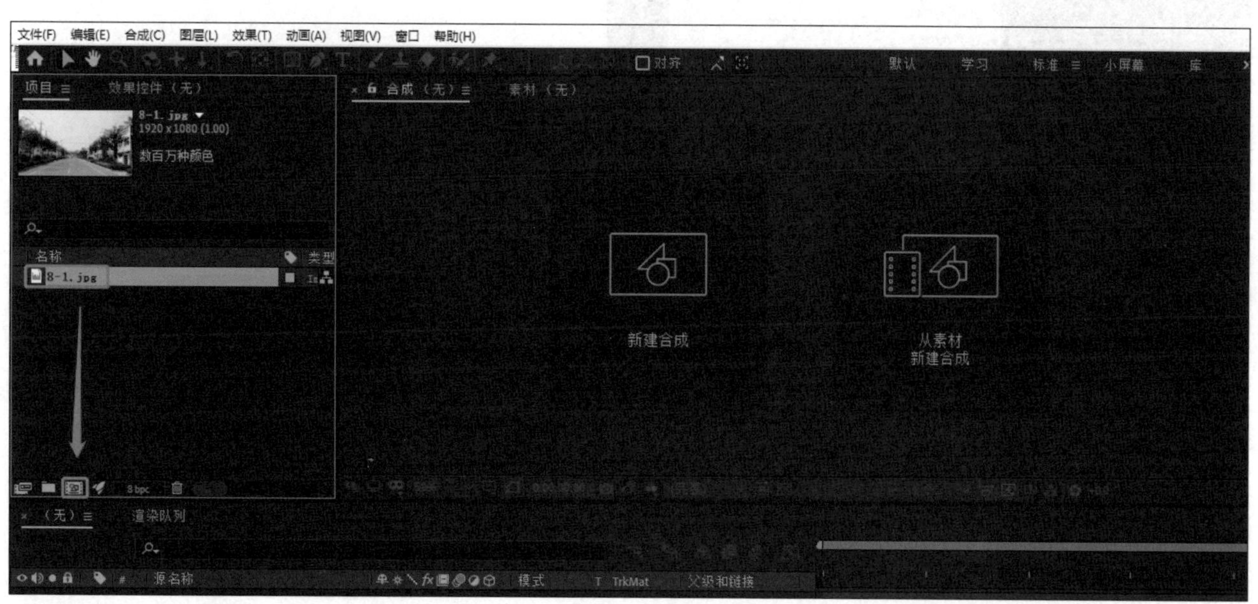

▲ 图 8-1-2　基于素材新建合成

新建白色纯色层，命名为“聚拢粒子”，如图 8-1-3 所示。

▲ 图 8-1-3　新建纯色层

选择菜单栏“效果”→“模拟”→“ CC Particle World”选项，为“聚拢粒子”层添加世界粒子效果，如图 8-1-4 所示。

▲ 图 8-1-4　添加粒子效果

选中“聚拢粒子”层，在“效果控件”面板会看到刚才添加的粒子效果属性，包括“Grid & Guides（网格和引导线）”“Birth Rate（出生比率）”“Longevity（寿命值）”“Producer（发生器）”“Physics（物理属性）”“Particle（粒子属性）”“Extras（附加）”7 个设置属性。“Grid & Guides”属性主要用于设置粒子发生器在画面中的显示效果；“Birth Rate”属性用于设置粒子的产生数量；“Longevity”属性用于设置产生的粒子在时间线上的持续时间；“Producer”属性用于设置发生器的位置和大小；“Physics”属性可以调整粒子发生器的物理属性，包括发生器的形状、速度、重力、阻力等物理参数；“Particle”属性用于设置每个粒子的参数，包括粒子的形状、贴图、颜色等参数；“Extras”属性包括特效摄像机、摄像机景深、灯光等参数的设置，如图 8-1-5 所示。

▲ 图 8-1-5　粒子效果参数

在“时间线”面板空白处右击鼠标，选择“新建”→“摄像机”选项，在弹出的“摄像机设置”对话框中，不改变任何参数，单击“确定”按钮，添加摄像机层，如图 8-1-6 所示。

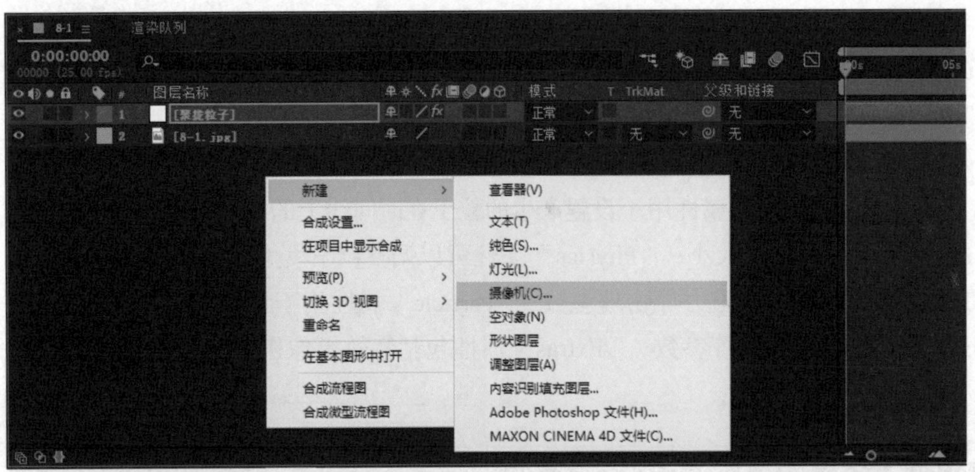

▲ 图 8-1-6　添加摄像机层

选中“聚拢粒子”层的“CC Particle World”效果，使其显示出地面网格。选择菜单栏上的“移动”“旋转”“缩放”工具，或者按 C 键切换不同工具，在视图中调整摄像机的位置。将摄像机位置调整到与画面的透视相匹配，如果网格比较大，可以在“Grid & Guides”属性中调整“Grid Size（网格大小）”的值，如图 8-1-7 所示。

▲ 图 8-1-7　匹配摄像机位置

调整粒子效果的参数，为了不影响实时显示效果，可以在“Grid & Guides”属性中取消勾选“Grid”“Horizon”“Axis Box”选项。根据实际画面效果调整粒子参数，包括出生比率、寿命值、发生器位置、粒子速度等基本参数，具体参数可以根据实际显示效果进行调整。比较重要的参数设置为“Physics”属性中的“Floor（地板）”属性，将“Floor Action”值修改为“Ice（冰面）”；“Particle”属性中的“Particle Type（粒子样式）”修改为“TriPolygon”；“Transfer Mode（叠加模式）”属性修改为“Screen（屏幕）”叠加模式，如图 8-1-8 所示。默认粒子在第 0 秒开始发生，将“聚拢粒子”层在时间线上往前拖动，使镜头在第 0 秒时就已经产生很多粒子。拖动时间指示器，可以看到粒子聚集的效果。

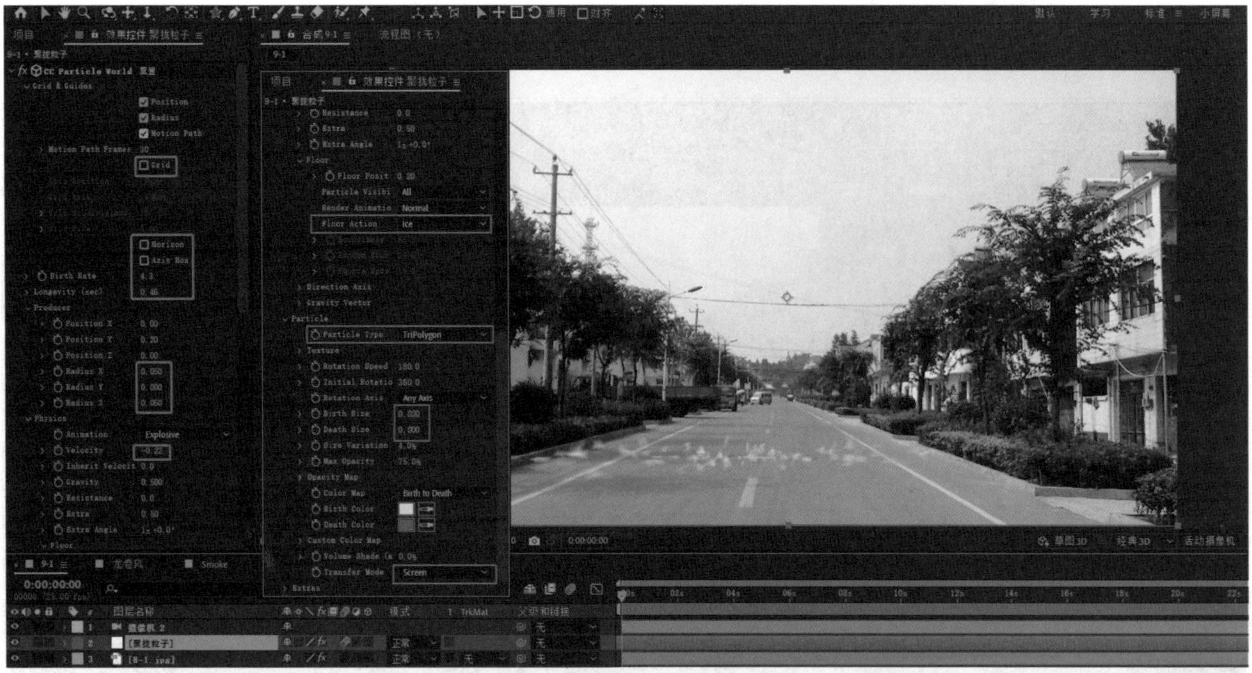

▲ 图 8-1-8　设置粒子参数

选中“聚拢粒子”层，按 Ctrl+D 组合键将其复制一层，然后按 Enter 键重命名复制层为“龙卷风”。调整“龙卷风”层的粒子效果参数，主要将“Producer”中的“RadiusX/Z”值缩小；将“Physics”属性中的“Animation（动画）”值修改为“Twirl（旋转）”，“Gravity（重力）”值调整为负数，并根据显示效果对其他物理参数进行细微调整。调整完成后，拖动时间指示器浏览龙卷风效果，如图 8-1-9 所示。

▲ 图 8-1-9　修改龙卷风粒子参数

新建一个橙色纯色层，在工具栏选择“钢笔工具”，在纯色层上创建蒙版，调整蒙版形状，并调整“蒙版羽化”参数值，使其边缘更加自然。将纯色层放置到摄像机层下方，将其叠加模式设置为“屏幕”模式。按 Ctrl+D 组合键复制“摄像机”层，如图 8-1-10 所示。

▲ 图 8-1-10　设置粒子参数

选中“摄像机 1”“橙色 纯色 1”“龙卷风”三个图层，按 Ctrl+Shift+C 组合键新建预合成。在弹出的“预合成”对话框中，设置新合成名称为“龙卷风”。勾选“将所有属性移动到新合成”，单击“确定”按钮，如图 8-1-11 所示。

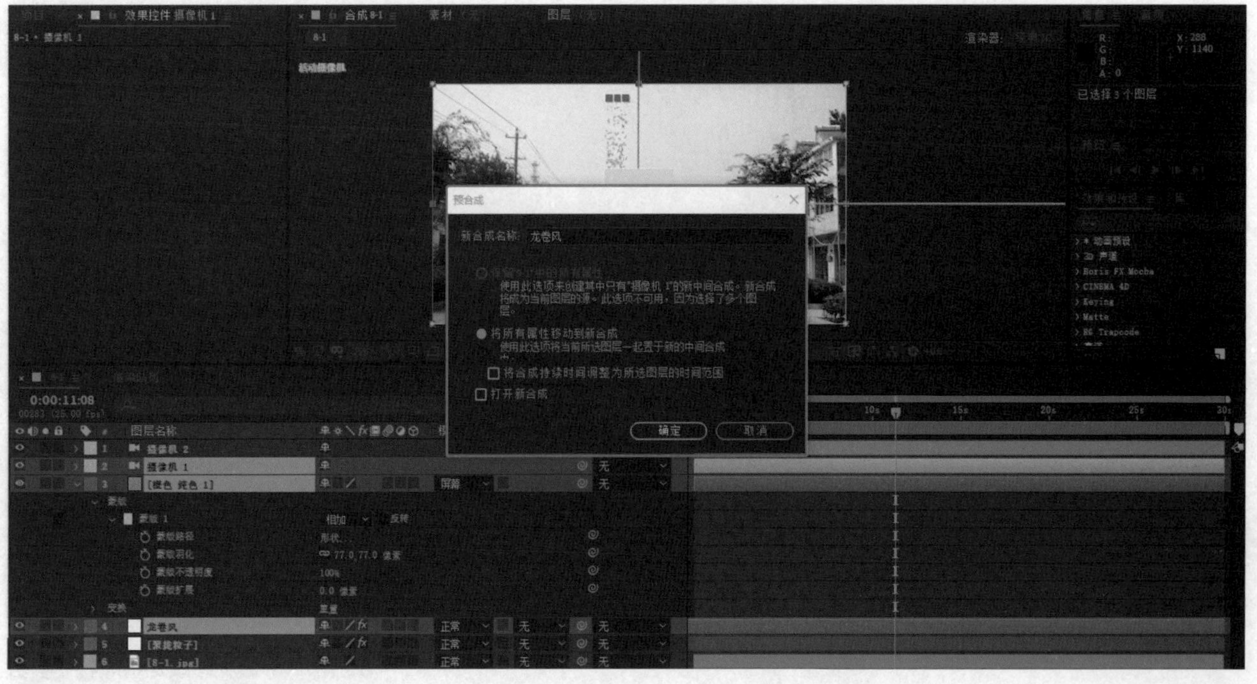

▲ 图 8-1-11　新建预合成

选中“龙卷风”预合成，右击鼠标选择“效果”→“扭曲”→“湍流置换”选项，为其添加湍流置换效果，如图 8-1-12 所示。在“效果控件”面板，调整湍流置换效果的属性，根据实际显示效果调整“数量”和“大小”等参数，并为“演化”参数设置关键帧动画。

▲ 图 8-1-12　添加湍流置换效果

在“聚拢粒子”层下方新建橙色纯色层，命名为“地面辉光”。选中“地面辉光”层，在其上绘制椭圆形蒙版，将“蒙版羽化”参数值调整为合适的参数。设置叠加模式为“相加”模式。展开其“变换”属性，降低“地面辉光”层的“不透明度”参数值，如图 8-1-13 所示。

▲ 图 8-1-13　制作地面辉光效果

8.1.2 能量散射效果制作

龙卷风效果制作完成后，就可以对素材进行初步校色。选中背景素材层，在菜单栏选择“效果”→“颜色校正”→“曲线”选项，调整曲线效果参数，使背景偏蓝绿色，符合能量聚集的场景，如图 8-1-14 所示。

▲图 8-1-14 调整背景颜色

选中背景素材层，按 Ctrl+D 组合键将其复制一层，重命名为“能量粒子 1”。将“能量粒子 1”层放置到“摄像机 2”层下方，并为其添加“ CC Particle World”粒子效果。然后调整粒子效果参数，主要操作为调整“ Producer”中“ Position X/Y/Z”的参数值；调整“ Physics”中“ Velocity（速度）”“ Gravity（重力）”“ Resistance（阻力）”的参数值，调整“ Floor（地板）”选项中的“ Particle Visible（粒子可见性）”为“ Above Floor（地板以上）”；修改“ Particle”下的“ Particle Type（粒子模式）”为“ Lens Convex（凸透镜）”模式，并根据显示效果调整“Birth /Death Size（出生和死亡大小）”的参数值。选中移动工具，适当调整“能量粒子 1”层的位置，将其放置在地面上，如图 8-1-15 所示。

▲ 图 8-1-15　制作能量粒子散射效果

将“能量粒子 1”层的叠加模式修改为“相加”模式，并往前拖动时间条，使其在第 0 秒时就产生粒子。在菜单栏中选择“效果”→“颜色校正”→“曲线”选项，为“能量粒子 1”层也添加曲线效果。调整曲线效果参数，将“红色”通道调高，“蓝色”通道调低，使散射出的能量呈现出金色，如图 8-1-16 所示。

▲ 图 8-1-16　调整粒子颜色

在“项目”面板中导入一团烟雾的素材，基于素材新建合成，命名为“ Smoke”，如图 8-1-17 所示。

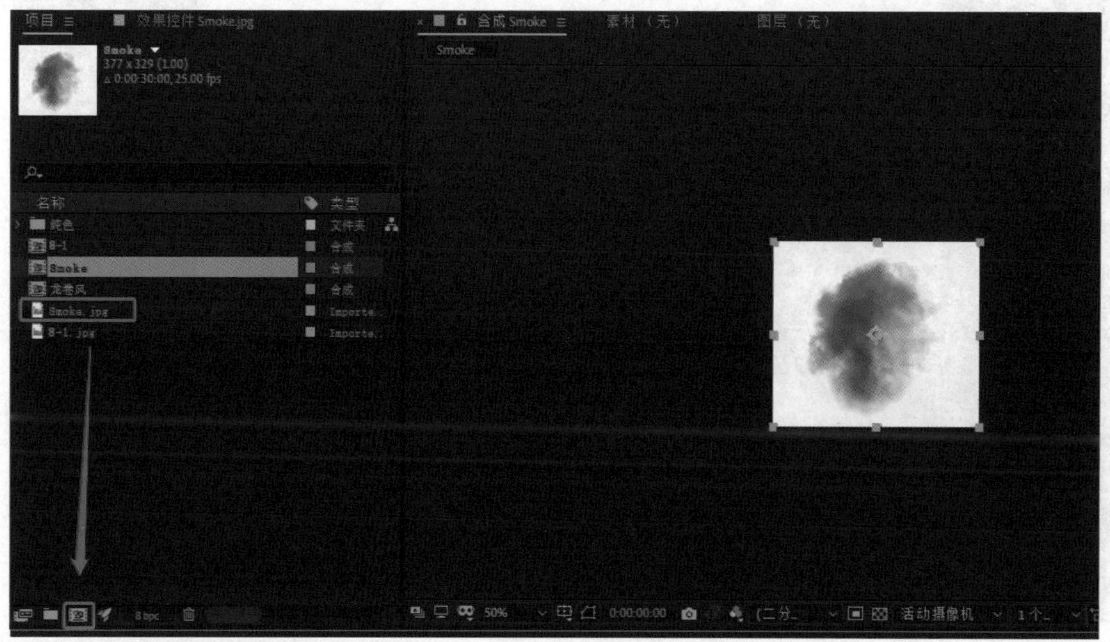

▲ 图 8-1-17　导入新素材

在“ Smoke”合成中选中素材层，按 Ctrl+D 组合键复制一层。将下方图层的“轨道遮罩”选项修改为“亮度反转遮罩”。然后在菜单栏中选择“效果”→“生成”→“填充”选项，为其添加填充特效。在“效果控件”面板中调整其“填充颜色”为白色。为了去除周围黑边，再为其添加矩形蒙版。选中合成中的两个图层，按 S 键展开“缩放”参数，将参数值调整为 50%，如图 8-1-18 所示。

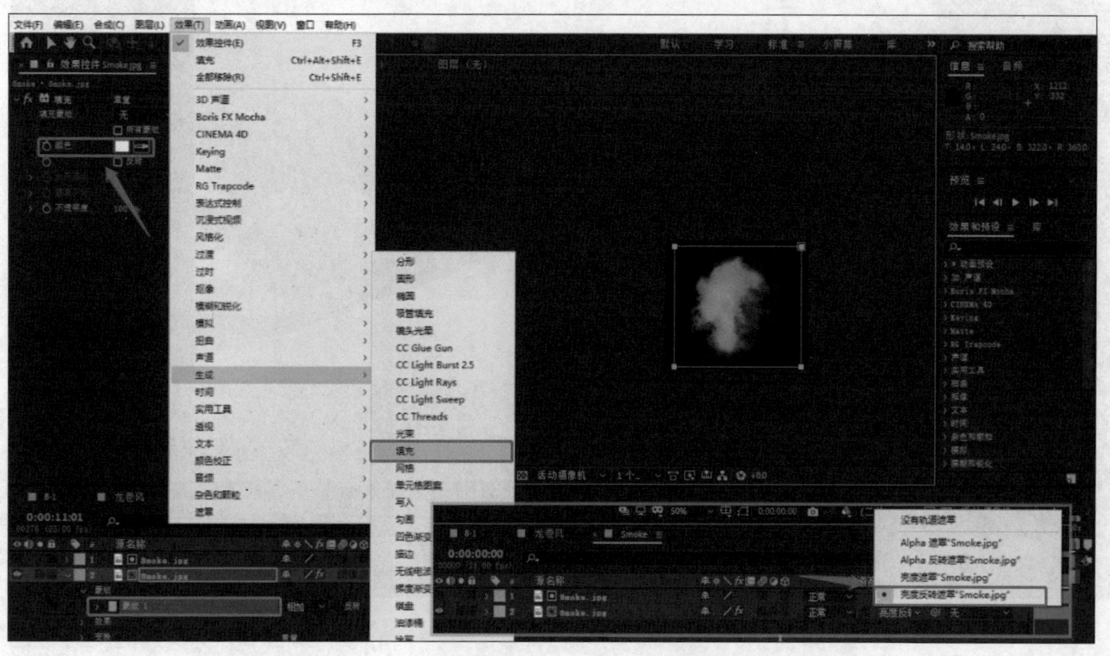

▲ 图 8-1-18　制作烟雾抠像效果

返回主合成，将“Smoke”合成拖动到“时间线”面板中置于“能量粒子 1”层上方，并为其添加“CC Particle World”效果，如图 8-1-19 所示。

▲ 图 8-1-19　将烟雾素材放入合成

选中“Smoke”合成，单击前方的“独奏”按钮，使其独立显示。进入“效果控件”面板，调整粒子特效的属性值，适当调整“Producer”中的各项参数；“Particle”属性中“Particle Type”修改为“Lens Convex”样式，适当调整粒子的“Birth Size 和 Death Size”，如图 8-1-20 所示。

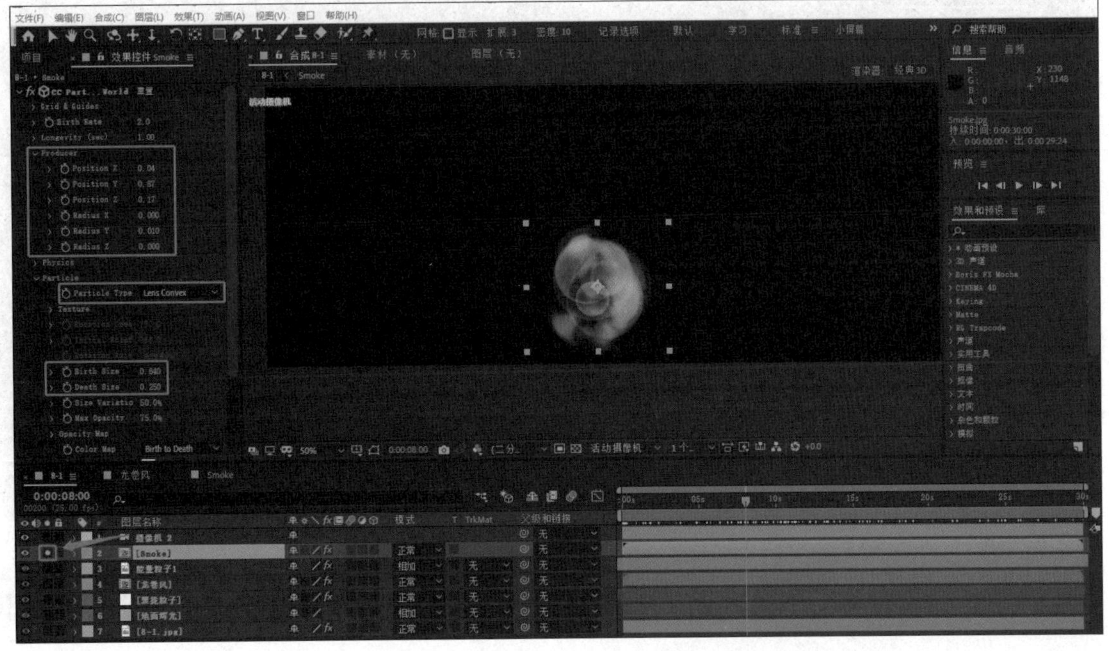

▲ 图 8-1-20　调整粒子效果参数

调整“Smoke”合成的颜色。右击合成选择“效果”→“生成”→“填充”选项，为其添加填充效果，调整“填充颜色”为橙色，再通过曲线效果进行微调，如图 8-1-21 所示。

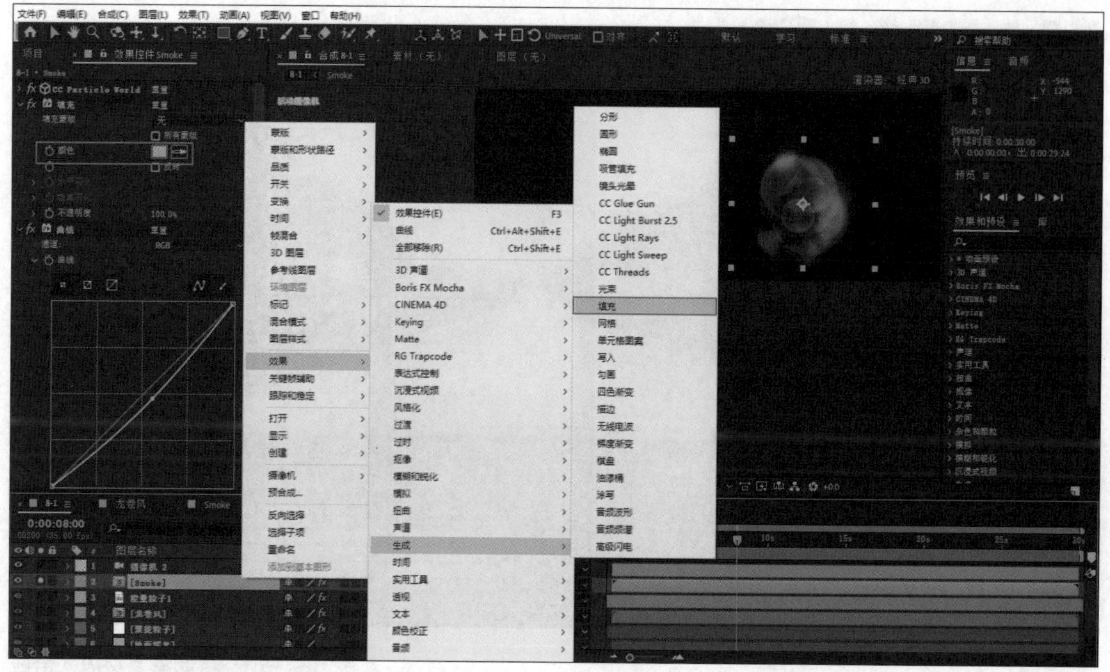

▲ 图 8-1-21　调整粒子颜色

取消勾选“Smoke”合成的独奏选项，并设置叠加模式为“相加”，完成散射粒子效果的制作，如图 8-1-22 所示。

▲ 图 8-1-22　设置叠加模式

8.1.3　细节的制作

制作特效要精益求精，可以进一步为整个效果添加细节。选中“聚拢粒子”层，勾选后面的“动态模糊”选项。按 Ctrl+D 组合键复制“聚拢粒子”层，重命名为“飞舞纸片”。调整粒子属性，主要调整发生器的位置和大小；“Physics”属性中的“Animation”选项调整为“Twirl”，并设置其速度和重力参数；“Particles”属性中调整粒子的形状为“QuadPolygon（方形）”，调整粒子的出生和死亡的大小及颜色，并降低粒子透明度，如图 8-1-23 所示。

▲ 图 8-1-23　调整粒子属性

新建黑色纯色层，并为其添加椭圆形蒙版。分别调整“蒙版羽化”及“蒙版扩展”参数值。调整“变换”属性中的“不透明度”参数，使画面呈现出暗角效果，如图 8-1-24 所示。

能量效果制作

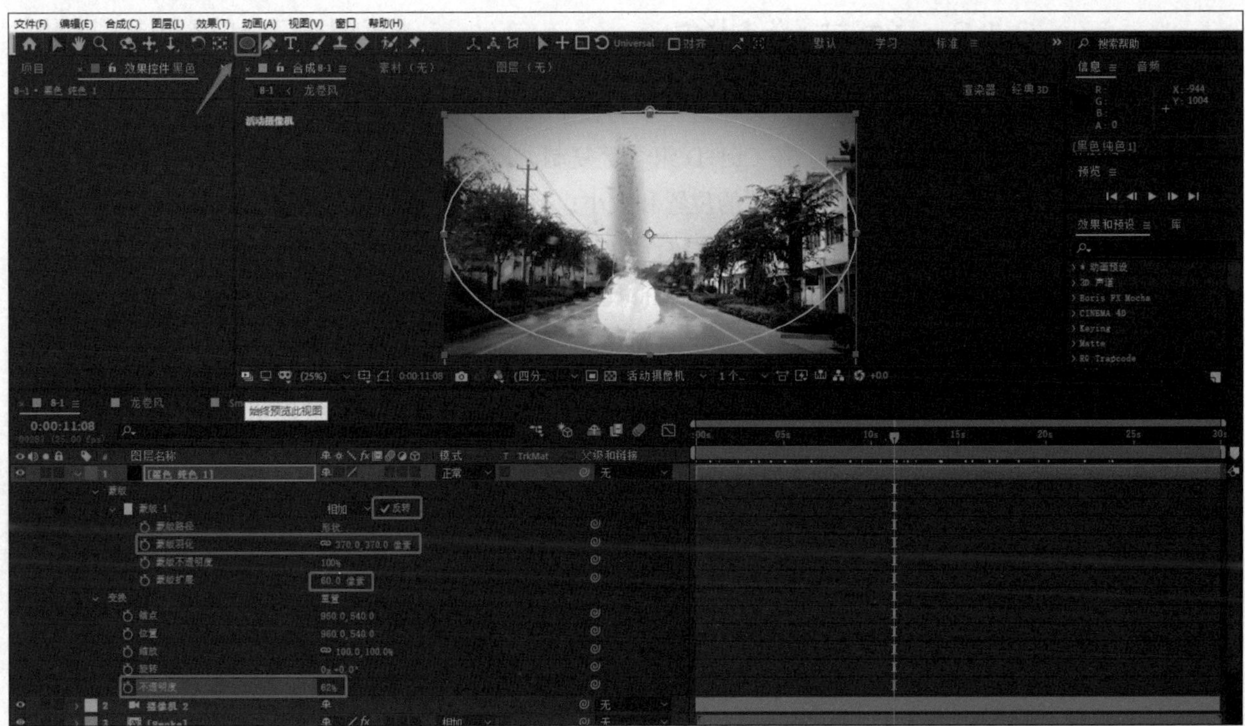

▲ 图 8-1-24　为素材添加暗角

8.2　“红包雨”制作

很多电视节目中经常会用到“红包雨”的特效——大量红包从天上落下。AE 软件可以轻松实现这一效果。本小节将讲解“红包雨”的制作案例，通过此案例学习 AE 软件粒子插件的安装和属性调整。

8.2.1　红包素材制作

首先新建一个合成，命名为“红包”，在“合成设置”对话框中取消锁定长宽比的勾选，手动设置宽度为 172px，高度为 213px，如图 8-2-1 所示。

然后新建红色纯色层，在工具栏选择“倒角矩形工具”，在红色纯色层上绘制倒角矩形蒙版，如图 8-2-2 所示。

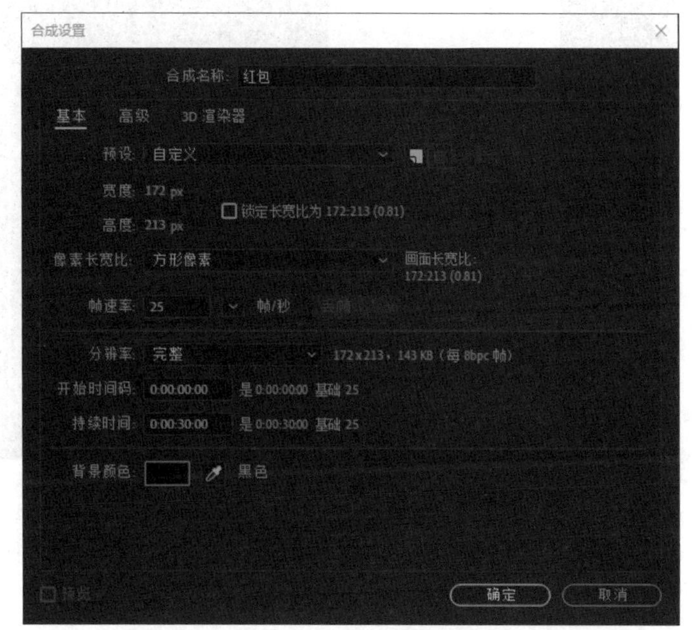

▲ 图 8-2-1　新建红包合成

▲ 图 8-2-2　绘制蒙版

选中红色纯色层，按 Ctrl+D 组合键复制一层，重命名为“红包 2”，并调整蒙版的锚点使之充当红包封口。选择菜单栏“图层”→“纯色设置”选项，在打开的“纯色设置”对话框中，修改其颜色，如图 8-2-3 所示。

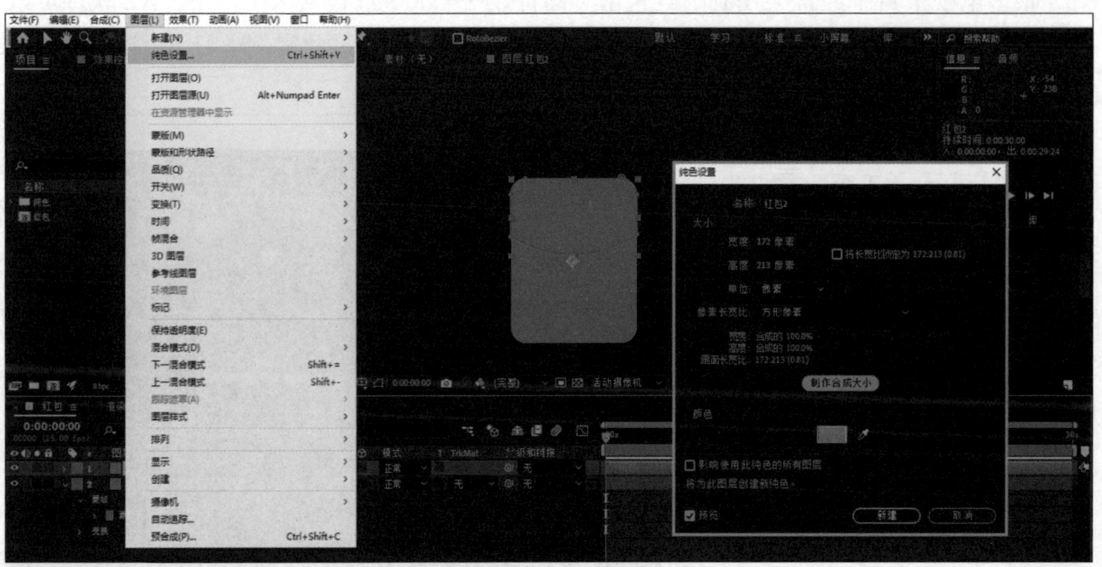

▲ 图 8-2-3　制作红包封口

选择“红包 2”层，右击鼠标选择“效果”→“透视”→“投影”选项，并调整投影效果的参数，制作红包封口的投影效果，如图 8-2-4 所示。

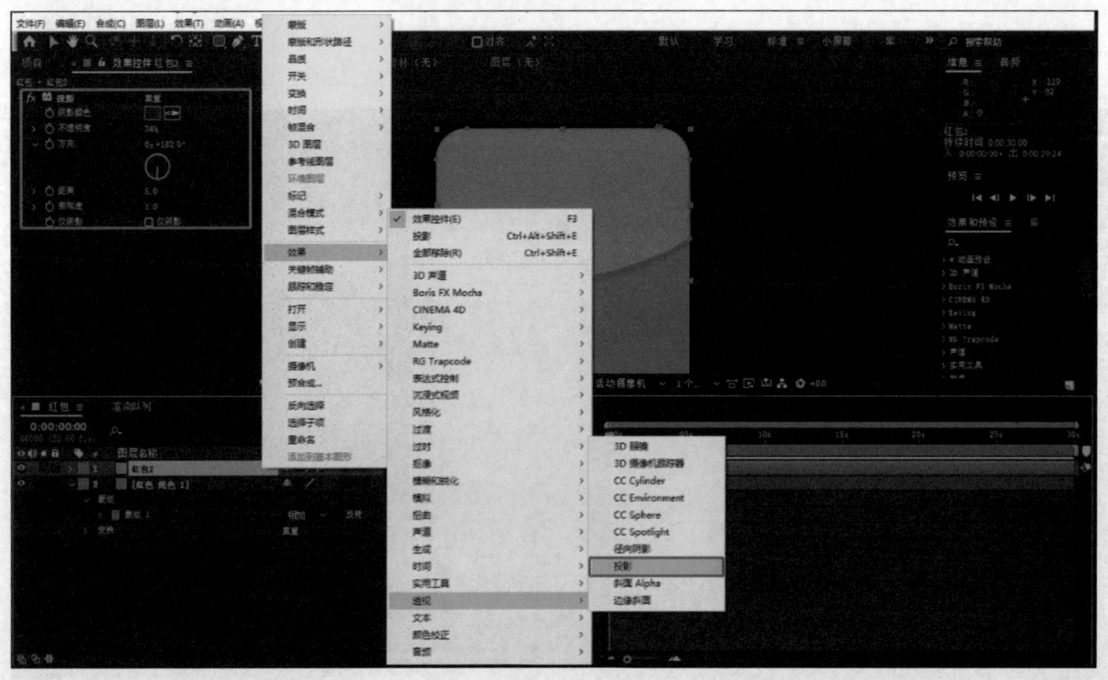

▲ 图 8-2-4　制作红包投影

用同样的方式制作红包上的金钱图案，调整文字的样式，如图 8-2-5 所示，完成红包素材的制作后，保存 AE 源文件。

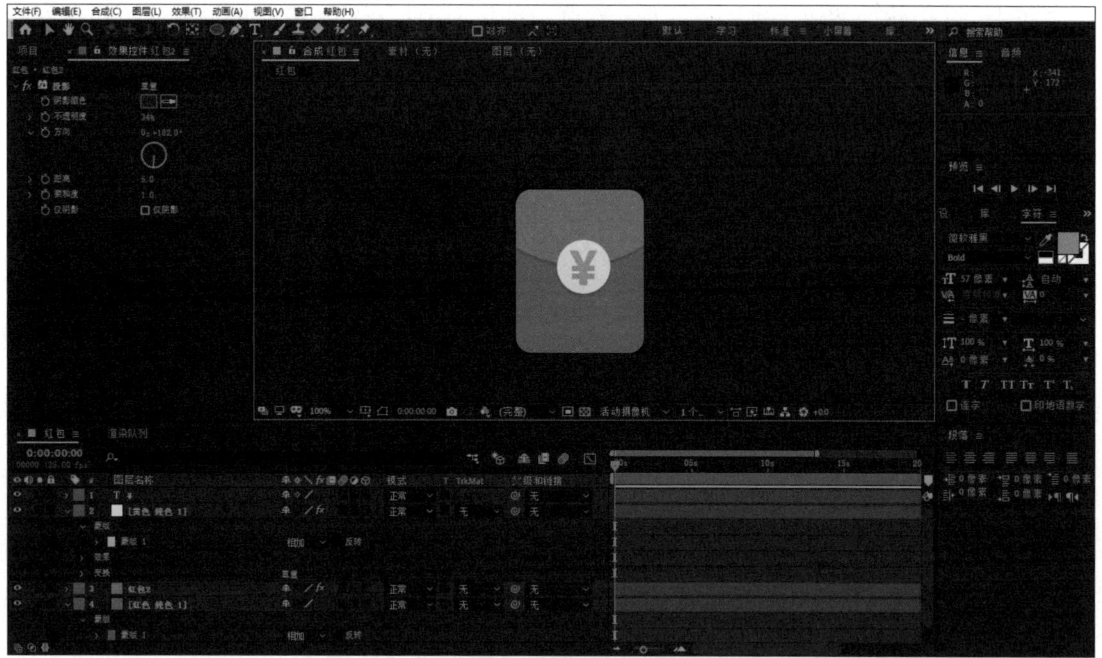

▲ 图 8-2-5　完成红包制作

8.2.2　粒子插件安装

AE 软件作为一款功能非常强大的后期制作软件，支持许多第三方插件应用。为了制作出效果更好的影片，AE 软件的使用者常常需要安装一些第三方插件。对于 AE 里面插件的安装，大致可分为两大类，一类是直接复制到 AE 安装目录“plug in”文件夹里就可以使用的插件（例如后缀名是“.aex”的效果插件），这一种比较容易操作；另一类则是需要独立安装完才能使用的插件（例如后缀名是“.exe”的可执行文件）。

本案例以业内比较常用的 REDGIANT 软件中的 Trapcode Suite 插件套装为例讲解粒子插件的安装方法。Trapcode Suite 可以创建功能强大的 3D 粒子系统，使用粒子发射器能够创建火、水、烟、雪和其他有机视觉效果。将多个粒子系统组合成一个统一的 3D 空间，便可获得惊人的视觉效果，因此颇受从业者的青睐。

首先在官网下载“Trapcode Suite for AE”插件。在安装插件前需要先关闭 AE 软件，再单击后缀名为“.exe”的安装文件，弹出安装界面，如图 8-2-6 所示。

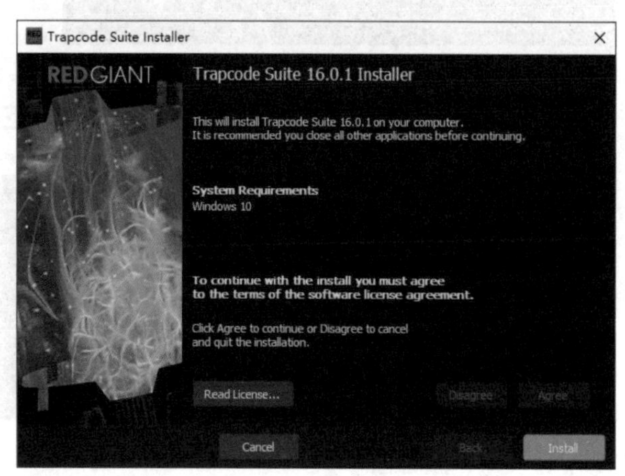

▲ 图 8-2-6　安装插件界面

单击“Install”按钮，进入下一步。在弹出的界面中选择需要安装的插件，可以选择默认全部安装，如图 8-2-7 所示。

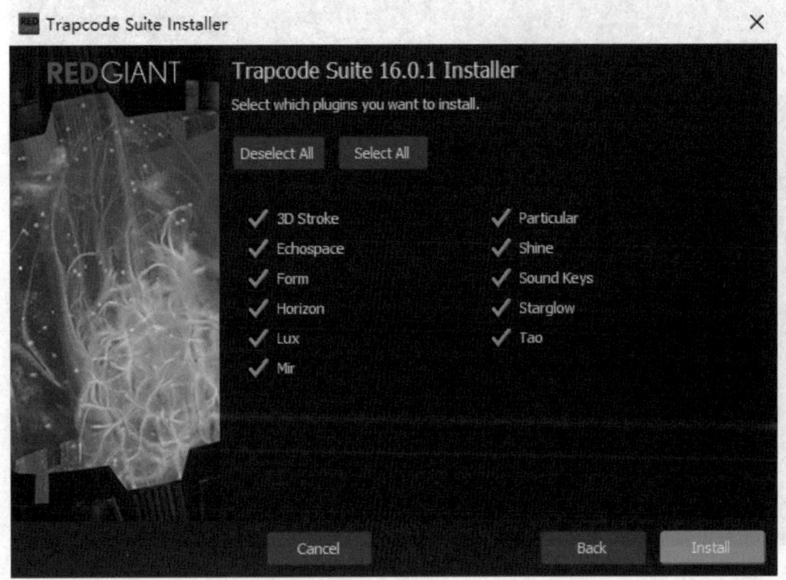

▲图 8-2-7 选择安装插件

插件安装完成后，在弹出的界面中单击“Activate”按钮，弹出应用管理器界面。单击右上角三条横线图标，在弹出的菜单中选择“Enter Serial Number”选项，如图 8-2-8 所示，在打开的窗口中输入序列码，激活插件，然后，关闭管理器界面，“Trapcode Suite”插件套装便已安装完成。如果不想购买，MAXON 官网上也提供了 314 天免费的试用版，可以下载体验。

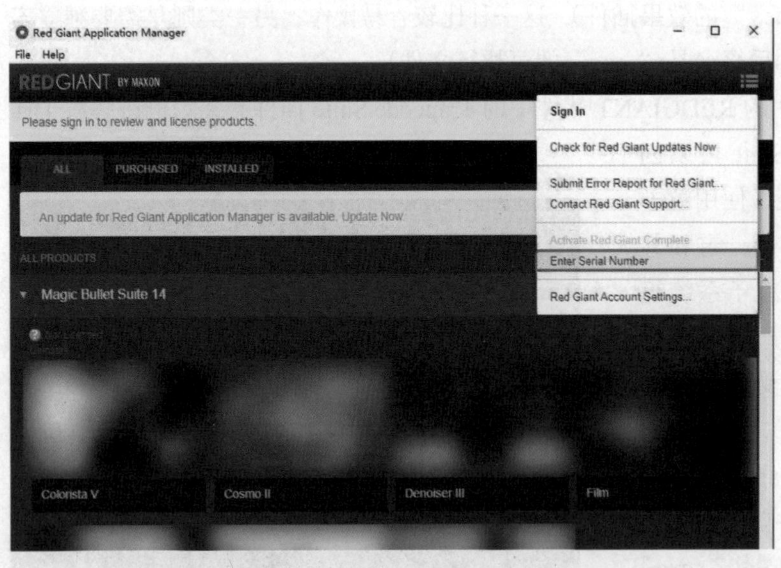

▲图 8-2-8 激活插件

重新打开 AE 软件，新建 1920 × 1080 大小的合成，命名为“红包雨”。在“红包雨”合成中新建一个黑色纯色层，命名为“粒子”，选中“粒子”层。在菜单栏选择“效果”，就可以看到新安装的插件“RG Trapcode”及其下一个层级中的 12 个插件，如图 8-2-9 所示。

合成(C) 图层(L) 效果(T) 动画(A) 视图(V) 窗口 帮助(H)
效果控件(E) F3
梯度渐变 Ctrl+Alt+Shift+E
全部移除(R) Ctrl+Shift+E
3D 声道
Boris FX Mocha
CINEMA 4D
Keying
Matte
RG Trapcode
表达式控制
沉浸式视频
风格化
过渡
过时
抠像
3D Stroke
Echospace
Form
Grow Bounds
Horizon
Lux
Mir 3
对齐
素材（无）
图层（无）
红包雨
1440 x 1080 (1.33
Δ 0:00:05:00, 25.0

▲ 图 8-2-9 查看插件

在效果控件面板调整“Particular”效果的属性，可以看到共分为 11 个卷展栏，分别为“Designer（设计者）”“Show Systems（显示系统）”“Emitter（发射器）”“Particle（粒子）”、“Environment（环境）”“Physics Simulations（物理解算）”“Fast Physics（快速物理）”“Global Controls（全局调整）”“Lighting（灯光）”“Visibility（可见性）”“Rendering（渲染）”，如图 8-2-10 所示。

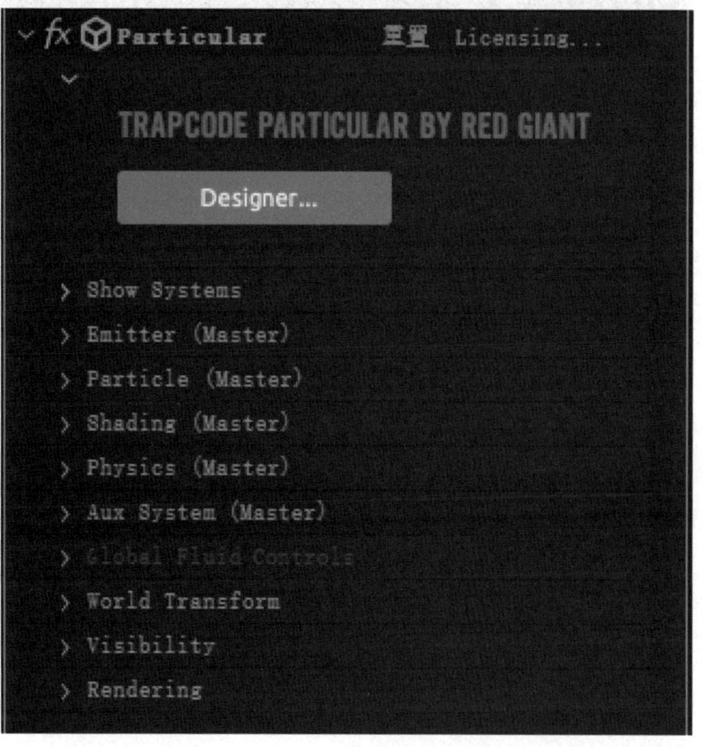

▲ 图 8-2-10 粒子效果属性参数

8.2.3 红包雨效果制作

在“红包雨”合成中新建一个黑色纯色层，重命名为“粒子”。选中“粒子”层，在菜单栏选择“效果”→“RG Trapcode”→“Particular”选项，为其添加粒子效果。设置“Emitter（发射器）”→“Emitter Type（发射器模式）”选项为“Box”；调整“Position（位置）”参数中的Y轴数值为负数；将“Emitter Size（发射器大小）”选项设为“XYZ Individual（XYZ独立）”，调整对应的X、Y、Z轴的数值大小。在“合成”面板中将发射器放大至与整个合成相同的大小，并置于合成上方位置，如图8-2-11所示。

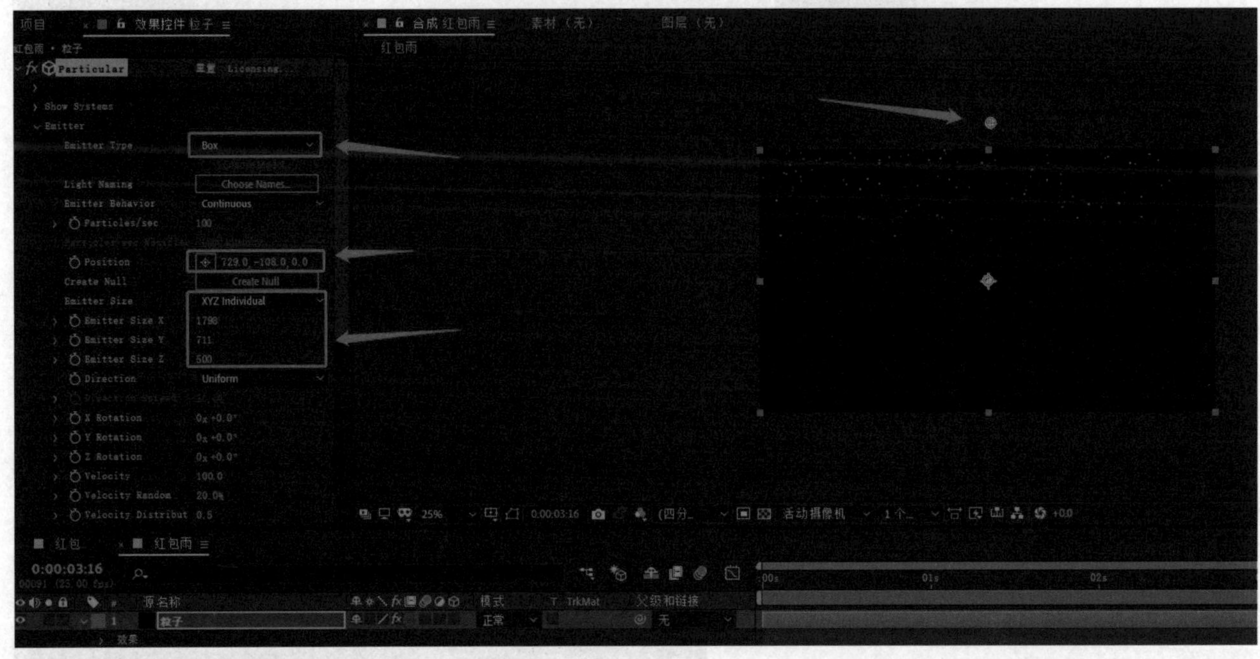

▲ 图 8-2-11 调整发射器参数

将之前制作好的“红包”预合成导入并拖动至“时间线”面板中“粒子”层的下方，并设为隐藏。在“Particle（粒子）”属性栏中，将“Particle Type（粒子模式）”选项修改为“Sprite”，在“Sprite Controls”中将“Layer（层）”选项修改为“红包”，并调整粒子大小参数为合适的值。这时发射出的粒子就会显示为我们制作的红包素材，如图8-2-12所示。

红包雨制作

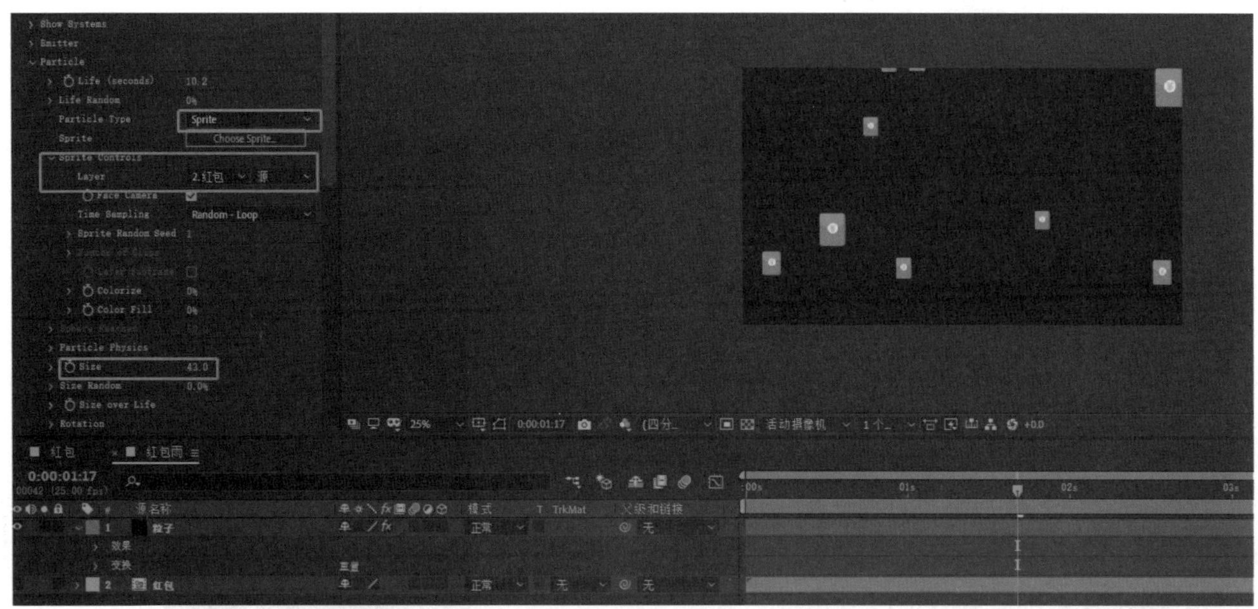

▲ 图 8-2-12　将粒子替换为红包

接下来将“Environment（环境）”属性中的“Gravity（重力）”参数值增大，就会加快红包下落的速度。结合实际效果降低“Emitter”属性中“Particles/sec（粒子数 / 秒）”参数值，增大“Velocity（速度）”参数值，完成“红包雨”效果的制作，如图 8-2-13 所示。

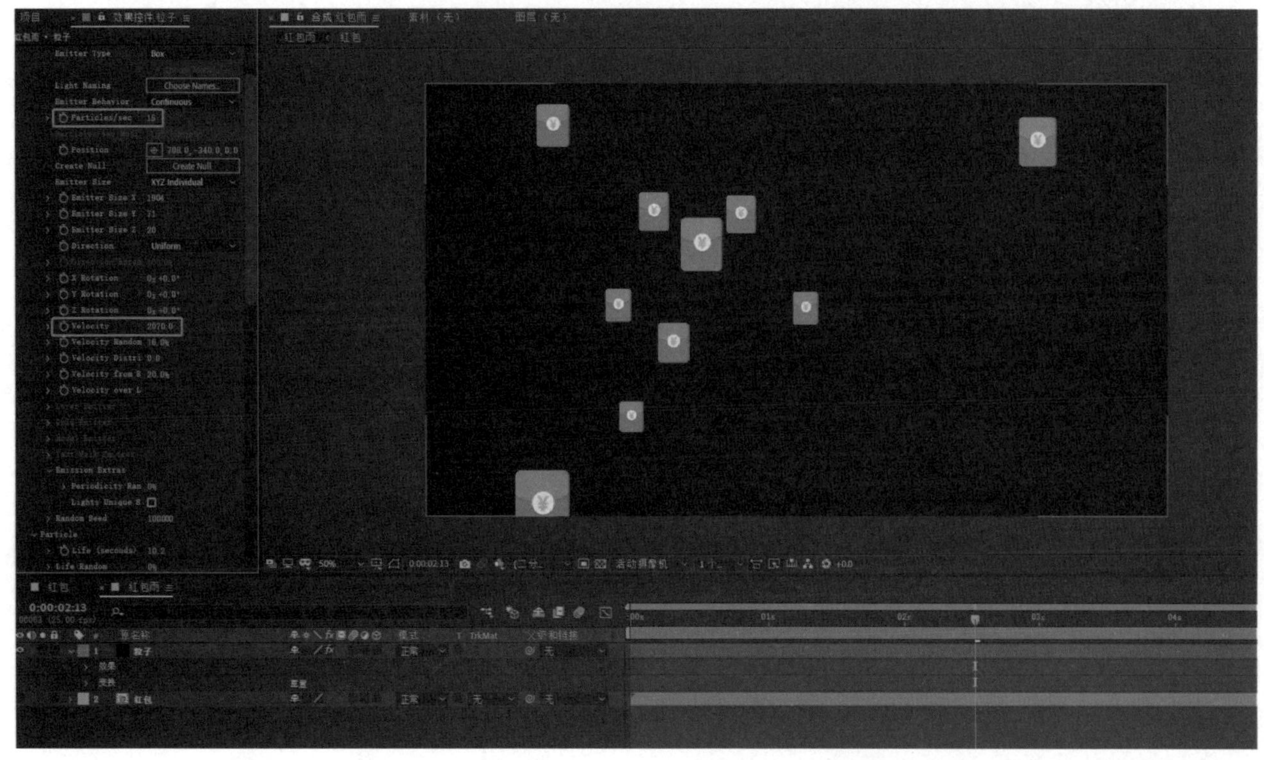

▲ 图 8-2-13　最终效果

8.3 粒子特效及表达式综合运用

很多绚丽多彩的后期效果都是通过粒子效果实现的，粒子效果不但能够模拟非常逼真的流体运动，还能创造一些梦幻般的视觉体验。下面将通过一个蝴蝶飞舞的案例来讲解粒子效果的其他应用方法。

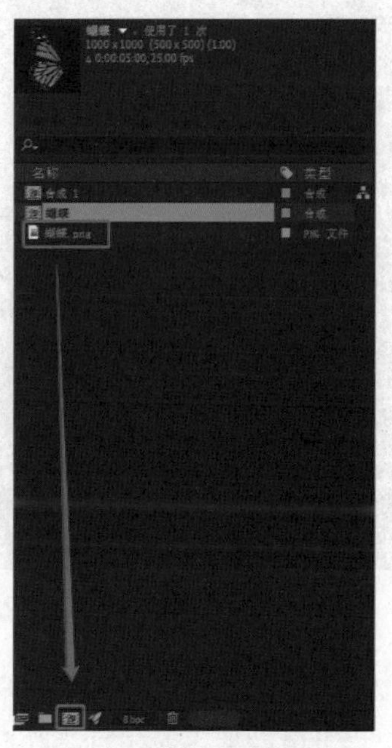

▲ 图 8-3-1 依据素材大小新建合成

8.3.1 透明素材的运用

透明素材的运用

首先新建1920×1080分辨率的合成项目，导入带Alpha通道的“蝴蝶.png”素材图片，依据素材新建合成，如图 8-3-1 所示。

在工具栏选择“锚点工具”按钮，或者按Y键将锚点调整至蝴蝶身体的位置，如图 8-3-2 所示。

▲ 图 8-3-2 调整锚点位置

8.3.2 图层调整及表达式运用

勾选“蝴蝶”预合成的“3D 图层”选项，按R键展开其“旋转”属性，在第0秒处为“Y 轴旋转”参数打开关键帧，在第 0、6、12 帧处设置参数为 60、－60、60，完成蝴蝶扇翅膀的一个循环动画，如图 8-3-3 所示。

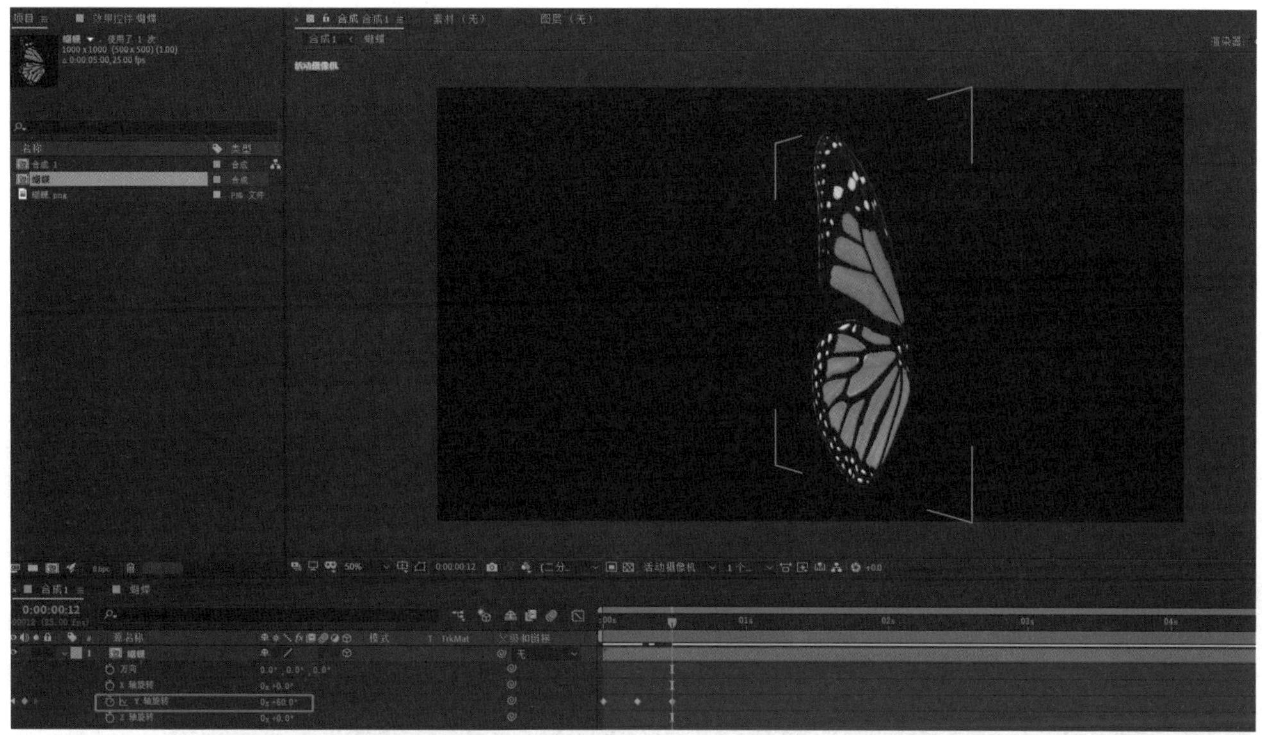

▲ 图 8-3-3　设置“Y 轴旋转”动画

按住 Alt 键单击“Y 轴旋转”前的“关键帧自动记录器”按钮，打开表达式，在表达式中（使用半角字符）输入“loopOut(type="cycle")”，制作蝴蝶单面翅膀无限循环扇动的动画，如图 8-3-4 所示。

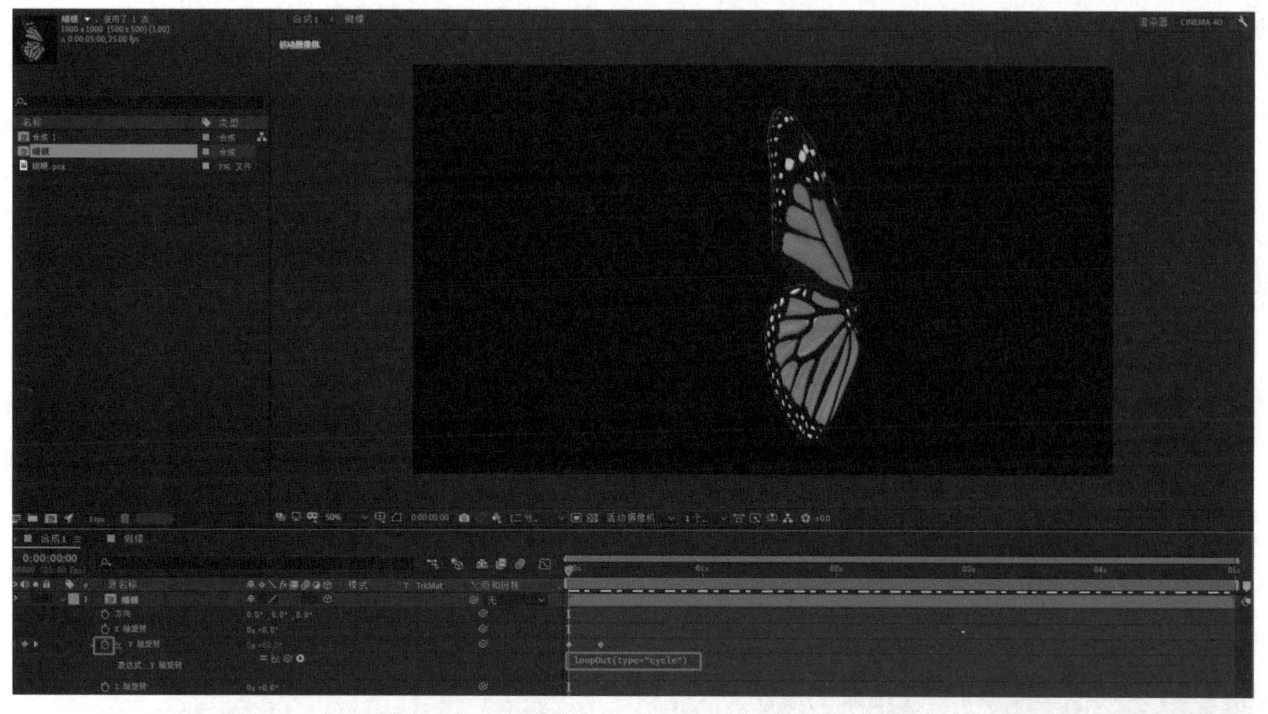

▲ 图 8-3-4　设置无限循环动画表达式

选中“蝴蝶”预合成，按 Ctrl+D 组合键复制一层，按 Enter 键分别重命名为“蝴蝶左侧”和“蝴蝶右侧”。选中“蝴蝶右侧”层右击鼠标选择“变换”→“水平翻转”选项，将“Y 轴旋转”参数的第 0、6、12 帧分别设置为 - 60、60、- 60，完成整个蝴蝶的飞舞动画，如图 8-3-5 所示。

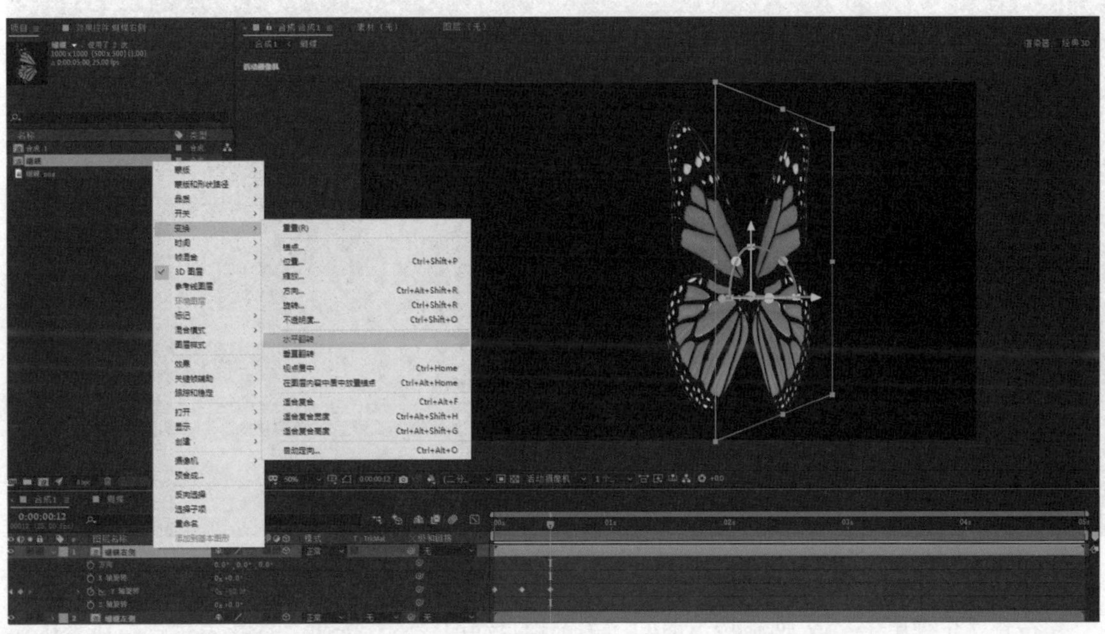

▲ 图 8-3-5　设置蝴蝶扇动翅膀效果

选择两个预合成，按 S 键展开预合成的“缩放”选项。将“蝴蝶右侧”合成的 X、Y、Z 轴参数调整为 - 30、30、30；将“蝴蝶左侧”合成的 X、Y、Z 轴参数调整为 30、30、30，如图 8-3-6 所示。

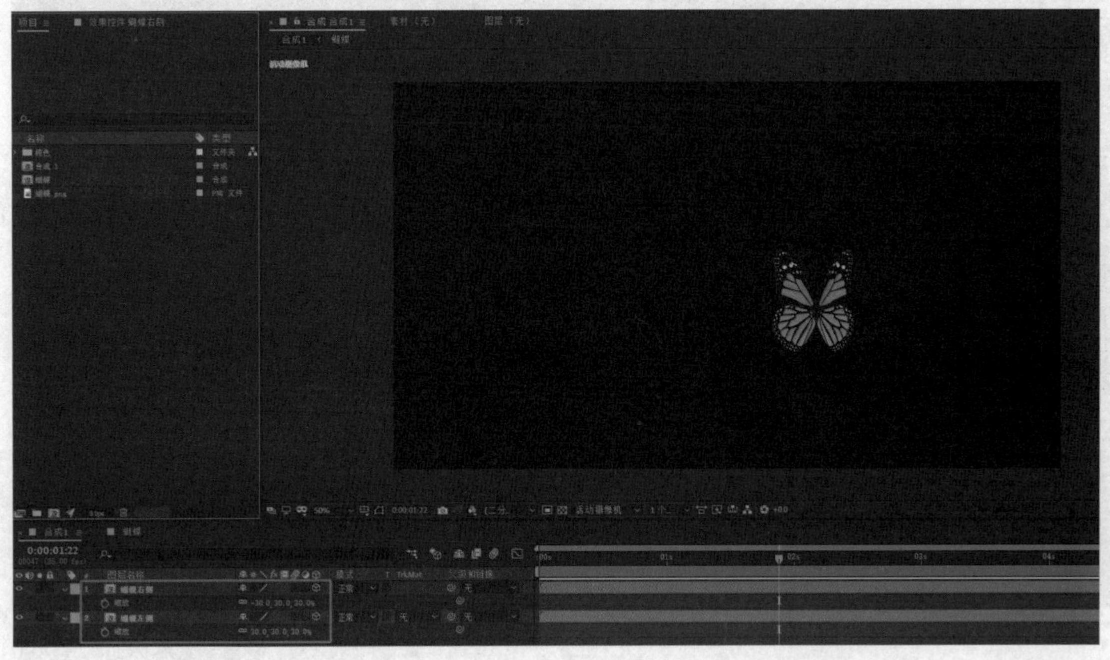

▲ 图 8-3-6　调整蝴蝶缩放值

在“时间线”面板空白处右击鼠标，在弹出菜单中选择“新建”→“空对象”选项，新建空对象层。调整空对象的位置，使之与蝴蝶翅膀左上角对齐，如图 8-3-7 所示。

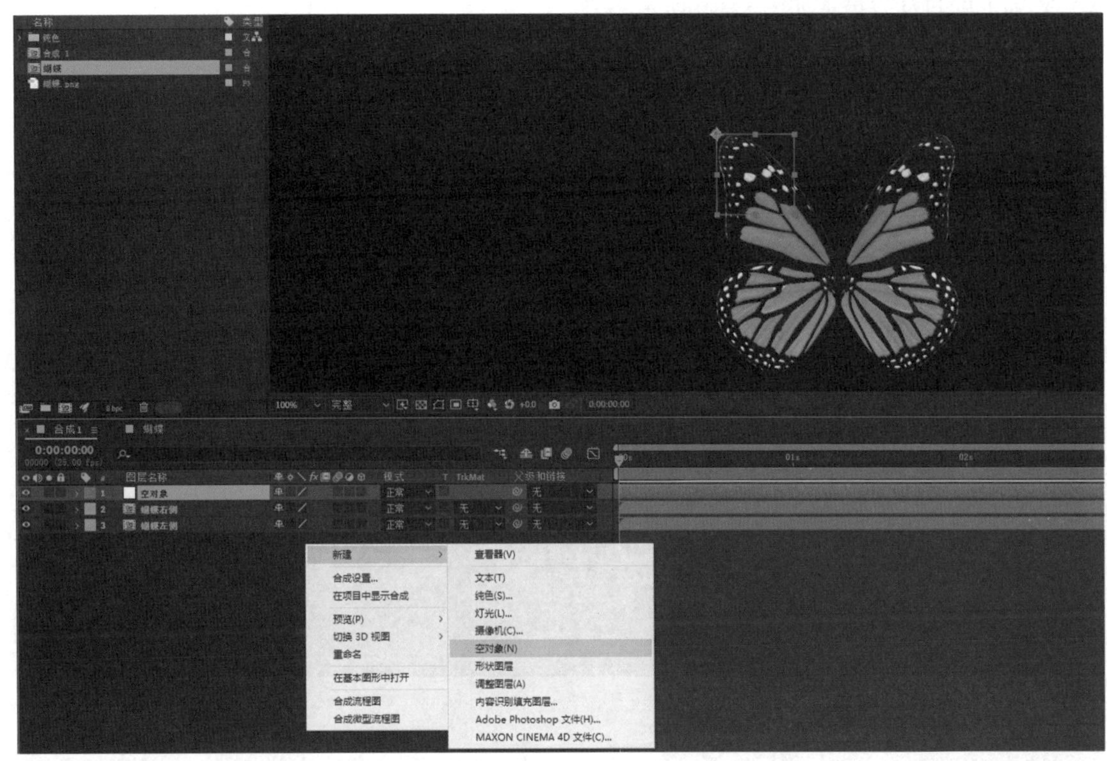

▲ 图 8-3-7　创建空对象并调整位置

将两个预合成与空对象层做子父级关系链接，打开空对象层的“3D 图层”选项并调整空对象位置动画，如图 8-3-8 所示。

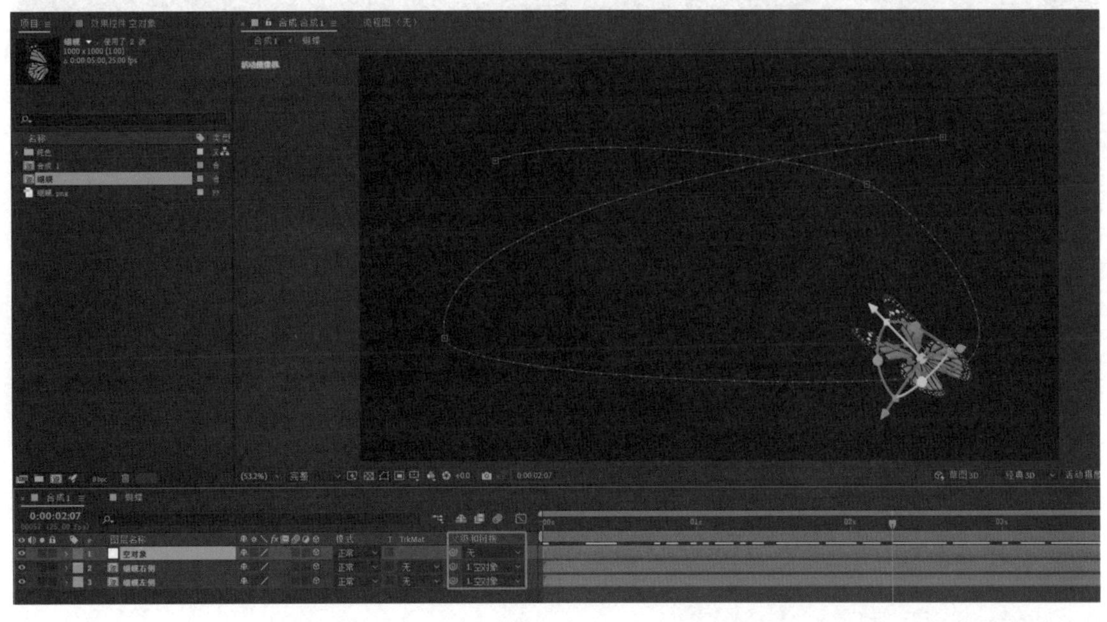

▲ 图 8-3-8　调整空对象动画

选中空对象图层的同时按 P 键，展开其“位置”属性。按住 Alt 键单击“位置”属性前的“关键帧自动记录器”按钮，打开表达式，输入“ wiggle（1，200）”，为飞舞的蝴蝶添加 X、Y 轴上的抖动效果，如图 8-3-9 所示。

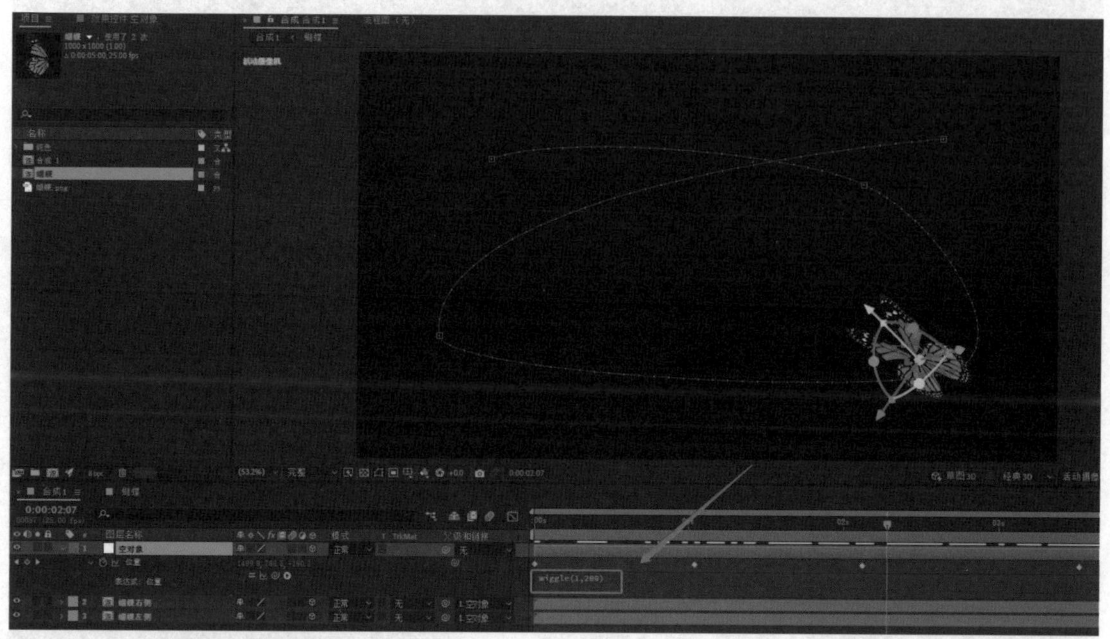

▲ 图 8-3-9　添加抖动效果

选中空对象层，右击鼠标选择“变换”→“自动定向”选项，在弹出的“自动方向”对话框中选择“沿路径定向”，如图 8-3-10 所示。

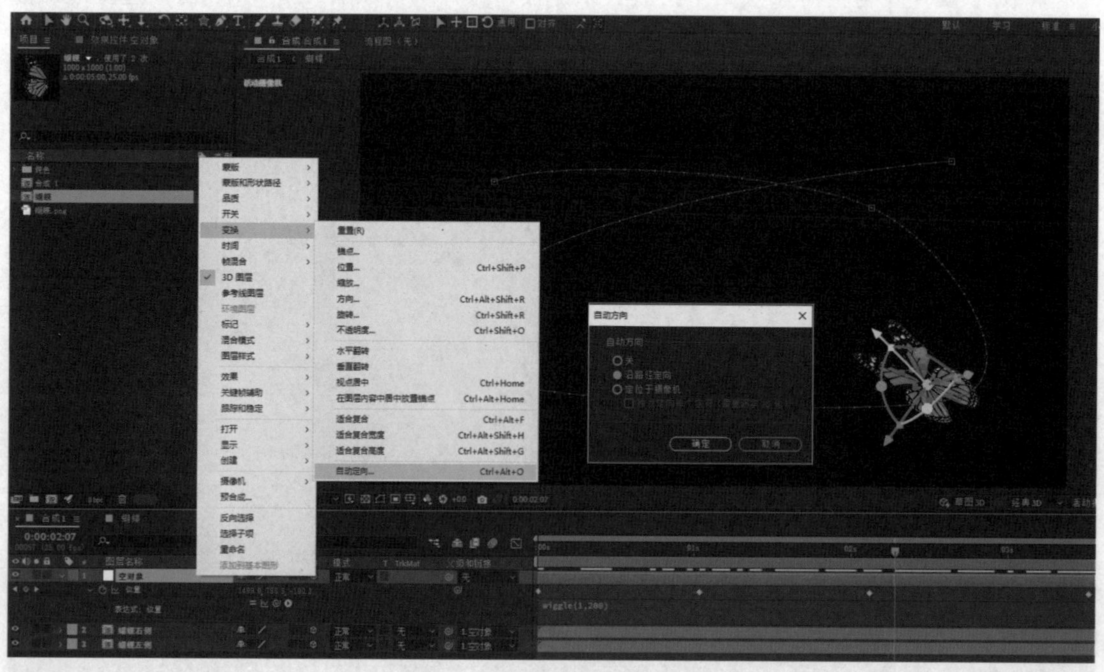

▲ 图 8-3-10　自动定向

调整空对象层，按 R 键展开“旋转”属性，调整 X、Y 轴的旋转角度参数，使蝴蝶飞舞的姿态更加自然，如图 8-3-11 所示。

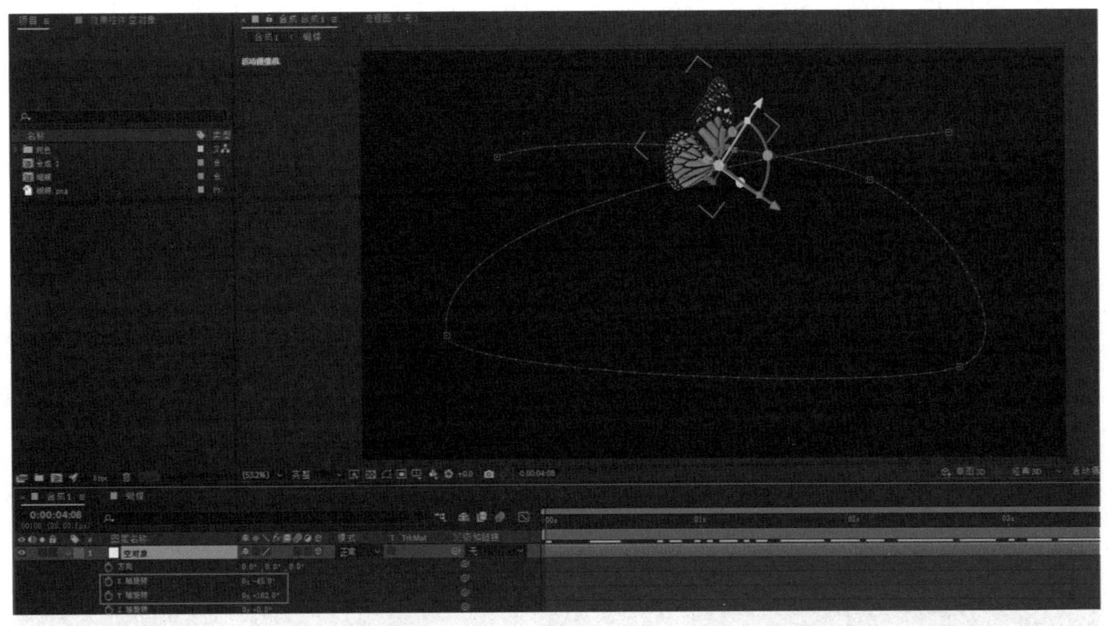

▲图 8-3-11　调整空对象旋转角度

8.3.3　粒子效果的叠加

新建黑色纯色层，重命名为“粒子 1-01”。选中“蝴蝶左侧”预合成，按 Ctrl+D 组合键复制一层并重命名为“蝴蝶左侧 2”，再将其设为隐藏显示。在菜单栏中选择“效果”→“RG Trapcode”→“Particular”选项，为其添加粒子效果。在打开的下拉框中，提高“Emitter”属性中的“Particles/sec”参数值；修改“Emitter Type”选项为“Layer”；降低“Velocity”的参数值；将“Layer Emitter”中的“Layer”选项修改为“蝴蝶左侧 2”合成，如图 8-3-12 所示。

▲图 8-3-12　添加粒子特效

在“Particle”属性栏，根据实际显示效果调整“Life”和“Life Random”参数值，从而改变粒子在蝴蝶身后拖出的“尾巴”长度；将“Sphere Feather”参数值修改为 0；增大“Size”参数值；调整“Size over Life”和“Opacity over Life”的曲线，如图 8-3-13 所示。

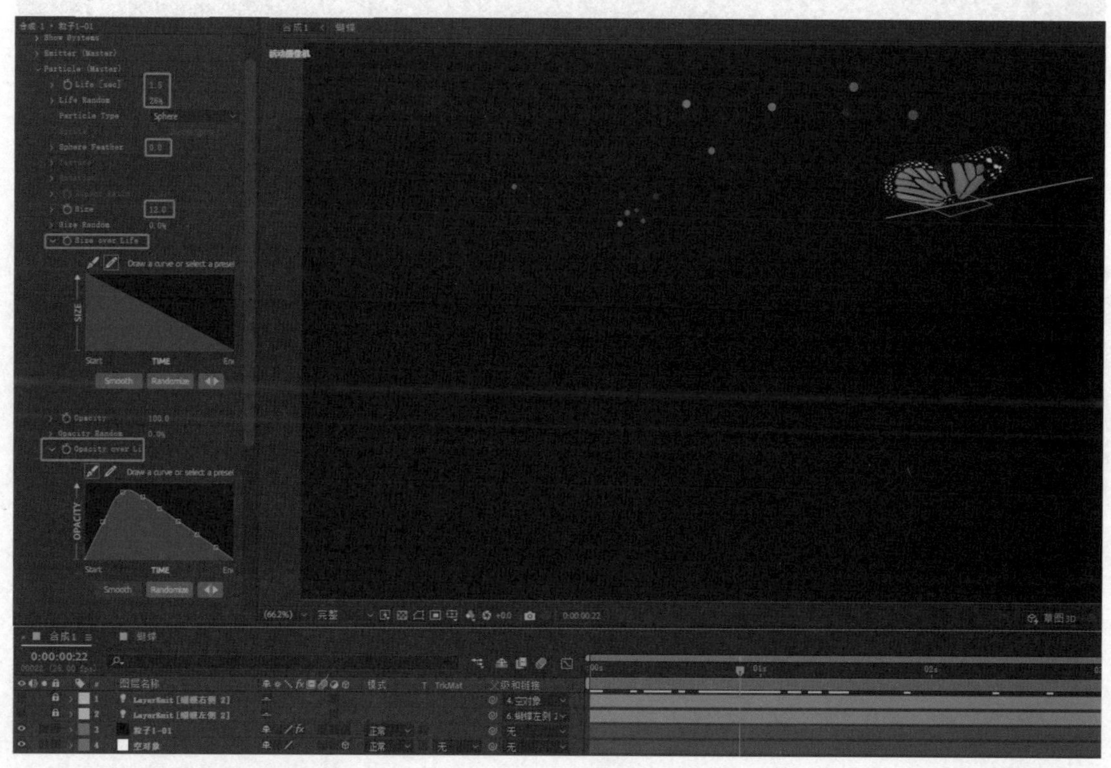

▲ 图 8-3-13　调整粒子属性

复制“粒子 1-01”层和“蝴蝶右侧”预合成，分别命名为“粒子 1-02”和“蝴蝶右侧 2”。将“粒子 1-02”层的粒子效果中“Emitter”→“Layer Emitter”→“Layer”选项修改为“蝴蝶右侧 2”，右侧翅膀的粒子效果制作完成，如图 8-3-14 所示。

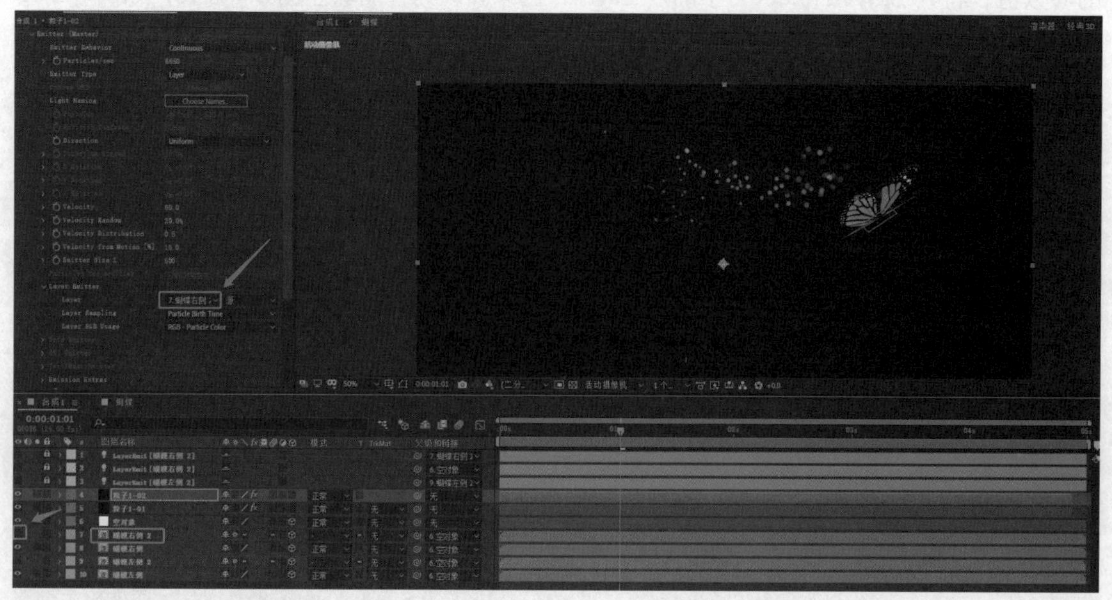

▲ 图 8-3-14　右侧翅膀粒子效果

下面还可以继续增加粒子细节，复制“粒子 1-01”层，重命名为“粒子 1-01 细节”。修改“粒子 1-01 细节”层的粒子效果，降低“Emitter”→“Particles/sec”参数值；将“Layer Emitter”→“Layer RGB Usage”选项设置为“None”；调整“Random Seed”参数值，如图 8-3-15 所示。

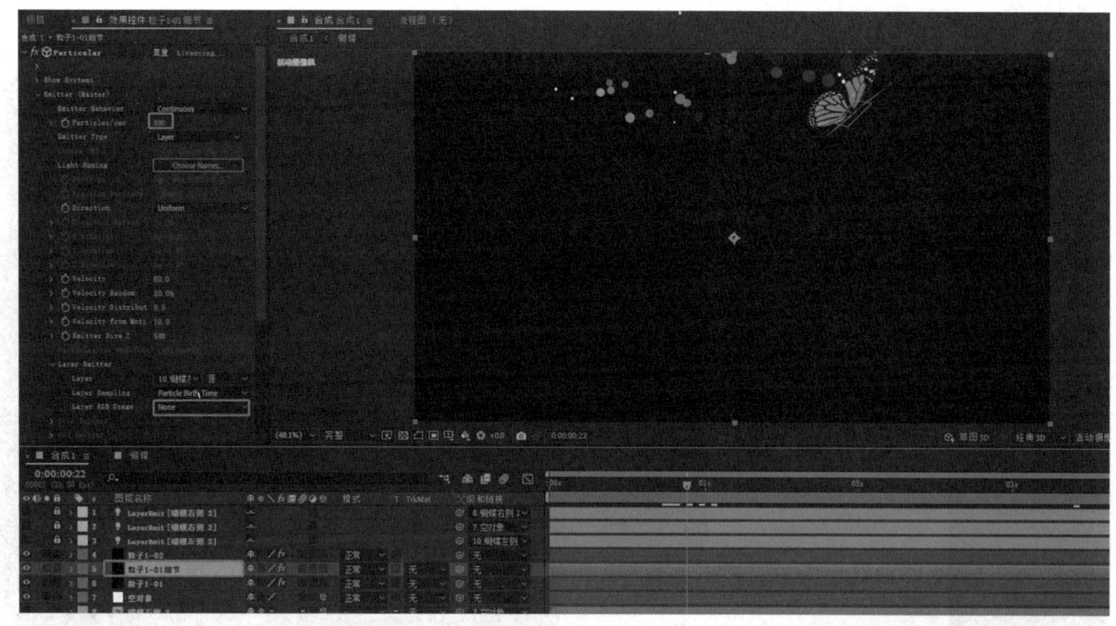

▲ 图 8-3-15 增加粒子细节

根据效果调整“Particle”属性栏中的“Life”和“Size”参数值；调整“Size over Life”和“Opacity over Life”的曲线，制作出粒子的闪烁效果，如图 8-3-16 所示。

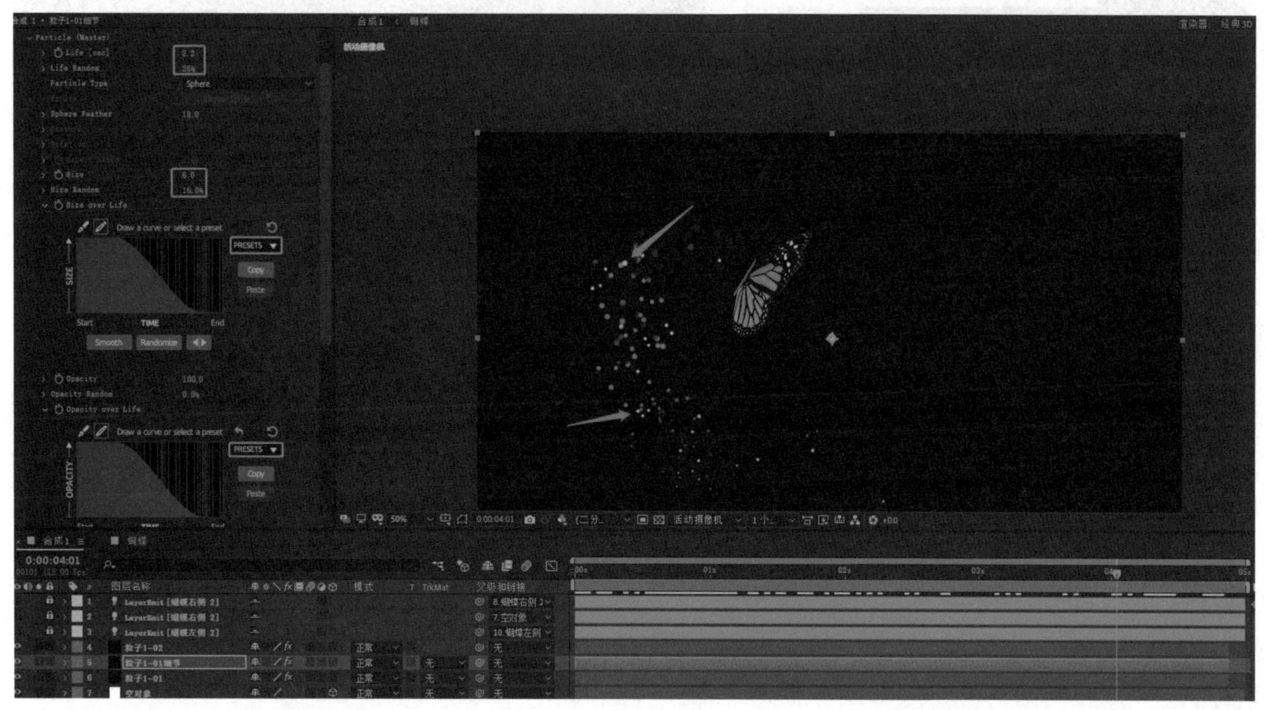

▲ 图 8-3-16 制作粒子闪烁效果

复制“粒子 1-01 细节”层，重命名为“粒子 1-01 细节 2”。修改“粒子 1-01 细节 2”层的粒子效果，增大“Particle”属性中的“Size”参数值，将“Layer Emitter”→“Layer RGB Usage”选项设置为“RGB-Particle Color”。为其添加“效果”→“模糊和锐化”→“CC Vector Blur（矢量模糊）”和“高斯模糊”特效，这样就完成了左侧翅膀粒子云的细节效果，如图 8-3-17 所示。

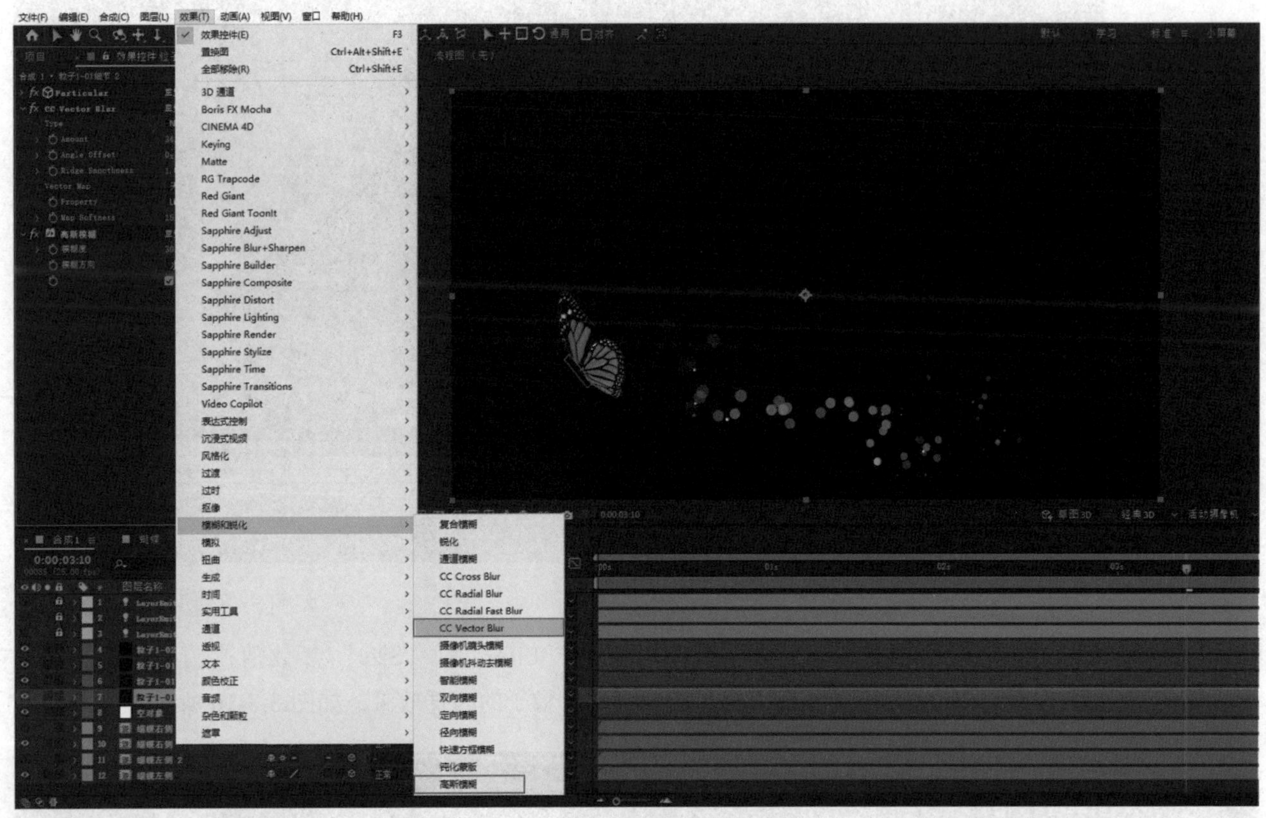

▲ 图 8-3-17　制作粒子云

对于右侧翅膀，可以用“粒子 1-02”层重复左侧翅膀的制作过程。最后新建纯色层放置到所有图层的最下方，命名为“背景”。打开菜单栏，为其添加“效果”→“生成”→“梯度渐变”效果，调整梯度渐变的起始和结束颜色及位置，将“渐变形状”选项修改为“径向渐变”，最终完成效果如图 8-3-18 所示。

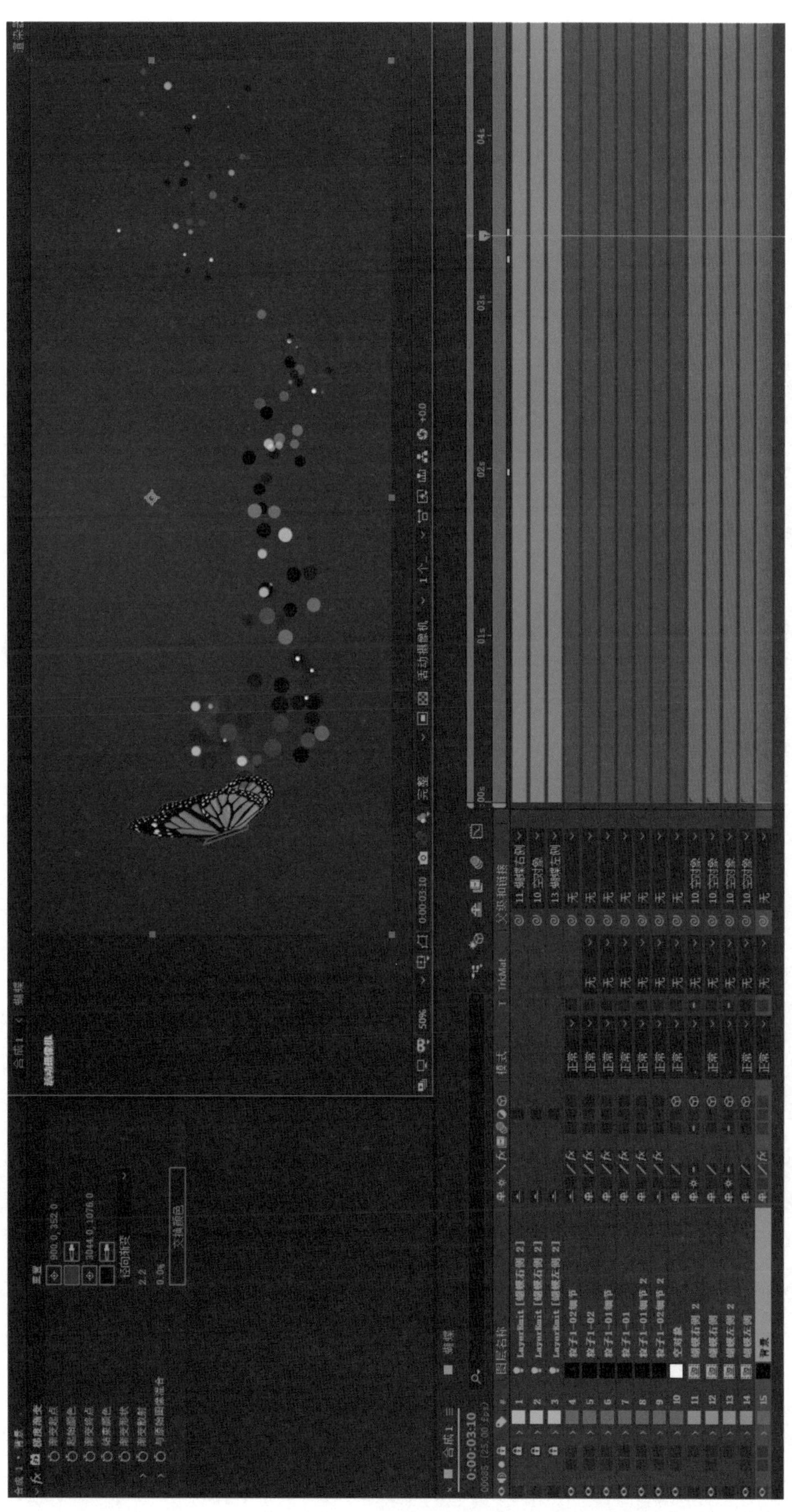

▲图 8-3-18　最终完成效果

练一练

1. 依照“红包雨”的制作过程，运用 AE 软件制作下雨或下雪的场景。

2. 依照“蝴蝶飞舞”的制作过程，运用 AE 软件绘制一支蒲公英，并制作蒲公英种子被风吹远的效果。

抠像

| 本章概述 |

“抠像”一词来源于早期电视制作，英文称作“ Key ”，意思是吸取画面中的某一种颜色作为透明色，将它从画面中抠去，从而使背景透出来，以便与其他画面相叠加，形成二层画面的组合。这样在室内拍摄的人物经抠像后可以与各种景物叠加在一起，形成神奇的艺术效果。抠像这种神奇的功能使很多镜头从不可能变为了可能。当今电影电视剧中有很多的镜头是通过抠像来完成的。本章将通过去除威亚、纯色背景抠像、Roto 笔刷工具三个小节和一个抠像综合案例来讲解 AE 软件中抠像的操作方法。

| 学习目标 |

1. 了解抠像的概念，熟悉抠像的一般操作流程。

2. 学习 AE 软件中不同的抠像方法，了解不同抠像方法的优缺点，能够根据素材选择合适的抠像方法。

| 素质目标 |

1. 培养细心的能力，克服浮躁心理

2. 感受责任和担当，认识我国电影行业，为国家的媒体事业添砖加瓦。

9.1 去除威亚案例

威亚擦除案例

在一些科幻、奇幻影视镜头中，常有演员飞在天上的镜头，这样的镜头一般是通过吊威亚来拍摄的。而镜头中的威亚就需要在后期制作中去除，以达到角色仿佛在天上飞的效果。本小节将通过案例对 AE 软件中去除威亚的操作进行细致的讲解。

首先准备好视频素材的 JPEG 序列文件，本案例中使用的是一个直升机坠毁的视频素材。打开 AE 软件导入素材，在“导入文件”对话框中选中序列帧素材的第一帧图片，并确保在下面的“序列选项”中勾选“ImporterJPEG 序列”，如图 9-1-1 所示。单击“导入”按钮，就可以将整个文件序列导入 AE 软件中。

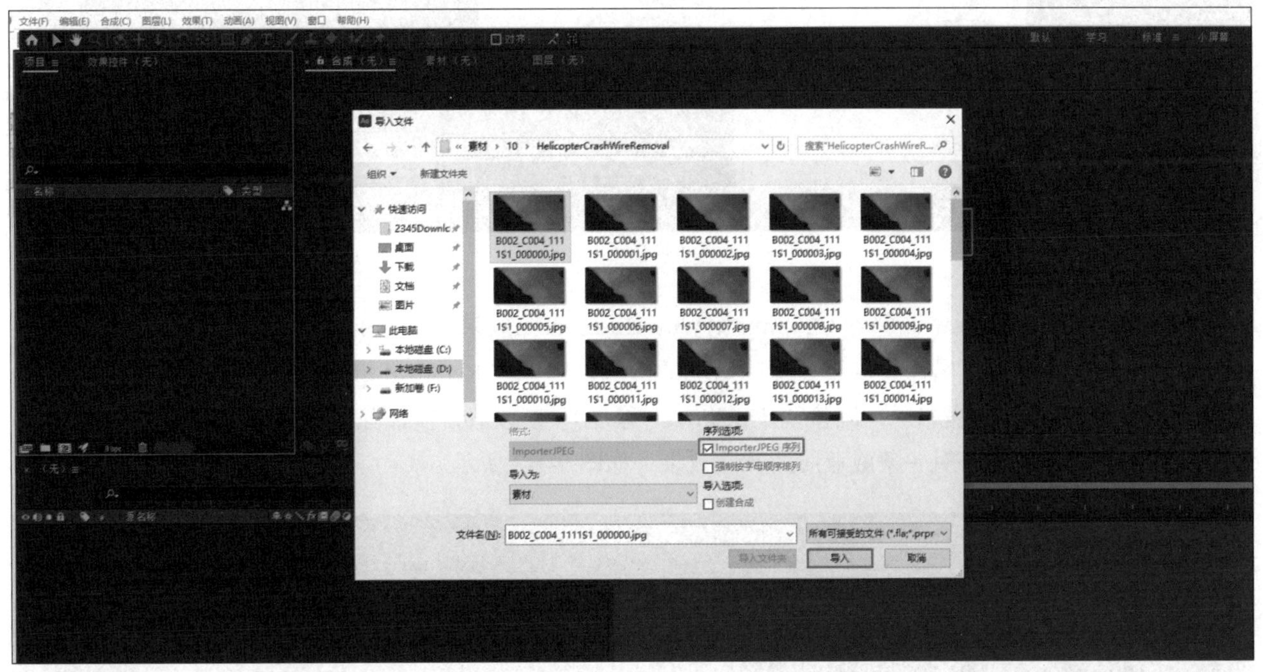

▲ 图 9-1-1 导入序列素材

在“项目”面板中，导入的 JPEG 序列显示为单独一个素材，可以直接依据素材大小新建合成。

在“时间线”面板中选中素材层，选择菜单栏中的“效果”→“抠像”→“CC Simple Wire Removal”选项，如图 9-1-2 所示。

▲ 图 9-1-2　添加抠像效果

在“效果控件”面板中调整“CC Simple Wire Removal”效果的“Point A”和“Point B”两个点的位置参数，确保其位于要擦除威亚的两端，确保“Removal Style（去除样式）”选项设置为“Displace（置换）”，调整“Thickness（厚度）”参数值，使擦除区域能够完全覆盖威亚线，这样就完成了对一条威亚线的擦除效果，如图 9-1-3 所示。

▲ 图 9-1-3　调整效果参数

因为视频镜头是运动的，在完成第一帧的设置后，单击“Point A”和“Point B”前面的“关键帧自动记录器”按钮，逐帧观察并调整两个点的位置，如图 9-1-4 所示。

▲ 图 9-1-4　逐帧调整

因为素材中有三条威亚线需要擦除，所以可在选中效果后按“Ctrl+D”组合键复制两次，逐根对威亚线进行擦除调试，最终完成擦除效果，如图 9-1-5 所示。

▲ 图 9-1-5　最终完成效果

9.2 纯色背景的抠像

纯色抠像是特效镜头制作中常用的技术。演员需要在纯色背景的摄影棚中完成前期拍摄，然后利用后期抠像技术将角色抠出，再和需要的背景进行合成，最终完成镜头的制作。抠像的基本思路是添加完抠像特效后，先进行初步抠除，再调节相关参数，对抠除效果进行细节调整，最后利用蒙版抠除掉多余的物体。本小节将通过案例对 AE 中纯色抠像的几个效果进行介绍。

9.2.1 Keylight 抠像

Keylight 是 AE 软件中内置的抠像插件。它主要通过识别特定颜色来完成抠像，使用方便，并且非常擅长处理反射、半透明区域和头发等元素的抠像问题。

Keylight 效果的简单使用步骤如下：①使用“ Screen Colour”吸管工具取色，得到初步抠像结果；②将素材转换为 Alpha 通道显示并打开屏幕遮罩“ Screen Matte”；③在“ Screen Matte”属性组中，使用“ Clip Black”和“Clip White”等属性优化遮罩。

首先导入抠像素材，并依据素材新建合成，本案例中使用的素材是一只坐在绿色树荫下的小猫图片。

▲图 9-2-1 根据素材新建合成

在素材层底部再创建一个纯色层作为背景。选中前景素材层，右击选择“效果”→“Keying”→“Keylight（1，2）”选项，如图 9-2-2 所示。

Keylight 抠像

▲ 图 9-2-2　添加“Keylight”效果

在素材层添加“Keylight”效果后，可以在“效果控件”面板中浏览其属性参数，如图 9-2-3 所示。“Keylight”效果中各项参数的含义与用途如表 9-2-1 所示。

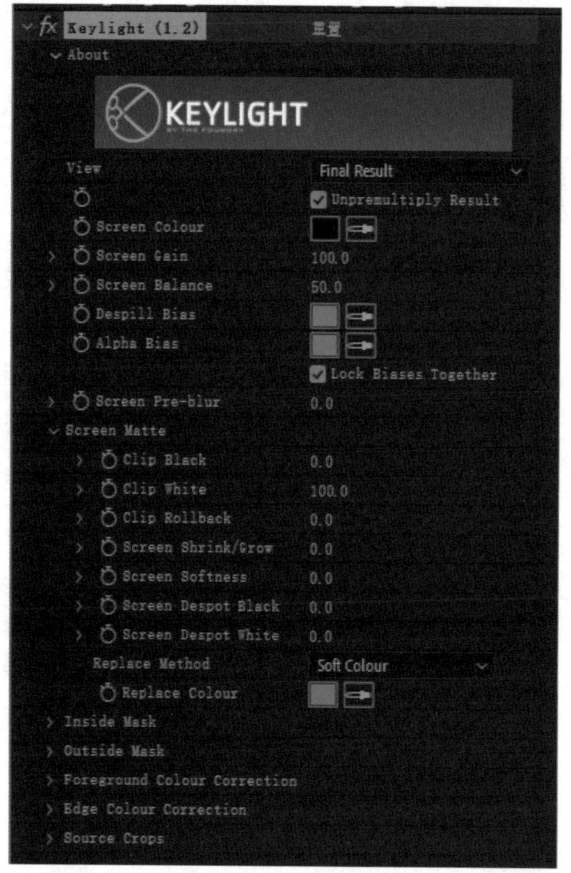

▲ 图 9-2-3　“Keylight”参数面板

表 9-2-1 “Keylight”效果中各项参数的含义与用途

参数	含义	用途
View	视图	默认为“Final Result（最终效果）”，是结合所有遮罩、蒙版、溢出及颜色校正后的预乘结果
Unpremultiply Result	非预乘结果	默认为勾选状态。非预乘，也称直接通道，透明度信息仅存储在 Alpha 通道中；预乘，透明度信息存储在 Alpha 通道及带有背景色（通常为黑色或白色）的可见 RGB 通道中。半透明区域（如羽化边缘）的颜色将依照其透明度比例转向背景色
Screen Colour	屏幕颜色	“Keylight”效果的首要工具，用于指定要抠除的颜色
Screen Gain	屏幕增益	用于调整屏幕遮罩的暗部区域细节，相当于容差值，控制颜色被抠除的强度。建议在“Intermediate Result”视图下适当调整其值的大小，过大的值易导致边缘细节丢失
Screen Balance	屏幕平衡	考虑饱和度所占屏幕颜色三要素中的权重，设置遮罩的对比度。一般来说，绿幕素材建议为 50，蓝幕建议为 95
Despill Bias	消除溢色偏移	背景色通常会在前景对象上有颜色的反射。可以在人像的皮肤边缘上单击，也可以在拾色器中边观察边调整
Alpha Bias	Alpha 偏移	一般情况下与“Despill Bias”链接，一起用于对图像边缘进行反溢出调整
Lock Bias Together	锁定所有偏移	用于锁定偏移属性
Screen Pre-blur	屏幕预模糊	在抠像前先进行模糊，以提高键控的柔和程度。此参数比较适合有明显噪点的图像
Screen Matte	屏幕遮罩	用于进一步调整抠像效果，常配合“Screen Matte”视图使用
Clip Black	剪切黑色	使得低于此值的都变成黑色
Clip White	剪切白色	使得高于此值的都变成白色
Clip Rollback	剪切回滚	恢复上述两项处理后存在的边缘锯齿等问题
Screen Shrink/Grow	屏幕收缩 / 扩展	用于处理抠像边缘溢出的白边和黑边。它类似于“移除边缘”，可缩小到子像素级别。负值收缩遮罩，正值扩展遮罩
Screen Softness	屏幕柔化	用于柔化抠像边缘的锯齿，使得抠像边缘变得柔和
Screen Despot Black	屏幕强制黑色	用于去除遮罩上白色区域中的黑色杂点
Screen Despot White	屏幕强制白色	用于去除遮罩上黑色区域中的白色杂点

续表

参数	含义	用途
Replace Method	替换方法	指示如何处理那些使用上述属性调整后透明度发生变化的像素。在“Status”视图下，用绿色表示遮罩内这样的像素，用蓝色表示蒙版内这样的像素。“None”：保持抠像后的状态，不做替换；“Source”：用“Screen Colour”指定的颜色来替换；“Hard Colour”：用下面“Replace Colour”中的颜色来替换；“Soft Colour”：默认选项。同“Hard Colour”一样，只不过它会在亮度上与原始像素匹配，因此会更自然
Replace Colour	替换颜色	默认颜色为中性灰
Inside Mask	内部蒙版	当前景中有与“Screen Colour”一样颜色的物体且必须保留时，可考虑使用内部蒙版。“Outside Mask（外部蒙版）”与内部蒙版相反
Foreground Colour Correction	前景颜色校正	要留下的部分（被抠出的区域）就是前景。本属性组用于调整前景的色彩和影调
Edge Colour Correction	边缘颜色校正	用于控制被抠除区域的边缘
Source Crops	源裁剪	可以从上、下、左、右四个方向对原始素材进行裁剪

在素材添加完“Keylight”效果后进行下一步编辑。确保“View”选项为“Final Result”，单击“Screen Colour”后面的吸管图标，吸取要抠除的背景颜色。这时前景素材中选定的相关颜色会被自动抠除，如图 9-2-4 所示。

▲ 图 9-2-4　初步抠除效果

接下来在“合成”面板中单击“通道”图标，将“RGB”显示模式修改为“Alpha”显示模式，如图 9-2-5 所示。关闭背景层，此时会看到素材变成黑白灰图像。白色代表要保留的部分；黑色代表被抠除的部分，即透明区域；灰色代表半透明区域，即未完全抠除的部分。

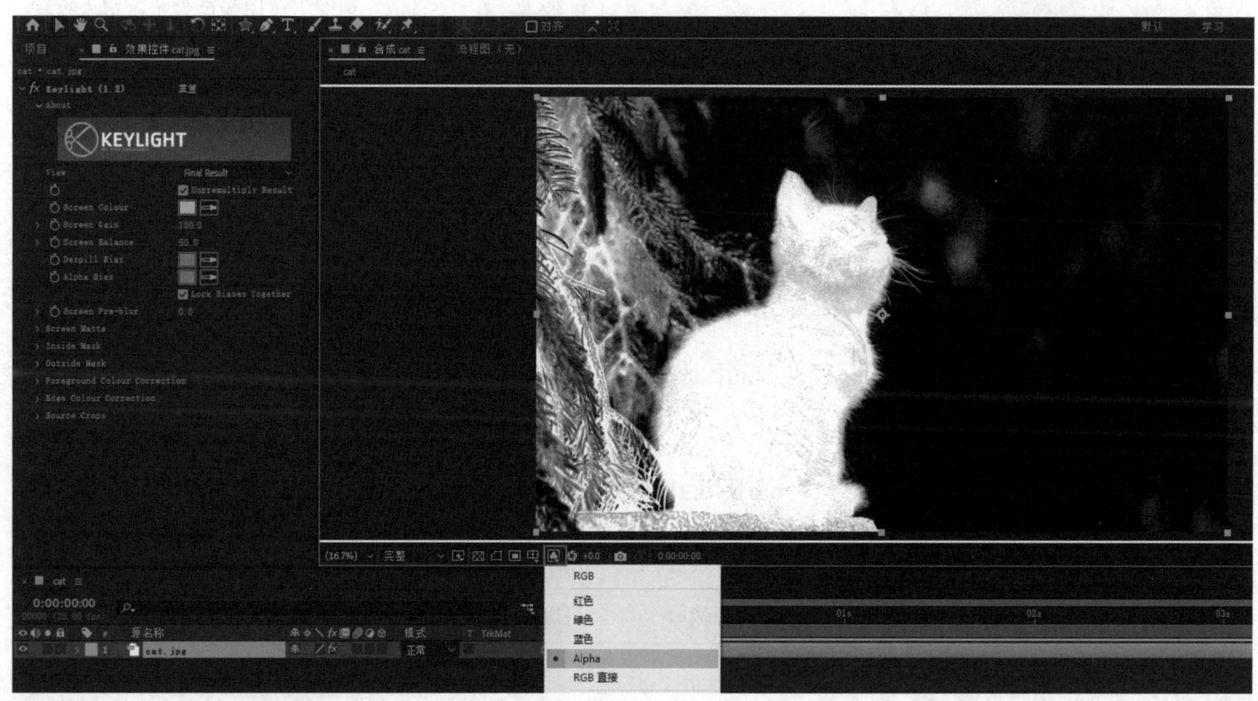

▲图 9-2-5　切换效果显示模式

展开“Screen Matte”属性栏，调整各项属性参数的数值。最终将要抠除的背景尽量调整为纯黑色，前景中要保留的细节尽量为纯白色。尽可能减少播放镜头预览时背景部位中的白点闪烁和前景区域中的黑点闪烁，如图 9-2-6 所示。

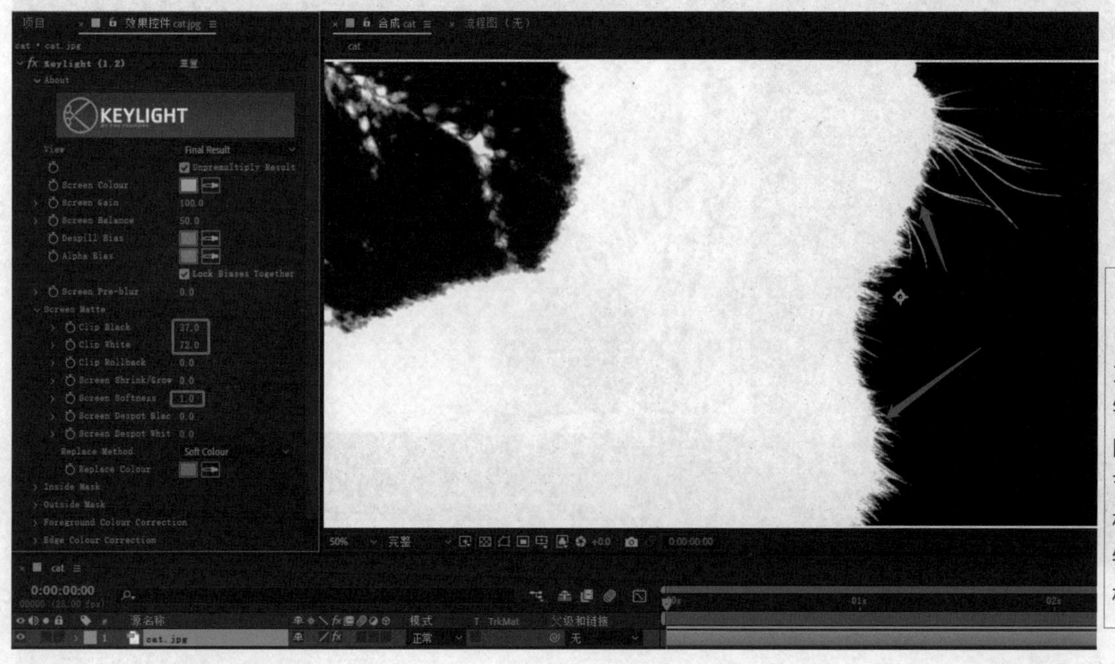

▲图 9-2-6　调整细节效果

温馨提示

不同镜头因为光线、色彩、镜头运动等因素的不同，需要调节的参数也会不相同，制作者要针对不同镜头随机应变。

将毛发抠除完成后，如果发现背景还有部分灰色，说明背景还没有抠除干净，如图 9-2-7 所示。

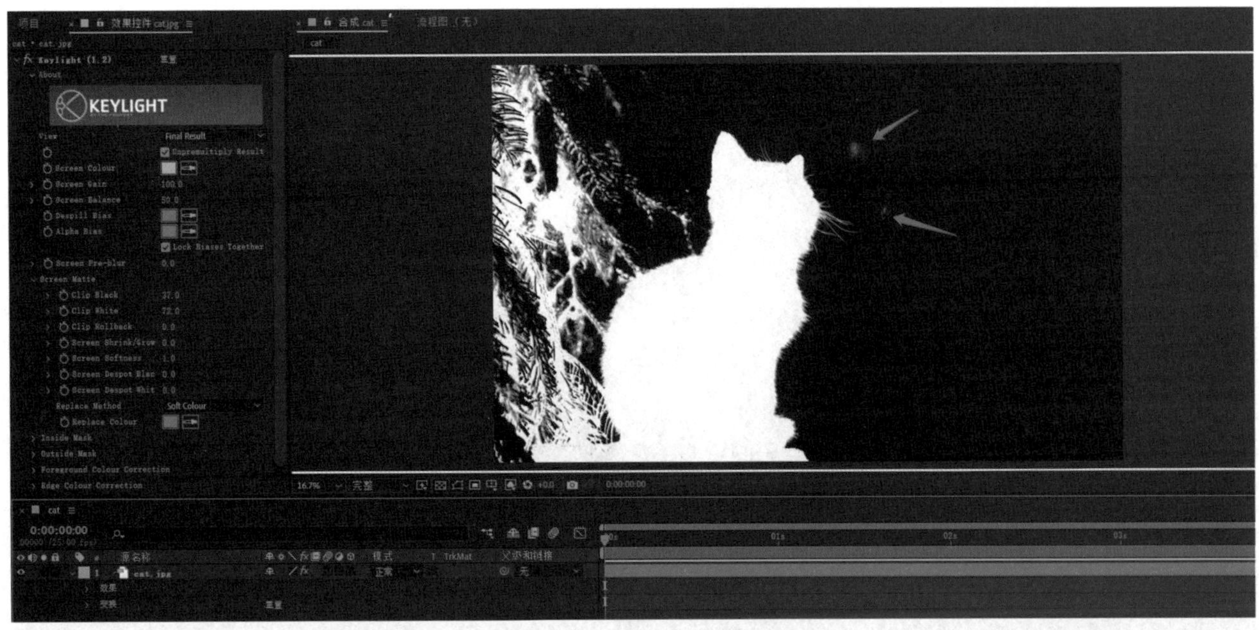

▲ 图 9-2-7　背景遗漏

这时可以选中素材层，用钢笔工具绘制遮罩将灰色区域盖住，在“蒙版”属性中勾选“反转”属性，把背景抠除干净，如图 9-2-8 所示。

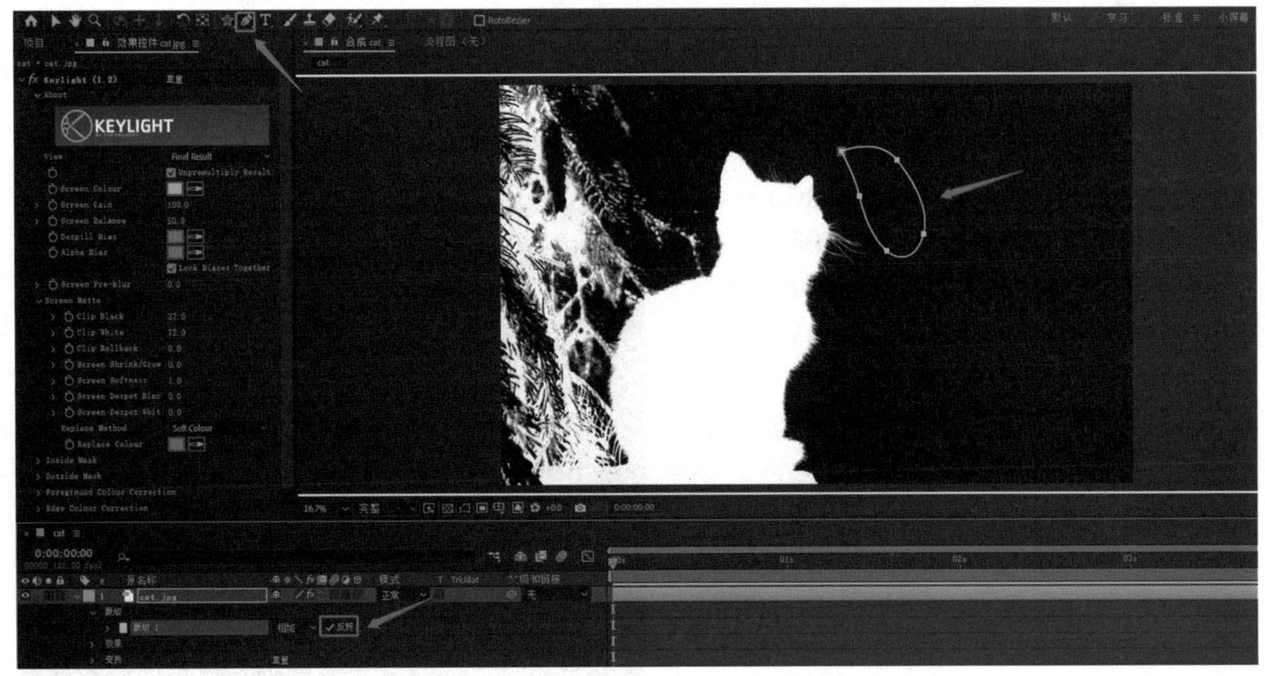

▲ 图 9-2-8　利用蒙版抠除背景瑕疵

将显示模式切换为“RGB”模式，同时打开“背景透明网格”，最终抠除效果如图9-2-9所示。

▲ 图 9-2-9　最终抠除效果

9.2.2　线性颜色键

线性颜色键是一个标准的线性键，可以包含半透明的区域。线性颜色键根据RGB彩色信息、色相或饱和度信息，与指定的键控色进行比较，产生透明区域。之所以称之为线性键，是因为它可以指定一个色彩范围作为键控色。它可以用于大多数对象，但不适合半透明对象，“效果控件”面板中的“线性颜色键”效果属性如图9-2-10所示。

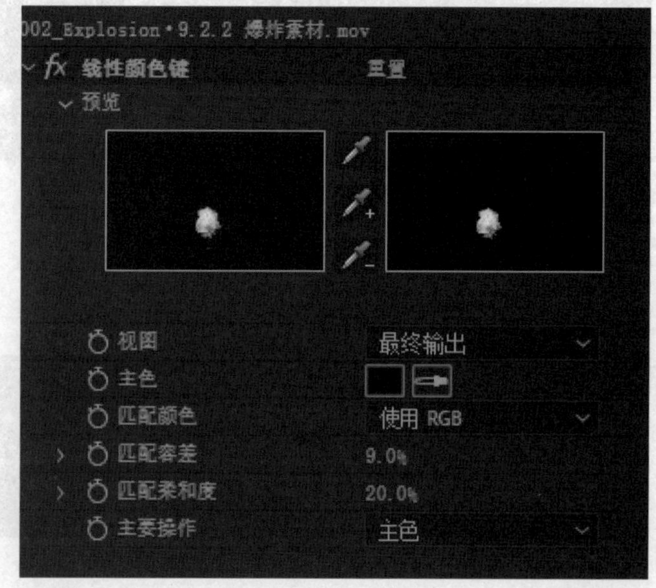

▲ 图 9-2-10　线性颜色键

“预览”：显示素材的缩略图及抠像完成的预览效果。两个缩略图中间的键控滴管用于在“合成”面板或缩略图中选择键控色。加滴管用于为键控色增加颜色范围，减滴管用于为键控色减少颜色范围。

视图：用于切换缩略图和“合成”面板的视图，可以选择“最终输出”、“仅限源”或

“仅限遮罩”。

“线性颜色键”效果

“主色”：主色可以通过色板进行选择，也可以使用滴管工具在合成窗中选择。

“匹配颜色”：可以选择“使用 RGB”、“使用色相”或“使用饱和度”。

“匹配容差”：用于调控匹配范围。

“匹配柔和度”：用于调整匹配的柔和程度。

“主要操作”：用于选择“主色”和“保持颜色”。

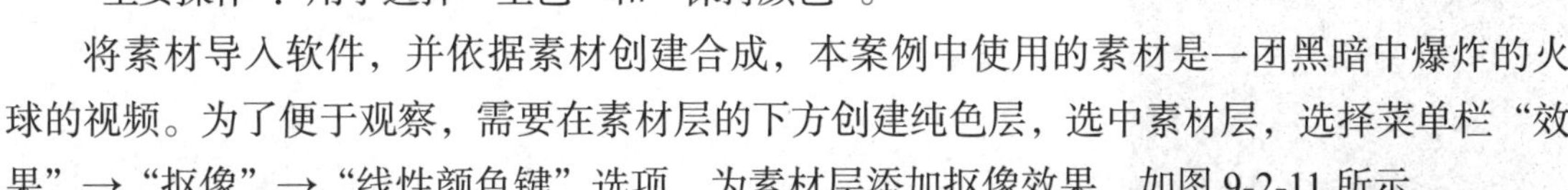

将素材导入软件，并依据素材创建合成，本案例中使用的素材是一团黑暗中爆炸的火球的视频。为了便于观察，需要在素材层的下方创建纯色层，选中素材层，选择菜单栏“效果”→“抠像”→“线性颜色键”选项，为素材层添加抠像效果，如图 9-2-11 所示。

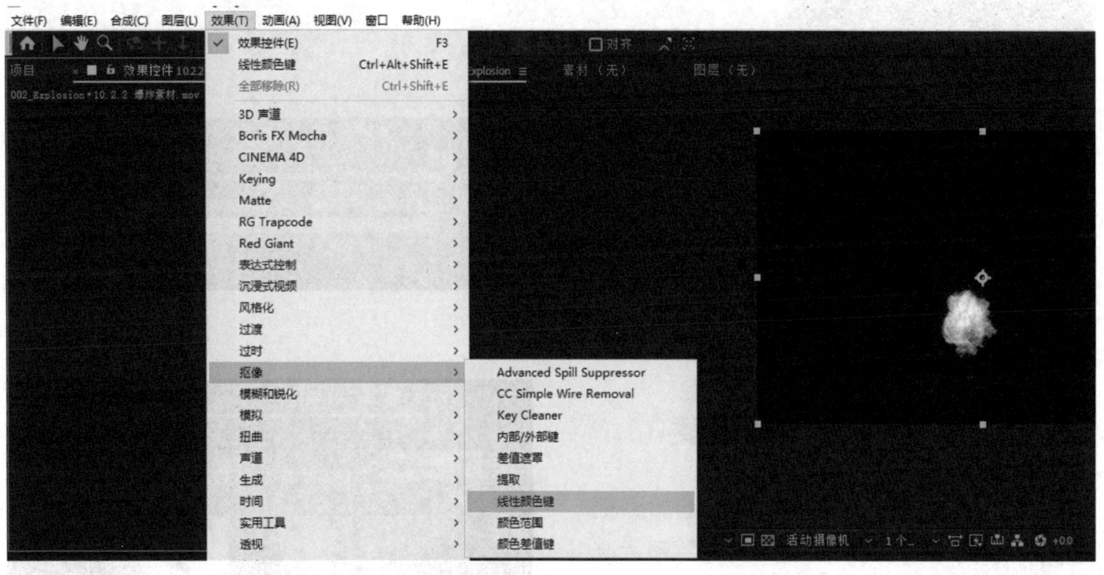

▲ 图 9-2-11　添加线性颜色键效果

展开“线性颜色键”效果的属性参数，在“预览”窗口中单击滴管图标或者“主色”参数后的滴管图标吸取素材键出颜色，“合成”面板中的素材便会把键出的颜色抠除，如图 9-2-12 所示。

▲ 图 9-2-12　吸取要抠除的键出颜色

根据合成中素材的显示效果，适当调整“匹配容差”和“匹配柔和度”的参数值，最终将爆炸的火焰从黑色背景中被抠了出来。值得注意的是提高容差值会损失素材的一部分细节，所以需要掌握一定的尺度，如图 9-2-13 所示。

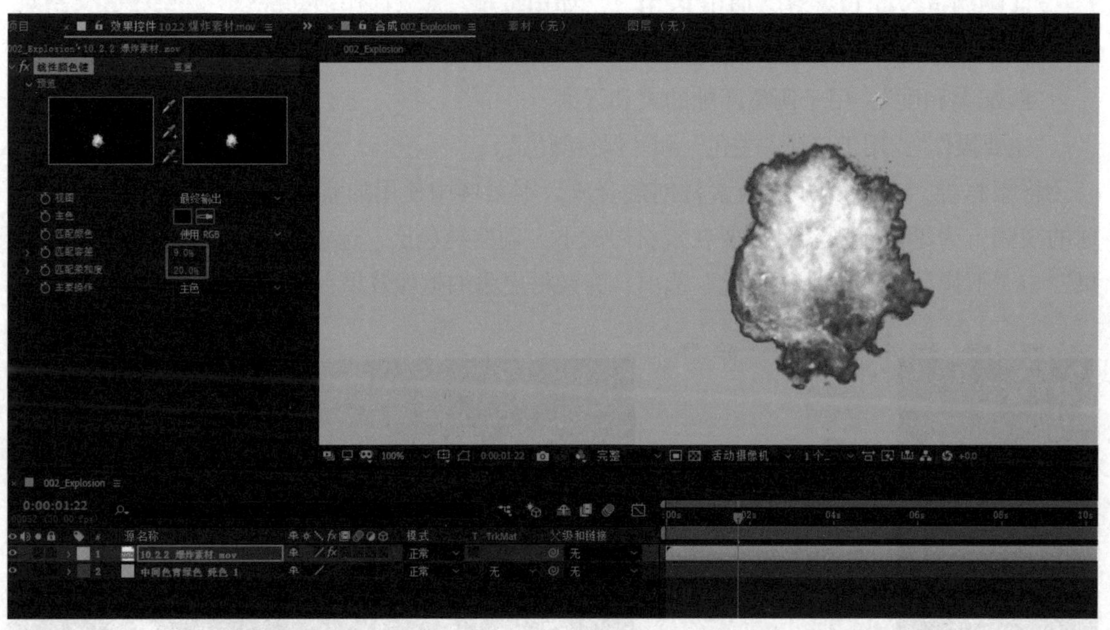

▲ 图 9-2-13　调整参数值

9.2.3　颜色差值键

“颜色差值键”效果从不同的起始点把图像分成两个遮罩，即“遮罩 A”和“遮罩 B”。其中，“遮罩 B”是键控色，而“遮罩 A”是键控色之外的遮罩区域。组合两个遮罩可以得到第三个遮罩，称为“Alpha 遮罩”，使用颜色差值键可以产生一个明确的透明值。“颜色差值键”效果属性如图 9-2-14 所示，其各项属性的详细功能说明如表 9-2-2 所示。

“颜色差值键”效果

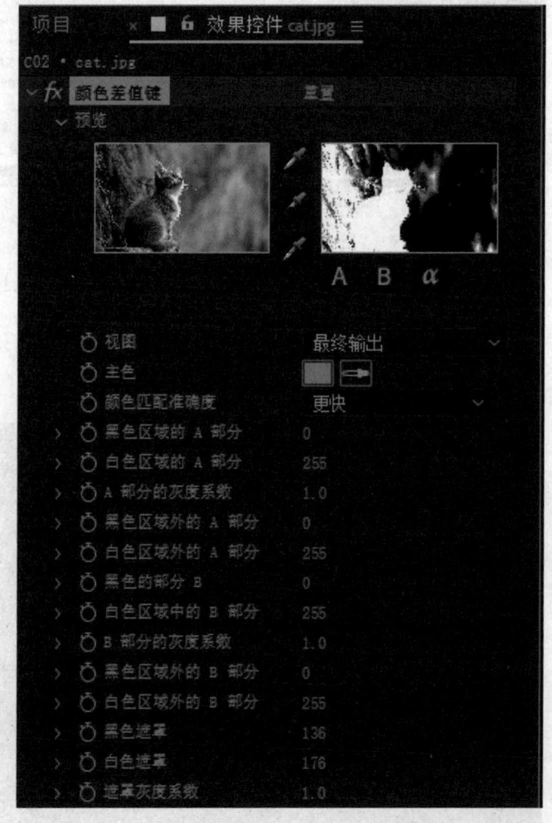

▲ 图 9-2-14　“颜色差值键”效果属性

表 9-2-2 “颜色差值键”效果属性与功能

效果属性	功能
预览素材视图	用于显示源素材画面的缩略图
遮罩视图	用于显示调整的遮罩情况，单击下面的“A”“B”“α”图标，可以分别察看“遮罩 A”“遮罩 B”“Alpha 遮罩”的显示效果
键控滴管	用于从素材视图中选择键控色
黑滴管	用于在遮罩视图中选择透明区域
白滴管	用于在遮罩视图中选择不透明区域
视图	用于切换“合成”面板中的显示，可以选择多种视图
主色	用于选择键控色，可以使用色板或直接用滴管工具在合成窗口中选择需要键出的颜色
颜色匹配精准度	用于设置颜色匹配的精度，可选择“更快”或“更精确”
A 部分集群参数	用于对“遮罩 A”的参数进行精确调整
B 部分集群参数	用于对“遮罩 B”的参数进行精确调整
遮罩部分集群参数	用于对“Alpha 遮罩”的参数进行精确调整

利用颜色差值键抠像的步骤如下所示。

步骤 1：使用“键控滴管”或者“主色滴管”在素材中吸取键出的颜色。

步骤 2：使用“白滴管”，单击 Alpha 遮罩视图中白色（不透明）区域中最暗的部位，设置不透明区域。

步骤 3：使用“黑滴管”，单击 Alpha 遮罩视图中黑色（透明）区域中最亮的部位，设置透明区域。

步骤 4：创建与键出颜色强对比的背景纯色层并放置到素材层底部，参照“合成”面板中的显示效果，对 A 部分、B 部分和遮罩的各项参数进行适当调整。

步骤 5：添加“高级溢出控制器”效果，去除素材的颜色溢出。

步骤 6：可以根据要求适当添加“简单阻塞工具”和“遮罩阻塞工具”，进行边缘精细化调整。

9.3 Roto 笔刷工具的运用

Roto 笔刷工具是在 CS5 版本后就加入 AE 软件中的一个非常好用的抠像工具。它在抠取景深画面时效果非常好，可以快速分离出相同焦距内的画面。Roto 笔刷工具适用于动态抠像，可以免去一帧一帧调整的麻烦。本小节将通过案例介绍 Roto 笔刷工具的作用和技巧。

本小节将利用 9.2.1 中的素材进行讲解。将素材导入新建合成中后，在“合成”面板中双击素材层，单独打开该图层。在图层编辑模式下找到最适合开始抠像的帧，在工具栏中单击“Roto 笔刷工具”图标，就可以进行绘制了，如图 9-3-1 所示。

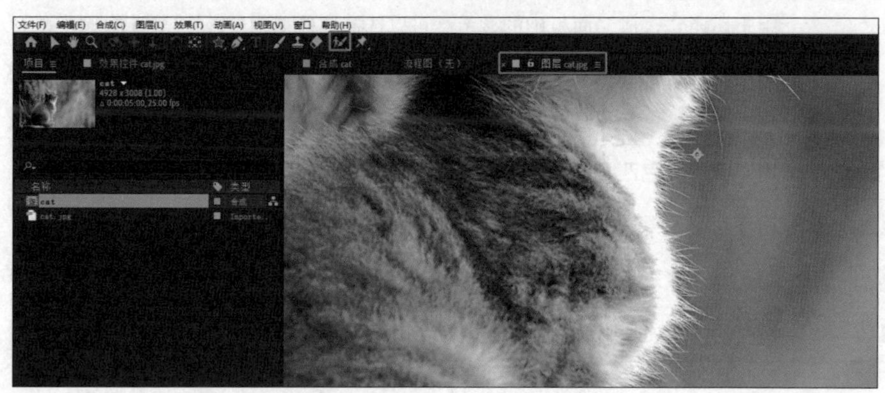

▲ 图 9-3-1　进入 Roto 笔刷编辑模式

温馨提示

根据需要使用尽量少的描边来添加选区或从选区中移除不需要的选区；不要围绕对象绘制轮廓，而要在中间横切绘制，并依据对象上区域颜色或亮度的不同来进行微调。

默认情况下，Roto 笔刷的光标显示为一个包含绿色加号的圆圈，可以按住“Ctrl”键拖动鼠标调整笔刷的大小。绘制时，拖动鼠标横切需要保留的部分，软件会自动生成一个粉色轮廓的区域，即选区部分。如果选区没有覆盖想要保留的细小部分，可以缩小笔刷继续横切该部分，将其添加到选区；如果选区覆盖了不想保留的部分，可以按住“Alt”键，此时光标变成包含红色减号的圆圈，横切该部分，可以将其从选区中删除。最终完成绘制效果，如图 9-3-2 所示。

▲ 图 9-3-2　Roto 笔刷绘制效果

绘制完大概区域以后，再在“ Roto 笔刷工具”的图标下选择“调整边缘工具”进行边缘的绘制。根据边缘毛发进行体绘制边缘区域的调整，最终完成绘制效果，如图 9-3-3 所示。

▲ 图 9-3-3　调整边缘工具

在效果控件面板中，调整“ Roto 笔刷和边缘调整”的属性。将“品质”选项设置为“最佳”，“震颤减少”设置为“更详细”，所呈现的抠图效果会变得比较精细，但进行对应更改后渲染时间也会更长，如图 9-3-4 所示。

▲ 图 9-3-4　修改边缘调整属性

切换回合成视图，新建蓝色纯色层置于素材层下方作为背景层。此时可以看出素材的背景已经被全部抠除，最终效果如图 9-3-5 所示。

▲ 图 9-3-5　新建背景层

拖动“时间线”面板中的时间指示器，在“合成”面板下方会弹出绿色条，显示“调整边缘传播”并自动解算后续帧的抠像效果，如图 9-3-6 所示。

▲ 图 9-3-6　依据素材大小新建合成

回到图层中，可以逐帧查看解算完成后的效果，还可以在“合成”面板下方切换显示模式，如图 9-3-7 所示。图标从左到右依次为“边缘 X 射线模式”“Alpha 模式”“Alpha 边界”“Alpha 叠加和叠加颜色”。

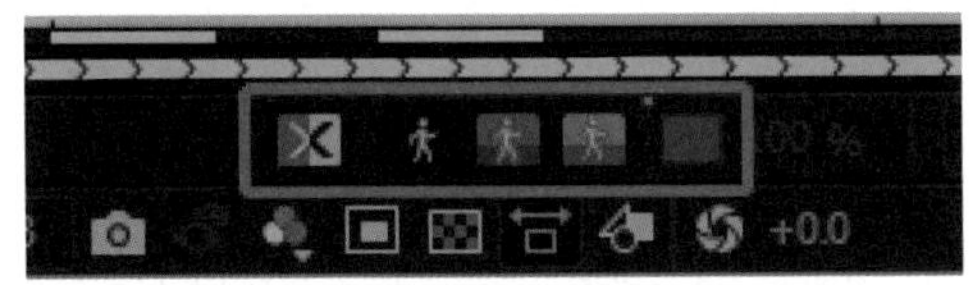

▲ 图 9-3-7　调整锚点位置

“边缘 X 射线模式”：显示边缘绘制区域的 Alpha 通道，其他部分正常显示。

“Alpha 模式”：显示图层的 Alpha 通道。

“Alpha 边界”：显示源图层，其中前景和背景不变，而分段边界叠加为彩色轮廓。

“Alpha 叠加和叠加颜色”：显示源图层，其中前景不变而背景与一种纯色叠加，可以调整和更改背景叠加颜色。

在不同显示模式下，逐帧进行检查并修整细节。检查完成后，回到“合成”面板查看素材与背景的合成效果，最终完成镜头的抠像工作。

“Roto 笔刷工具”运用效果

9.4 综合运用案例

抠像综合案例

在实际的影视作品后期制作中，由于背景的平整度、背景光的均匀程度、场景中颜色的对比等因素的不同，一种抠像效果不可能适用于所有镜头的抠像。因此，针对不同镜头，抠像师需要通过经验判断应该使用哪种抠像方法，甚至多种抠像方法结合使用，最终达到逼真的抠像效果。本小节将以一个案例来讲解实际项目中的抠像运用技巧。

首先需要分析抠像的部分及制作的最终预想效果。本案例使用的素材前景为汽车内景镜头，要求把车窗外蓝色部分抠除并替换为森林外景，还要给人一种车在往前开的错觉。首先基于前景素材新建合成，将背景森林素材放到前景素材层下方，如图 9-4-1 所示。

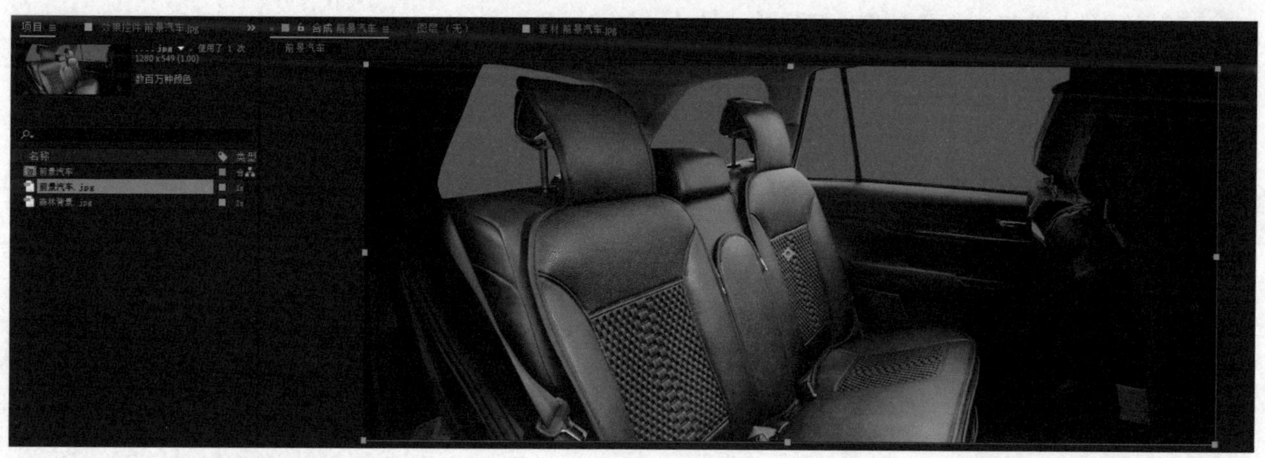

▲ 图 9-4-1 分析和准备工作

通过观察发现在车窗外蓝色部分和前景需要保留的素材差别很大，可以尝试用“Keylight”效果来扣除。选中前景素材层并为其添加“Keylight”效果，在“Screen Colour”属性中单击滴管图标，在“合成”面板中单击要键出的蓝色区域，此时蓝色就会被抠除。在“View”选项中选择“Screen Matte”视图模式，可以看到前景中还有很多细节未抠除干净，如图 9-4-2 所示。

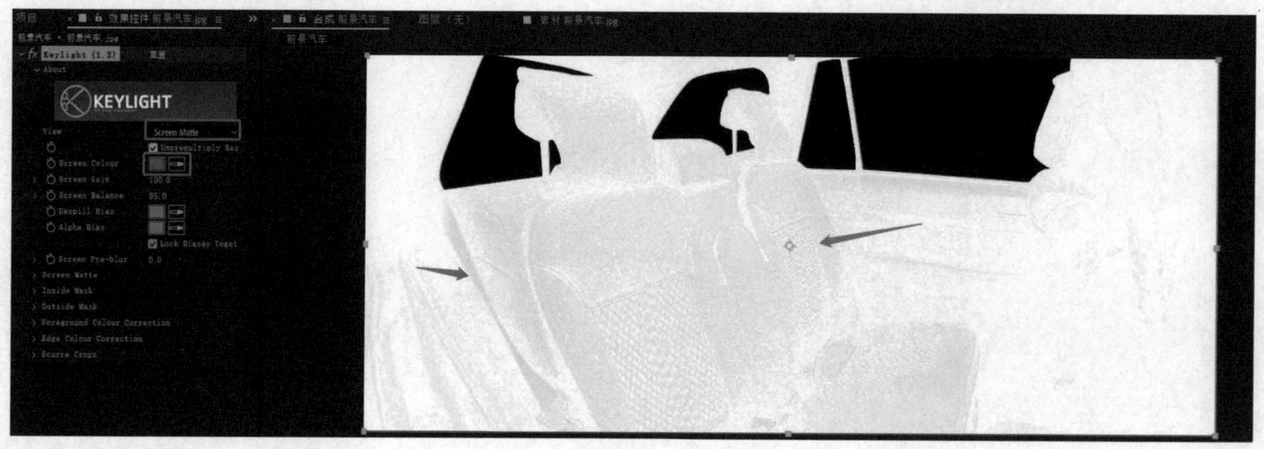

▲ 图 9-4-2 初步抠图效果

适当调整“Screen Matte”属性中“Clip White（修剪白色）”参数的值，清除白色区域中的灰色痕迹色，如图 9-4-3 所示。

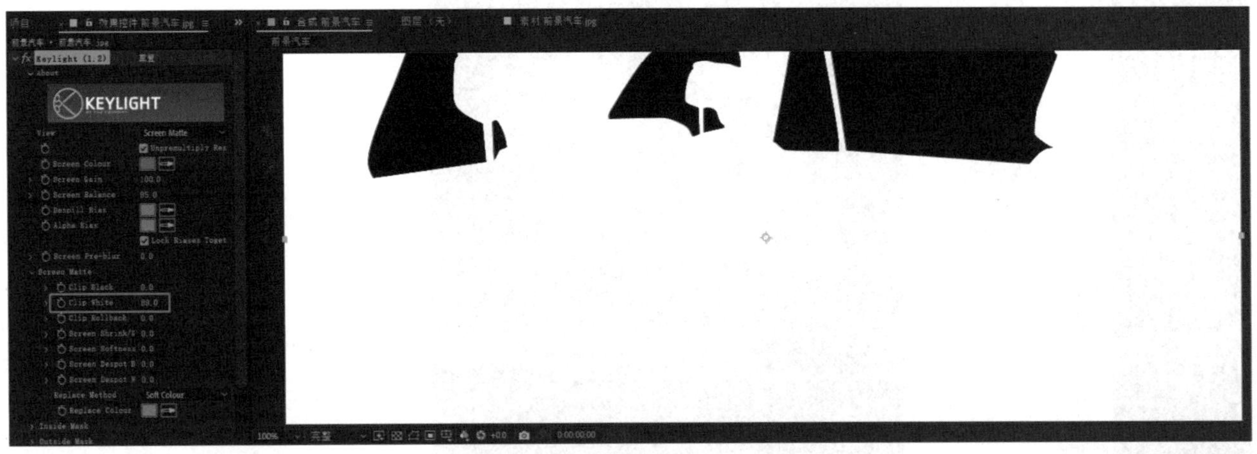

▲ 图 9-4-3　调整抠像细节

在“View”中选择“Final Result”视图模式，看到森林背景已经出现在画面中后，适当调整背景层的缩放和位置参数使其看起来更加自然。因为此镜头对焦在前景，远处的人物和物体偏模糊，所以我们需要为森林背景添加模糊特效。选中背景素材层，右击鼠标选择“效果”→“模糊和锐化”→“高斯模糊”，为其添加模糊效果，在“效果控件”面板中提高其“模糊度”参数，使其与前景抠像边缘更好地融合在一起，如图 9-4-4 所示。

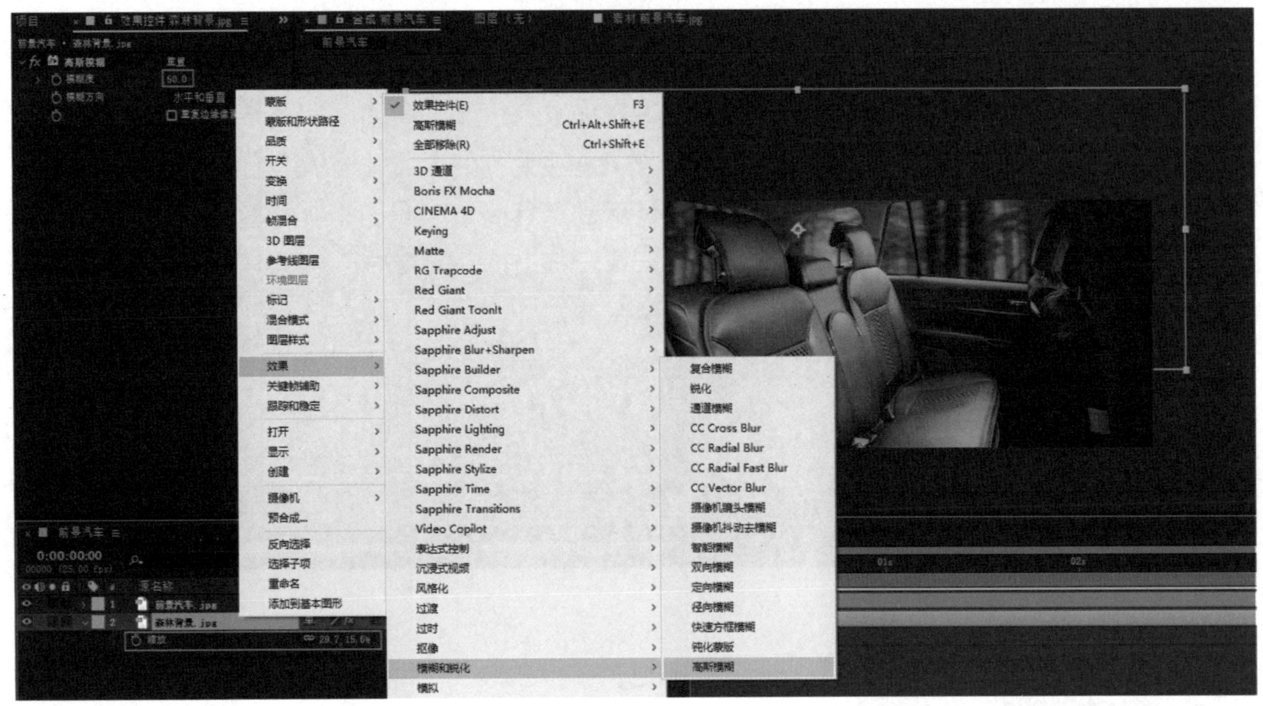

▲ 图 9-4-4　为背景素材添加模糊效果

添加背景后发现前景抠像边缘还存在一圈黑边。选中前景素材层，选择菜单栏中的“效果”→“遮罩”→“简单阻塞工具”选项，并适当调整其各项参数值，如图 9-4-5 所示。

▲ 图 9-4-5　调节抠像边缘

如果想做出车辆往前开的效果，可以为背景森林添加一个从右往左的位移动画，并参考案例“7.2.3 摄像机抖动效果制作”为前景添加一个镜头抖动效果，来模拟车辆的颠簸。最终镜头效果，如图 9-4-6 所示。

▲ 图 9-4-6　最终完成镜头效果

练一练

1. 尝试制作“物品悬空”的视频：①拍摄用细绳悬挂物品的视频；②为原视频去除细绳的痕迹。

2. 自行拍摄或在网上下载带有绿幕背景的视频，为其更换其他背景。

第10章

渲染输出与影视特效制作案例

| 本章概述 |

镜头合成特效制作完成后，还有非常重要的一项工作就是渲染输出。素材只有渲染输出后才能作为一个合格的镜头进入下一步的剪辑工作。在最终渲染输出之前，可以根据不同的需求，在 After Effects 中进行渲染设置。本章将会对如何将合成添加到渲染队列、如何输出单帧的图像和项目最终输出的相关设置进行细致的讲解，最后通过几个综合案例对几种特效编辑类型进行实战训练。

| 学习目标 |

1. 了解不同压缩器和输出模式的区别，掌握项目渲染输出流程的基本设置。

2. 了解常见的特效编辑工作，熟练应用所学知识完成几个综合案例的实战训练。

| 素质目标 |

1. 形成严谨的学习态度和精益求精的精神。

2. 耐心积累经验，不断探索创新，把所学知识综合运用。

10.1　渲染输出

在镜头制作完成后，需要先将制作完成的合成添加到渲染队列，才能对其进行渲染。渲染特效比较多且数据量比较大的项目，需要的渲染时间也比较多，可以将多个合成同时加入渲染队列，最后统一渲染。

10.1.1 添加到渲染队列

制作完成项目后，在“时间线”面板中设置好工作区域的时间条，如图 10-1-1 所示。

▲ 图 10-1-1　设置工作区域

按 Ctrl+M 组合键将合成添加到渲染队列，也可以以在菜单栏中选择“合成”→“添加到渲染队列”选项的方式，将其添加到渲染队列，如图 10-1-2 所示。

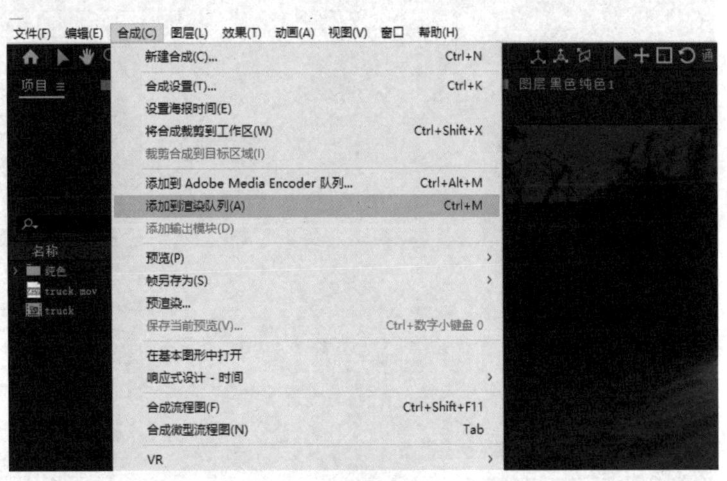

▲ 图 10-1-2　将合成添加到渲染队列

选择菜单栏中的“文件”→“导出”→“添加到渲染队列”选项，也可将合成添加到渲染队列，如图 10-1-3 所示。

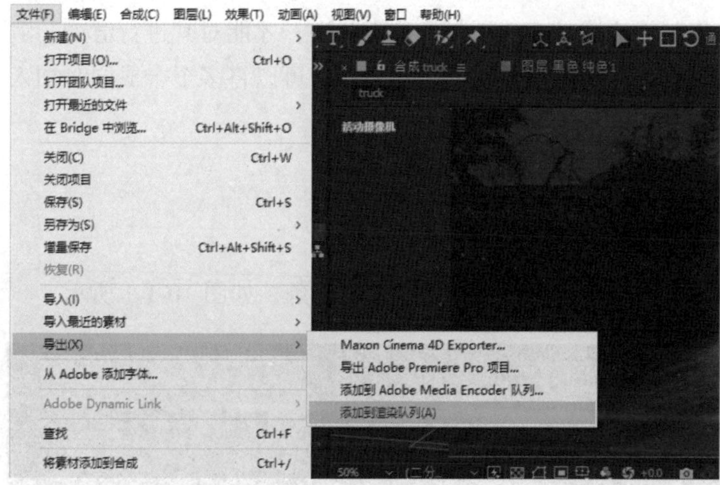

▲ 图 10-1-3 导出添加到渲染队列

10.1.2 输出单帧图像

在合成制作过程中有时候需要输出完成的单帧图片作为素材来使用，因此输出单帧图像十分重要，在 AE 中可以将单帧图像另存为文件或 Photoshop 图层，下面将详细介绍一下操作步骤。

1. 另存为文件

首先，将时间指示器拖动至需要输出的单帧图像的位置，如图 10-1-4 所示。

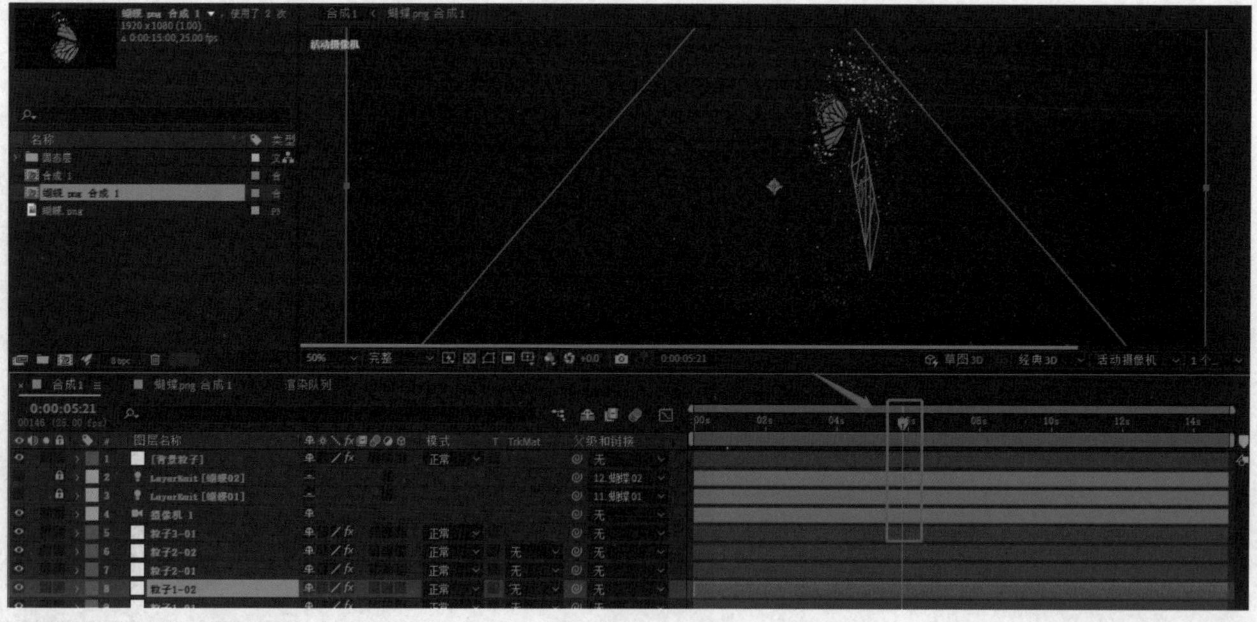

▲ 图 10-1-4 定位单帧图像

选择菜单栏中的“合成”→“帧另存为”→“文件”选项，如图 10-1-5 所示。

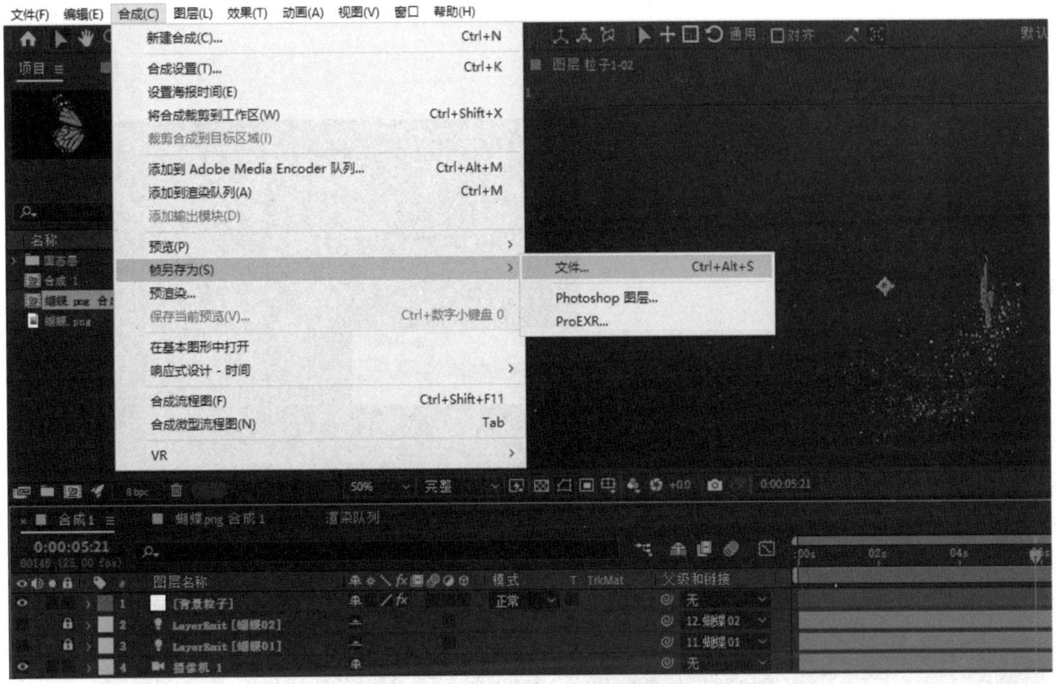

▲ 图 10-1-5　另存为文件

此时会将单帧添加到渲染队列中，在“输出模块”选项中选择需要输出的单帧格式，在“输出到”选项中选择想要输出到的位置，如图 10-1-6 所示，设置完成后单击“渲染”按钮。

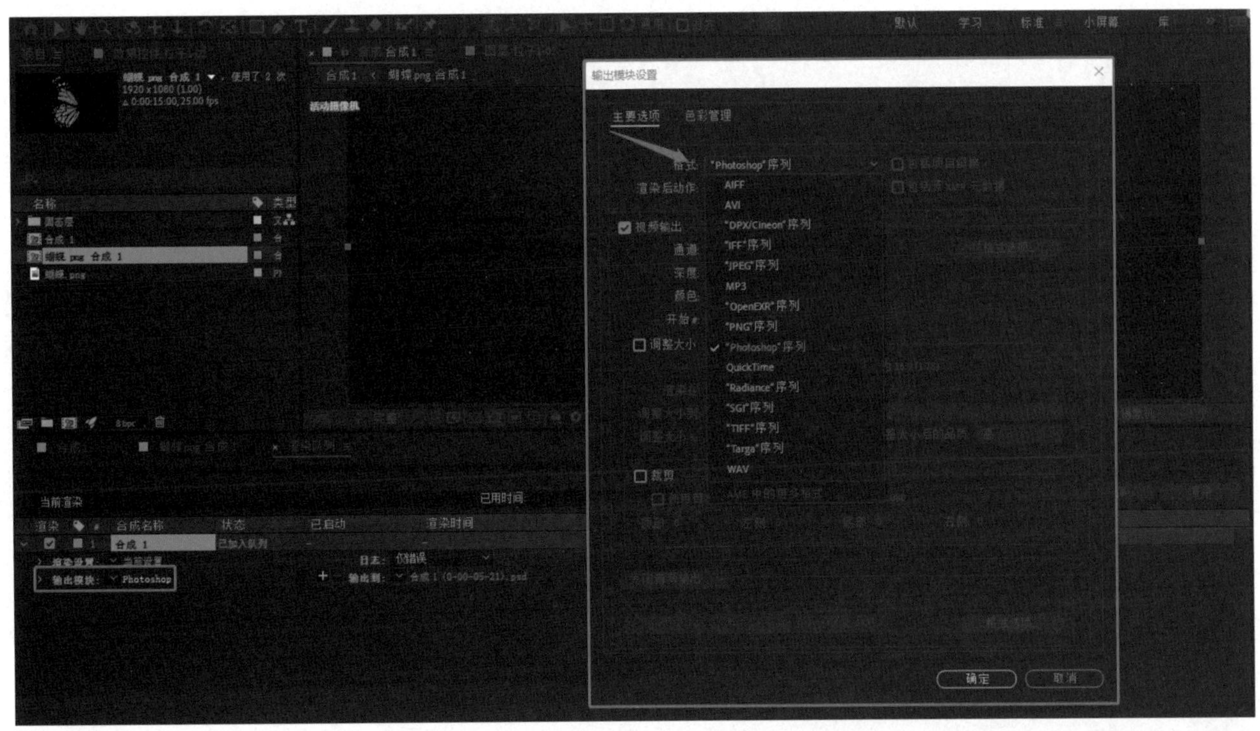

▲ 图 10-1-6　输出渲染单帧设置

2. 另存为 Photoshop 图层

首先，选择菜单栏中的“合成”→“帧另存为”→“ Photoshop 图层”选项，如图 10-1-7 所示。

▲ 图 10-1-7 另存为 Photoshop 图层

在弹出的“另存为”对话框中选择保存位置和保存名称，单击“保存”按钮，如图 10-1-8 所示。

▲ 图 10-1-8 保存 psd 文件

在 Photoshop 中打开保存的“.psd”格式文件，可以看到“.psd”文件完整地将 AE 软件中的图层转换为 ps 里面的图层，更方便后期进行编辑修改，如图 10-1-9 所示。

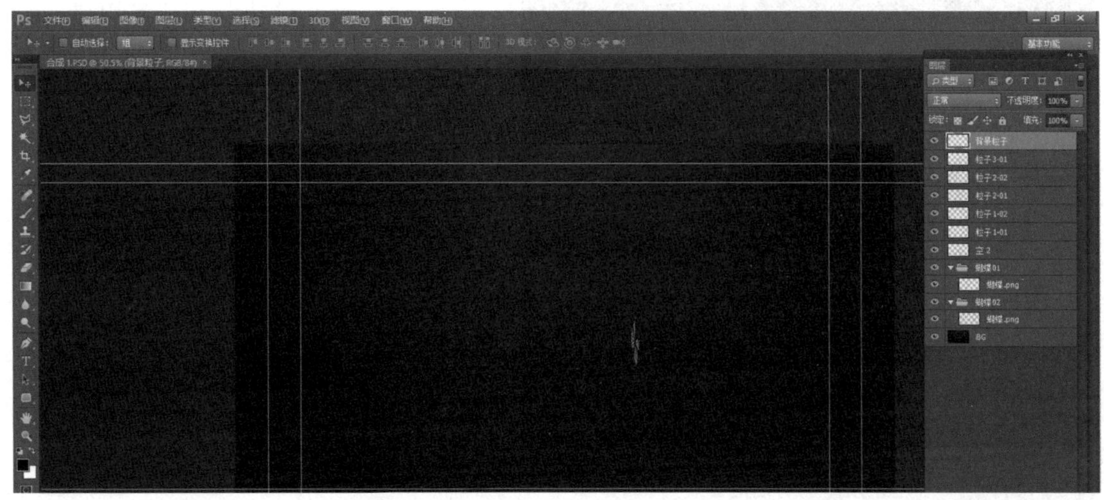

▲ 图 10-1-9　编辑 PSD 文件

10.1.3　最终项目输出

最终项目输出前需要进行相应的渲染设置和输出模块的设置，通过选择不同设置及视频的封装方式和压缩格式，来输出符合项目需要的作品。下面将对渲染输出时的不同设置进行详细的讲解。

1. 渲染设置

在“渲染队列”面板单击“渲染设置”左侧的下三角按钮，可以展开当前的渲染设置信息，如图 10-1-10 所示。

▲ 图 10-1-10　查看渲染设置参数

单击后面蓝色字体的“当前设置”，在弹出的“渲染设置”对话框中，可以对输出合成的默认设置进行修改，包括合成的品质、分辨率、磁盘缓存、代理使用、效果开关、独奏开关、引导层和颜色深度等设置；还可以对帧混合、场渲染、运动模糊、时间跨度和帧速率等时间采样选项进行重新设置。渲染预览效果时可以先将“品质”选项设为“草图”，这样能够以较短的时间渲染出成片以便进行整体检查，确认无误再选择“最佳”品质进行最终渲染。一般“时间跨度”选项都需要设置为“仅工作区域”，以免输出多余的部分，如图 10-1-11 所示。

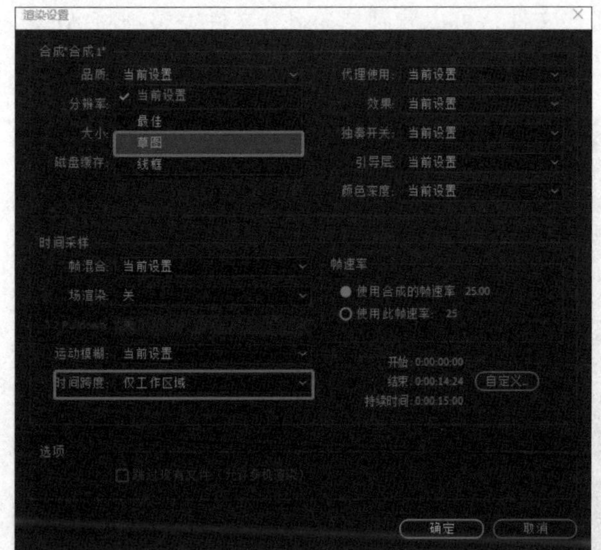

▲ 图 10-1-11 “渲染设置”对话框

2. 输出模块设置

在“渲染设置”下方为“输出模块”和“输出到”选项，单击“输出模块”左侧的下三角按钮，可以查看当前输出的设置信息，如图 10-1-12 所示。

▲ 图 10-1-12 选择输出模块

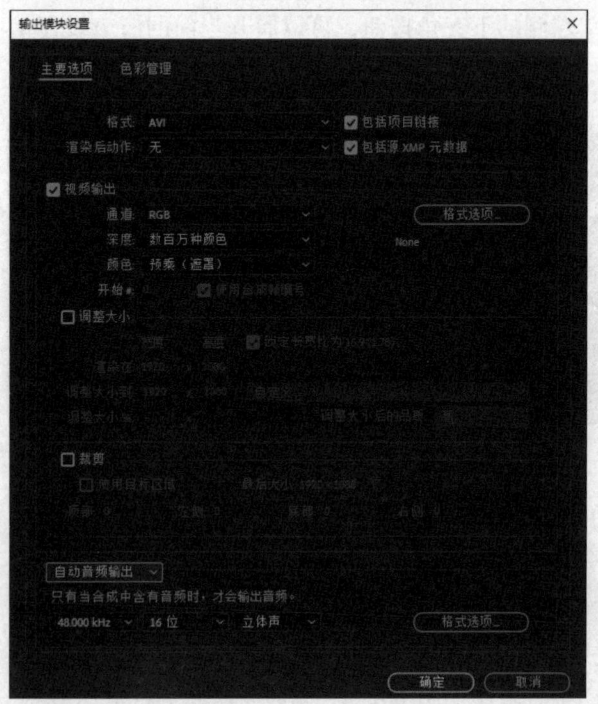

▲ 图 10-1-13 输出模块设置

单击“输出模块”后蓝色字体的“无损”，会弹出“输出模块设置”对话框，其分为“主要选项”和“色彩管理”两个选项卡。在“主要选项”选项卡中可以设置输出文件的格式、渲染后的动作。选择不同的输出格式，则“视频输出”区域内容也会相应地发生变化。以 AVI 格式为例，可以设置的选项有视频输出的通道、深度、颜色及格式选项；还可以对合成的大小重新进行调整；设置音频输出的格式，如图 10-1-13 所示。

单击“格式选项”按钮，会弹出对应输出格式的选项设置对话框，可以修改视频的编解码器等设置。以 AVI 格式为例，一般不建议在“视频编解码器”选项框中选择“None”，这样输出的视频会占用巨大的存储空间，浏览起来也会卡顿。“视频编解码器”下拉列表中选项的多少与电脑上安装的视频编解码工具和视频编辑软件有关，如图 10-1-14 所示。专业的从业人员还会采用一些输出插件，使最终输出的视频画质又清晰，占硬盘空间又小。具体采用哪种编解码器，应根据视频的播放需求来确定。

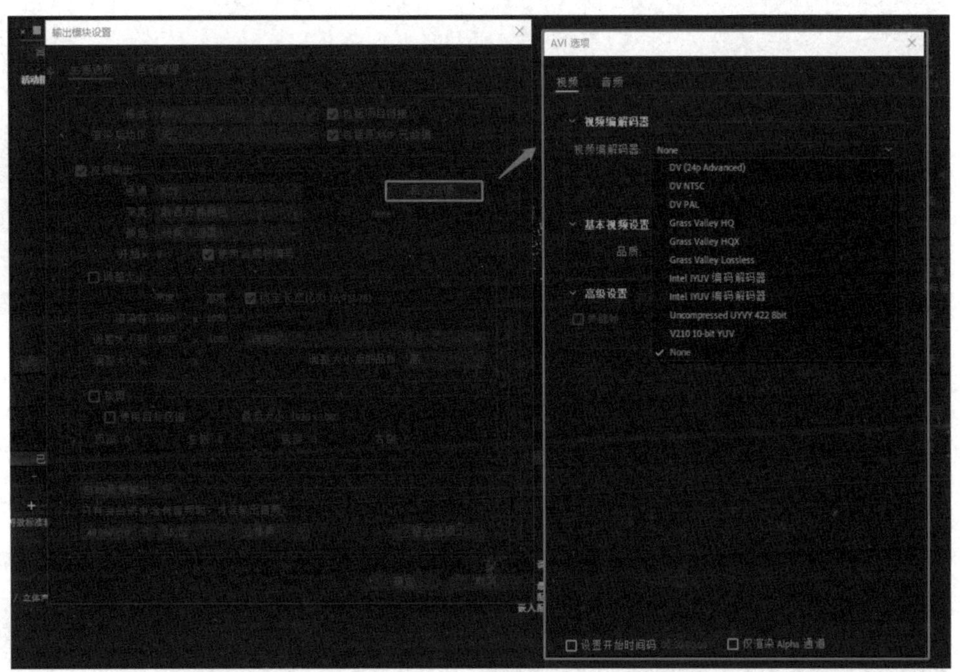

▲ 图 10-1-14　编解码器的选择

在“输出模块”设置的右侧为一组加减号按钮 + −，单击加号按钮可以为该合成再添加一个输出模块并设置不同的参数及路径，将合成输出为多种不同格式的视频，如图 10-1-15 所示。

▲ 图 10-1-15　编解码器的选择

3. 最终项目输出案例

下面将通过一个具体的项目输出案例，对项目渲染输出做细致的讲解。

当项目制作完成后，选择菜单栏中的“合成”→“添加到渲染队列”选项，或按 Ctrl+M 组合键，将合成添加到“渲染队列”面板，如图 10-1-16 所示。

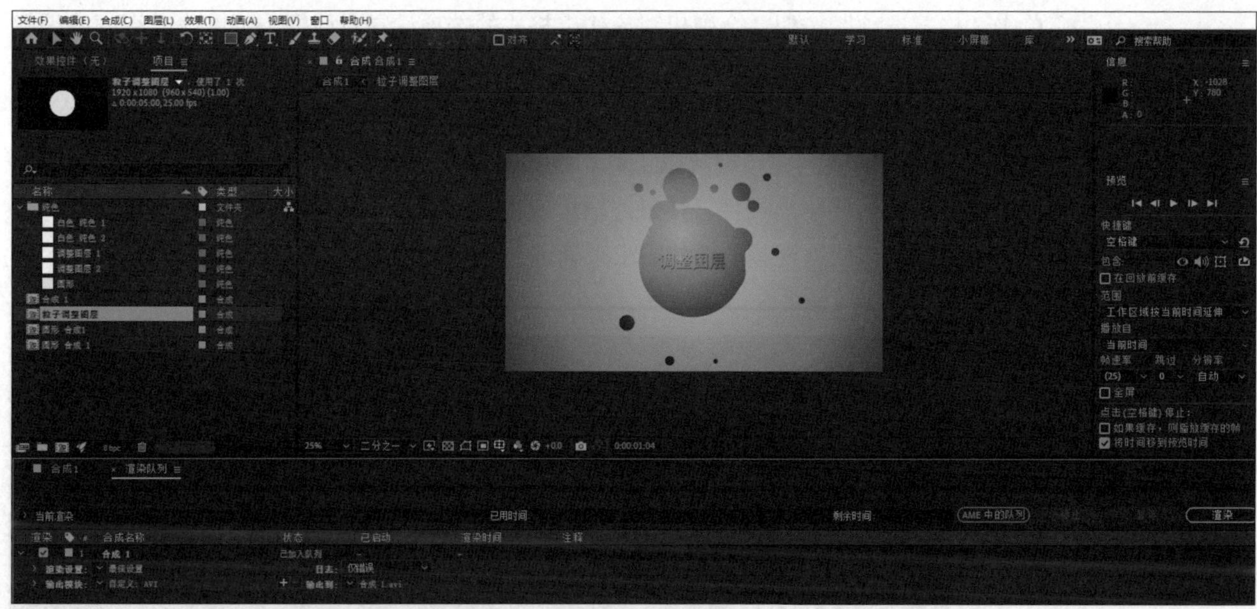

▲ 图 10-1-16　添加合成到渲染队列

在“渲染队列”面板中勾选需要输出的合成，单击“渲染设置”后方的蓝色字体，在弹出的“渲染设置”对话框中确认“品质”选项设置为“最佳”；“分辨率”选项设置为“完整”；“时间跨度”选项设置为“仅工作区域”，然后单击“确定”按钮，如图 10-1-17 所示。

▲ 图 10-1-17　渲染设置

单击“输出模块”后方蓝色字体，弹出“输出模块设置”对话框。调整“格式”选项为“QuickTime”，格式选项中的“视频编解码器”选项设置为“动画”，如果有音频输出，则可以在对话框最下方打开音频输出，如图 10-1-18 所示。

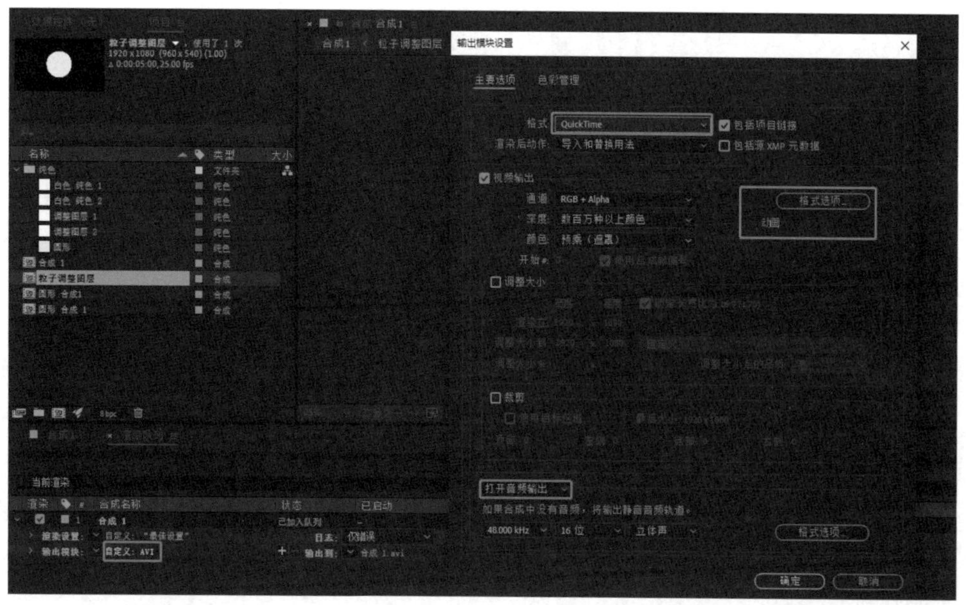

▲ 图 10-1-18　输出模块设置

单击“输出到”后方的蓝色字体，在弹出的“将影片输出到”对话框中设置影片输出路径和文件名称。如果是序列文件输出，则还需要勾选下方的“保存在子文件夹中”选项，并对文件夹进行命名，如图 10-1-19 所示。

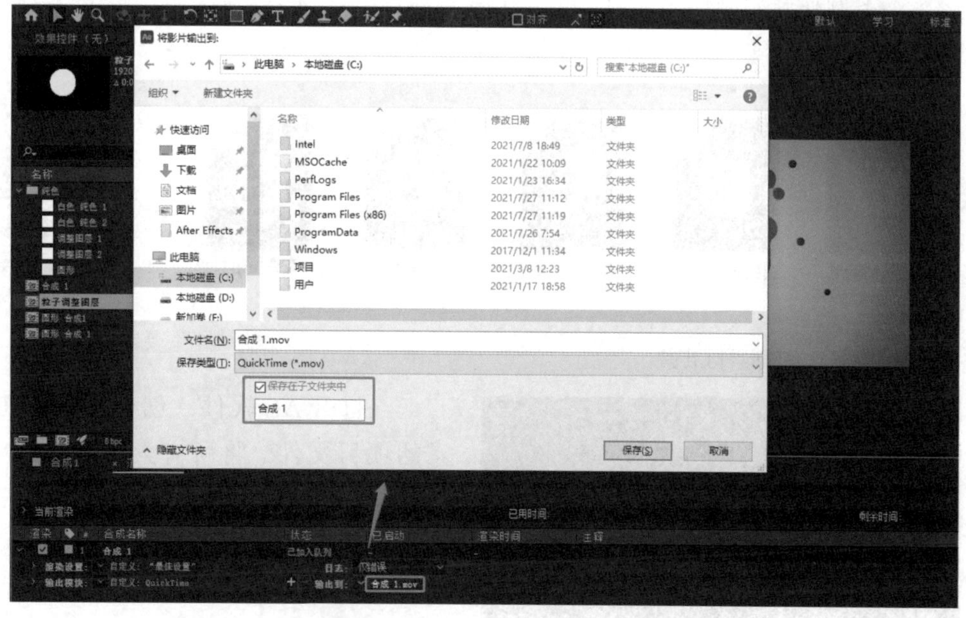

▲ 图 10-1-19　输出路径设置

设置完成后，单击“渲染队列”面板右侧的“渲染”按钮，静等渲染结束，项目最终制作完成。如果是为影片的单独镜头制作的后期特效，建议输出为“PNG”“TGA”“TIF”这类带通道的无压缩序列文件，再导入到剪辑软件中进行剪辑。这样可以在保证影片质量的前提下降低风险，如果渲染中途遇到问题导致软件崩溃跳出，还可以从中止位置开始重新渲染，不会浪费宝贵的时间。

10.2 影视特效制作案例

经过前面几个章节的讲解，已对 AE 软件特效制作进行了全面系统的介绍。本小节将结合常用的几个特效制作类型的案例讲解，帮助大家将理论应用到实战，为将来能够胜任后期特效的项目制作打下坚实的基础。

10.2.1 影视片头制作

在影视作品中，常常会用特效片头来吸引观众注意、着重引出文字信息。特效片头的重要性是无可质疑的，但进行特效制作往往耗时良久。因此，合理运用特效模板会显著提高工作效率，制作者只需要将特效模板的少部分内容根据项目具体要求进行更换，即可呈现理想效果。在下面的内容中，我们将以思政宣传片片头特效模板的制作和运用为案例，对影视片头制作进行讲解。

片头制作之前需要针对制作的题材进行素材搜集，包括相关图片、视频、声音、文案以及通道图形等，素材的优劣直接关系到片头合成的质量和效果。除了可以使用自己制作的特效作品作为模板素材以外，还可以利用各种素材库中他人制作好的模板，模板在业内的使用十分普遍。

本案例在开始制作之前收集了几个视频和音乐素材，作为制作片头的素材文件，如图 10-2-1 所示。

▲ 图 10-2-1　前期素材准备

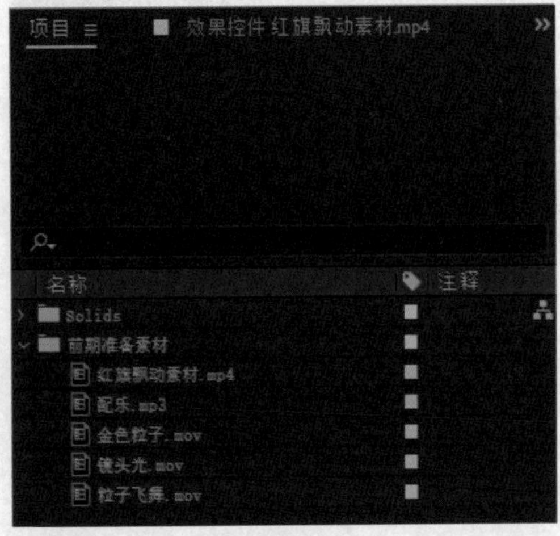

▲ 图 10-2-2　素材的整理

打开 AE 软件，创建 1920×1080 分辨率的项目文件，将所有素材导入到“项目”面板中，把新建文件夹命名为“前期准备素材”，将素材移动到文件夹中，如图 10-2-2 所示。

创建紫色纯色层，命名为“背景”。在菜单栏选择“效果”→“生成”→“梯度渐变”选项，为纯色层添加“梯度渐变”效果，并设置好梯度渐变起始和结束的颜色与位置，如图 10-2-3 所示。

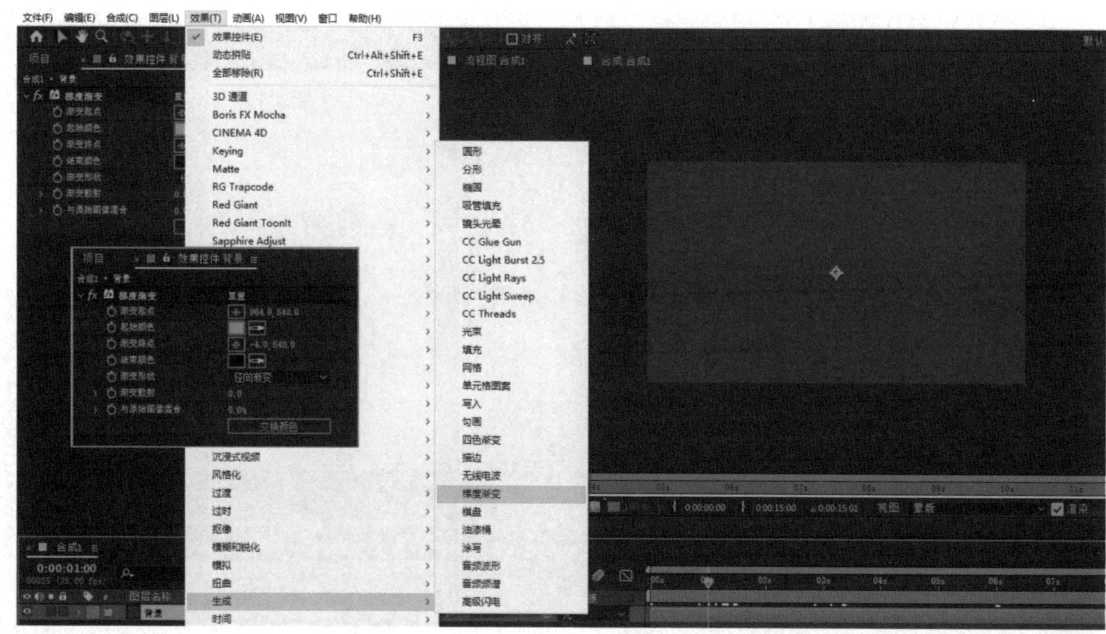

▲ 图 10-2-3　制作背景素材

将“红旗飘动素材”作为背景素材层拖动至合成中。将“配乐”和“粒子飞舞”素材拖动至背景素材层上方，重命名“粒子飞舞”层为“扫光粒子”，并锁定“配乐”素材。将“扫光粒子”层和“红旗飘动素材”层的叠加模式修改为“相加”模式，如图 10-2-4 所示。

▲ 图 10-2-4　将素材放入时间线

接下来制作红旗淡入的效果。新建黑色纯色层，按 T 键展开其不透明度属性参数，打开关键帧自动记录功能，在第 0 秒处设置参数为 100%，在第 1 秒处设置参数为 0%，如图 10-2-5 所示。这样就实现了黑屏淡出，红旗淡入的效果。

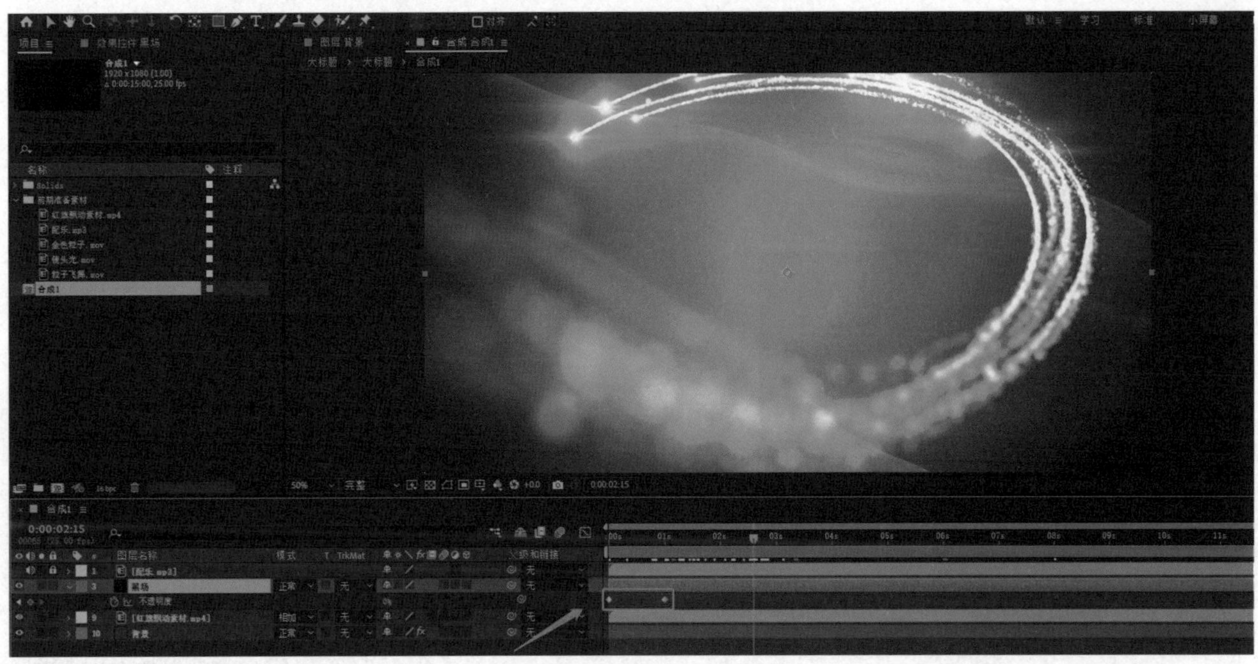

▲ 图 10-2-5　制作淡入效果

将“镜头光”素材拖动到“时间线”面板中，重命名为“背景光”，并修改其叠加模式为“相加”。调整时间指示器，同时观察“合成”面板，当扫光粒子绕到画面中心时，按 Alt+[组合键，设置此时间点为“背景光”动画的入点，如图 10-2-6 所示。

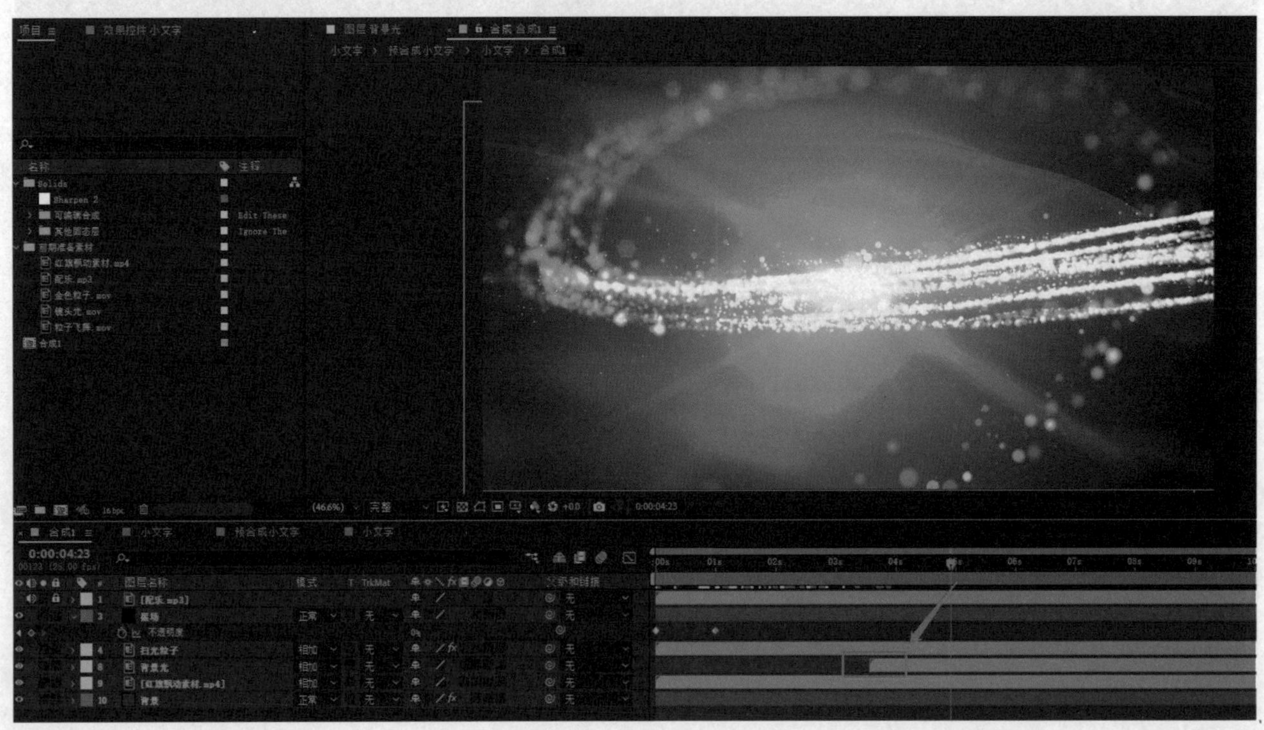

▲ 图 10-2-6　导入镜头光素材

接下来到了文字出现的时间。在“时间线”面板新建文字层，并输入片头文字，调整其字体、字号及文字颜色，将文字层的入场时间调整到合适位置，如图 10-2-7 所示。

▲ 图 10-2-7　新建并调整文字层

在右侧“字符”面板中，可以调整文字描边大小及颜色，使其在背景上更加突出，如图 10-2-8 所示。

▲ 图 10-2-8　文字描边

将“金色粒子”素材添加到文字层下方，重命名为“文字旁的粒子”，为其增加粒子细节，并将叠加模式修改为“相加”。新建“颜色调整”图层为整体效果校色，使其更加美观，最终效果如图 10-2-9 所示。完成后，还可以保存项目的 AEP 文件，作为其他项目的参考模版使用。

▲ 图10-2-9 最终效果图

10.2.2　电子相册镜头合成案例

与上一个案例中影视片头模板异曲同工，电子相册的制作也可利用模板完成。电子相册的 AE 模板主要以书页翻动效果为特色，若自行制作，其难度和工作量与上个案例的宣传片片头不相上下。利用好优秀的模板可以提高制作效率，使用者只需将 AE 工程文件中的图片替换成自己想要的图片并进行渲染，即可完成制作。不同的模板其修改方式也不同，本案例将通过一个婚礼相册的模版，对电子相册镜头合成进行讲解。

首先需要在相应网站上寻找并下载合适的模板，本案例使用的模版如图 10-2-10 所示。在文件夹中找到模板样本进行预览可发现模板内应放置照片的位置全部用了白色填充作为内容，而我们需要做的就是在 AE 工程文件内找到白色填充图层，将其替换为照片。

婚礼相册书本翻页弹起展示

▲ 图 10-2-10　相册模版

在文件夹内找到 AEP 格式的 AE 工程文件，双击在 AE 软件中打开。按下空格键进行预览，可以看到有几个预合成在时间线上顺序播放。在需要替换照片的地方暂停，找到相应预合成，如图 10-2-11 所示。

▲ 图 10-2-11　寻找对应预合成

双击鼠标进入该合成。此合成内图层过多且名称复杂，我们可以利用每个图层左侧眼睛形状的“隐藏 / 显示”开关，通过将图层隐藏，来观察显示窗口内何种元素缺失，以此确定图层与画面元素之间的对应关系。最终找出相框内白色填充层所对应的具体图层，如图 10-2-12 所示。

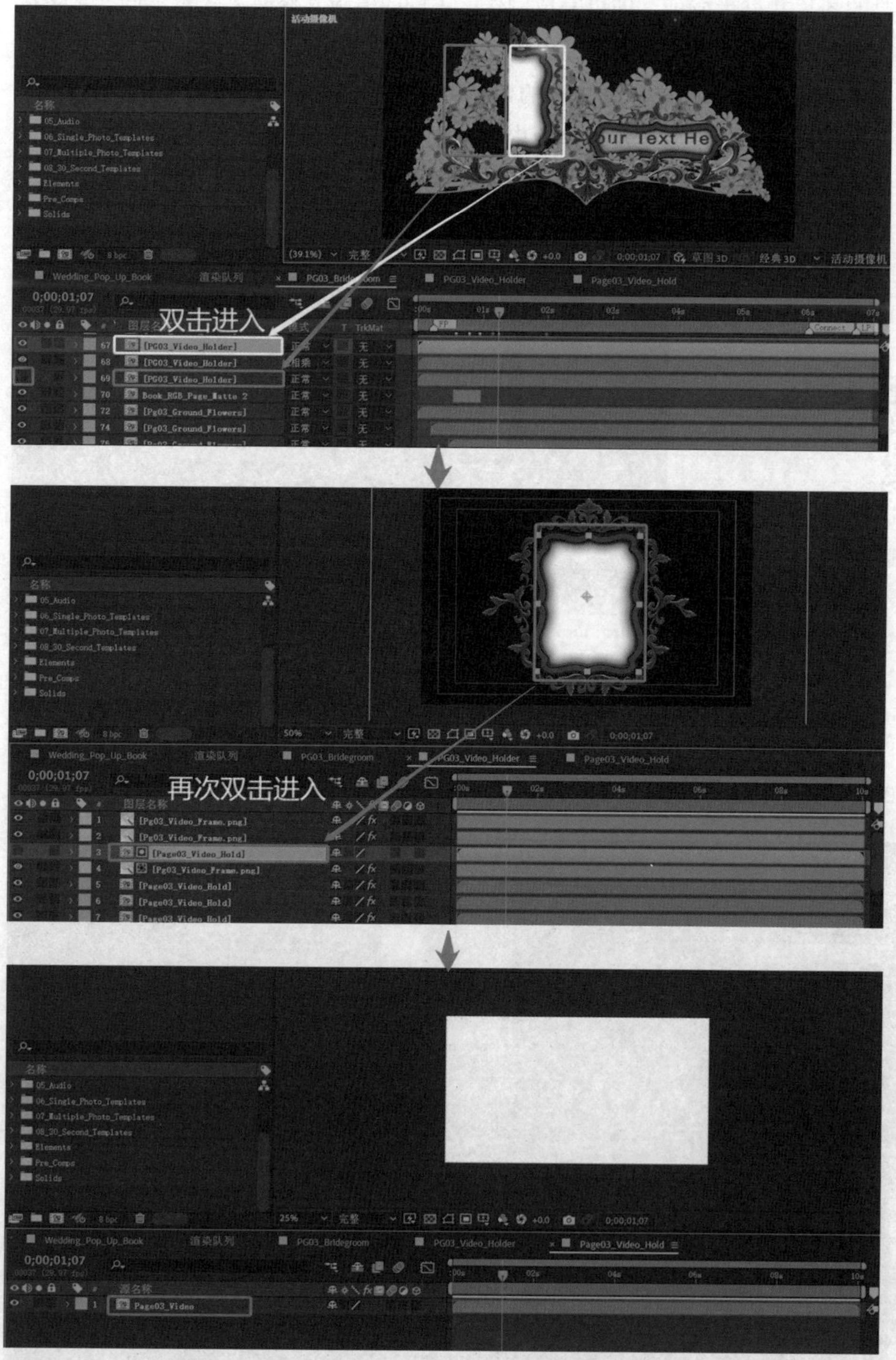

▲ 图 10-2-12　寻找白色填充层位置

将准备好的图片导入素材库，并将其拖动至白色填充层所属的预合成中，置于白色填充层上方，结合相册的花边位置调整图片大小，使图片的主要部分不被相框遮挡，且能将白色填充部分覆盖住，如图 10-2-13 所示。

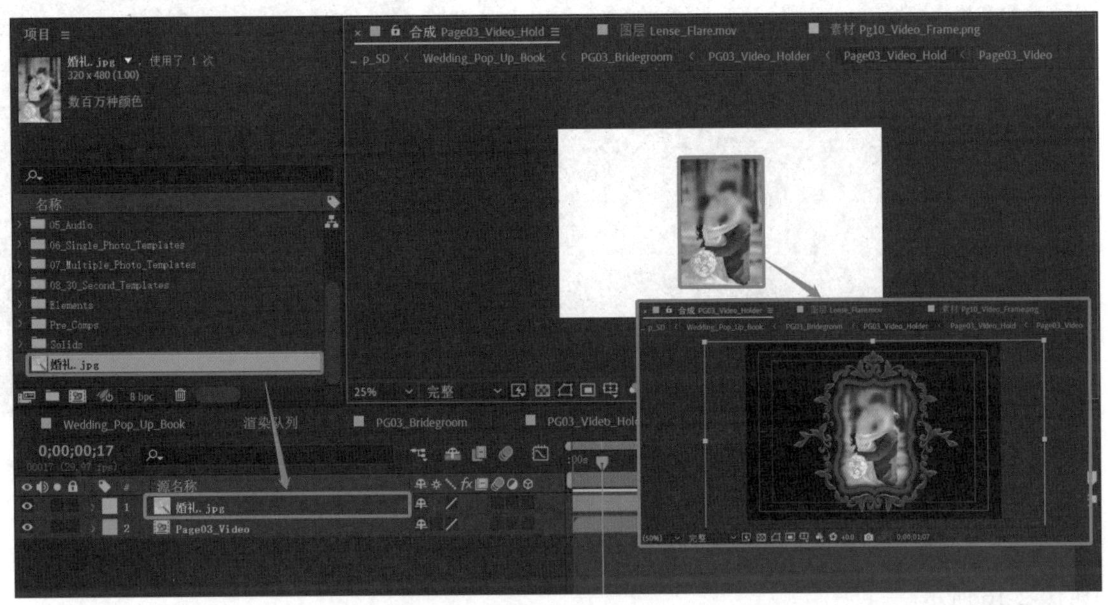

▲ 图 10-2-13 添加图片

图片添加完成后，用同样的方法寻找文字层的所在位置，如图 10-2-14 所示。

▲ 图 10-2-14 寻找文字层

双击进入文字层，选中文本对其内容以及属性进行更改。将模版中预置的“Your Text Here”改为“枫林里的甜蜜相拥”，返回上一级合成，展开快捷面板中的“字符”面板，结合“合成”面板对文字的字体、大小和位置等属性作适当更改，对数值具体修改如图 10-2-15 所示。

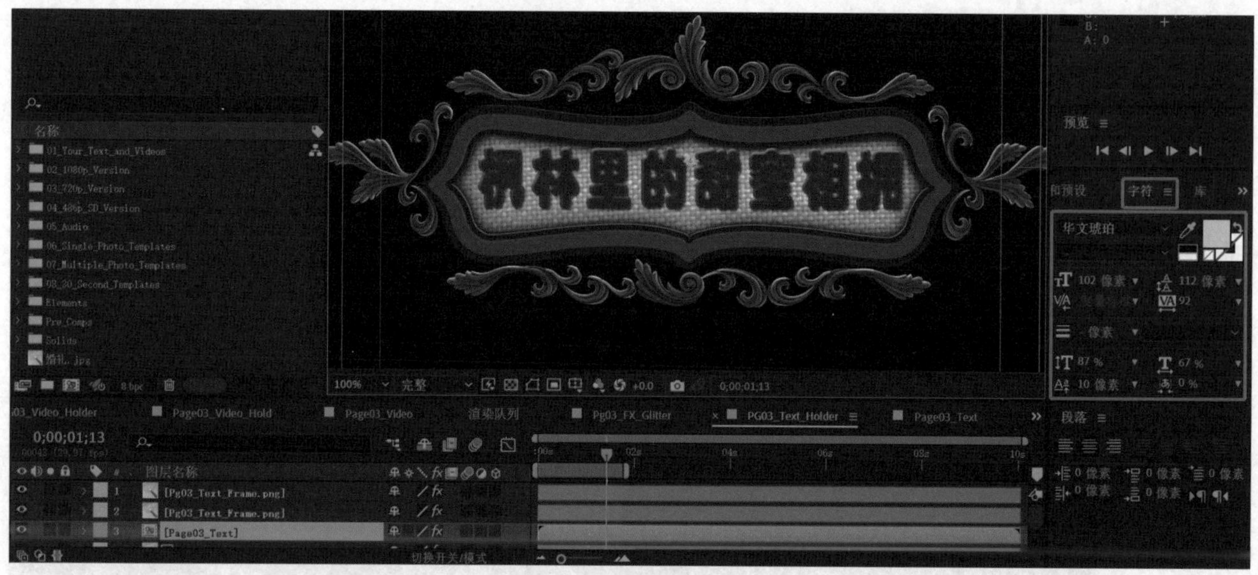

▲ 图 10-2-15　修改文字内容及属性

展开“ Page03_Text”层的“效果”属性，可以对文字的颜色、位置和不透明度等属性进行修改，例如，可将文字颜色修改为棕黄色，使之与相框和花边的颜色搭配更加协调，如图 10-2-16 所示。

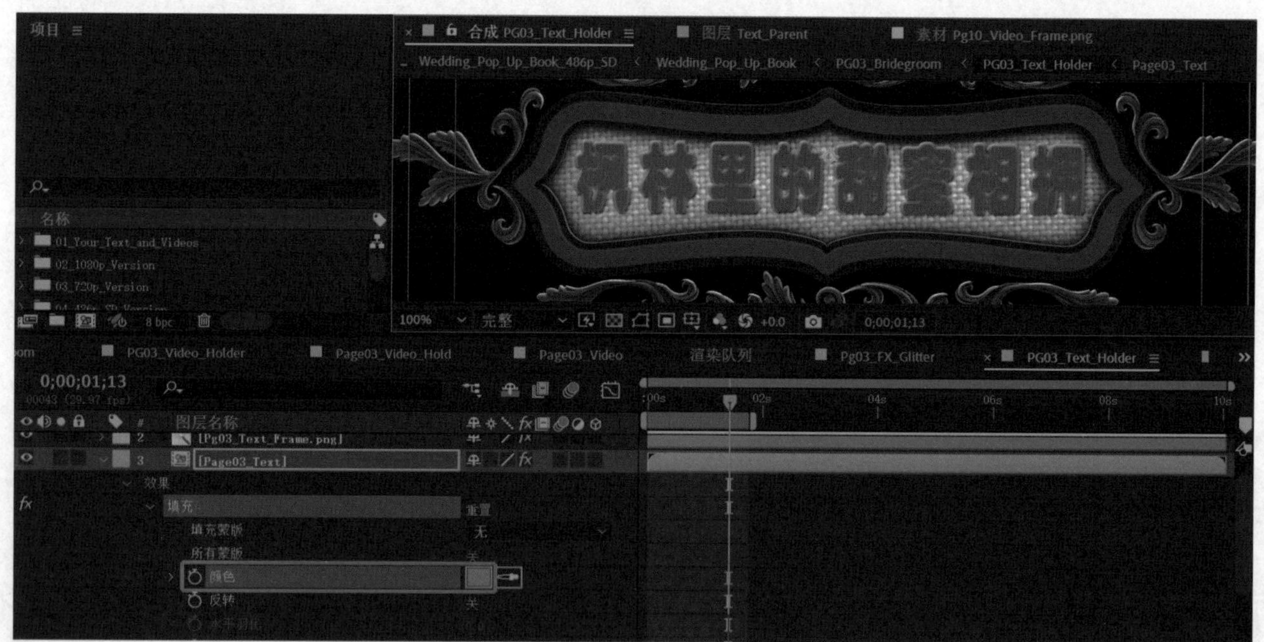

▲ 图 10-2-16　修改文字颜色

其余照片和文字也依此方法制作。制作完成后，选择需要导出的工作区域，按 Ctrl+M 组合键将其添加至渲染队列，设置好相关属性，单击“渲染”按钮，静待渲染的完成。最终效果如图 10-2-17 所示。

▲ 图 10-2-17　最终效果图

10.2.3　MG 动画制作案例

MG 的全称是 MotionGraphic，中文翻译为“运动图形”。与通过角色塑造来讲述一段故事的传统动画不同，MG 动画旨在通过将文字和图形等信息“动画化”，达到更好传递信息的效果。虽然 MG 动画里有时候也会出现角色，但这个角色不是重点，这里的角色只是为表现一个信息而服务的。

AE 软件可以创建矢量图形，适合专业从事动画设计和视频处理的公司使用，能够创建多种多样的动态图形和视觉效果。使用 AE 软件制作 MG 动画的优点有很多，比如可以形变位图、可以模拟骨骼系统，操作起来也不是很麻烦，下面主要讲述如何利用 AE 软件来制作 MG 动画。

1. MG 动画制作流程

MG 动画的制作流程总体分为有四步，分别为剧本配音稿、配音、图形素材的准备和后期合成。

剧本创作是 MG 动画制作的第一步，也是非常关键的一个步骤。区别于影视和动画的剧本，MG 动画的剧本又称配音稿，后期制作的动画镜头都是配音稿的动画呈现，所以在写配音稿的时候每一句话都要提前考虑好动画的呈现方式。剧本配音稿在制定完成后就不能再进行更改。

接下来根据配音稿进行声音的录制，不同于动画制作，此次录制的声音就是最终的声音。根据所制作 MG 的风格不同，录制的语速、语言风格都有很大的差别。

先配音后配图，这也是 MG 动画的一大特点，配音稿录制完毕以后，根据最终的音频素材制作画面。图形和文字等元素依附于声音素材而生，在后期合成中，更是需要声音与画面和文字保持一致，音画匹配至完全同步。

本案例将借助 MG 动画项目“吴某某非法占用农地一案”，着重对素材制作与合成的相关内容进行讲解。

2. 图形素材的准备

图形素材可以在网上搜索，也可自行绘制。常见的素材网站有 Freepik、FlatIcon、包图网和千图网等，专业的绘制软件有 PS 和 AI 等。

PS 就是 Photoshop，前文中已有所介绍，该软件有图像编辑、图像合成、校色调色及功能色效制作等功能。AI 软件全名为 Adobe Illustrator，是一款专业图形设计工具，提供了丰富的像素描绘功能以及灵活的矢量图编辑功能。矢量图无论放大多少倍都依旧清晰顺滑无锯齿，不会失真，也是 MG 动画的常用图形格式。

图形素材也可在 AE 软件中直接绘制，钢笔、形状和画笔等工具都可以用于绘制形状图层。此方法可以省去导入步骤，但 AE 软件并非专业的绘图软件，使用起来不如另外二者方便。本案例将以 AI 软件为例进行介绍讲解。

要制作一个 MG 动画往往需要准备非常多的图形素材，一个人物素材需要几十个图层，分别存放其发生动作的身体部位，以便于后期合成时对这些“零件”分别做不同动作处理。

在本案例中，一个简单的印章动画素材，需要根据动作构想，将其分成印章、印记、垫板和纸张四个部分，分别置于四个图层，如图 10-2-18 所示。

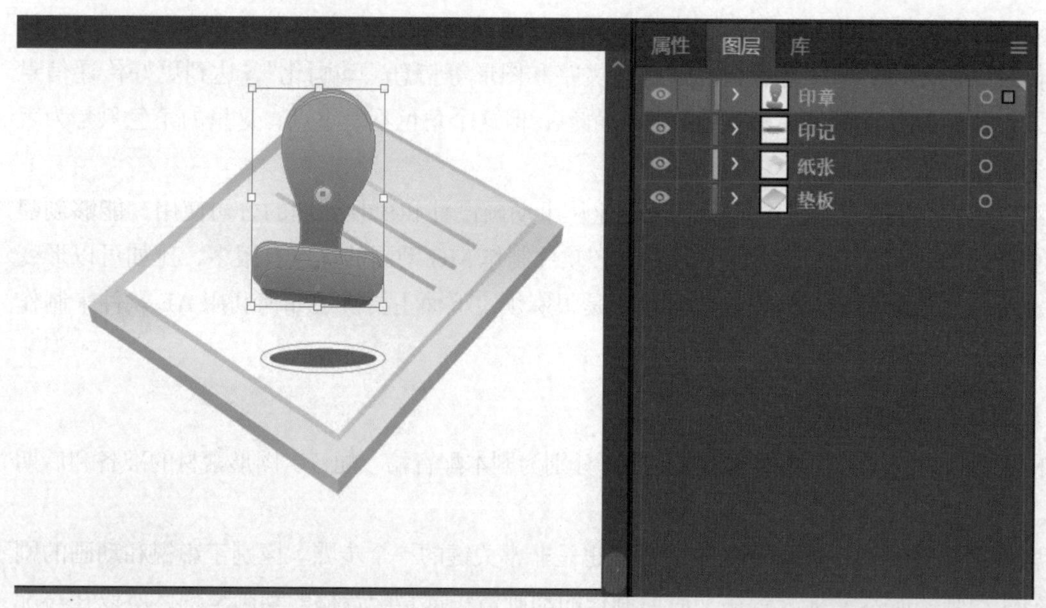

▲ 图 10-2-18　分图层绘制图形素材

这里简要介绍一下 AI 软件中独特的分层操作，如果需要把忘记分层的 AI 文件一键分层，只需选中该单一图层后单击右上角“菜单”按钮，在弹出的选项菜单内选择“释放到图层（顺序）”，即可将该图层中所有图形部件全部分离成单个的图层，但此时它们全部被编入原单一图层下，接下来将新释放出来的图层全选，向上拖动离开原单一图层，观察图层面板，再将空图层（包含已被清空内容的原单一图层）删掉即可，操作过程如图 10-2-19 所示。

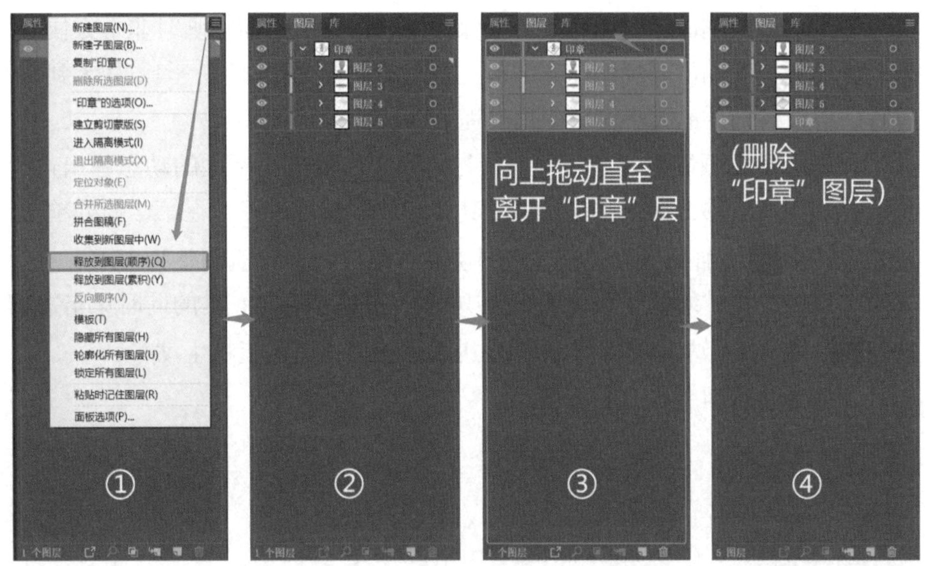

▲ 图 10-2-19　AI 软件分层操作

3. 后期合成

将所有素材都准备完毕后，即可进入 AE 软件后期合成阶段。后期合成就是为画好的图形素材逐一添加位移、旋转和变形等动态效果，再就是添加转场效果使素材的衔接更加流畅，最后构成完整的动画。

在 AE 软件中新建好合成后的第一步就是将素材全部导入。在“项目”面板空白处双击，弹出“导入文件”对话框查找正确路径，按住 Shift 键或 Ctrl 键可进行多项选择，选好后单击“确定”按钮，完成素材的导入。

在导入 AI 文件与 PS 文件时，在“导入种类”选项栏中勾选“合成”选项，即可将 AI/PS 文件以合成形式导入 AE 软件的素材库。素材库中出现新合成的同时也会出现一个包含 AI/PS 文件内所有图层的文件夹，如图 10-2-20 所示。

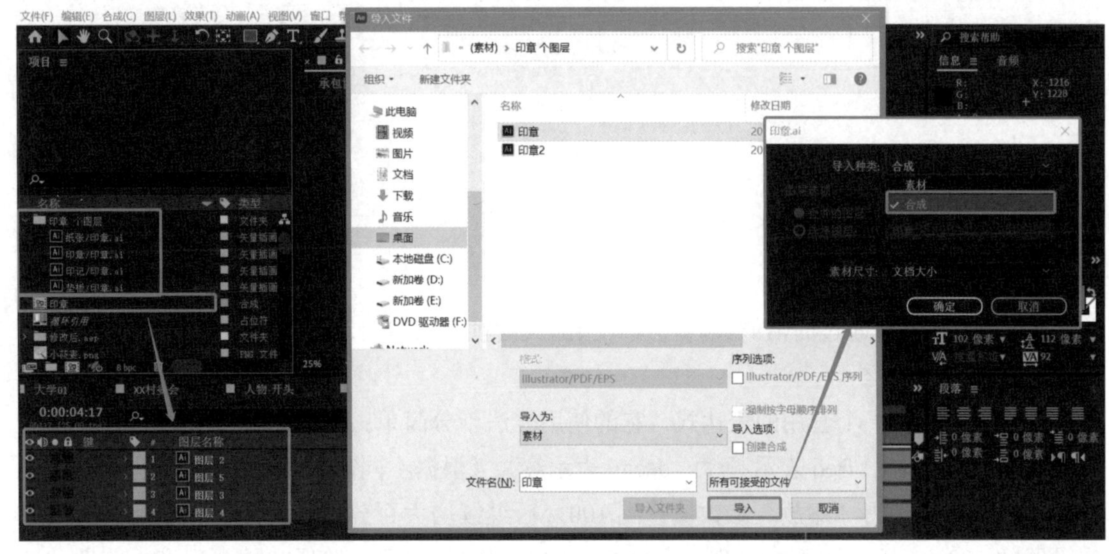

▲ 图 10-2-20　导入 AI/PS 文件

因为前期绘制图形时已将其分层保存，所以分别添加动画时非常方便。以印章为例，结合动画设想，我们需要制作印章下落又抬起的位置变化过程、印记从无到有的不透明度变化过程，以及各部件的大小缩放变化过程。

以印章的动画制作过程为例，首先需要制作其从小到大的动态弹出过程。选中“印章”层，把时间条右移 2 帧，按 S 键展开其“缩放”属性设置，在第 2 帧处单击“关键帧自动记录器”按钮添加一个关键帧，将图层的“缩放”参数值调整为 10%，在第 12 帧处再添加一个关键帧，将“缩放”数值调整为 100%，并在按住 Alt 键的同时单击关键帧自动记录器”按钮，为“缩放”参数添加弹性表达式，使动画更加流畅生动。

弹性表达式如下：

```
try {
 amp = effect ("Elastic Controller 缩放 ")( 1 ) / 200;
 freq = effect ("Elastic Controller 缩放 ")( 2 ) / 30;
 decay = effect ("Elastic Controller 缩放 ")( 3 ) / 10;
 n = 0;
 if(numKeys > 0 ) {
  n = nearestKey (time) .index;
  if(key (n) .time > time) {
   n--;
  }
 }
 if(n == 0 ) {
  t = 0;
 } else {
  t = time - key (n) .time;
 }

 if(n > 0 ) {
  v = velocityAtTime (key (n) .time - thisComp.frameDuration/10 ) ;
  value + v*amp*Math.sin (freq*t*2*Math.PI) /Math.exp (decay*t) ;
 } else {
  value;
  }
}
catch(e$$4 ) {
 value = value;
}
```

AE 表达式能够通过简洁的代码代替冗杂的关键帧，可以自动生成用户想要的属性动画，因此其应用十分广泛。

弹性表达式是一个套用的表达式，它的使用方法十分简单：复制粘贴表达式就可以使用。其中 amp 表示振幅，freq 表示频率，decay 表示衰减（根据不同需求做不同的调整）。运用弹性表达式，可以使得“缩放”参数值达到 100% 后继续增大百分之几的数值，随后又变回原先设置的 100%，即在画面中呈现一个轻微拉伸又回弹的现象，使形状的出现有果冻般“Q

弹”的效果。

按照同样的方法，为“纸张”层与“垫板”层也添加弹出动画效果，如图 10-2-21 所示。“弹出”动画几乎成为业界通行的图形的出场方式，因此弹性表达式被很广泛地运用于细节处以优化动画效果。

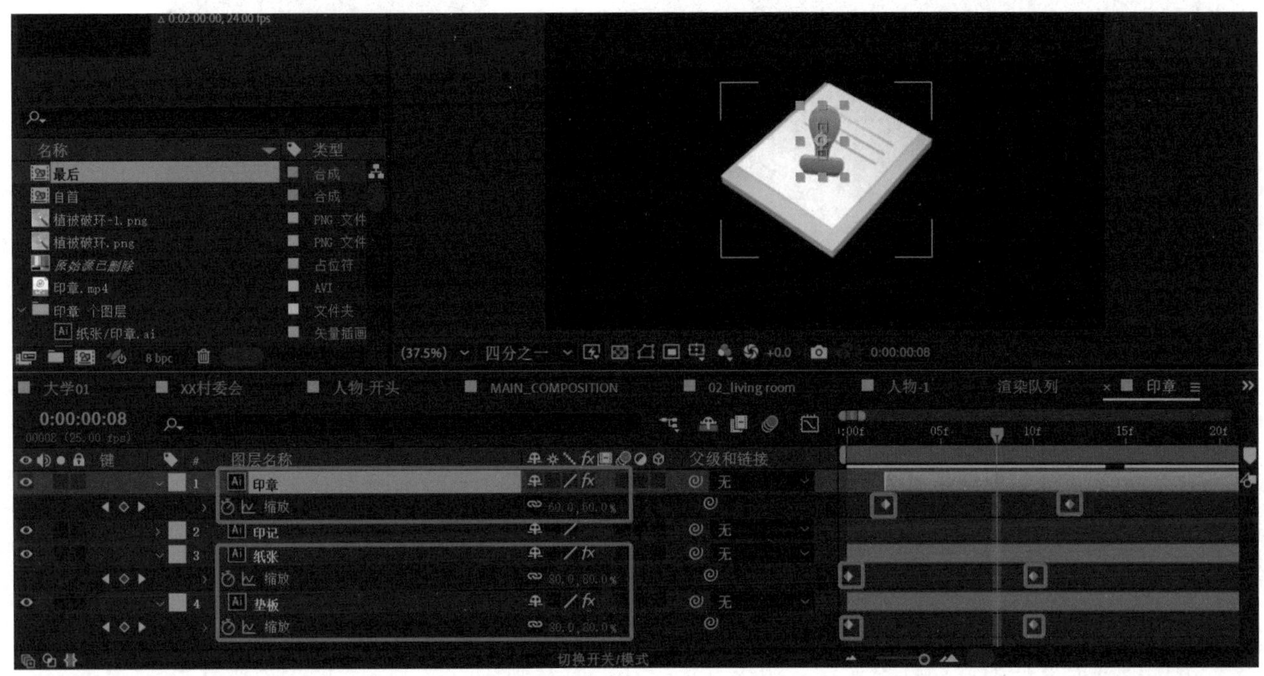

▲ 图 10-2-21 “缩放”参数的设置

印章“出现”的动作完成后，接下来的动画是模拟“被手拿起→盖下印章→重新抬起（印记显露）”的过程。

首先选中“印章”层，按 P 键展开“位置”参数，将时间指示器移动至第 20 帧处并单击“关键帧自动记录器”按钮打上关键帧，然后在第 22 帧时将印章位置上移（也就是逗号右边的 Y 轴参数值增加），在第 24 帧时下移，贴合“印记”层所在的位置，在第 25 帧时上移，并为该属性也添加一个弹性表达式（结构与“缩放”属性的表达式一样，只需将表达式中所有的“Elastic Controller 缩放”改为“Elastic Controller 位置”即可正常运行）。

同时“印记”层要配合“印章”层的移动而改变不透明度，按 T 键展开其“不透明度”参数，在第 22 帧时打上关键帧，设置参数值为 0%，第 25 帧时设置参数值为 100%，以呈现出印章抬起，印记出现的效果，其属性设置如图 10-2-22 所示。

▲图 10-2-22 “位置”与“不透明度”参数设置

MG 动画中文字的显示往往会与录音旁白的速度保持同步，有时为吸引观者注意，标题也会有让文字逐个跳动或滚动入场的需求，因此逐字显现的文本动效也是 MG 动画的常用技巧。

下面以“吴某某非法占用农用地一案”中的“承包协议”为例进行讲解。

协议内容需要伴随旁白逐字显现。初步分析可知，需要制作出每个文字的不透明度由 0% 逐渐变为 100% 的效果。但是普通的不透明度设置只能达到让协议内容文本整体由透明逐渐显现的效果，无法满足“逐个”的需求，因此需要借助“范围选择器”工具。

选中文字层，展开属性栏，在“文本”属性栏右侧找到“动画”按钮，单击该按钮，在弹出的菜单栏中选择“不透明度”选项，即可为该文本层添加“范围选择器”，如图 10-2-23 所示。

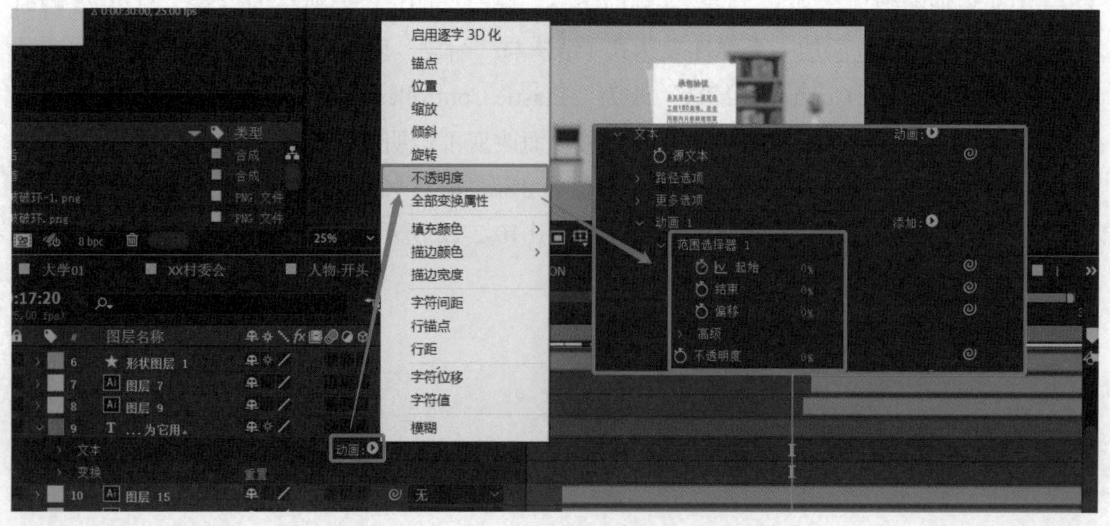

▲图 10-2-23 添加“范围选择器”

将时间指示器移动至旁白开始的时刻，为文本的“不透明度”参数打上关键帧，将参数值设置为 0%，展开“范围选择器”选项，将“起始”参数值设置为 0%，“结束”参数值设置为 100%。将时间指示器移动至旁白结束的时刻，将“不透明度”参数值改为 100%，“范围选择器”内的“起始”参数值修改为 100%，“结束”参数值仍为 100%。文本的逐一显示效果就完成了，预览效果如图 10-2-24 所示。

▲ 图 10-2-24 文本逐一显示效果

其余的场景与上述两方面内容大同小异，本质就是图形与文字的动效制作，在此不作赘述。

本案例在 AE 中制作完成后，返回总合成，选中需要导出的工作区域，按 Ctrl+M 组合键将其添加至渲染队列，设置好相关属性后，单击“渲染”按钮，如图 10-2-25 所示，静待成品的“出炉”即可。

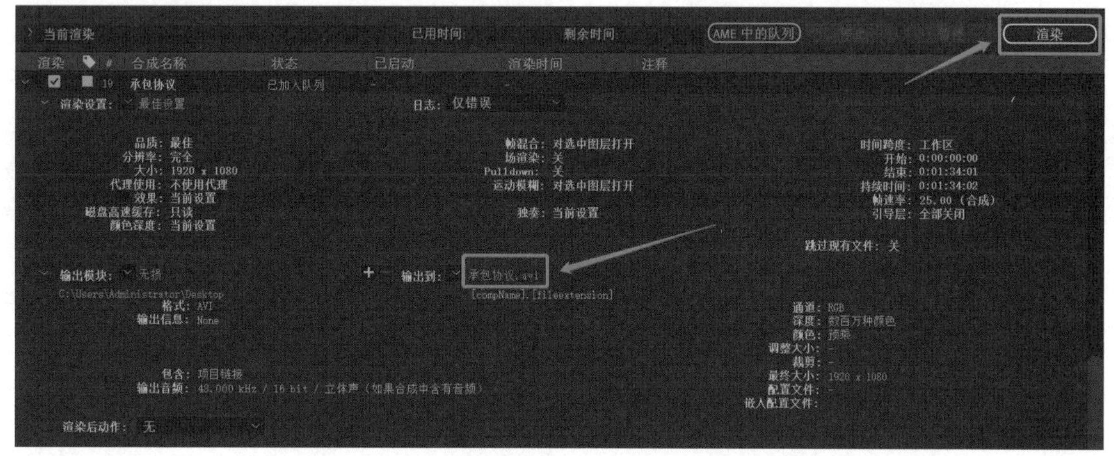

▲ 图 10-2-25 渲染设置

MG 动画原理并不难，但是工作量较大，一个简单的人物就可由近百个图层组成，各部件的运动也会牵扯其他部件，一个场景需要多幅画面，而一幅画面有几十至几百个不等的素材零部件。因此不仅需要有动画制作相关的知识储备与技能，更需要极大的耐心与统筹规划能力才能制作出优秀的 MG 动画。

MG 动画制作

练一练

1. 在网上下载一个关于 2022 年冬奥会宣传片的 AE 模板，将其中的文字或照片替换掉并渲染出来。

2. 制作一个小鱼跃出荷塘水面的简单 MG 动画（只需有小鱼、荷叶、水面素材即可），并附上动态文字“鱼戏莲叶间”。

参 考 文 献

[1] 多克里，查韦斯．Adobe After Effects CC 标准教程 [M]．武传海，译．北京：人民邮电出版社，2021.

[2] 费里斯玛，根希尔德．Adobe After Effects 2020 经典教程 [M]．武传海，译．北京：人民邮电出版社，2021.

[3] 唯美世界，曹茂鹏．中文版 After Effects 2021 从入门到实战 [M]．北京：中国水利水电出版社，2020.

[4] 王岩．After Effects CC 案例设计与经典插件 [M]．北京：机械工业出版社，2020.

[5] 智云科技．After Effects CC 特效设计与制作 [M]．2 版．北京：清华大学出版社，2020.

后　记

在信息和网络飞速发展的今天，人们需要拥有一双慧眼和一个敏捷的头脑，在繁杂的信息中找寻有价值的知识。社会上常用的后期制作类软件总共有几种，鉴于专业性较高，只在从事影视行业的人群中应用。但随着自媒体和网络的发展，特效制作也开始被一些非专业人士所需求。编者经过考察发现，特效编辑类的教材主要分两类，一类是工具书类型，将软件中每个图标讲解的比较清晰，但实用性较差；一类是案例型，通过案例的制作把相关的知识进行梳理学习，但对于初学者不够友好，很多知识知其然却不知其所以然。

编者拥有多部院线级电影和电视剧的后期特效制作经验，并在教学一线从事特效课程的教学，对后期制作有一定的实战和教学经验。编写本书旨在将多年教学经验和学生学习软件的过程整理出来，以供大家学习参考，如果有不足或纰漏之处还请及时反馈指出，编者会及时改正自己的错误并在再版中及时修订，不胜感激！

使用本书时，建议大家边学边练，弄懂每一步操作步骤的意义，将所学知识融会贯通。编者希望大家能从本书中学到一种制作理念和创作思路，同时根据书中讲述的知识和方法举一反三，结合项目进行实践，这样才能对软件运用自如，达到学习的目的。

技术的革新是永无止境的，软件是手段而不是目的。软件技术会向着越来越便捷化、人性化发展。如果一味追求软件技术的学习，则会陷入一种本末倒置的误区，希望大家在软件技术学习的基础上更加注重于设计理念和思想的提升，从软件技术的被动使用者向软件开发的需求提出者转变，只有这样才会在将来不断革新的技术上永远立于引领地位。

同时再次感谢为此教材付出心血的教材团队及出版社编辑人员，希望此教材能够为更多希望从事后期制作读者提供帮助和便利！